"十二五"普通高等教育本科
国家级规划教材

教育部高等学校电工电子基础课程
教学指导分委员会推荐教材
....

电工电子实验
系列教材
....

U0181282

电路实验教程

第 **4** 版

主编

姚缨英

副主编

孙盾　干于
王旃　童梅

中国教育出版传媒集团

高等教育出版社·北京

内容简介

本书为"十二五"普通高等教育本科国家级规划教材,普通高等教育"十一五"国家级规划教材,并获评浙江省普通高校"十二五"优秀教材。

本书参照高等学校电子电气基础课程教学指导分委员会制定的"电路类课程教学基本要求"中关于实验教学的内容,系统介绍了电路实验基础知识、常用电路元器件和仪器仪表的基本知识、电路基本电量的测量方法和测量误差处理,介绍了仿真软件 Multisim 和 MATLAB 在虚拟电路实验中的应用。教材配有视频、课件、源代码、实验虚拟实现说明和仿真源文件等,还有传递误差计算器、滤波器设计计算器以及基于可程控仪器的自动化测量软件,如半导体特性曲线测量、频率特性曲线测量、音频放大电路指标验收等数字资源,融合了实事求是的科学精神和勇于担当的家国情怀。实验内容和实验形式更为丰富,"实验设计与典型实验案例分析"从实验设计的角度,以案例分析的方式阐述电路原理实验中涉及的"实验方案制定及评估、实验条件与实验的准确度以及实验数据分析与处理"等关键问题。"基础规范型实验"在基本要求之外,增加了"拓展性研究"的内容。"研究探索型实验"和"综合设计型实验"通过实验内容的组织以及实验现象的展示,启发和引导学生积极思考和探索,在挑战性、趣味性、创新性方面有所体现。

本书注重培养学生进行基本实验设计的能力,学习掌握实验技术指标选择、简单原理设计及数据和参数的选取、实验结果和误差的分析及处理、实验方法的改进和误差综合及消减的方法。

本书可供普通高等学校电气与电子信息类专业作为电路实验教材使用,也可作为大学高年级学生课程设计及相关专业技术人员的参考书。

图书在版编目(CIP)数据

电路实验教程 / 姚缨英主编. --4 版. --北京:
高等教育出版社,2023.11
ISBN 978 - 7 - 04 - 059572 - 7

Ⅰ.①电… Ⅱ.①姚… Ⅲ.①电路-实验-教材
Ⅳ.①TM13 - 33

中国版本图书馆 CIP 数据核字(2022)第 229760 号

Dianlu Shiyan Jiaocheng

| 策划编辑 | 王 楠 | 责任编辑 | 王 楠 | 封面设计 | 姜 磊 | 责任绘图 | 杨伟露 |
| 版式设计 | 王艳红 | 责任校对 | 马鑫蕊 | 责任印制 | 存 怡 | | |

出版发行	高等教育出版社	网　　址	http://www.hep.edu.cn
社　　址	北京市西城区德外大街 4 号		http://www.hep.com.cn
邮政编码	100120	网上订购	http://www.hepmall.com.cn
印　　刷	肥城新华印刷有限公司		http://www.hepmall.com
开　　本	787mm×1092mm　1/16		http://www.hepmall.cn
印　　张	28.5	版　　次	2006 年 8 月第 1 版
字　　数	640 千字		2023 年 11 月第 4 版
购书热线	010-58581118	印　　次	2023 年 11 月第 1 次印刷
咨询电话	400-810-0598	定　　价	55.00 元

本书如有缺页、倒页、脱页等质量问题,请到所购图书销售部门联系调换
版权所有　侵权必究
物 料 号　59572-00

电路实验教程
(第4版)

主　编　姚缨英

副主编　孙　盾
　　　　干　于
　　　　王　旃
　　　　童　梅

1 计算机访问 http://abook.hep.com.cn/1253482，或手机扫描二维码、下载并安装 Abook 应用。

2 注册并登录，进入"我的课程"。

3 输入封底数字课程账号（20位密码，刮开涂层可见），或通过 Abook 应用扫描封底数字课程账号二维码，完成课程绑定。

4 单击"进入课程"按钮，开始本数字课程的学习。

课程绑定后一年为数字课程使用有效期。受硬件限制，部分内容无法在手机端显示，请按提示通过计算机访问学习。

如有使用问题，请发邮件至 abook@hep.com.cn。

扫描二维码
下载 Abook 应用

http://abook.hep.com.cn/1253482

总　序

如何通过实践环节来培养工科大学生的创新意识以及如何更好地开展实验教学等问题已成为当前高等院校工科专业教学改革的热点与难点问题。"教育部关于启动高等学校教学质量与教学改革工程精品课程建设工作的通知"（教高［2003］1 号文件）中明确指出："理论教学与实践教学并重。要高度重视实验、实习等实践性教学环节，通过实践培养和提高学生的创新能力。要大力改革实验教学的形式和内容，鼓励开设综合性、创新性实验和研究型课程。"但是，目前实验教材的现状却不容乐观，正式出版的实验教材品种很少；多数院校的实验教材都是校内讲义，验证性实验内容偏多，综合性、设计性实验内容很少，不利于学生能力培养；优秀实验教材不多，与理论教材相比尤其明显。这样，众多学校很难选到合适的优秀实验教材。

鉴于上述情况，"教育部高等学校电子信息与电气信息类基础课程教学指导分委员会"与高等教育出版社共同策划组织了示范性电工电子实验系列课程教材的建设项目，该项目以国家电工电子教学基地院校为基础，发挥这些院校在理论教学和实践教学方面的示范作用，组织编写电工电子实验系列教材。

2003 年 12 月在云南大学召开了"电工电子实验系列课程教学与教材建设研讨会"，成立了"电工电子实验系列教材编审委员会"。30 余所院校的参会代表围绕电工电子实践教学所涉及的知识点进行了充分研讨，确定了电工电子实践教学基本要求，为实验教材的编写提供参考依据。通过研讨达成了以下共识：(1) 实验教学是非常重要的教学环节，是学生学习科技知识的重要手段。学生应能通过实验获取科学知识，验证相关理论，培养创新能力。(2) 从培养学生能力的角度，实验一定要单独设课，而且要有不同于理论课程的实验课程体系。要改变依附于某一理论课程的原有模式。(3) 实验能力培养包括实验设计、测试与仪器使用、仿真、简单故障排除、数据分析、实验报告与总结、查阅器件手册等方面的能力。(4) 实验教学应按基础性、设计性、综合性等不同层次、循序渐进地提出要求。

2004 年 4 月 14~15 日在华中科技大学召开了由全体编审委员会成员参加的教材评审会。本着保证水平、突出特色、宁缺毋滥的原则，编审委员会成员对东南大学、华中科技大学、西安交通大学、哈尔滨工业大学、西安电子科技大学、上海交通大学、浙江大学等 15 所院校申报的 38 种实验教学改革成果教材进行了评审。评出首批入选的教材有：东南大学、西安交通大学的两套实验系列教材，上海交通大学、哈尔滨工业大学和浙江大学的 3 种电路课程实验教材，华中科技大学、浙江大学和南京航空航天大学的 3 种电子技术课程实验教材，北京交通大学的信号处理课程实验教材，西安电子科技大学的电磁场课程实验教材，上海交通大学、西安交通大学、厦门大学和中国计量学院的 4 种非电类电工学课程实验教材。

希望这些优秀实验系列教材的出版能推动各高校的实验教学改革,真正达到培养学生创新能力的目的。

教育部高等学校电子信息与电气信息类基础课程

教学指导分委员会主任

2004 年 6 月

第 4 版前言

浙江大学电工电子基础教学中心自 2007 年始进行国家级实验教学示范中心建设和创新人才"爱迪生实验班"培养,积累了创新性实验教学方面的丰富经验,特别是 2011 年之后,大面积开展探究性实验和研究性学习,以及不断深化的线上线下混合式教学,实验教学的形式和内容均有很大变化。本书在总结浙江大学电路实验教学改革的基础上编写而成,注重基本内容的讲解以及实验内容的层次化,含"仿真实验"9 个、"基础规范型实验"16 个、"研究探索型实验"9 个和"综合设计型实验"9 个。实验类型的细分和规范,特别是"研究探索型实验"对于使用者的自主性学习以及思考和探索可产生良好的帮助。为满足实验课程的线上线下混合式教学,以及提升高阶性、创新性和挑战度的要求,本次教材修订保持原有架构,主要围绕实验项目、新形态、两性一度以及课程思政进行增减,包含:

(1) 修订已有内容(去掉或修改不太合适的内容与实验要求;加强电子元器件的介绍和应用;加强电子测量法;更新仿真软件介绍,增加典型实例);

(2) 加入多媒体资源(每个实验配原理解析、仿真演示、操作演示指导视频和课件,以及实验虚拟仿真实现说明文档);

(3) 在第 1 章增加了实验报告撰写和电路实验实施方式,加入思政元素;

(4) 原仿真实验从三级目录调整为二级目录,并增加了二极管特性曲线的计算机仿真;

(5) 增加了综合设计型实验 2 个;加强实验的探究性成分;

(6) 修订实验硬件设备说明。

本书仍分为上、下两篇,共九章。上篇——电路实验技术基础由六章组成。第 1 章讲述电路实验课开设的意义、内容、基本要求以及实验基础知识;第 2 章介绍了常用元器件的基本知识、电子仪器和测量仪表的基本原理和使用方法;第 3 章讨论电路基本电量的测量方法以及电路的时域测量和频域测量;第 4 章介绍实验中测量误差的表示与估计方法、不确定度及其评估方法以及测量数据的处理和描述;第 5 章介绍两个仿真软件 Multisim 和 MATLAB 在虚拟电路实验中的应用以及 4 个仿真实验;第 6 章详细介绍了与实验设计有关的知识,包括实验方案的制定、实验器件与设备的选择以及实验数据的分析与处理。下篇——电路实验内容包括三章,第 7 章为基础规范型实验,强调基本实验方法和技能操作;第 8 章是研究探索型实验,通过实验内容的组织以及实验现象的展示,启发和引导学生积极思考和探索,并对实验理论、实验方法、实验手段以及实验现象分析等展开研究;第 9 章为综合设计型实验,涉及理论研究和电路设计以及综合利用各种分析测试手段解决问题。附录更新了常用仪器仪表的技术性能和参数。

　　修订工作主要由姚缨英、孙盾、王旆、干于和童梅完成，纸质内容由姚缨英统稿。具体分工如下：第1章由孙盾、姚缨英修订；第2章由干于、孙盾修订，王旆校对；第3章由干于修订，王旆校对；第4章由姚缨英修订，王旆校对；第5章第一节由孙盾修订，第5章第二节以及仿真实验2、3由童梅修订；仿真实验4由童梅、孙盾修订；仿真实验6、7由王旆修订；仿真实验5、8、9由姚缨英修订；第6章由姚缨英修订；第7章由王旆、姚缨英修订；第8章研究专题1由孙盾修订，其余部分由姚缨英修订。第9章综合设计3、5、6、7、8由孙盾修订，其余部分由姚缨英修订；附录由干于、孙盾编写。数字资源尤其是视频和仿真录屏来源于"电路与模拟电子技术"在线课程，由孙盾、姚缨英、干于、王旆、熊素铭和楼珍丽完成讲解和演示视频的拍摄。赵江萍编程开发了间接测量传递误差计算器和半导体特性曲线、频率特性曲线以及音频放大电路指标验收的自动化测量软件。全书由姚缨英整理和定稿。

　　本书由上海交通大学张峰教授审阅，衷心感谢张峰教授所提的意见建议和悉心的指导。作者在编写本书的过程中吸取了浙江大学电路实验教学以及电工电子基础课程教学的宝贵经验，得到电路原理及实验、电路与模拟电子技术实验教学老师们的悉心帮助，参考了国内外有关高校电路原理和实验教学的成果，并得到老师们的关心与帮助，对以上老师们的帮助和支持，作者一并深表谢意。

　　由于作者水平所限，书中难免存在错误及不妥之处，恳请读者批评指正。

　　作者邮箱：yingying_yao@zju.edu.cn。

作　者

2022.6.28 于浙江大学

第 3 版前言

　　浙江大学电工电子基础教学中心自 2007 年始进行国家级实验教学示范中心建设和创新人才"爱迪生实验班"培养,积累了创新性实验教学方面的丰富经验,特别是 2011 年之后,大面积开展探究性实验和研究性学习,实验教学的形式和内容均有很大变化。《电路实验教程》(第 3 版)参照高等学校电子、电气信息类专业电路实验的教学基本要求,在总结浙江大学研究探索性学习以及电路实验教学改革的基础上编写而成。对上、下两篇共九章的架构进一步梳理和补充形成"仿真实验"8 个、"基础规范型实验"16 个、"研究探索型实验"9 个和"综合设计型实验"7 个。第 3 版更注重实验内容的层次化和可拓展性,加强了仿真实验的覆盖面和深度,强化仿真软件在研究探索过程中的作用,例如,半导体器件特性仿真;方波发生器性能与器件参数关系的研究;基于 MATLAB 实现计算机辅助电路分析;基于 Multisim 实现互感、变压器和非线性电感等。对第 2 版中的研究探索型实验和综合设计型实验做了进一步细化和完善,对于使用者的自主性学习以及思考和探索可产生良好的帮助。全面更新了附录。

　　本书特点如下:

　　1. 内容丰富,结构易于取材

　　上篇——电路实验技术基础由六章组成。第 1 章讲述电路实验的意义、基本要求以及实验基础知识;第 2 章介绍常用元器件的基本知识以及仪器仪表的基本原理和使用方法;第 3 章讨论基本测量方法;第 4 章介绍实验中测量误差的表示与估计方法、不确定度及其评估方法以及测量数据的处理和描述。第 5 章介绍 Multisim 和 MATLAB 在虚拟电路实验中的应用以及 8 个仿真实验。第 6 章详细介绍了与实验设计有关的知识,包括实验方案的制定、实验器件与设备的选择以及实验数据分析与处理。下篇——电路实验内容包括三章,第 7 章为基础规范型实验,强调基本实验方法和技能操作;第 8 章是研究探索型实验,通过实验内容的组织以及实验现象的展示,启发和引导学生积极思考和探索,并对实验理论、实验方法、实验手段以及实验现象分析等展开研究;第 9 章为综合设计型实验,涉及理论研究和电路设计以及综合利用各种分析测试手段解决问题。附录介绍了常用仪器仪表的技术性能和参数。

　　2. 强化实验方案设计

　　在第 6 章中,从实验设计的角度,以案例分析的方式阐述电路原理实验中涉及的"实验方案制定及评估、实验条件与实验的准确度以及实验数据分析与处理"等关键问题。在各种层次的实验项目中均强调实验方案和线路参数的自拟定过程。

　　3. 实验内容层次化,实验形式丰富,易于拓展和深究丰富了仿真实验的内容,实验项目中凸显研究和探究性任务,在加强基本技能和基本测量方法训练的基础上,更加突出综合技能的培养和解决实际问题能力的训练。

修订工作由姚缨英、王舠、干于、孙盾、童梅承担,具体分工如下:姚缨英负责第 1 章、第 4 章、第 6 章、新增仿真实验 7、8;干于负责第 2 章、第 3 章、第 5 章第一节和附录;童梅编写第 5 章第二节以及第三节中仿真实验 2、3;仿真实验 4 由童梅、孙盾编写;王舠负责第 7 章以及新增仿真实验 5、6;孙盾编写第 8 章研究专题 1、第 9 章综合设计 3 和综合设计 5。第 8 章和第 9 章其余部分由姚缨英编写和修订。全书由姚缨英整理和定稿。

在本书修订的过程中吸取了浙江大学电路实验教学以及电工电子基础课程教学的宝贵经验,得到电路原理及实验教学老师们的悉心帮助,参考了国内外有关高校电路原理和实验教学的成果,并得到老师们的关心与帮助,对以上老师们的帮助和支持,作者一并深表谢意。

由于作者水平所限,书中难免存在错误及不妥之处,恳请读者批评指正。

作者 email:yingying_yao@ zju.edu.cn

作　者

2016 年 8 月于浙江大学

第 2 版前言

本书参照教育部高等学校电子电气基础课程教学指导分委员会制定的"电路类课程教学基本要求"中关于实验教学的内容,在总结浙江大学电路实验教学改革的基础上编写而成。2006年,本书第 1 版作为教育部高等学校电子信息与电气信息类基础课程教学指导分委会组织的电工电子实验系列课程教材出版,并于 2008 年确定为普通高等教育"十一五"国家级规划教材再次印刷。本次修订更注重基本内容的讲解以及实验内容的层次化,对原有的 23 个实验所组成的"基本实验、仿真实验和综合实验"架构进一步梳理和补充,形成 4 个"仿真实验"、16 个"基础规范型实验"、9 个"研究探索型实验"和 7 个"综合设计型实验"。实验类型的细分和规范,特别是"研究探索型实验"对于使用者的自主性学习以及思考和探索有良好的帮助。与第 1 版相比,本版实验内容和实验形式更为丰富,在加强基本技能、基本测量方法训练的基础上,更加突出综合技能的培养和解决实际问题能力的训练。本书补充了不确定度及其评定方面的相关知识;增加了一章,第 6 章"实验设计与典型实验案例分析",从实验设计的角度,以案例分析的方式阐述电路原理实验中涉及的实验方案的制定、实验器件与设备的选择以及实验数据的选择及其分析与处理等关键问题。

本书仍分为上、下两篇,共九章。上篇电路实验技术基础由六章组成:第 1 章讲述电路实验课开设的意义、内容、基本要求以及实验基础知识;第 2 章介绍常用元器件的基本知识、电子仪器和测量仪表的基本原理和使用方法;第 3 章讨论电路基本电量的测量方法以及电路的时域测量和频域测量;第 4 章介绍实验中测量误差的表示与估计方法、不确定度及其评估方法、测量数据的处理和描述;第 5 章介绍两个仿真软件 Multisim 和 MATLAB 在虚拟电路实验中的应用以及 4个仿真实验;第 6 章详细介绍与实验设计有关的知识,包括实验方案的制定、实验器件与设备的选择以及实验数据的选择及其分析与处理。下篇电路实验内容,包括三章:第 7 章为基础规范型实验,强调基本实验方法和技能操作;第 8 章是研究探索型实验,通过实验内容的组织以及实验现象的展示,启发和引导学生积极思考和探索,并对实验理论、实验方法、实验手段以及实验现象分析等展开研究;第 9 章为综合设计型实验,涉及理论研究、电路设计以及综合利用各种分析测试手段解决问题。附录介绍了常用仪器仪表的技术性能和参数。

本书由姚缨英主编,具体分工如下:第 1 章由姚缨英编写;第 2 章、第 3 章由干于编写;第 4章由姚缨英编写;第 5 章的 5.1 节由干于、姚缨英编写,5.2 节以及 5.3 节中仿真实验 2、3 由童梅编写,仿真实验 4 由童梅、孙盾编写;第 6 章由姚缨英编写;第 7 章由王旃、干于编写,新增添实验由姚缨英编写;第 8 章研究专题 1、第 9 章综合设计 3 和综合设计 5 由孙盾编写;第 8 章和第 9 章其余部分由姚缨英编写;附录由干于编写;文稿的校核由王旃完成;聂曼协助完成了部分实验测试和图片绘制。全书由姚缨英整理和定稿。

上海交通大学陈洪亮教授十分细致地审阅了全部书稿,并提出许多宝贵的意见和建议,在此表示衷心感谢。

在编写本书的过程中吸取了浙江大学电路实验教学以及电工电子基础课程教学的宝贵经验,得到了从事电路原理及实验教学的老师们的悉心帮助;参考了国内外有关高校电路原理和实验教学的成果,并得到老师们的关心与帮助。对以上老师们的帮助和支持,作者一并深表谢意。

由于作者水平所限,书中错误及不妥之处,恳请读者批评指正。

作　者

2011 年 3 月于浙江大学

第1版前言

本书是针对电类专业本科生电路实验课程编写的教学用书。

"电路原理"已经建立严谨的理论体系,其分析方法、解题技巧也日趋完备,而且计算机辅助分析(CAD)、电路仿真、计算机自动化设计等近代应用技术也已越来越多地应用于面向工程的电路问题。必须指出,在工程实践中,大量电路分析、设计以及现场调试方面的基本应用,要求学生在掌握理论知识的同时必须建立实际元器件性能的相关概念,掌握基本电工测量仪器、仪表的使用,掌握基本电工测量的方法和知识,掌握基本实验设计技术以及现代电路计算机仿真工具和测试手段,并具备对实验结果分析、处理以及总结的能力。而电路实验课程正是担当这一重任的第一门面向电类工程技术的实验基础课。

随着科学技术的进步,对工程技术人才培养的要求越来越注重其综合处理实际问题的能力。同时,实验室硬件配置的不断更新,软件环境的进一步改善,电源、信号系统和基本测量仪表不仅具有高过载能力和可靠的安全保护,而且还采用了数字化控制,可以实现计算机实时控制和测量,所以充分利用计算机进行辅助分析、数据处理以及虚拟化设计已迫在眉睫。因此,电路实验教学除了帮助学生验证、消化和巩固基本理论,培养学生的基本实验技能外,更重要的是培养学生学习和运用电路理论处理实际问题的能力以及相应的创新精神。具体来说,通过电路实验,使学生了解基本电工测量仪器、仪表的原理及使用,掌握基本电路电量和参量的测量方法,能够独立完成实验基本操作,并进一步提高实验技能;巩固并且利用所学的理论知识,分析实际工程中遇到的问题,培养研究能力和实际工作能力;了解现代电路设计手段和工具,提高应用计算机以及相关软件的能力,例如,利用 Multisim 或 MATLAB 软件进行计算机虚拟电路实验。本书作为电路实验教学的指导教材,除了在初始阶段给出具体的实验项目和内容外,特别注重提供与实验技能和实际工程研究相关的基本知识和训练,注重培养学生进行基本实验设计的能力,学习实验技术指标的选择、简单原理设计及数据和参数的选取、实验结果和误差的分析及处理、实验方法的改进和误差综合及消减的方法。

本书的宗旨是将电路实验由单一的验证原理和掌握实验操作技术拓展为一门综合技能训练的实践,成为学生获得实验技能和科学研究方法基本训练的重要环节。本书作为电类实验技术的入门教材,是一本致力于从理论过渡到实践的指导书。强调理论在实验中的指导作用;侧重于基本技能、基本测量方法的掌握;突出综合技能的培养和解决实际问题能力的训练。

本书分为上、下两篇,共八章。上篇——电路实验技术基础由五章组成。第 1 章讲述电路实验课开设的意义、内容和基本要求以及实验基础知识;第 2 章介绍常用元器件的基本知识、电子仪器和测量仪表的基本原理和使用方法;第 3 章讨论电路基本电量的测量方法以及电路的时域测量和频域测量;第 4 章介绍实验中测量误差的表示和估计方法以及测量数据的处理和描述;第 5 章介绍两个仿真软件 Multisim 和 MATLAB 在虚拟电路实验中的应用。下篇——电路实验内容包括三章,第 6 章为基本实验,强调实际操作;第 7 章为仿真实验,学习使用仿真软件和电路实验的设计;第 8 章为综合实验专题,涉及理论研究和电路设计以及综合利用各种分析测试手段解决问题。附录介绍常用仪器、仪表的技术性能和参数。综上所述,编入本书的电路实验除了面向基本电工测量仪器、仪表的原理和使用、基本电路电量和参量的测量、电路理论验证类实验外,还编排了基于电路仿真软件和虚拟电路实验软件的分析设计类实验以及从工程实践中提取出的研究性综合实验专题,并在整个实验教学过程中,采用计算机辅助设计、虚拟实验和数据处理,使学生得到系统的训练以达到培养动手能力、独立工作能力和正确处理工程问题能力的目的。

　　本书参照高等学校电子、电气信息类专业电路实验的教学基本要求,在浙江大学电路实验教学改革的基础上编写而成,内容不仅包含电路实验的基础知识和基本技术、基本测量方法和仪器使用,而且引进了计算机辅助分析和设计,并按照基础实验、仿真实验和综合设计实验循序渐进地展开。全书由姚缨英、干于、王旌、童梅、孙盾编写,其中第 1 章、第 4 章、第 7 章中仿真实验 1、第 8 章综合实验专题 1、2、3、4 及 6 由姚缨英编写;第 2 章、第 3 章以及附录由干于编写;第 5 章第 1 节由干于、姚缨英编写;第 6 章由王旌、干于编写;第 5 章第 2 节、第 7 章中仿真实验 2、3 由童梅编写;仿真实验 4 由童梅、孙盾编写;第 8 章中综合实验专题 5 由孙盾编写。全书由姚缨英任主编,负责统稿。

　　本书由上海交通大学陈洪亮教授审阅。在本书交付出版前,陈教授仔细审阅了全稿,提出了许多宝贵意见和建议。本书在编写过程中,得到钱克猷老师和电路原理及实验教学众多老师的悉心帮助,并吸取了浙江大学电路实验教学的宝贵经验。另外还得到国内有关高校电路原理和实验教学老师们的关心与帮助,并为本书提出了不少宝贵的意见。对以上老师们的帮助与支持,作者一并深表谢意。

　　由于我们水平所限,书中错误及不妥之处,恳请读者批评指正。

作　者
2006 年 3 月于浙江大学

目　录

上篇　电路实验技术基础

下篇　电路实验内容

上 篇

电路实验技术基础

第 1 章

电路实验综述

实验绪论

1.1 电路实验概况

1.1.1 电路实验课开设的意义和目标

实验教学是现代教学体系中不可缺少的重要组成部分,是培养学生实践能力和创新能力的重要手段和必要途径。电路实验是电子信息与电气类学生进入技术基础课学习的第一门实验课程。该课程以应用理论为基础、专业技术为指导,侧重于理论指导下操作技能的培训及综合能力的提高,旨在将所学理论过渡到实践和应用,为后续技术基础课、专业课的学习以及今后的工作打下良好的基础。

随着新兴技术、新兴产业的迅猛发展,社会对人才培养提出更高要求。电路实验已经由单一的验证原理和掌握实验操作技术拓展为一门综合技能训练的实践,成为培养学生实验技能和科学研究方法基本训练的重要环节。通过电路实验,使学生进一步建立实际元器件性能的相关概念,掌握基本电工测量仪器、仪表的原理及使用方法,掌握基本电路电量和参量的测量方法,掌握基本实验设计技术以及现代电路计算机仿真技术,能够独立完成实验基本操作,具备对实验结果分析、处理的能力,并且能够运用所掌握的知识研究和解决工程实际问题,这些对于电子信息与电气类学生学习、理解并应用电学基本理论来说是极其重要的。

电路实验通过基础规范型、研究探索型和综合设计型多层次实验,巩固和深化电路理论的基本知识,培养综合运用电路知识分析问题和解决问题的能力。实验内容可拓展并包含问题导引,倡导自主设计实验进行探究测量,提升领会、决策、规划以及自由探索的意识和能力。

1.1.2 电路实验的内容和基本要求

电路实验除了验证、消化和巩固基本理论,学习基本实验技能外,还注重培养学生进行基本实验设计的能力,学习实验技术指标选择、简单原理设计及数据和参数的选取、实验结果和误差的分析及处理、实验方法的改进和误差综合及消减的方法,并进一步培养学生学习和运用电路理论处理实际问题的能力和创新精神。为了达到上述目的,电路实验将从以下几方面加强对学生的训练。

1. 基本实验技能

了解基本仪器仪表结构、误差来源及使用方法。正确使用各种常见的电工仪器、仪表,如交直流电压表、电流表、示波器、信号发生器、数字万用表、功率表等。掌握实验结果的误差分析及处理、实验方法的选择和改进。

2. 测试技术

掌握基本元器件测试、基本电量测量以及端口特性曲线测量的方法。培养分析、查找和排除电路故障的能力。

3. 研究性暨创造性能力

学习实验技术指标选择、简单原理设计及数据和参数的选取。培养提出问题和独立解决问题的能力。

4. 实验数据处理和分析

掌握基本的实验数据处理和误差分析方法,并利用计算机处理实验数据和绘制曲线。

5. 计算机虚拟电路实验

利用 Multisim 和 MATLAB 等软件对电路进行仿真分析和设计。

6. 研究探索型实验和综合设计型实验

从实际工程问题中提炼出若干实验,综合训练学生发现问题和解决问题的能力。

7. 实验报告撰写能力

作为工科学生,撰写论文和技术报告是基本的技能之一,如何独立写出严谨的、有理论分析的、实事求是的、条理清晰的、有说服力的实验报告也是电路实验课的基本目的之一。

实验内容按照从基础到综合、从易到难的思路安排,并充分体现该课程的要求。例如,通过基本测量实验和原理验证类实验来完成基本实验技能和测试技术方面的训练;研究探索性实验逐渐减少提供具体的实验步骤和指导,要求学生根据问题和实验任务自己组织和安排实验,撰写研究报告;综合实验则要求结合工程实际,综合使用不同的工具,分析、设计、制作电路,并进行相关测试,撰写设计测试报告。

为确保实验教学质量,在实验内容的安排上应注意下列问题。

(1) 通过基础规范型实验加强学生对实际元器件以及实验仪器、仪表的认识,培养基本实验技能。

每一项实验有较详细的实验步骤和指导性参数,通过实验过程中的有关现象,了解实际元器件与理想元器件的区别。例如,通过"直流电压、电流和电阻的测量"与"含源一端口网络等效参数和外特性的测量",理解一切实际元件均有过载可能性;稳压源和稳流源是非理想的,有一定的工作范围;基本电量的测量与测量仪表的精度、内阻以及量程选择有关。掌握测量结果的误差分析方法和误差来源分析,例如,通过"仪表内阻对测量结果的影响和修正"实验初步认识系统误差及其修正方法;通过"电压三角形法测参数的误差分析"和"三表法测参数的误差估计与补偿"实验了解测量方法及测量条件的选择在提高实验准确度中的应用;通过"耦合电感等效参数的电工测量法与传递误差"实验学习测量方法的选择、测量结果精度的分析以及测量误差传递的计算方法。

（2）加强计算机辅助电路实验,以适应信息时代对人才培养的要求。

利用计算机处理实验数据,如实验曲线的绘制、平滑和拟合;实验曲线与理想曲线的比较和误差分析;时域曲线的频谱分析等。通过电路仿真实验,一方面使学生理解电路参数与性能之间的关系,培养电路设计的基本能力,另一方面可以弥补操作实验的不足,观察常规实验所无法实现的电路现象,还可以设计开放性实验,建立工程测量的基本概念。

（3）通过研究探索型实验提高学生的独立工作能力和创新能力;在综合设计型实验中培养学生综合素质和正确处理工程问题的能力。

研究探索型实验要求学生利用电路原理、计算机仿真以及实验室提供的设备,自己设计实验方案,进行相关的实验。综合设计型实验则是从实际工程问题中提炼出来的专题性研究,包括理论分析、设计仿真、制作、实验测试和撰写研究报告甚至答辩,非常适合提升学生的综合素质。

（4）通过循序渐进的实验安排,结合计算机辅助数据处理和电路仿真技术,使学生得到系统训练,从而达到培养学生建立正确的工程观念、独立分析和解决工程问题能力的目的。

本书内容由易到难,由基本测量实验、验证性实验过渡到分析设计类实验,最后进入由实际工程问题中提炼出的综合性工程类实验,由指导性实验到自主性实验,并将操作实验与仿真实验有机结合,使电路实验课程真正起到联系理论与工程实践的桥梁作用。

1.2 电路实验基本知识

实验是为了通过测量得到一系列物理量的结果,而这些结果往往是用实验数据来反映的。实验数据应包含两个要素——数值和单位,并符合所要求的可靠性。实验数据的数值、单位,即"量",可以用各种仪器、仪表直接或间接地进行测量,而实验数据的可靠程度取决于实验方案的优劣,仪器仪表的精度、实验者的实验技术水平等多种因素。

电路实验不仅仅解决"怎么做"(实验操作指导),而是从"有什么"(提出问题)开始,通过"为什么"(寻求理论依据)、"可以怎样解决"(设计方案)、"解决效果"(理论分析、仿真分析和实际测试)、"解决结果是否满意"(分析和评价实验结果,最终得出结论)的全过程,达到理论与实验互融互通、相辅相成的目的。

完整的实验过程应该包含五个阶段:实验计划、实验准备、实验测试、实验分析整理、实验报告撰写。电路实验课程既要培养学生实际工作的能力,打好电类实验的基础,又要从一开始就着力培养学生严谨的科学实验作风,因此对实验过程的五个阶段都有相应的要求。

1.2.1　实验计划阶段

实验计划必须根据具体的实验任务要求、仪器设备资源、具体实验条件等进行制订。它是实验准备阶段工作的依据,又是决定实验费用、实验成败的先决条件。因此实验计划要求成文,并作为实验的技术性文件保存,成文的实验计划一般包含下列内容。

1. 实验名称

实验名称应能反映实验的任务要求。某些大型实验可能分解成几个实验进行,有时同一个实验还要反复进行多次,对于这些内部有一定联系的实验名称,既要能互相区别,又要能相互联系。

2. 实验任务

实验任务必须明确,必要时可注明实验任务的来源。对于本课程的练习性实验,可按照实验教材填写。

3. 实验原理

对于简单的实验,只要简单地说明理论根据即可。对于研究性实验,应具体说明实验原理,说明内容要完整,文字要简洁,便于在后续的实验阶段中查询。

4. 实验电路图

实验计划中的实验电路图可分为:

① 原理图　用电路图形符号表示的电路图。它只显示电路元器件及其连接(拓扑结构)、电路元器件的参数等,在实验原理的说明中,可以使用原理图。例如,图 1-2-1 所示为电阻元件的原理图。

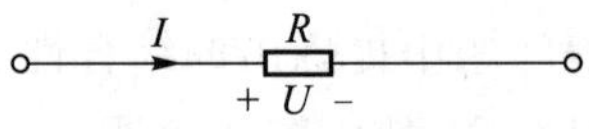

图 1-2-1　原理图

② 实验图　在原理图中需要测试电量的地方添加上所需的测量仪表就成为实验图,如图 1-2-2 所示。对于一些比较简单的实验可只画实验图。

③ 接线图　实验图还不是实验的具体接线图。实验时还必须有电源、开关、仪器和仪表的接入位置。某些对外界条件特别敏感的实验,例如容易受电磁干扰,受泄漏电阻、线路的寄生电容和寄生电感等影响的实验,还必须画出接线的相对位置,如图 1-2-3 所示。

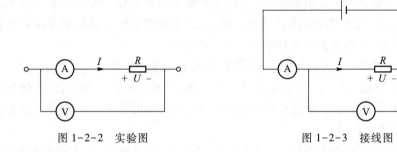

图 1-2-2　实验图　　　　　　　　　　图 1-2-3　接线图

5. 设备清单

实验计划中的设备清单必须完整详细,不能缺漏,否则会导致实验无法进行。清单中对通用型的常规设备,只需列出设备的名称、规格、型号、数量。在实验报告中还需要记录设备的编号,在电路中对应的代号。对专门为某项实验设计制作的专用设备或装置,要有具体说明,必要时给出原理图。为培养学生严谨的科学作风,实验指导老师可以按学生提供的设备清单配备设备。

6. 实验条件

对于实验条件对实验结果影响不明显的实验,在计划中可以不列该项,在实验报告中只要记录实验日期、时间、温度、湿度即可。对于对周围环境有特殊要求的实验,例如磁场强度、电场强度、温度、湿度、洁净度等,需要在计划中加以说明,便于在实验准备阶段中预先做好准备,在实验报告中还要有详细记录。

7. 实验步骤

实验计划中要有完整的实验步骤,实验步骤应具有可操作性。对于初始接触实验的学生来说,更需要详细地列出实验步骤。实验步骤应标明:

① 操作顺序　实验步骤中的操作顺序是否正确不仅对实验结果、实验过程会产生重要影响,还会对人身安全和仪器设备安全产生影响,特别是对于电源开关、各调节旋钮的起始位置等都要加以说明。

② 实验数据的观察、记录　实验步骤中要标明需要观察和记录的实验数据,包括取多少数据,数据如何分布,是否要进行重复测量,重复的次数,数据的记录格式,使用仪表的精度、量程,数据有效数字的位数,测试过程中的注意事项(调节速度、稳定时间、单调增加或减少等)等。

实验步骤不明确,操作混乱,会造成实验结果的错误,数据的漏测。对于实验课程中设计的实验,很多数据一般都能事后补测或者重做整个实验进行补救,但在实际工作中,补救性实验会造成大量人力、物力的浪费。对于有些不可重复的试验,例如破坏性试验、天文观察试验等就会造成无法挽回的损失。所以对实验计划中的实验步骤,一定要仔细考虑,反复推敲,思路要清晰,可操作性要强。

8. 对实验过程中可能出现的问题进行预测

对实验过程中可能出现的故障,可能产生的后果,发生时的补救办法,能够预料的,都要引起重视,并在实验计划中给予说明。防止故障发生时措手不及。当然在实验过程中还会存在不少无法预料的情况,这是正常现象。这种情况不仅在研究性的实验中会出现,就是常规的、重复进行过的实验中也会出现。在这种情况下,就要求学生在实验过程中提高自己的应变能力和观察能力,随时捕捉这些现象,进行记录和分析,这会使我们获得比实验本身更大的收获。

实验计划的周密制订要花费实验者的不少时间和精力,也需要实验者多方面的知识,在很大程度上它就是实验顺利进行的保证,同时也体现了实验者的实验水平。因此本课程要求学生对每个实验都预先提供实验计划,否则教师可以拒绝学生进行实验。

1.2.2　实验准备阶段

根据实验计划,要对所需的仪器设备进行配置。对配置的仪器设备要核对型号、规格、精度,并记录仪器设备的编号及在电路中的对应符号。对所配置的仪器设备要检查是否能正常使用,有否损坏,能否调零,起始位置是否正常,然后接成实验电路进行试运行,看运行是否正常。接线、核对、检查及试运行完成以后,实验的准备阶段就完成了。接着可进入实验操作阶段。

在实验准备阶段,要求注意下列事项。

1. 仪器设备的使用

在实验中使用仪器设备的目的不同,对仪器设备的要求也不同。一般情况下,实验中的仪表有三种分类:

① 指示用仪表(监视仪表) 对这类仪表只要求指示数值的范围,不一定要有精确读数。可以采用比较廉价、耐用的普通仪表,精度可以适当降低(1.5~2.5级)。

② 测量用仪表 对这类仪表要求有一定的读数精度,可对照实验需要进行配置。一般可采用价格比较适中的0.5~1级的仪表。

③ 标准仪表 对这类仪表精度要求较高(一般在0.1~0.5级),相应的价格也比较昂贵,一般只用于对测量仪表的检定和校正时使用,很少直接用于测量。

在实验中要合理地选用仪表,不能单方面追求仪表精度。盲目地选用精度高的仪表,只会提高实验成本,而不一定能提高实验中的测量精度。但若选用仪表的精度太低,就会使实验结果的可靠性差,甚至会产生错误的结论。

2. 实验条件的准备

不同的实验对实验条件的要求相差很大,例如有的实验必须在真空下进行,而某些实验要求在高压、高温下进行。就是同一个实验,在对不同的参数进行测定时,对实验条件也有不同的要求,例如有的需要在初始状态下测定,有的需要在实验一段时间后测定,有的则需要在预热到一定温度下测定。实验对环境条件的要求,不仅需要在实验计划中说明,而且在实验的准备阶段中更需要具体落实。一时无法实现的,必须提出相应的替代方法,并且说明替代后会产生的影响。

3. 进行预测实验

对于比较复杂、需要多人合作的实验,为了熟悉操作过程,可以采用预测实验的方式。在正式实验以前,进行一次预测实验。这对于可重复的实验是一个很好的思路,这样做可以检查和发现实验计划中的不足和问题,便于在正式实验中加以修正和弥补,也有利于熟悉实验的操作过程及多人合作实验时的相互协调。预测实验结束后,必须将整个系统复原。

1.2.3 实验测试阶段

实验准备阶段结束以后,就可进入实验测试阶段的操作。实验测试阶段是按照实验计划中的实验步骤进行操作。如果实验计划制订得比较详细、周到,实验测试就能顺利进行。对于不同的实验,实验计划也不相同,在后面的实验任务章节中会给予说明,这里对共性的问题提出一些要求。

1. 安全问题

进入实验室进行实验,首先学习"实验室学生守则""实验室学生安全操作规则""实验室仪器设备管理制度"等规章制度。安全问题包含两个方面,即人身安全和仪器设备安全。

① 人身安全　电工、电路实验离不开电源,而实验台上的电源,一般有直流稳压电源、直流稳流电源、单相交流电源、三相交流电源。电压等级有 0~30 V 可调、单相交流 220 V、三相交流 380 V 等。国家标准规定,电压低于 36 V 的为安全电压,电流小于 36 mA 的为安全电流。显而易见,在实验台上存在危险电压,学生实验时必须重视。作为实验室的练习实验,已经采用了很多保护措施,但在今后的实际工作环境中不一定有这样的条件,所以必须养成良好的操作习惯,主要是要做到不带电操作。在实验过程中,凡要改接线路,都要先切断电源。在电源合闸时,要思想集中,养成单手操作的习惯。对几个人合作进行的实验,在合闸时要相互打招呼。进入实验室进行实验,不能穿带铁钉的鞋子,地上最好有绝缘的垫子。既要注意安全,正确操作,又不能思想紧张,不敢操作。

② 仪器设备安全　要学会正确使用实验中的仪器设备。要预先了解仪器设备的性能、工作原理,使用时要特别注意仪器设备的量程(量限)。对于电工、电子仪表,过电流和过电压往往会烧坏仪表,而压力容器的过压使用则容易引起爆炸。因此对实验中的被测量的数值范围预先要有估算,以便选择合理的仪表量程。同时对某些仪器设备的使用特点要特别注意,例如稳流源、电流互感器不能开路,稳压源、电压互感器不能短路,自耦变压器的输入和输出端不能互换等。这类操作错误不仅会造成仪器设备的损坏,甚至会危及人身安全,应特别给予重视。

2. 实验数据

实验数据包括原始数据和经分析整理及计算后的数据。实验测试阶段需要记录的是实验的原始数据。记录时要准确,有效数字要完整,单位不能遗忘。为便于误差分析,记录数据的同时要记录测量该数据时所用仪表的量程。对于多次实验中测量的原始数据,即使是某些偶然现象,也不要当场取舍,不能随便放过,都要一一记录在案,利于事后分析。实验者要自觉地提高对实验数据的观察力,提高对各种实验现象的敏感性。在实验测试过程中,对获得的实验数据应尽可能及时进行分析,这样利于发现问题,当场采取措施,提高实验质量。

3. 实验环境

实验过程中,实验环境往往会发生变化,这些变化可能对某些实验影响不大,而对另一些实验可能会带来很大影响,甚至造成整个实验的失败。因此要随时注意实验环境的变化,能调整的要及时调整,并加以记录。例如电源电压的变化,温度、湿度的变化,邻近设备频繁启动的干扰以及声音、雷电、振动等因素,都会给实验结果带来影响。

4. 实验操作姿势和读数方法

对实验者来说,实验操作姿势和读数方法也应给予重视。正确的读数方法(特别是指针式仪表)可以提高读数精度;正确的实验姿势,不容易使人疲劳,可扩大实验者的视野,既有利于正确读取数据,进行记录,而且还有利于随时观察到其他仪表的变化。对于大型复杂实验,统览整个系统的运行情况显得尤为重要。

1.2.4　实验分析整理阶段

依据实验记录对实验数据和现象进行分析,是一个去伪存真的过程。在这个过程中,既要珍惜、尊重原始记录,切忌主观臆断,任意丢弃不合自己主观想象的数据,也不能死守因某些偶然因素引起的数据或现象,而使数据变成没有规律的一团乱麻,无法整理出有用的结果。所有的实验数据都是有误差的,而误差的大小又决定了实验结果的可靠程度。因此实验分析阶段的一个重要内容就是进行误差分析。有关实验的误差分析,将在后面的章节中加以说明。

可以将实验结果整理成表格,也可以整理成曲线,特别是用曲线来表示实验结果,直观形象,容易寻找规律,是一种很好的表示实验结果的方式。用曲线表示实验结果时,要注意两种情况,一是曲线的连续性。在实验过程中,有连续变化的区间,也有突变的区间,这可能造成曲线的不连续。在这些突变点的附近,一定要有足够的测量数据,否则会隐含实验的错误;二是曲线的外延与内推要特别小心,看实验曲线是否能够外延、是否能过零点等。在后面的章节将详细介绍实验数据的曲线拟合和绘制,并可通过计算机软件实现实验数据曲线的拟合。

实验结果分析整理后一定要形成报告,报告必须有结论,而且结论的依据必须充分,不能似是而非,含糊不清。实验结束后,要进行小结,在这次实验中有哪些收获,有哪些缺憾,应如何改进,做到每次实验都有新的体会,都有新的提高。

1.2.5 实验报告撰写阶段

实验报告的撰写不仅是对实验教学过程的观察记录、分析讨论、归纳总结和整体把握的训练过程,更是强化实验操作能力、加强学生自主分析并解决复杂问题的科学素质和综合创新能力培养的重要环节。实验内容分层次设置,实验报告也分为两个大类,即常规实验报告和研究型实验报告。针对基础规范型实验,撰写常规实验报告,常规实验报告格式及要求详见表 1-2-1;针对综合设计型实验,撰写研究型实验报告,研究型实验报告格式及要求详见表 1-2-2。

表 1-2-1 常规实验报告格式及要求

实验报告栏目	实验要求	能力培养要求
实验名称	注明实验基本信息	
实验目的	叙述实验目的和要求	
实验原理	绘制实验电路图,介绍实验原理	书面表达能力
仪器设备	列出所使用的仪器设备的名称型号	
实验步骤	简述实验操作方法与步骤	概括总结能力
测试数据/波形记录	如实正确记录数据/波形	观察、记录、表达能力
数据处理	采用文字、表格或曲线呈现实验数据	理论与实践结合的应用能力
实验结论	给出实验结论,记录收获、体会,提出建议	分析判断、逻辑推理、得出科学结论的能力

表 1-2-2 研究型实验报告格式及要求

实验报告栏目	实验要求	能力培养要求
研究题目	注明综合设计实验基本信息	准确清晰概括的能力
实验研究目的	叙述综合设计实验目的和要求	提出问题、凝练表述的能力
研究背景和设计要求	描述实验研究的现状,存在问题,实验设计的指标和要求	查阅文献,分析比较实验方案的能力
原理说明与设计方案	制定实验方案,明确仪器设备,确定实验路径	消化吸收,应用拓展的能力
仿真分析	搭建仿真电路得出仿真数据和波形	应用软件,优化设计方案的能力
原始数据/波形记录	全面记录多层次多方位测量的完整数据	敏锐观察、正确记录、清晰表达的能力
数据处理实验讨论与拓展	利用原始数,图文并茂给出计算、分析、比较、讨论等详细过程	分析问题、解决问题的能力;科学思维及逻辑思辨的能力
实验结论	给出直接结论、拓展结论	学习→分析→应用→拓展→创新能力
参考文献	学习前人已发表的文献中原理、拓扑结构、数据和材料	严谨求是的科学态度

撰写实验报告是将实验的各个环节紧密结合与统一的过程,是全面提升学生观察分析、概括总结及全局把握能力的过程,是培养实事求是的科学态度、百折不挠的工作作风、相互协作的团队精神和勇于开拓的创新意识的过程。

1.3 电路实验实施方式

1.3.1 启发引导式

给定实验任务与实验内容,强调基本知识与基本分析方法,即使是最简单的实验也从原理上介绍实验线路、参数选择、限制条件的缘由,在实验项目中实验参数和实验线路甚至实验方法均不指定,在实验课上采取研讨的方式进行分析,最终由学生自己确定实验具体方案;对实验中的问题,尤其是数据分析和处理方面的技术进行课堂讨论,注重培养获取和应用新知识的能力,通过理论学习、实验测量、实验方案设计、仪器设备须知和实验操作指导等方面的训练,提高学生的综合素质,以培养学生严谨求是的作风以及创新意识。

1.3.2 问题情境式

"学起于思,思源于疑"。美国教育家杜威最先提出并经补充完善的"问题教学法",始终强调应将学习建立在学生主体性、能动性、独立性的基础上。通过实验现象,创设问题情境,引导同学仔细观察实验现象,洞察仪器仪表数据的变化,敏锐发现实验中的问题,促使同学自主深入思考,寻找对症有效的解决办法。在不断遇到问题和解决问题的实验过程中,增强实验的趣味性,展示实验训练的魅力,培养尊重客观数据、敏于观察、勤于思索的良好实验习惯。凸显问题情境,实验内容丰富有趣,实验过程跌宕起伏,大大激发实验思考的深度和广度,激发实验学习的互动性和积极性。

1.3.3 逆向思维法

心理学研究表明:每一个思维过程都有正向与逆向两种相互关联的思维过程,所谓正向思维,就是沿袭某些常规去分析问题,按事物发展的进程进行思考、推测,通过已知来揭示事物本质的思维方法;所谓逆向思维,是指和正向思维方向相反,按照客观存在,逆着事物形成过程倒推事物的原始存在或原因,也就是执果索因,知本求源,从原问题的相反方向着手的一种思维,逆向思维属于发散性思维的范畴,是一种创造性的求异思维。逆向思维将实验内容原本平淡的常规实验改造为反常规的具有挑战意义的新型实验,通过选择恰当的切入点,精心策划实验内容、巧妙引入反向思维,循循诱导实验进程,培养学生判断决策、设计明辨的创新思维,杜绝指令性的实验教学模式。

1.3.4 主线关联法

基于多个单一实验,设计较为复杂、更具挑战性的组合实验项目,不仅有效防止同学对单个实验的轻视意识,客观要求同学必须脚踏实地做好每个实验模块,而且还能激发学生的实验热情与思考能力,更能极大地提升学生的整体实验水平与对课程更深层次、更高境界的理解和掌握。符合了以人为本、夯实基础、拓展思维、综合创新的教学宗旨。

构建与解决实际工程问题相一致的系统关联性实验教学内容,精心选择能够体现知识间关联关系的实验项目,实验环节由基础逐渐过渡到研究探索,展示实验的层次化和个性化。将这些相关理论部分的分立实验模块整合起来,形成一个系统的组合实验,不但可以使学生通过具体的实验操作和实验现象对关联知识深化理解、透彻掌握,同时也能够帮助学生对这些知识形成一个整体、综合的认识,以达到融会贯通的目的。

1.3.5 线上线下混合式

信息技术的飞速发展促使教育教学方法不断推陈出新,"线上线下混合式"正是在"互联网+"大时代背景下应运而生的新兴教学模式。与传统的教学模式相比,学生不仅可以在线下获取知识,还可以在线上学习平台进行自主学习,从而满足学生多元化个性化学习需求,提高了学习效率。"线上线下混合式"提供优质丰富的教学资源、多维的教学环境,构建一种自主、开放、研究、创新的学习氛围,以学生为中心,不仅显著拓宽了学生的学习空间,而且大大激发了学生自主学习的热情,使学生熟练掌握实验技能和方法的同时,促进知识向能力转化,有效提升创新人才的培养质量。因此,本教材以新形态形式修订,就是促进线上线下有机结合,课内课外互融互通,重点培养基础理论扎实、工程解决能力强的新工科人才。

第 2 章
电路实验基本元器件及仪表的基本知识

2.1 常用电路元器件

电子元件
介绍

电路元件是为了表示自然界中客观存在的电气特性而抽象出来的物理模型,例如,电阻元件表征实际电路中消耗电能的性质;电感元件表征实际电路中产生磁场、储存磁能的性质;电容元件表征实际电路中产生电场、储存电能的性质。而电路器件则是为了完成某种特定电气功能而专门制造的实物,它们是组成一个实际电路的基本元素,如电阻器(简称电阻)、电感器(简称电感)、电容器(简称电容)等。电路器件与电路元件的区别在于,前者除了具有其主要的电气特性外,还有其他的特性,如一只电阻器不仅具有电阻的参数,还具有功率、附加电感、电容以及其他电的和非电的参数。一个器件的等效电路或等效参数与器件的制作方法和使用条件密切相关。了解和掌握器件对于电路实验和电路设计有着重要的意义。

电路元器件可以分为有源和无源两大类,无源元器件是指没有电压、电流或功率放大能力的元器件,最常用的有电阻器、电感器、电容器、二极管等,有源元器件是指具有电压、电流或功率放大能力的元器件,例如晶体管、场效应管及运算放大器等。本章将简要介绍电路实验中常见元器件的等效电路、技术参数、种类、性能和规格,以便在实验过程中合理地选择和使用。

2.1.1 电阻器

电阻器是实验电路中最常用的元器件,在实验装置中利用其消耗电功率的特征来实现电路的电阻参数。按照其制作材料来分,实验室里经常采用的电阻器有线绕电阻器、碳质电阻器、碳膜电阻器、金属膜电阻器和金属氧化膜电阻器等。线绕电阻器外形尺寸大,噪声较小,温度系数小,频率特性较差,主要用于高精度、低频、低噪声要求的电路中;碳膜电阻器成本低,频率特性好,噪声小且尺寸小,适用于数字电路和无特殊要求的一般电路;金属膜电阻器的耐热性、稳定性和频率特性都较好,常用于对稳定性要求较高或高频精密电路中;金属氧化膜电阻器主要用于大功率消耗的电路中。从电阻器的结构来分,一般分为固定电阻器和可变电阻(电位器)两大类。

1. 电阻器的等效电路

电流通过电阻器除了消耗功率外,还会在其周围产生磁场与电场,因此电阻器的电路特性往往不能仅用一个电阻参数来表征。在工程上,对于不同场合的应用采用不同的简化等效电路来描述电阻器的特性。图 2-1-1(a)所示是电阻器最常用也是最简单的等效电路,它适用于直流稳态电路以及低频电路中的非线绕电阻器和双线绕的无感电阻器;在频率较高的电路中,考虑电阻器上附加电感的影响,一般采用如图 2-1-1(b)所示的等效电路;而对于高阻值的电阻器有时需要考虑其附加电容的影响,采用如图 2-1-1(c)所示的等效电路。这些附加的 L 或 C 值与电流通过电阻器时所产生的磁场和电场相关联,所以具体应用中要具体分析,选择合适材质的电阻以尽可能减小以至忽略这些附加参数的影响。

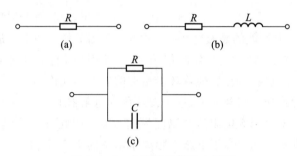

图 2-1-1　电阻器的等效电路图

2. 电阻器的主要技术参数

（1）标称值

器件上所标出的数值称为标称值。电阻器的标称值是以 20 ℃ 为工作温度来标定的。各系列电阻器产品标称值的间隔有一定的规定(如表 2-1-1 所示),其实际电阻值是表中的数据乘以 10 的 n 次幂得到的。在电路设计时,计算出的电阻值要尽量选择成标称系列值,这样才能在市场上选购到所需的电阻器。

表 2-1-1　电阻器标称值系列

允许误差	系列代号	系列值											
±20%	E6	1.0	1.5	2.2	2.3	4.7	6.8						
±10%	E12	1.0	1.2	1.5	1.8	2.2	2.7	3.3	3.9	4.4	5.6	6.8	8.2
±5%	E24	1.0　1.1　1.2　1.3　1.5　1.6　1.8　2.0　2.2　2.4　2.7　3.0 3.3　3.6　3.9　4.3　4.7　5.1　5.6　6.2　6.8　7.5　8.2　9.1											

（2）允许误差

电阻器的允许误差是指实际阻值对于标称阻值的允许最大误差范围,通常以允许的相对误差来表示,分为六个级别,如表 2-1-2 所示。通常将允许误差直接标注在电阻器的表面上,精密型电阻则在电阻器标记的最后附加一个大写字母(如表 2-1-2 中"标注符号"所示)来表示其精密等级。

表 2-1-2 电阻器的允许误差与标注符号

允许误差	±0.5%	±1%	±2%	±5%	±10%	±20%
级别	0.05	0.1	0.2	I	II	III
标注符号	D	F	G	J	K	M

(3)允许功率

电流通过电阻器时会消耗功率引起温升。在标准大气压和规定的环境温度下(20 ℃),电阻器长期连续工作而不改变其性能的最大允许功率称为电阻器的额定功率。常用的规格有 1/20 W、1/8 W、1/4 W、1/2 W、1 W、2 W 等。在实际使用中,当使用功率超过了额定功率时,会使电阻器因过热而改变阻值甚至被烧毁。而且,随着环境温度的升高其允许功率将下降,当环境温度达到一定数值时,电阻器的允许功率将降为零,这个温度称为电阻器的最高允许温度。对于碳膜电阻该温度值通常为 100 ℃,对金属膜电阻这个温度为 125 ℃。因此,在选用电阻器的时候除了要考虑其阻值之外,还应使其额定功率高于电路实际要求功率的 1.5~2 倍。

(4)温度系数

电阻器的阻值通常和温度有关。电阻的温度系数定义为

$$\alpha_R = \frac{1}{\rho} \cdot \frac{\Delta\rho}{\Delta t}$$

式中,$\Delta\rho$ 为温度增加 Δt ℃时电阻系数相应的增量;ρ 通常取 20 ℃时的电阻系数。

几种常用导电材料的电阻温度系数如表 2-1-3 所示。

表 2-1-3 几种常用导体的电阻温度系数

材料	银	铜	铝	镍	铁	锡
$\alpha_R/(1/℃)$	0.003 6	0.004 0	0.004 2	0.006 1	0.005 7	0.004 4

通常,电阻器未工作时的温度接近室温,而冬、夏季节的环境温差,或是通过电流发热引起的温升,都会导致电阻值的变化,在有些时候此变化量不可忽略。一般来说,准确度高的电阻其电阻温度系数亦小。而有特殊用途的热敏电阻,则要求有较大的电阻温度系数,以便起到某种自动控制或是温度传感器的作用。

(5)时间常数

时间常数用来表征电阻器杂散电容和杂散电感的大小。在交流电路中,尤其是对于频率较高的电路,要考虑这个参数值的影响。一般线绕电阻有较大的杂散电感或杂散电容(匝间、层间电容),因而有较大的时间常数。

3. 电阻器的标注方法

电阻器的标注一般采用文字符号直接标注和色环标注两种方法。

（1）直接标注法

把阻值、允许误差、允许功率用数字印在电阻上。如：

$$RXY \quad 10 \quad 100 \ \Omega\text{-}I$$

上述各项从左至右分别表示：主称、材料、结构、额定功率、电阻值和允许误差，其中前三个字母符号的含义如表 2-1-4 所示。

表 2-1-4　直接标注法的符号说明

主称		材料		结构	
名称	符号	名称	符号	名称	符号
电阻	R	线绕	X	密封	M
电位器	W	无机合成实心	H	被釉	Y
		碳膜	T	小型	X
		有机合成实心	S	超小型	C
		金属膜	J	微型	W
		金属氧化膜	Y		
		硼碳膜	TP		

可见，RXY　10　100 Ω-I 表示的是一个 10 W、100 Ω 的被釉线绕电阻器，其允许误差为 ±5%。在直接标注法中，可用单位符号代替电阻值的小数点，如 3.5 kΩ 可标注为 3K5。对于额定功率小于 2 W 的电阻器，只标注标称值和精度，而不标注功率和材料。

（2）色环标注法

实心碳质电阻器通常用画在它上面的 3~5 道色环来表示阻值及误差。三道色环电阻器的第一、二道色环分别表示电阻值第一和第二位的有效数字，第三道色环表示倍率（10 的乘方数），它的误差色环与电阻体同色表示允许误差为 ±20%。四道色环电阻器的第一、二道色环表示电阻器的有效数字，第三道表示倍率（10 的乘方数），第四道表示允许误差。五道色环电阻器的前三道色环分别表示电阻的前三位有效数字，第四道表示再乘 10 的几次方，第五道则表示电阻值的误差范围。很显然，色环越多电阻器的精度越高。各个色环代表的数值如表 2-1-5 所示。

表 2-1-5　色环代表的意义

颜色	有效数字	倍率	允许偏差	工作电压/V
棕	1	10^1	±1%	6.3
红	2	10^2	±2%	10

颜色	有效数字	倍率	允许偏差	工作电压/V
橙	3	10^3	—	16
黄	4	10^4	—	25
绿	5	10^5	±0.5%	32
蓝	6	10^6	±0.2%	40
紫	7	10^7	±0.1%	50
灰	8	10^8	—	63
白	9	10^9	—	—
黑	0	10^0	—	4
金	—	10^{-1}	±5%	—
银	—	10^{-2}	±10%	—
无色	—	—	±20%	—

2.1.2　电容器

电容器由极间放有绝缘电介质的两金属电极构成。电容器所用的电介质有真空、气体、云母、纸质、高分子合成薄膜(聚苯乙烯、聚碳酸酯、聚酯、尼龙、聚四氟乙烯等)、陶瓷、金属氧化物等。

电容器按其工作电压可分为高压电容器和低压电容器,高压电容器两极板间的距离相对较大。按结构可分为固定电容器、可变电容器和微调电容器。按介质材料可分为有机介质、气体介质、电解电容器等。按电容量与电压的关系,电容器可分为线性电容和非线性电容器。以空气、云母、纸、油、聚苯乙烯等为介质的电容器是线性电容器;以铁电体陶瓷为介质的陶瓷电容器虽有较大的电容量,但由于铁电体的介电系数不是常数,其电容量会随着所加电压的大小而改变,所以是非线性电容器。

1. 电容器的等效电路

在低频电路中,电容器的等效电路如图 2-1-2(a)所示,其电容 C 由介质中的电场储能能力决定,电导 g 由电容器的损耗决定,包括介质的直流泄漏和交流极化损耗。当电容器的工作频率较高或是电容器极板尺寸相对较大时,需要考虑电流在引线和极板上传导所引起的损耗和产生的磁场,这时要采用如图 2-1-2(b)或(c)所示的等效电路。大尺寸电容在超高频电路中则要采用具有分布参数的等效电路。

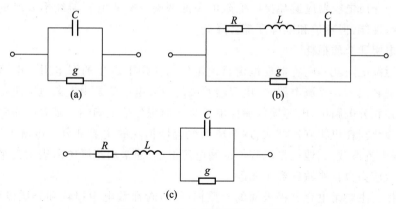

图 2-1-2　电容器的等效电路图

2. 电容器的主要技术参数

电容器的主要技术参数有标称电容、额定工作电压、绝缘电阻、介质损耗等。

（1）标称电容

电容器的标称电容是指该电容器在正常工作条件下的电容量。标称电容量是标准化了的电容值,其数值同电阻器一样,也采用 E24、E12、E6 的标准系列。当标称电容量范围在 $0.1 \sim 1\ \mu F$ 时,采用 E6 系列。当标称电容量在 $1\ \mu F$ 以上时（多为电解电容）,一般采用如表 2-1-6 所示的标称系列。

（2）允许误差

固定电容器的允许误差一般分为四个等级,如表 2-1-7 所示。通常电解电容器的允许误差较大。

表 2-1-6　$1\ \mu F$ 以上电容的标称系列值

容量范围	标称系列电容值/μF
$>1\ \mu F$	1　2　4　4.7　6　8　10　15　20　30　47　50　60　80　100

表 2-1-7　固定电容器的允许误差

允许误差	±2%	±5%	±10%	±20%
级别	0.2	I	II	III

（3）额定工作电压

电容器的额定工作电压是电容器在规定的工作温度范围内,长期可靠地工作时所能承受的最高电压。一般指直流电压,通常在电容器上都有标出,低的只有几伏,高的可达数万伏。使用时要注意选择合适的额定电压,避免因工作电压过高导致击穿电容器造成短路。一些容易被瞬时电压击穿的瓷介质电容器应避免接于低阻电源的两端。有些电容器经不太严重的击穿后,虽仍可恢复其绝缘性能,但容量和准确度都会降低。

（4）泄漏电阻和介质损耗

电容器的泄漏电阻就是电容器在恒定直流电压的作用下产生的漏电阻。电路的频率越低,该电阻的影响就越大。在直流电路中,电容器两端的稳态电压就是由泄漏电阻决定的,而不是由电容量决定。在积分电路中,电容器的泄漏电阻会影响积分的正确性。随着电路频率的增大,电容器介质中的极化损耗也相应地增大,逐渐成为电容器损耗的主要部分。电解电容的漏电流较大,通常给出漏电流参数;其他类型电容器的漏电流很小,通常用绝缘电阻表示其绝缘性能,其电阻的数量级一般应为数百兆欧到数千兆欧。

电容器的损耗主要是电容器极板间的介质损耗,包含泄漏电阻损耗和介质极化损耗。通常用损耗功率(也称有功功率)和电容器的无功功率之比,即损耗角的正切值表示,有:

$$\tan \delta = \frac{P}{Q_C} = \frac{G}{\omega C_e}$$

式中,P 是电容器的有功功率;Q_C 是电容器的容性无功功率;G 是等效电导;ωC_e 为其等效容纳。$\tan \delta$ 是电容器的一个重要技术指标,其倒数也称为电容器的品质因数。不同介质电容器的 $\tan \delta$ 值相差很大,其数量级一般在 $10^{-4} \sim 10^{-2}$,损耗角大的电容器不适合在高频下使用。

（5）频率范围

电容器的等效电容量 C_e 和 $\tan \delta$ 都与频率有关。通常电容器的等效电容量在低频段随频率的增加略有降低,中频后则随频率的增加而增加。$\tan \delta$ 在低频段随频率的增大而下降较为明显,但并不与频率成反比,会在某一频率时出现最小值。各种不同材质的电容都有一定的使用频率范围。

3. 电容器的标注方法

与电阻器的标注方法类似,电容器也采取直接标注和色环标注两种方法。

（1）直接标注法

电容器一般用文字直接标注如下:

CZJ X-160-0.022 Ⅱ

上述各项从左至右分别表示:主称、材料、结构、大小、耐压、电容量和级别。以上标注表示的是一个小型纸质金属化电容器,耐压为 160 V,电容量 0.022 μF,误差 ±10%。其中前四位字母符号的含义如表 2-1-8 所示。

电容量大小的标注又有以下几种方法:

① 只标数字　如 4 700、0.22 分别表示电容量为 4 700 pF 和 0.22 μF。

② 以 n 为单位　如 10n、100n、4n7 分别表示电容量为 0.01 μF、0.1 μF 和 4 700 pF。

③ 三位数码表示法　单位为 pF,前两位是有效数字,后一位是零的个数,如 102,表示容量为 10×10^2 pF。

（2）色环标注法

表 2-1-8　电容器直标法的标注符号说明

主称		材料		结构		形状		名称	
名称	符号	名称	符号	名称	符号	名称	符号	名称	符号
电容器	C	纸	Z	金属化	J	圆片	Y	小型	X
		电解	D	微调	W	管形	G	超小型	C
		云母	Y	组合	Z	立式矩形	L	微型	W
		瓷	C	密封	M	卧式矩形	W		
		聚苯乙烯	B	塑料壳	S				
		玻璃釉	I						
		涤纶	L						
		漆膜	Q						
		混合介质	H						
		独石	DS						
		铁电瓷	CT						

电容器的色环标注法与电阻器色环标注法相似,各种色环所表示的有效数字和倍率(10 的乘方数)如表 2-1-5 所示。电容器的色标从顶端向引线方向依次为第一位有效数字环,第二位有效数字环和倍率(10 的乘方数)环,单位为 pF。若两位有效数字的色环是同色,就涂成一道宽色环。

2.1.3　电感器

在实验中常需要用到电感器,也常碰到电源变压器、输入和输出变压器等电感器件。实验所需的电感器大多采用绕在空心圆筒或是架子上的线圈来实现。电感器按结构可分为空心、磁心和铁心电感器;按工作参数可分为固定式电感器、微调电感器;按功能可分为振荡线圈、耦合线圈和偏转线圈。一般低频电感器大多采用铁心,而中、高频电感器则采用空心电感器。

1. 电感器的等效电路

电感器的等效电路如图 2-1-3 所示,图(a)是低频时的等效电路,图中 L 是电感器的标称电感,R 则表示电感器的功率损耗,通常为构成该线圈的导线电阻。如果电路频率较高,或是线圈间的杂散电容较大时,则采用如图 2-1-3(b)所示的等效电路。

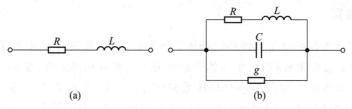

(a)　　　　　　　　　　　(b)

图 2-1-3　电感器的等效电路图

为了增加电感线圈的电感量,可在线圈中加入磁心。低频电路(音频以下)中,最常用的磁心材料是硅钢片。磁心虽然增加了线圈的电感量,但也带来了另外一些问题:一是由于磁心材料的磁滞特性以及材料的电导率不为零,所以存在磁心损耗,即增大了电感器的等效电阻 R;二是从理论上说,磁心必然导致线圈变为非线性电感,即电感量与通过的电流有关。为减轻磁心线圈的非线性程度,一般应选择在低磁感应状态下工作。

2. 电感器的主要技术参数

电感器的主要技术参数有标称值、最大允许电流、品质因数和分布电容等。

(1) 标称值

电感器的标称电感是指在正常工作条件下该电感器的电感量,一般在电感器上都有标明。磁心线圈的标称电感是指线圈在额定电压(电流)条件下的电感量。同电阻器和电容器一样,电感器的标称电感量也有一定误差,常用电感器的误差在 5% ~ 20% 之间。

(2) 最大允许电流

电感器工作时的电流不得超过其说明书上的最大允许电流。有些可变电感箱,当旋钮在不同的示值下,其最大允许电流是不同的,使用时应特别注意。此外还要注意电感在大电流的长时间作用下,将引起一定的温升,这会导致电感器某些参数的变化。

(3) 品质因数

电感器等效阻抗的虚部与实部之比称为电感器的品质因数,记做 Q,即:

$$Q = X/R$$

通常希望 Q 值越高越好,以保证损耗功率小,电路效率高,选择性好。由于电感器的等效电阻 R 和等效电抗 X 都是频率的函数,所以 Q 是随着频率变化而变化的,若是非线性的电感器,Q 还随电压和电流的改变而改变。

(4) 分布电容

电感器线圈的匝与匝之间、层与层之间、绝缘层与骨架之间都存在着分布电容。

3. 常用电感器

与电阻器和电容器不同,电感器没有品种齐全的标准产品,特别是一些高频小电感,通常需要根据电路要求自行设计制作。小型固定电感器(色码电感)是指由厂家制造的带有磁心的电感器,其电感量通常在 0.1 μH ~ 300 mH 之间,工作频率为 10 kHz ~ 200 MHz。这种电感器的允许电流比较小,直流电阻较大,不宜用在谐振电路中。采用罐形磁心制作的电感器具有较高的磁导率和电感量,通常用于 LC 滤波器和谐振电路中。

2.1.4 二极管

半导体是一类导电性能介于导体和绝缘体之间的材料,目前制造半导体管的多数是锗(Ge)和硅(Si)这类材料。按照电极数目,半导体管通常分为二极管和晶体管(也称三极管)。

用一定的工艺方法把 P 型和 N 型半导体紧密结合在一起,就会在其交界面处形成空间电荷区,叫作 PN 结。当在 PN 结两端加上不同极性的直流电压时,其导电性能将产生很大的差异。

这就是 PN 结的单向导电性,也是 PN 结的最重要的电特性。PN 结封装并引出电极就成为二极管。

二极管有很多种类型:按制作材料分,有锗二极管、硅二极管、砷化镓二极管;按用途分,常用的有整流二极管、稳压二极管、检波二极管、变容二极管、光电二极管、发光二极管、开关二极管等。二极管的电路图形符号如图 2-1-4(a)所示。

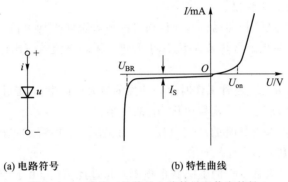

| (a) 电路符号 | (b) 特性曲线 |

图 2-1-4　整流二极管的电路符号和伏安特性

1. 整流二极管的特性及其参数

当二极管电压、电流取关联参考方向时,其伏安特性曲线如图 2-1-4(b)所示。通常把它分为正向和反向两个工作区域。

(1) 正向工作区(位于第 I 象限)

外加正向电压较小时,正向电流几乎为零,这一段称为死区。使二极管开始导通的临界正向电压称为开启电压 U_{on}(对于硅二极管,该值为 0.5~0.6 V,对于锗二极管,该值为 0.1~0.2 V)。当正向电压大于开启电压,二极管导通,电流开始随电压按指数规律迅速上升。在正常使用的电流范围内,导通时二极管的端电压几乎维持不变,这个电压称为二极管的正向电压或导通电压,用符号 U_D 表示(对于硅二极管,该值为 0.6~0.8 V,对于锗二极管,该值为 0.1~0.3 V)。

正向工作区内,伏安特性 $I=f(U)$ 呈指数曲线。可用下列电流方程来描述,即

$$I=I_S(e^{U/U_T}-1)$$

式中,I_S 为反向饱和电流,它与反向电压大小无关。U_T 是温度的电压当量(又称热电压),其值可表示为

$$U_T=\frac{kT}{q}$$

其中,T 是热力学温度,k 是玻耳兹曼常数,$k=1.38\times10^{-23}$ J/K,q 是电子电荷量,其值为 1.6×10^{-19} C。室温条件下,T 取 300 K(或 27 ℃),则 $U_T\approx26$ mV。

(2) 反向工作区(位于第 III 象限)

外加反向电压不超过一定范围时,反向电流很小,二极管处于截止状态。这个反向电流又称为反向饱和电流或漏电流 I_S,二极管的反向饱和电流受温度影响很大。外加反向电压超过某一

数值时,电流开始急剧增大,称之为反向电击穿,称此电压为二极管的反向击穿电压,用符号 U_{BR} 表示。不同型号的二极管的击穿电压 U_{BR} 值差别很大,从几十伏到几千伏。电击穿时二极管失去单向导电性。如果二极管没有因电击穿而引起过热,则单向导电性不一定会被永久破坏,在撤除外加电压后,其性能仍可恢复,否则二极管就损坏了。因而使用时应避免二极管外加的反向电压过高。

(3)整流二极管的主要参数

最大整流电流 I_F:二极管长期运行时允许通过的最大正向平均电流,其值与 PN 结面积以及外部散热条件等有关。在规定散热条件下,二极管正向平均电流若超出此值,二极管有可能因结温升过高而烧坏。

最高反向工作电压 U_R:二极管工作时允许外加的最大反向电压,超出此值,二极管有可能因反向击穿而损坏。通常 U_R 定义为击穿电压 U_{BR} 的一半。

反向电流 I_R:二极管未击穿时的反向电流。I_R 值越小,二极管的单向导电性越好。I_R 对温度很敏感,温度每升高 10℃,I_R 增大一倍。

最高工作频率 f_M:二极管工作的上限截止频率。超过此值时,由于结电容的作用,二极管将不能很好地体现单向导电性。

在实际使用中,应根据管子所用场合,按其承受的最高反向电压、最大正向平均电流、工作频率、环境温度等条件,选择满足要求的二极管。应当指出,因制造工艺所限,半导体器件参数具有分散性,同一型号二极管的参数值也会有相当大的差距,在技术手册中总是以极值给出上述参数。此外,使用时要特别注意手册上每个参数的测试条件。

2. 稳压二极管及其参数

稳压二极管(简称稳压管)又名齐纳二极管,是一种特殊工艺制造的面接触型二极管,通常工作在反向击穿状态,它利用 PN 结反向击穿时电压基本上不随电流变化而变化的特点来达到稳压的目的,其稳压值就是击穿电压值。稳压管击穿电压的大小主要取决于半导体晶体的电阻率,在制造工艺中适当控制晶体电阻率,就可以制成稳定电压从 1 V 到几百伏范围内的各种规格的稳压管。稳压二极管是根据击穿电压来分挡的,主要作为稳压器或电压基准元件使用。

选用的稳压二极管应满足应用电路中主要参数的要求。稳压二极管的稳定电压值应与应用电路的基准电压值相同,稳压二极管的最大稳定电流应高于应用电路的最大负载电流50%左右。

稳压二极管的符号、伏安特性如图 2-1-5 所示。稳压管一般采用硅材料,其伏安特性曲线与硅二极管完全一样。在正向电压区(即第 I 象限内),稳压管的伏安特性相当于普通二极管的正向特性。在反向电压区(即第 III 象限内),当反向电压超过击穿电压时,PN 结击穿,反向电流急剧增大,但 PN 结两端的电压变化曲线近似于恒压源特性。

稳压二极管的主要参数如下。

稳定电压 U_Z:在正常工作时,稳压管两端的电压值。具体来说是在规定的电流下稳压管的反向击穿电压。

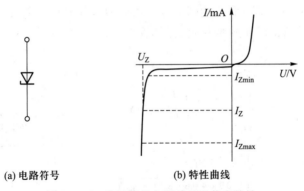

(a) 电路符号　　　　　(b) 特性曲线

图 2-1-5　稳压管的电路符号及伏安特性

稳定电流 I_Z：稳压管在稳压状态时的电流值。电流低于此值时稳压效果变坏，甚至根本不稳压，故也将此 I_Z 记为 I_{Zmin}。

最大稳定电流 I_{ZM}（或记作 I_{Zmax}）：稳压管允许通过的最大反向电流。

耗散功率 P_{ZM}：稳压管的稳定电压 U_Z 与最大稳定电流 I_{ZM} 的乘积，它是由管子的温升所决定的参数。稳压管的功耗超过此值，会因结温升过高而损坏。只要不超过稳压管的额定功率，电流越大，稳压效果越好。

动态电阻 r_Z：稳压管工作在稳压区时，端电压变化量与其电流变化量之比。r_Z 越小，稳压效果越好。

温度系数 α_V：温度每变化 1 ℃稳压值的变化量。稳定电压小于 4 V 的管子具有负温度系数（属于齐纳击穿）；稳定电压大于 7 V 的管子具有正温度系数（属于雪崩击穿）；而稳定电压在 4~7 V 之间的管子，温度系数非常小，近似为零（齐纳击穿和雪崩击穿均有）。

普通二极管由于通常是利用它的单向导电特性，所以要求其工作在第 Ⅰ、Ⅲ 象限，并且要防止反向击穿。而稳压二极管通常工作在第 Ⅲ 象限，并利用它击穿时具有陡峭的恒压特性作为稳压器件。

由于稳压管在反向电流小于 I_{Zmin} 时不稳定，在反向电流大于 I_{Zmax} 时会因超过额定功耗而损坏，因此在使用时必须串联一个电阻来限制电流。二极管正向导通时，也有限流的问题，通常可以通过负载电阻 R_L 限流，否则，具有恒压特性的器件在用恒压电源供电时，将会因电流过而迅速损坏，这是必须引起注意的。

2.1.5　晶体管

晶体管是由两个 PN 结构成的三端有源器件。晶体管既可组成放大、振荡电路及各种功能的电子电路，又具有开关特性，可应用于各种数字电路、控制电路，是组成模拟电路和数字电路的重要器件之一。

1. 晶体管的结构和特性

晶体管按制造材料可分为硅管和锗管，按结构又可分为 NPN 型和 PNP 型。晶体管的三个极分别称为发射极(e)、基极(b)和集电极(c)。双极型晶体管电路符号及其输入、输出特性如图 2-1-6 所示。由晶体管的输出特性可见,晶体管有下述三种工作状态:

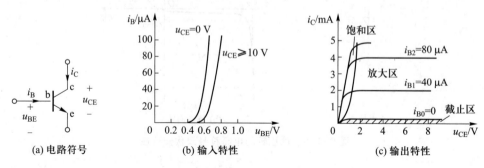

图 2-1-6 双极型晶体管电路符号及其输入、输出特性

① 截止状态 当 NPN 型硅晶体管的 $u_{BE} < 0.6$ V(NPN 型锗晶体管的 $u_{BE} < 0.2$ V)时,管子处于截止状态,管子相当于开关的断开状态。此时 $i_B = i_E = i_C = 0$,$u_C = U_S$(电源电压)。其中,i_C、i_B、i_E 分别为集电极、基极和发射极电流。

② 饱和状态 当集电极电压 $u_C <$ 基极电压 u_B 时,管子处于饱和状态,管压降 u_{CE} 约为饱和压降 U_{CES},此时管子相当于开关的闭合状态。

③ 放大状态 若管子不处于截止和饱和状态,则有 $\Delta i_C = \beta \Delta i_B (u_{CE} > U_{CES})$,$i_E = i_C + i_B \approx i_C$,$\beta$ 为交流电流放大倍数。

根据图 2-1-6 所示的输入、输出特性,i_B 与 u_{BE} 的关系是:当管子处于截止状态时,u_{BE} 相当于开路;当管子处于放大或饱和状态时,u_{BE} 等于导通电压,对于硅管 $u_{BE} = 0.7$ V,可用电压源等效。i_C 与 u_{CE} 的关系是:当管子处于截止状态时,u_{CE} 相当于开路,当管子处于放大状态时,$\Delta i_C = \beta \Delta i_B$,可用电流控制的受控电流源等效;当管子处于饱和状态时,u_{CE} 等于管子的饱和电压,对于硅管 $u_{CES} \approx 0.3$ V,可用电压源等效。综上所述,可得图 2-1-7 所示的等效电路模型。根据实际电路中直流偏置的大小,首先判断管子的工作状态,对应其工作状态,选用对应的等效电路模型,替代晶体管就可进行相应的电路计算。

2. 晶体管的分类

按频率分类,晶体管可分为低频、高频和甚高频;按功率分可分为小功率、中功率和大功率。在使用中、大功率的晶体管时,要加散热片才能达到要求的输出功率。

3. 晶体管的参数

晶体管的参数有直流电流放大系数、最大允许电压、最大允许集电极电流、最大允许集电极耗散功率、特征频率等,分别定义如下:

① 共发射极直流电流放大系数 h_{FE} 为晶体管放大区的直流参数,定义为在额定的集电极电压 U_{CE} 和集电极电流 I_C 的情况下,集电极电流 I_C 与基极电流 I_B 之比。h_{FE} 是晶体管的主要参数之一,通常在手册中都会给出。

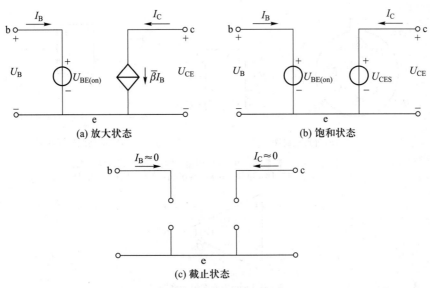

图 2-1-7　晶体管的等效电路模型

② 最大允许电压　晶体管所能承受的反向击穿电压。在使用时,反向电压不能超过此电压值,否则将会反向击穿。

③ 最大允许集电极电流 I_{CM}　使用时,集电极电流不能超过的最大值。

④ 最大允许集电极耗散功率 P_{CM}　使用时,集电极实际消耗的功率 P_C 不允许超过 P_{CM},否则结温上升,管子被烧坏。

⑤ 特征频率 f_T　频率增高到一定值后 $\Delta\beta = \Delta i_C / \Delta i_B$ 开始下降,使 $\beta = 1$ 的频率称为特征频率,此时意味着晶体管没有电流放大能力。

2.1.6　运算放大器

运算放大器简称运放,由若干晶体管、电阻等集成在一块芯片上而制成。它是一种高增益、高输入阻抗的集成放大器,常用于交、直流放大电路,基本运算单元,比较器,跟随器和振荡器等。

运算放大器是一种线性集成电路,为多端有源器件,其外形有两种形式,如图 2-1-8(a)所示。以运算放大器 HA17741 为例,其电路图形符号以及 Multisim 中的虚拟元件图如图 2-1-8(b)和图 2-1-8(c)所示,其电压放大倍数 $A = 10^5$,差模输入电阻(正、反相输入端间的电阻)约为1 MΩ。

运算放大器具有很高的电压增益(或称放大倍数),同时又具有高输入阻抗和低输出阻抗的特点。运算放大器内部集成了许多晶体管电路,内部结构复杂。实际应用的运算放大器型号众多,其内部结构各不相同,但从电路分析的角度出发,如果只把运算放大器作为多端器件来研究,则其外部特性及由电路特性构成的电路模型是分析研究的出发点。运算放大器有两个输入端,"+"符号表示同相输入端,"-"符号表示反相输入端,运算放大器的输入端和输出端电位均相对于接地端而言。

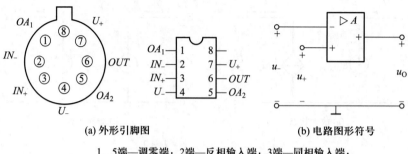

(a) 外形引脚图   (b) 电路图形符号

1、5端—调零端;2端—反相输入端;3端—同相输入端;
4端—接-18 V电源;6端—输出端;7端—接+18 V电源

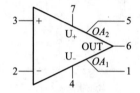

(c) Multisim中的虚拟元件图

图 2-1-8 运算放大器

在图 2-1-9(a)所示接线方式下,若运算放大器开环放大系数为 A,反相输入端施加电压信号 u_1,同相输入端接地,则输出电压为

$$u_2 = -Au_1 \qquad\qquad (2-1-1)$$

运算放大器的输入电压和输出电压之间的关系如图 2-1-9(b)所示。由于运算放大器的电源电压值是有限的,一般为几伏到十几伏,而放大器的电压放大倍数 A 很大,所以只有当输入电压 u_1 非常小的情况下(往往为 μV 级)式(2-1-1)才有效。输入电压增大到一定值后,输出电压将出现饱和现象。

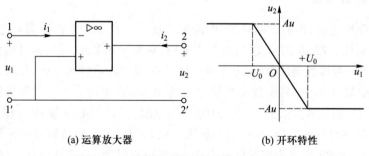

(a) 运算放大器   (b) 开环特性

图 2-1-9 运算放大器的输入输出开环特性

运算放大器的低频小信号等效电路如图 2-1-10 所示,R_1 为输入电阻,其阻值很大,一般为 $10^6 \sim 10^8\ \Omega$,R_2 为输出电阻,一般为 100 Ω 左右。理想情况下,当 R_1 趋向于无穷大,则输入电流近似等于零(称虚断);当电压放大倍数 A 为无限大而输出电压最大值为较小的有限值时,输入

端电压差近似为零(称虚短)。运算放大器的电压增益太大往往使电路工作不稳定,易受干扰影响,因此在实际应用中,运算放大器常常工作在负反馈状态下。在实际电路分析中,当运算放大器的放大倍数足够大时,输入电压 u_1 接近于零,因此在电路电压分析(如建立基尔霍夫电压方程)时,把同相和反相输入端之间的电压看成零(输入端"虚短"的概念);当运算放大器输入端电阻相当大时,输入电流接近为零,在电路电流分析时,把输入电流看成零(输入端"虚断"的概念)。上述"虚短"和"虚断"概念组成了负反馈运算放大器的分析基础。

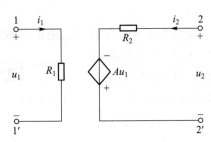

图 2-1-10　运算放大器的低频小信号等效电路

运算放大器可分为通用型和专用型两大类。通用型具有价格便宜、直流特性好、性能指标兼顾的特点,能满足多领域、多用途的应用要求。专用型是根据需要突出某项指标的性能要求,常见的有高精度型、低功耗型、高输入阻抗型、高压型、高速宽带型等。专用型一般价格高,除特殊指标外,其他指标不一定好。市场上销售的运算放大器有多种型号,封装形式和引脚功能的排列各不相同,使用时一定要从技术指标、价格等方面综合考虑。运放在使用时,一定要加正、负双电源,一般可在一定的电压范围内工作,典型值为 $\pm(3 \sim 18)$ V。

2.2　常用电子仪器的基本知识

在电路实验中不但要用到电阻、电容、电感等基本元器件,也要用到电子仪器和测量仪表。本节简单介绍常用仪器、仪表的基本知识。

电路实验中常用的电子仪器、仪表主要有直流电源、信号发生器、万用表、示波器、晶体管毫伏表等。按其功能可分为两类,一类是"源",它能提供电路正常工作时需要的能量或激励信号,如直流稳压电源、信号发生器(也称为信号源)等,这类设备对外输出物理量,并有一定的内阻,使用时输出端一般不能短路。另一类是测量设备,用于测量或观察电信号参量,如万用表、示波器等,这类设备有输入阻抗。这里简单介绍万用表和示波器的基本原理及使用,实验中用到的其他仪器的原理说明、性能参数和使用方法可参见附录。

2.2.1　万用表

万用表是一种测量多种电量,并具有多量程的便携式复用电工测量仪表。一般的万用表以测量电压、电流和电阻三大参量为主,所以又称为三用表。现在的万用表还可以测量电容、电感、温度、晶体管的直流电流放大倍数等。

万用表的种类很多,根据测量结果的显示方式不同,主要分为模拟式(也称为指针式)和数字式两大类,其结构特点都是采用一块表头(模拟式)或是液晶显示板(数字式)来指示读数,用测量电路、转换器件、转换开关来实现各种不同测量目的的转换。由于其结构简单,使用方便,万用表是维修仪表和调试电路的一种常用工具。

1. 模拟式万用表

模拟式万用表是通过指针在表盘上偏转位置的变化来指示被测量数值的大小,其基本组成框图如图 2-2-1 所示,交直流电压、交直流电流和电阻作为模拟量,经转换开关配合不同的测量电路转换成电流信号,输入到一个磁电式微安表头来实现其测量。

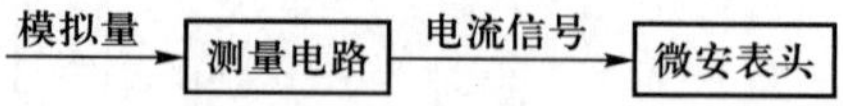

图 2-2-1 模拟式万用表的基本组成框图

(1)微安表头

模拟式万用表的核心部件是磁电式微安表头,其基本原理与磁电系测量机构完全相同。磁电系测量机构的结构特点是具有固定的由永久磁铁和软磁材料构成的磁路以及位于气隙中的可动线圈。若可动线圈在气隙中的长度为 l,宽度为 b,匝数为 N,当线圈中通有电流 i 时,线圈上产生的转动力矩 M 为

$$M = 2Bil \times \frac{b}{2} \times N = BSNi$$

式中,B 为气隙中的磁通密度;$S=lb$ 为可动线圈的有效面积。可动线圈由轴尖支持在宝石轴承上,可动线圈中的电流由游丝引入,游丝在可动线圈转动 α 角度后产生的反作用力矩为

$$M_\alpha = W\alpha$$

式中,W 为游丝的弹性力矩系数。显然,当转动力矩与游丝的反作用力矩相等时,可动部分处于平衡位置,由此可推得:

$$\alpha = \frac{BSNi}{W}$$

在磁电系测量机构中,磁场 B 是恒定的。若通过线圈的电流为频率大于5 Hz的交变电流,则由于可动线圈的转动惯量较大,其偏转来不及跟随转矩的改变,故转角 α 将无法反映电流的变化;若通入的是相对于横轴不对称的周期电流,则 α 将只反映周期电流的平均值;若通入的是恒定电流,则转动角度 α 与恒定电流值成正比。式中电流 i 也可用磁电系测量机构上施加的电压 u 来表示:

$$\alpha = \frac{BSN}{W} \cdot \frac{u}{R_0}$$

式中,R_0 为可动线圈和游丝总的等值电阻。使测量机构中可动线圈转到最大角度所需要的电流和电压的值分别称为测量机构的电流量程和电压量程。

万用表的性能好坏很大程度上取决于表头的性能。从磁电系测量机构的特点可知,磁电式

表头有两个重要的技术指标,即表头的灵敏度(分辨率)I_0 和表头内阻 R_0。I_0 为指针偏转到满刻度所需的电流值,也就是测量机构的电流量程,一般为 $40 \sim 60 \ \mu A$。灵敏度也有用 $1/I_0(\Omega/V)$ 来表示的,这种标法常用于电压挡。I_0 数值越小,说明表头的灵敏度越高,表头的性能越好,一般微安表头的表头灵敏度小于 $100 \ \mu A$。内阻是指绕制表头线圈的漆包线的直流电阻,也就是测量机构的等值电阻,一般是在十几欧至几千欧范围内。

模拟式万用表的测量过程是先通过一定的测量电路,将被测电量转换成电流信号,再由电流信号去驱动磁电式表头指针偏转,在刻度尺上指示出被测量的大小。测量过程如图 2-2-1 所示。由此可见,模拟式万用表是在磁电式微安表头的基础上扩展而成的。

(2)转换装置

它是用来选择测量参量和量程的机构,主要由转换开关、接线柱、旋钮、插孔等组成。转换开关由固定触点和活动触点两部分构成,通常将活动触点称为"刀",固定触点称为"掷"。万用表采用的转换开关是多刀多掷的,而且各刀之间是联动的。

(3)测量电路

测量电路主要由电阻、电容、转换开关、表头等部件组成,是万用表的重要部分。正是通过不同的测量电路才使得万用表成为多量程多用途的电工测量仪表。

① 测量直流电流。

为了扩大测量直流电流的量程,可将表头通过量程转换开关与一组分流电阻并联,来适应测量需要,其测量电路原理图如图 2-2-2 所示。

当开关位置在如图 2-2-2 所示"3"位置时,最小量程的满度电流为 I_3,分流比:

$$\frac{I_0}{I_3} = \frac{R_{p3}}{R_{p3}+R_0}$$

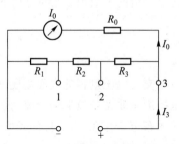

R_{p3} 为与表头并联的电阻,即 $R_{p3}=R_1+R_2+R_3$,如开关在任一位置 $n(n=1,2,3)$ 时,可测得任一量程 I_n 的满度电流为

$$I_n = I_0 \frac{R_{pn}+R_0}{R_{pn}}$$

图 2-2-2 多量程电流测量原理图

式中,n 越小,测得的电流量程越大。

② 测量直流电压。

万用表多量程的电压测量是依靠串联不同的分压电阻来实现的,其测量原理图如图 2-2-3 所示。设开关位置在"1",当 I_0 一定时,电压表内阻 R_{p1} 与电压量程 U_1 之比为一定值,即

$$\frac{R_{p1}}{U_1} = \frac{R_0+R_1'}{U_1} = \frac{1}{I_0}$$

由此可得任一量程 U_{pn} 的电压为

$$U_{pn} = I_0 R_{pn} = I_0 (R_0+R_1'+\cdots+R_n')$$

式中,R_{pn} 为 n 个串联电阻之和。n 越大,电压量程扩大倍数越大。

③ 测量交流电压。

万用表磁电式表头不能测量交流电压,必须配以整流电路把交流转换成直流,才可构成测量交流电压的仪表。通常采用的半波整流电路如图 2-2-4 所示,图中 D_1、D_2 为二极管。

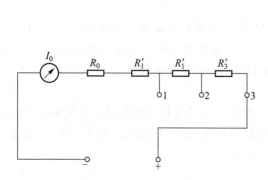

图 2-2-3　多量程电压测量原理图

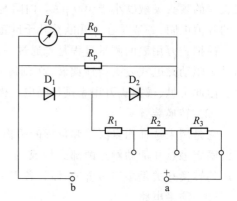

图 2-2-4　交流电压测量原理图

当被测交流电压为正半周时(即 a 点电位高于 b 点电位),D_2 导通而 D_1 截止,在表头和分流电阻 R_p 上流过整流后的电流;当被测交流电压为负半周时,D_2 截止,D_1 导通,表头和 R_p 不通过反向电流,D_1 起到了保护 D_2 不被外加交流电压击穿的作用,这时半波整流后的平均电流 I_p 与正弦交流电流的有效值 I 之间有如下关系:

$$I_p = \frac{1}{T}\int_0^{T/2} i \mathrm{d}t = \frac{1}{T}\int_0^{T/2} \sqrt{2} I \sin \omega t \ \mathrm{d}t = 0.45I$$

故
$$I = 2.22 I_p$$

交流电压量程的表面刻度就是按照这一关系来标刻其对应有效值的。由此可见,用交流电压挡测量非正弦波形的交流值时,误差明显增大。由于整流电路工作频率受到限制和测量电路的分布电容存在,交流挡的频率使用范围有一定限制。

④ 测量直流电阻。

测量直流电阻的原理图如图 2-2-5 所示。图中 E 为万用表内部附加的干电池的电动势(一节电池的电动势 $E \approx 1.5$ V),a、b 两端接入待测电阻 R_X。当 a、b 两端短接后,调节电位器 R_p 使表头达到满度电流值($I_0 = E/R_T$,$R_T = R_0 + R_p$,R_p 为电位器调零时的电阻),此处即为电阻"0"刻度处。当 a、b 开路时,表头零偏转,电阻刻度为"∞",接入 R_X 于 a、b 两端后,电流 I_R 为

$$I_R = E/(R_T + R_X)$$

当 $R_T = R_X$ 时,$I_R = I_0/2$,表头指针偏转到表中心位置,其中 I_R 为待测电阻中的电流,I_0 为表头电流。所以 R_T 被称为电阻表"中值电阻"。电阻表的表面刻度如图 2-2-6 所示,电阻的读数值与电流(电压)挡标尺刻度方向相反,而且刻度不是均匀的。

当被测电阻 R_X 与 R_T 相差过大或过小时,读数很难准确,必须扩大电阻量程,即改变中值电阻 R_T 的数值。一般都以标准挡($R \times 1$)为基础,采用 10 的整数倍来扩大电阻表量程。

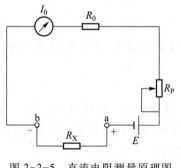

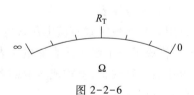

图 2-2-5　直流电阻测量原理图　　　　　　图 2-2-6

（4）使用方法与注意事项

万用表使用前要调零。注意正确连接表笔和选择正确的挡位。

① 测直流电流和电压时,红表笔接被测电压或电流的正极,黑表笔接负极;用电阻挡判断二极管的极性时,"+"插孔接表内电池的负极,"-"插孔接表内电池的正极。

② 测电压时,万用表应该与被测电路并联,测电流时则要把万用表串联到待测支路中。

③ 测电压、电流时,应选择合适的量程使表针偏转到满刻度的 2/3 以上,测电阻时应使表针偏转至中心刻度附近。

④ 测交流电压、电流时,被测量必须是正弦量,且频率不能超过其规定值。

⑤ 测高电压、大电流时,不可带电转换量程开关,以免电弧烧坏转换开关触点。

⑥ 使用完毕将转换开关放在交流电压最大挡位,长期不用则应将电池取出。

2. 数字式万用表

数字式万用表的测量过程是先由转换电路将被测量转换成直流电压信号,然后由模数(A/D)转换器将随时间连续变化的模拟电压量转换成断续的数字电压量,再通过电子计数器对数字电压量(脉冲)进行计数得到测量结果,最后把测量结果通过译码显示电路用数字直接显示在显示屏上。逻辑控制电路用于控制各部分电路的协调工作,在时钟的作用下按顺序完成整个测量过程。测量过程如图 2-2-7 所示。

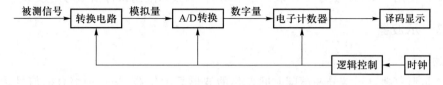

图 2-2-7　数字式万用表的测量过程

（1）数字式万用表的主要特点

① 数字显示读数,直观准确,无视觉误差,并且可以自动显示极性。

② 输入阻抗高,对被测电路的影响小,测量精度和分辨率一般较高。

③ 电路的集成度高,便于组装和维修,使用可靠。

④ 测试和保护功能齐全,抗干扰能力强,功耗低。

⑤ 便于携带,使用方便。

⑥ 数字式万用表除了具有模拟式万用表的基本测量功能外,还可以测量电容、二极管正向压降、晶体管直流放大系数及频率等。

（2）数字式直流电压表

数字式万用表是在数字式直流电压表的基础上扩展而成的。如图 2-2-7 所示,除转换电路以外,其他电路构成了一个数字式直流电压表。如果将任何的被测量都先转换成直流电压,再由数字式直流电压表进行测量,就构成普通的数字式万用表。

（3）数字式万用表

在数字式直流电压表的基础上,如图 2-2-7 所示的转换电路采用电流-电压转换器、电阻-电压转换器、交流-直流转换器就构成了电流、电压和交流等各种不同测量功能的数字式万用表。

数字式万用表的显示位数通常从三位半至八位半,位数越多,代表测量精度越高,价格也越高。常用的是三位半和四位半的数字式万用表,其显示数字分别是四位和五位,但其最高位只能显示 0 或 1,所以称为半位,后几位可显示 0~9,表示完整位,也即显示的最大数字分别为 1999（三位半）和 19999（四位半）。

（4）使用方法与注意事项

使用数字式万用表时要注意以下问题:

① 测电压时,不要超过它能够测量的最大值。

② 测未知电压电流时,要将转换开关置于高量程挡,然后再逐步调低至合适的挡位。

③ 测交流信号时,被测信号波形应是正弦波,频率不能超过该表的规定值,否则将引起较大的测量误差。

④ 与模拟式万用表不同,数字式万用表红表笔接内部电池的正极,黑表笔接内部电池的负极,测量二极管时,将功能开关置于“——▷|——”挡,显示值是二极管的正向压降,如果二极管接反,则会显示“1”。

⑤ 测量完毕要立即关闭电源,长期不用应将电池取出,以免电池漏液。

实验室中使用的 HY63 数字万用表的基本功能、参数和限制条件请参考附录 C。

2.2.2 示波器

1. 概述

示波器是形象地显示信号幅度随时间变化的波形显示仪器,是一种综合的信号特性测试仪器。示波器的用途包括电压测量、电流测量、功率测量、频率测量、相位测量、脉冲特性测量、阻尼振荡测量等。示波器的应用已经涉及电子、电力、电工、压力、振动、声、光、热、磁等各个领域。

示波器大致分为通用示波器、采样示波器、记忆与数字存储示波器和专用示波器。通用示波器是应用最广泛的一种,采用了单束示波管,包括单踪型和双踪型。采样示波器利用采样原理,将高频信号转换为低频信号再进行显示。记忆与数字存储示波器具有记忆、存储信号波形的功能,可以用来观测和比较单次过程、非周期波形、超低频信号以及在不同时间、不同地点观测到的信号。记忆示波器采用记忆示波管,数字存储示波器则应用了数字存储技术。下面以通用示波器为例,说明示波器的组成、工作原理及应用。

2. 示波器的各个组成部分

示波器主要由垂直系统、水平系统、显示系统及电源部分组成。

如图 2-2-8 所示,被测信号从探头送入示波器,经垂直系统输出足够大的信号加到示波管的垂直偏转板上,电子枪发射的电子束按被测信号的变化规律在垂直方向产生偏转。扫描发生器产生的扫描锯齿波电压经水平放大器放大后,加到示波管的水平偏转板上,电子枪发射的电子束水平偏转。被测信号的一部分或外触发源信号经触发同步电路,输出一个触发信号去启动扫描电路,产生一个由触发信号控制其起点的扫描电压,最终在示波器荧光屏上显示一个稳定的波形。

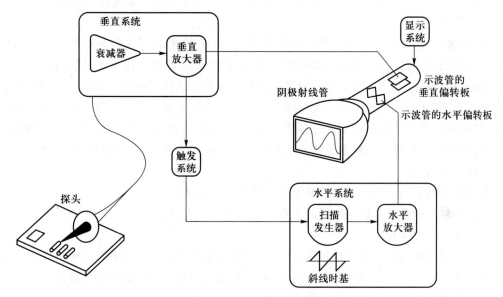

图 2-2-8　示波器的组成

（1）垂直系统

示波器的垂直系统通常称为 Y 通道,由输入耦合选择器、衰减器、垂直放大器和延迟线组成。由于示波器显示系统的偏转灵敏度基本上是固定的,为扩大被测信号的幅度范围,垂直系统一般设置了衰减器和放大器,将信号幅度变换到适于示波器显示系统的观测数值范围内。

被测信号首先通过输入耦合选择器。输入选择分为 AC、GND 和 DC 三挡,选择 AC 挡时,电容 C 起到隔直作用,输入信号只有交流成分能通过;选择 GND 挡时,输入信号被断开,衰减器直接接地,示波器将显示时间基线,即零电平线;选择 DC 时,输入信号的交、直流成分都可以通过。

衰减器用来衰减输入信号,以保证荧光屏上的信号不致因过大而失真,要求足够宽的频带和足够高的输入阻抗。目前多数示波器采用的是 RC 衰减器,可以满足宽频带的要求。

延迟线的作用是使垂直通道的信号延迟一定时间,以便在荧光屏上能观察到脉冲信号的前沿。而垂直放大器要求具有稳定的增益、较高的输入阻抗、足够宽的频带和对称的输出级,其作用是使示波器具有观测微弱信号的能力。

(2)水平系统

示波器水平系统又称为 X 通道,其主要作用是:产生扫描电压;保持与通道输入信号的同步关系,能选择适当的触发源信号,并在此信号的作用下产生稳定的扫描电压,以确保波形的稳定;放大扫描电压或外接信号。可见水平系统至少应包括扫描发生器和水平放大器。

(3)触发系统

将来自内部(被测信号)或者是外部的触发信号经过整形,变为波形统一的触发脉冲,用以触发扫描发生器。触发系统通常需要实现触发源的选择(内触发或是外触发)、触发源耦合方式的选择(DC 或是 AC)、触发极性选择和触发电平调节、扫描触发方式的选择等功能。

(4)扫描系统

一般由闸门电路、扫描发生器、释抑电路等组成。闸门电路在触发脉冲作用下,产生快速上升或下降的闸门信号,并立即启动扫描发生器工作,产生锯齿波的扫描电压,同时把闸门信号送到增辉电路,在扫描过程中加亮扫描的光迹。而释抑电路则从扫描起始点开始将闸门封锁,不再让它受到触发,直到扫描电路完成一次扫描且完全回复到原始状态后,释抑电路才解除对闸门的封锁,使其准备接受下一次的触发。通过释抑电路起到稳定扫描锯齿波的形成、防止干扰和误触发的作用,确保每次扫描都在触发源信号的同样的起始电平上开始,以获得稳定的图像。

(5)显示系统

通常采用示波管,它由电子枪、偏转系统和荧光屏三部分组成。

实验室中使用的数字存储示波器的原理和使用方法请参考附录 E。

3. 示波器的主要功能

示波器种类、型号很多,功能也不同。实验中使用较多的是 20~100 MHz 的双踪示波器,这些示波器用法大同小异,下面从概念上介绍一般示波器在电路实验中的常用功能。

(1)垂直偏转因数选择(VOLTS/DIV)和微调

在单位输入信号作用下,光点在屏幕上偏移的距离称为偏移灵敏度,这一定义对 X 轴和 Y 轴都适用。灵敏度的倒数称为偏转因数。垂直灵敏度的单位是 cm/V, cm/mV 或者 DIV/mV, DIV/V,垂直偏转因数的单位是 V/cm, mV/cm 或者 V/DIV, mV/DIV。实际上因习惯用法和测量电压读数的方便,有时也把偏转因数当灵敏度。双踪示波器中每个通道各有一个垂直偏转因数选择波段开关。一般按 1、2、5 方式从 5 mV/DIV 到 5 V/DIV 分为 10 挡。波段开关指示的值代表荧光屏上垂直方向一格的电压值。例如波段开关置于 1 V/DIV 挡时,如果屏幕上信号光点移动一格,则代表输入信号电压变化 1 V。每个波段开关上往往还有一个小旋钮,微调每挡垂直偏转因数。垂直偏转因数微调后,会造成其与波段开关的指示值不一致,这点应引起注意。

(2)时基选择(TIME/DIV)和微调

时基选择和微调的使用方法与垂直偏转因数选择和微调类似。时基选择也通过一个波段开关实现,按 1、2、5 方式把时基分为若干挡。波段开关的指示值代表光点在水平方向移动一个格的时间值。例如在 1 μs/DIV 挡,光点在屏上移动一格代表时间值 1 μs。"微调"旋钮用于时基校准和微调。

（3）输入通道和输入耦合选择

输入通道至少有三种选择方式:通道 1(CH1)、通道 2(CH2)、双通道(DUAL)。选择通道 1 时,示波器仅显示通道 1 的信号。选择通道 2 时,示波器仅显示通道 2 的信号。选择双通道时,示波器同时显示通道 1 信号和通道 2 信号。测试信号时,根据输入通道的选择,将示波器探头插到相应通道插座上,示波器探头上的地与被测电路的地连接在一起,示波器探头接触被测点。示波器探头上有一双位开关。此开关拨到"×1"位置时,被测信号无衰减送到示波器,从荧光屏上读出的电压值是信号的实际电压值。此开关拨到"×10"位置时,被测信号衰减为 1/10,然后送往示波器,从荧光屏上读出的电压值乘以 10 才是信号的实际电压值。输入耦合方式有三种选择:交流(AC)、地(GND)、直流(DC)。当选择"地"时,扫描线显示出"示波器地"在荧光屏上的位置。直流耦合用于测定信号直流绝对值和观测极低频信号。交流耦合用于观测交流和含有直流成分的交流信号。在数字电路实验中,一般选择"直流"方式,以便观测信号的绝对电压值。

（4）触发

正确的触发方式直接影响到示波器的有效操作。要使屏幕上显示稳定的波形,则需将被测信号本身或者与被测信号有一定时间关系的触发信号加到触发电路上。通过对触发源进行选择来确定触发信号由何处供给,通常有三种触发源:内触发(INT)、电源触发(LINE)、外触发(EXT)。内触发使用被测信号作为触发信号,是经常使用的一种触发方式。由于触发信号本身是被测信号的一部分,在屏幕上可以显示出非常稳定的波形。双踪示波器中通道 1 或者通道 2 都可以选作触发信号。电源触发使用交流电源频率信号作为触发信号。这种方法在测量与交流电源频率有关的信号时是有效的。特别是在测量音频电路、晶闸管的低电平交流噪声时更为有效。外触发使用外加信号作为触发信号,外加信号从外触发输入端输入。外触发信号与被测信号间应具有周期性的关系。由于被测信号没有用作触发信号,所以示波器何时开始扫描与被测信号无关。正确选择触发信号与波形显示的稳定和清晰有很大关系。

触发信号到触发电路的耦合方式有多种,耦合的目的是使触发信号稳定、可靠。常用的方式有 AC 耦合(又称电容耦合)、直流耦合(DC)、低频抑制(LFR)和高频抑制(HFR)。AC 耦合只允许用触发信号的交流分量触发,触发信号的直流分量被隔断。通常在不考虑 DC 分量时使用这种耦合方式,以形成稳定触发。但是如果触发信号的频率小于 10 Hz,会造成触发困难。直流耦合不隔断触发信号的直流分量。当触发信号的频率较低或者触发信号的占空比很大时,使用直流耦合较好。低频抑制触发时触发信号经过高通滤波器加到触发电路,触发信号的低频成分被抑制;高频抑制触发时,触发信号通过低通滤波器加到触发电路,触发信号的高频成分被抑制。此外还有用于电视维修的电视同步(TV)触发。这些触发耦合方式各有自己的适用范围,需在使用中去体会。

触发电平(Level)调节又叫同步调节,它使得扫描与被测信号同步。电平调节旋钮调节触发信号的触发电平。一旦触发信号超过由旋钮设定的触发电平时,扫描即被触发。当电平调节旋钮调到电平锁定位置时,触发电平自动保持在触发信号的幅度之内,不需要电平调节就能产生一个稳定的触发。当信号波形复杂,用电平调节旋钮不能稳定触发时,用释抑(Hold Off)旋钮调节波形的释抑时间(扫描暂停时间),能使扫描与波形稳定同步。触发极性(Slope)开关用来选择触发信号的极性。拨在"+"位置上时,在信号增加的方向上,当触发信号超过触发电平时就产生触发。拨在"-"位置上时,在信号减少的方向上,当触发信号超过触发电平时就产生触发。触发极性和触发电平共同决定触发信号的触发点。

（5）扫描方式(SweepMode)

扫描有自动(Auto)、常态(Norm)和单次(Single)三种扫描方式。自动:当无触发信号输入,或者触发信号频率低于 50 Hz 时,扫描为自动方式。常态:当无触发信号输入时,扫描处于准备状态,没有扫描线。触发信号到来后,触发扫描。单次:单次按钮类似复位开关。单次扫描方式下,按单次按钮时扫描电路复位,此时准备(Ready)灯亮,触发信号到来后产生一次扫描。单次扫描结束后,准备灯灭。单次扫描用于观测非周期信号或者单次瞬变信号,往往需要对波形拍照。

示波器还有一些更复杂的功能,如延迟扫描、触发延迟、X-Y 工作方式等,这里就不介绍了。示波器入门操作是容易的,真正熟练则要在应用中掌握。值得指出的是,虽然示波器功能较多,但许多情况下用其他仪器、仪表更好。

4. 示波器的典型使用方法与注意事项

以双通道数字示波器为例,其显示方式有 Y-T 模式和 X-Y 模式,通常"X 通道"为垂直通道 1、"Y 通道"为垂直通道 2,Y-T 模式显示测量通道电压随时间变化的波形,X-Y 模式则显示以"X 通道"为横轴、"Y 通道"为纵轴、时间为参变量所得到的图形。在进行测量之前,应对示波器作简要的检查,通常是将探头连接到示波器面板上的探头补偿,观察和调整所显示的示波器内置标准信号。

（1）观察电压与电流的波形

用示波器观察电压波形时,示波器的"Y 轴衰减"端和"接地"端分别与被测电压两端相连,且电源地与示波器地连在一起,如图 2-2-9 所示。应根据被测信号幅值和频率重新选择"Y 轴衰减"和"扫描范围"两个旋钮。如果要用示波器测量电压波形的幅值,应在"Y 轴增幅"和"Y 轴衰减"两个旋钮位置不变的条件下,从 Y 轴输入一个已知的比较信号,测量荧光屏上被测信号与比较信号两者波形的幅度。然后算出被测信号的幅值。

用示波器观察电流波形的方法和观察电压波形的方法是类似的,但需要在被测电流的支路中,串入一个小的无感采样电阻,然后观察采样电阻两端的电压波形。这个波形和电流

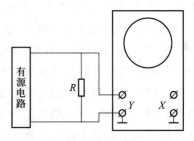

图 2-2-9 观察电压波形的接线

波形是相似的,两者只差一个比例常数。

（2）测量相位差

按 $Y-T$ 模式测相位差时,将待比较的两个同频率正弦波分别接入示波器的两个通道并在示波器上显示出这两个电压波形,测量相应相位（通常选取波形的最大值、最小值）所对应的时间差 Δt,以及周期 T,按下式换算出相位差:

$$\varphi = \frac{\Delta t}{T} \times 360°$$

按 $X-Y$ 模式测相位差时,将待比较的两个同频率正弦波分别接入示波器的两个通道,示波器上显示一个斜（正）轴的圆或椭圆。是圆还是椭圆取决于两个信号的大小是相等还是不等,斜轴或正轴取决于两个信号的相位差。例如,在观察谐振现象时,可以按图 2-2-10(a)所示接线（注意,用示波器同时观测两个通路波形时,两个通路的接地端在示波器内部已经接通,因此外部电路与示波器接地端只能通过一条线相连）,调节信号频率,则在屏幕上显示与不同相位差相对应的图形如图 2-2-10(b)所示,因此用李沙育图形法可以观察电压与电流之间的相位关系,寻找谐振点。

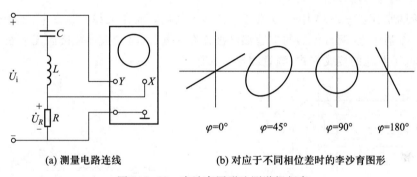

(a) 测量电路连线　　　　　　(b) 对应于不同相位差时的李沙育图形

图 2-2-10　李沙育图形法测谐振频率

（3）观察元件的伏安特性

按图 2-2-11 所示接线,u_i 为频率和幅值合适的正弦波或三角波。当采样电阻 R 很小时,屏幕上显示的曲线为二极管的伏安特性曲线。

（4）观察铁磁材料的磁滞回线

按图 2-2-12 所示接线,u_i 为频率和幅值合适的正弦波。

（5）观察二阶电路的状态轨迹

在电压源供电的二阶 RLC 串联电路中,设 x_1 为电感电流,x_2 为电容电压,则其状态方程为

$$\begin{cases} \dfrac{\mathrm{d}x_1}{\mathrm{d}t} = -\dfrac{R}{L}x_1 - \dfrac{1}{L}x_2 + \dfrac{1}{L}u_\mathrm{s}(t) \\[2mm] \dfrac{\mathrm{d}x_2}{\mathrm{d}t} = \dfrac{1}{C}x_1 \end{cases}$$

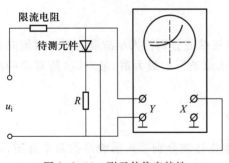

图 2-2-11 测元件伏安特性

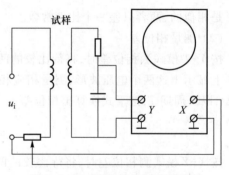

图 2-2-12 测铁磁材料磁滞回线

其解 $x_1(t)$ 和 $x_2(t)$ 可以用状态空间 (x_1-x_2) 内的一条曲线来描述,此曲线称为状态轨迹。如图 2-2-13 所示为图解法求得的在阶跃信号激励下的状态轨迹曲线。

实验中,可用示波器观察此状态轨迹。示波器置于 $X-Y$ 工作方式,将电容电压送入示波器的 Y 轴输入,电感电流接入示波器的 X 轴输入,如图 2-2-14 所示。则从荧光屏上可观察到状态轨迹曲线,其原理与李沙育图形完全一样。

需要提醒的是,图 2-2-14 中信号源与示波器不共地。而在某些实验室中,由于信号源和示波器接在同一个插座上,两台仪器的接地端已被连在一起,这将造成 r 短接而无法获得想要测量的波形。另外,不共地的接线方式,测量波形不易稳定。

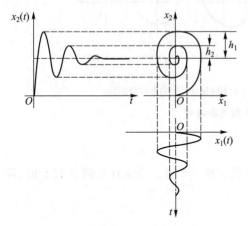

图 2-2-13 RLC 串联电路状态轨迹

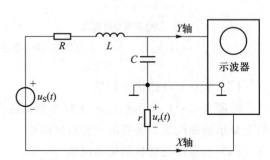

图 2-2-14 示波器观察状态轨迹接线图

2.3 电工测量仪表的基本知识

电工测量仪表有两大类,即指针式仪表(模拟表)和数字式仪表,有时候也将其统称为指示仪表。随着电子技术的快速发展,数字式仪表的使用日益广泛,但由于指针式仪表的一些优点,在实验室和生产现场,指针式仪表仍在大量使用。本节将简单介绍指针式电工测量仪表的结构和主要技术参数。

电工测量仪表按指针式仪表测量机构产生转矩的方式分类,主要有磁电系、电磁系、电动系、感应系、静电系等。按被测量的名称分类,主要有电压表、电流表、电阻表、电度表、相位表、功率表、多用途仪表(如万用表)等。根据仪表的工作电流又可分为直流表、交流表和交直流两用表。

指针式电工测量仪表的种类虽然很多,但它们的主要作用都是将被测电量转换成仪表活动部分的角位移,如图 2-3-1 所示。

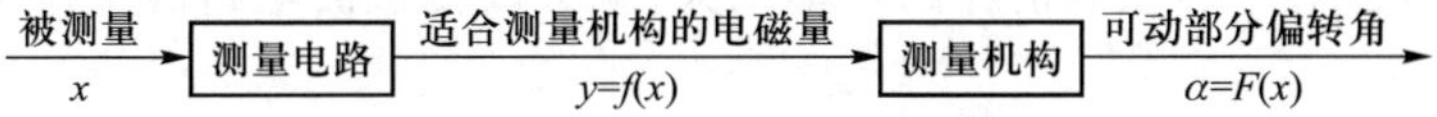

被测量 x → 测量电路 → 适合测量机构的电磁量 $y=f(x)$ → 测量机构 → 可动部分偏转角 $\alpha=F(x)$

图 2-3-1 指示仪表原理图

测量机构是仪表的核心部分,由固定和可动两大部分组成。固定部分通常包含磁路系统或固定线圈、标度盘以及支架等;可动部分包含可动线圈或可动铁片、指示器以及阻尼器;可动部分与转轴相连,通过轴尖被支撑在轴承里,或利用张丝、悬丝作为支撑部件。不同结构的指针式仪表的基本工作原理是相同的,在每一种仪表的测量机构内,都有产生转动力矩、反作用力矩和阻尼力矩的部件。当仪表工作时,转动力矩、反作用力矩、阻尼力矩和摩擦力矩同时作用在可动部件上,可动部件的相应偏转就反映了被测量的数值。

转动力矩是由被测量加到测量机构上所产生的电磁力产生的,是使指针式仪表指示器转动的力矩,不同类型的仪表产生转动力矩的机构不同。磁电系仪表由永久磁铁的磁场与通有直流电流的可动线圈之间的相互作用产生转动力矩,因此磁电系仪表用作直流表,其准确度和灵敏度很高,仪表消耗功率小,刻度均匀,读数方便;缺点是过载能力小,结构复杂,成本较高,若不加变换器,则只能测量直流电量。电磁系仪表由固定线圈的磁场与可动铁片相互作用产生转动力矩,既可测直流,也可测交流,被测电流只通过固定线圈,过载能力强。但是,由于铁片的存在,磁滞和涡流随频率而变,所以这种表的测量误差较大,频率范围窄,一般用于工频的测量。另外,由于流过线圈的电流必须足够大,才能使可动部分偏转,所以其灵敏度低,仪表消耗功率较大。电动系仪表的固定线圈由两个完全相同并且在空间位置上彼此分开一段距离的线圈组成,并产生磁场,可动线圈通入电流后在磁场中受力转动。由于没有电磁系仪表的磁滞和涡流影响,电动系仪表的准确度高,频率特性好,可兼测直流和交流,还可以测量非正弦量。但是电动系仪表的磁场弱,因而易受外磁场的影响,仪表本身的功率损耗大(比电磁系仪表还大),电压表的内阻小。除此之外,由于电流流过可动线圈和游丝,所以仪表的过载能力弱。

反作用力矩用来平衡转动力矩,通常由机械力或电磁力产生,偏转角度的大小与被测量的大小一一对应。利用机械力就是利用游丝、张丝等的弹力。利用电磁力作为反作用力矩的仪表也称为比率计或流比计。

指示仪表可动部分到达平衡位置时,还具有一定的动能,会在平衡位置左右摆动。为了缩短摆动的时间,必须在可动部分上施加大小与运动速度成正比的阻尼力矩。常见的阻尼器有空气阻尼器、磁感应阻尼器等。

整个测量机构中还不可避免地存在摩擦力矩。

因此,为了保证测量结果准确可靠,必须对测量仪表提出一定的要求。对于一般的电工测量指示仪表,主要技术参数有:

① 灵敏度 仪表指针偏转角的变化量与被测量的变化量之比,称为灵敏度,它反映了仪表所能测量的最小量。

② 准确度 仪表的等级就是仪表的准确度。通常 0.1 级和 0.2 级仪表多用作标准表,以校验其他等级的工作仪表;实验室多采用 0.5~2.5 级的仪表,开关柜采用的仪表等级较低。

③ 仪表的功率损耗 若仪表消耗的功率太大,就会改变被测电路的工作状态,从而引起额外的测量误差。

④ 仪表的阻尼时间 阻尼时间是指从被测量开始变动,到指针距离平衡位置小于标尺全长的 1% 时所需的时间。阻尼时间越短越好。

⑤ 从变差理论上讲,仪表指针上升或下降到同一被测量数值时,读数应该相同。但是由于测量机构的工艺和材料性质等原因,上升和下降的路线往往不重合。在某处出现不重合的最大数值称为仪表的变差,一般要求变差不得超过仪表基本误差的绝对值。

第 3 章
电路基本测量方法

3.1 测量的基本概念

3.1.1 测量与国际单位制

所谓测量,就是通过物理实验的方法,把被测量与其同种类的作为单位的标准量相比较,并确定被测量对标准量的倍数。我们把不变的、国际上所承认的单位作为可复现的、通用的、可比较测量结果的基础。由物理学知道,有些物理量可以彼此无关地被确定,这些物理量的单位被称为基本单位。国际单位制(SI)由七个基本单位组成。

1. 长度单位(m 米)

1 m 约等于巴黎子午线长的四千万分之一。目前规定 1 m 等于氪 86 在真空中(在 $2P_{10}$ 和 $5d_5$ 二能级之间跃迁时)所吸收或放出的橙色光波波长的 1 650 763.73 倍。

2. 质量单位(kg 千克)

当初规定 1 kg 等于在 3.98 ℃时 1 000 cm^3 水的质量,后来发现不含溶解空气的 1 000 cm^3 纯水在真空中的质量为 0.999 974 kg。现以保存在法国巴黎附近的色弗尔国际度量衡标准局内的国际千克原器铂铱合金圆柱体的质量为标准。

3. 时间单位(s 秒)

1 s 规定为从格林尼治 1899 年 12 月 31 日正午时算起的回归年的 1/31 556 925.974 7。目前使用的是,铯 133 原子基态的两个超精细能级之间跃迁时所吸收或放出的电磁波周期的 9 192 631 770 倍。

4. 电流单位(A 安[培])

在相距 1 m、处于真空中的两根平行的圆截面很小的无限长直导线中通以强度相同的恒稳电流,在每米长上导线所受到的作用力为 2×10^{-7} N,则此恒稳电流为 1 A。

5. 温度单位(K 开[尔文])

水的三相点温度为 273.16 K。1 K 等于水的三相点,是热力学温度的 1/273.16。热力学温度 T 和摄氏温度 t(单位为摄氏温度,符号为℃)之间的关系为:$T=t+273.16$。

6. 物质的量单位(mol 摩[尔])

这是某一物质系统的物质的量,该物质系统中所包含的结构粒子数目与 0.012 kg 碳 12 的原子数相同;结构粒子可以是原子、分子、离子、电子、光子等,或是这些粒子的指定组合体;在使用该单位时必须指明结构粒子的种类。

7. 发光强度单位(cd 坎[德拉])

发光强度单位等于面积为 1 cm^2 的绝对黑体在纯铂凝固温度(2 045 K)时,沿垂直方向发光强度的 1/60。

其他物理量的单位,则以被测量与其他量(其单位是基本单位或是用基本单位表示的单位)有相互关系的数学公式为基础,通过上述独立的基本单位来表示。这种单位称为导出单位。

因为物理量的测量过程是一个实验过程,所以仅仅有了测量单位还不能实现测量这一任务。为此还必须有根据测量单位复制出的实物(量具或度量器)以及用来比较被测量与量具的设备。

3.1.2 电学量具

如前所述,在进行电工测量时,实际上就是将被测电学量直接或间接地与作为测量单位的同类量进行比较,以确定被测电学量的大小。所谓量具(度量器),就是测量单位或测量单位的分数、整数倍的复制实体。

1. 量具种类

在电学计量中,根据量具在量值传递上的作用和不同的准确度,量具可分为基准量具(基准器)、标准量具(标准器)和工作量具三大类。

① 基准量具 以一个国家最高技术水平所能达到的最高准确度来复现和保存测量单位的量具被称为基准器,它由政府的法定机关保存,并作为国家处理测量事物的法定基础和测量科学基础。

② 标准量具 标准量具的准确度低于基准量具,供计量中心对工作量具进行检定或标定时使用。在电工测量中经常使用的标准电池、标准电阻、标准电容和标准电感都属于这一类。

③ 工作量具 工作量具供日常测量时使用。

2. 标准量具

① 标准电池 标准电池是电动势单位的复制物。它采用化学性能稳定、成分纯净的材料,经过精确配方制成,其电动势可以在相当长时间内保持相当高的稳定性。这种电池能够保证其电动势的极度稳定;电动势与温度间的关系可以准确掌握;不产生化学副反应;几乎没有极化作用;它的内阻在相当大的程度上不随时间而变。

② 标准电阻 标准电阻是电阻单位的复制物。它是欧姆量值正确传递的特殊电阻。标准电阻的额定值一般为 10^n Ω,其中 n 为 $-4 \sim +8$ 之间的整数。对标准电阻的要求是:结构简单、便于使用;热效应、残余电感和电容极其微小。

③ 标准电感 标准电感是电感单位的复制物。它是用铜线绕在胶木、大理石或瓷质的支架上制成的,经过固定和浸蜡以防变形,保证电感的稳定。线圈多采用多股绝缘导线并联绕制,以减少涡流和分布电容。一般标准电感的标准频率为 1 kHz,最高工作频率一般不超过 10 kHz。对标准电感的要求是:电感值稳定;电阻值要小,且随电流和频率变化影响尽量小;涡流损耗要小;分布电容要小;线圈本身和支架都不能用铁磁物质制成,且结构坚固,不易变形。

④ 标准电容 标准电容是电容单位的复制物。常用于交流电路的测量和仪表的校准。以空气为介质的标准电容介质损耗小,电容值稳定,温度系数小,但电容量一般小于 0.01 μF。以云母为介质的标准电容的容量较大,体积也小,但其损耗和温度系数都较大,准确度也略低。标准电容的最大耐压约为 500 V,工作频率达 10 kHz,损耗因数约为 10^{-4}。对标准电容的要求是:电容值稳定;温度系数小;介质损耗小;电容值与频率无关;绝缘电阻和绝缘强度要高。

3.1.3　测量方法的分类

测量方法可以从不同的角度出发进行分类。

1. 从获得测量结果的方式进行分类

① 直接测量法 从测量仪器上直接得到被测量的测量方法。例如用电压表测电压,测量结果直接可以从表上读得。

② 间接测量法 通过测量与被测量有函数关系的其他量,才能得到被测量值的测量方法。例如用伏安法测电阻。

③ 组合测量法 在测量中,若被测量有多个,而且它们与可直接(或间接)测量的物理量有一定的函数关系,可以通过联立求解各函数关系式来确定被测量的数值。例如,已知某电阻与温度之间的关系可表示为

$$R_t = R_{20}[1 + \alpha(t - 20) + \beta(t - 20)^2]$$

式中,α 和 β 为电阻的温度系数;R_{20} 为电阻在 20 ℃时的电阻值;t 为测量时的摄氏温度。为了测出 α、β 和 R_{20},可以先测出 R_t 在三种不同温度 t_1、t_2 和 t_3 时相应的电阻值 R_{t_1}、R_{t_2} 和 R_{t_3},代入上式,得到

$$R_{t_1} = R_{20}[1 + \alpha(t_1 - 20) + \beta(t_1 - 20)^2]$$

$$R_{t_2} = R_{20}[1 + \alpha(t_2 - 20) + \beta(t_2 - 20)^2]$$

$$R_{t_3} = R_{20}[1 + \alpha(t_3 - 20) + \beta(t_3 - 20)^2]$$

解此联立方程组,便可得 α、β 和 R_{20}。

2. 从获得测量数值的方式进行分类

① 直接测量法(直读法) 直接根据仪表(仪器)的读数来确定测量结果的方法。测量过程中,度量器不直接参与作用。例如用电流表测量电流、用功率表测量功率等。直接测量法的特点是设备简单,操作简便;缺点是测量准确度不高。

② 比较测量法 测量过程中被测量与标准量(又称度量器)直接进行比较而确定测量结果的方法。例如电桥法测电阻。比较测量法的特点是测量准确,灵敏度高,适用于精密测量,但测

量操作过程比较麻烦,相应的测量仪器价格较贵。

直读法与直接测量法,比较法与间接测量法,彼此并不相同,但又互有交叉。实际测量中采用哪种方法,应根据被测量对测量的准确度要求以及实验条件是否具备等多种因素具体确定。

3.2 电路基本电参数的测量

3.2.1 电阻的测量

电阻是电子产品中最通用的电子元件。它是耗能元件,在电路中分配电压、电流,用作负载电阻和阻抗匹配等。

固定电阻的测量方法如下。

1. 万用表测量

模拟式和数字式万用表都有电阻测量挡,可以直接测量电阻阻值。模拟式万用表测量时需要选择倍率或量程范围,将两个表笔短路调零,再将万用表并接到被测电阻的两端,读出显示的数值即可。

在用万用表测量电阻时应注意以下几个问题:

① 当电阻连接在电路中时,首先应将电路的电源断开,绝不允许带电测量电阻值。如果电路中有电容器连接时,应断开电容器或者将电容器放电后再进行测量。如果电阻两端和其他元件相连,则应断开一端后再测量,否则会造成测量结果的错误。

② 测量电阻时,要防止把双手和电阻的两个端子及万用表的两个表笔并联捏在一起,因为这样测得的阻值为人体电阻和被测电阻并联后的等效阻抗,在测量几千欧以上的电阻时,尤其需要注意这一点。

③ 由于万用表测量电阻时,电阻中有直流电流流过,并在电阻两端产生一定的压降,所以需要考虑被测电阻所能承受的电压和电流,以免损坏被测电阻。一般对于某些电压和电流承受能力较弱的电阻器件,特别需要引起重视。

④ 在用万用表测量的时候,还要注意换量程调零。注意万用表的内部电池电压是否达到额定要求,否则会带来额外的测量误差。通常在使用中,万用表测量电阻一般只作粗略的检查测量。

2. 伏安法测量

伏安法是一种间接测量的方法。当被测电阻上流过一定电流时,采用电流表和电压表分别测出被测电阻两端的电压和流过的电流,根据欧姆定律 $R = U/I$ 计算出被测电阻的阻值。测量电路通常有电压表外接法和内接法两种,分别如图 3-2-1(a)和(b)所示,测量电路的选择一般根据被测电阻和测量仪表内阻的比值来决定,详细介绍请参考第 4 章第 4.2.1 节。

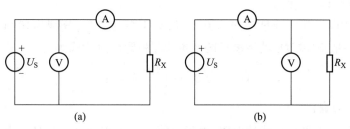

图 3-2-1　伏安法测量线路

3. 电桥法测量

当对电阻值的测量精度要求很高时,采用电桥法进行测量。电桥是一种比较式仪器,它将被测量与已知标准量进行比较,从而确定出被测量的大小。测量电阻用直流电桥,如图 3-2-2 所示电路称为直流单电桥,又称惠斯通电桥,它适用于测量中值电阻($1\sim10^6\ \Omega$)。直流双电桥又称凯尔文电桥,是一种专门测量低值电阻的比较仪器(由于在电路实验中不常用,所以本书不做介绍)。图 3-2-2 中 R_1、R_2 为固定电阻,称为比率臂,比例系数 $K=R_1/R_2$,可以通过量程开关进行调节,R_n 为标准电阻,称为标准臂,R_X 为被测电阻,G 为检流计。接好电路后,合上电源,通过调节 K 和 R_n,使得电桥达到平衡,即检流计指示为零或达到最小值,读出 K 和 R_n 的值,即可求得:

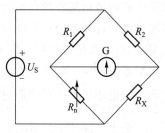

图 3-2-2　直流单电桥

$$R_X = \frac{R_2}{R_1}R_n = KR_n$$

直流单电桥的准确度比较高,其原因是:

① 测量时是将被测电阻与已知标准电阻直接进行比较来决定的,而标准电阻的准确度可以做得很高(一般用在电桥桥臂的标准电阻准确度可达 10^{-3} 以上),这就使电桥测量电阻可以获得较高的准确度。

② 目前检流计的灵敏度可以制作得很高,这就保证了电桥可以获得更加确切的平衡条件,从而提高了测量准确度。

根据《测量电阻用直流电桥》(GB/T 3930—2008)规定,目前我国直流电桥的准确度分为:0.001、0.002、0.005、0.01、0.02、0.05、0.1、0.2、0.5、1、2、5、10 共 13 个等级。

直流电桥的基本误差的允许极限可根据下式计算得到:

$$\Delta_{\lim} = \pm a\%\left(\frac{R_N}{K} + x\right)$$

式中,$\Delta_{\lim}$ 为允许的绝对误差极限,单位为 Ω;R_N 为基准值(为了规定电桥的准确度供各有效量程参比的一个单值,除非制造单位另有规定,一个给定的有效量程的基准值即为该量程内最大的 10 的整数幂),单位为 Ω;x 为标度盘示值(即被测值);a 为电桥准确度等级;K 为 10(如果制造单位不另规定一个更高的值时）。

例如，有一直流电桥其准确度等级为 0.1 级，有 4 个读数盘，分别为 $10×10^3$、$10×10^2$、$10×10$ 和 $10×1$。基准值一般取 10^3 Ω，则该电桥的基本误差极限的表达式为

$$\Delta x_{\lim} = \pm\, 0.1\% \left(\frac{10^3}{10} + x \right) \Omega$$

4. 非线性电阻的测量

对于热敏电阻、二极管等非线性电阻，由于阻值随着工作环境或是外加电压和电流的变化而变化，一般采用专用设备测量其特性或者采用伏安法逐点测量。

5. 在线电阻的测量

随着集成电路的发展，现代电子仪器仪表中几乎都采用在印制电路基板上焊接大量的 R、L、C 电路元件。为了调试和维修这些设备经常要测量有关的元件参数，如果采用传统的元件分离测量法必须将可能有问题的元件从印制电路板上焊下，逐个测量，这样不但速度慢、效率低，而且可能在焊接过程中损坏元件和印制电路。在线电阻测量方法的原理是等电位隔离，无论电路多么复杂，总可以把与待测电阻 R_X 相并联的元件等效为两只相互串联的电阻 R_1 和 R_2，由此构成三角形电阻网络。如图 3-2-3(a) 所示，将 c、e、f 点对 d 短接，得到图(b) 所示的等效网络。如果有高内阻电压表Ⓥ和低内阻电流表Ⓐ，则按照图 3-2-3(c) 连线，由两表读数 U 和 I，即可算出连于 a、b 两点之间的电阻 R_X，即 $R_X = \dfrac{U}{I}$。

如果仪表存在内阻，则须串入一个可调电阻，如图 3-2-3(d) 所示，测量前，先调节电位器使 $U_{ad} = 0$，此时电源电压为 U'，电流表读数为 I'，则 $R_X = \dfrac{U'}{I'}$。

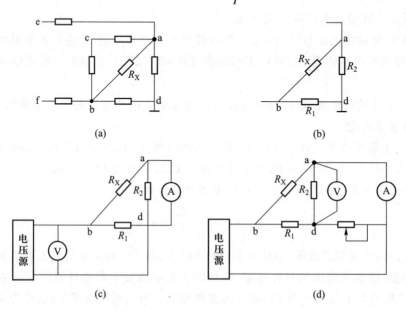

(a)   (b)

(c)   (d)

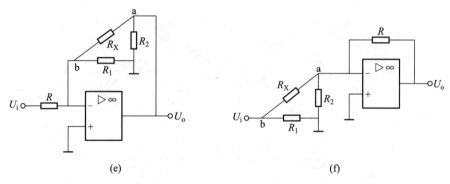

图 3-2-3　在线电阻的测量

实际应用的等电位隔离（等电位屏蔽）测量仪表由运算放大器构成，如图 3-2-3（e）和图 3-2-3（f）所示，由于运算放大器的输入阻抗极高，输出阻抗极低，因此利用运算放大器等电位输入端以及输出端对输入端的信号负反馈原理就很容易达到在线等电位隔离测量的目的。图 3-2-3（e）中 $R_X = \left| -\dfrac{U_o}{U_i}R \right|$。图 3-2-3（f）中 $R_X = \left| -\dfrac{U_i}{U_o}R \right|$。

3.2.2　电感的测量

电感一般是依据电磁感应的原理，由导线绕制而成的一种储能元件。在电路中具有通过直流电、隔断交流电的能力。电感广泛应用于调谐、振荡、滤波、耦合等各种电路。

实际电感器件往往包含电阻，因此电感的测量主要包括电感量和损耗（通常用品质因数 Q 表示）两部分内容。

1. 通用仪器测量

根据复数欧姆定律 $X_L = 2\pi fL = U/I$，按照如图 3-2-4 所示电路，其中 $\dot{U}_s$ 为交流信号源，R_1 为限流电阻，R_2 为电流取样电阻（一定要接在信号源的接地端），用交流电压表分别测出电感两端的电压 U_1 和电阻 R_2 两端的电压 U_2，即可求得电感量：

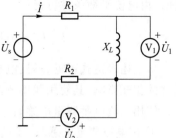

$$X_L = \frac{U_1}{I} = \frac{U_1}{U_2 / R_2} = 2\pi fL$$

$$L = \frac{R_2 U_1}{2\pi f U_2}$$

2. 交流电桥法测量

测量电感量的交流电桥有如图 3-2-5（a）和（b）所示的海

图 3-2-4　通用仪器测量

式电桥和马氏电桥两种。在海氏电桥和马氏电桥中，L_x 为被测电感，R_x 为被测电感的损耗电阻，一般 R_3 用开关换接作为量程选择，R_2 和 R_n 为可调元件，由 R_2 的刻度可直读 L_x，由 R_n 的刻度可直读品质因数 Q 值。

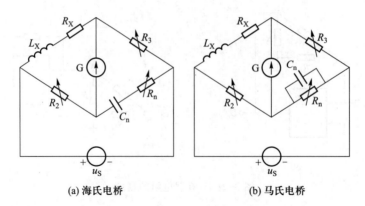

(a) 海氏电桥   (b) 马氏电桥

图 3-2-5 海氏电桥和马氏电桥

海氏电桥适用于测量 $Q>10$ 的电感。由图 3-2-5(a)所示电桥平衡条件可推得:

$$R_X = \frac{R_2 R_3 R_n (\omega C_n)^2}{1 + (\omega C_n R_n)^2}, \quad L_X = \frac{R_2 R_3 C_n}{1 + (\omega C_n R_n)^2}$$

由上式可见,海氏电桥的平衡条件与频率有关,因此在使用海氏电桥时,电源的频率与该电桥规定的频率必须一致,且电源波形必须为正弦波。此时,其品质因数为

$$Q_X = \frac{\omega L_X}{R_X} = \frac{1}{\omega C_n R_n}$$

由上式可知,被测电感的 Q 值可由 R_n 的读数得到。

很明显,被测电感的 Q 值越小,则要求标准电容 C_n 越大,而一般标准电容的容量都不能做得太大,因此 R_n 就必须很大。所以,当某桥臂的阻抗过大时,会影响电桥的灵敏度。为解决这一问题,将 R_n 与 C_n 串联的支路改成并联连接。这就是马氏电桥。

马氏电桥适用于测量 $Q<10$ 的电感,图 3-2-5(b)中的 L_X 为被测电感,R_X 为被测电感的损耗电阻,由电桥平衡条件可得:

$$L_X = R_2 R_3 C_n, \quad R_X = \frac{R_2 R_3}{R_n}, \quad Q_X = \frac{\omega L_X}{R_X} = \omega R_n C_n$$

从上述表达式可见,马氏电桥的平衡条件与电源频率和波形无关。但实际上,由于电桥内各元件的相互影响,其使用频率范围还是要受到一定限制的。

使用交流电桥测量电感时应注意:

① 用电桥测量电感时,通过估计被测电感的 Q 值来确定选用的电桥类型,再根据电感量的范围选择量程,然后反复调节 R_2 和 R_n,使得检流计 G 的读数达到最小,此时即可从 R_2 和 R_n 的刻度读出被测电感 L_X 和 Q 的数值。

② 电桥法测量的电感一般适用于低频情形,尤其适用于有铁心的大电感。

③ 在现有的电桥产品中,除了一些专用电桥外,也有不少既能测量电容又能测量电感、电阻的"万用电桥",通过转换开关可以得到不同的电桥线路。各种万用电桥的测量线路、测量范围、

测量准确度等不尽相同,但基本工作原理大体相似。在使用交流电桥精确测定电阻、电容、电感各参数时,仪器的外壳应妥善接地,同时各被测元件与"测量"接线柱间的连线应尽可能短,以避免由于分布耦合等引起的测量误差。

3.2.3　电容的测量

电容量的测量方法有万用表法和交流电桥法。

1. 万用表测量

目前的数字式万用表一般都有电容测量挡,可以估测电容量的大小,但是测量精度相对较低,能测量的电容范围也较小。在测量电容时,首先必须将电容器短接放电。若显示屏显示"000",表明电容器已被击穿、短路;若显示屏仅出现最高位"1",表明电容器已断路。

也可通过万用表的电阻挡检测无极性电容器是否存在短路、开路和漏电情况。具体方法如下:

① 将待测电容器短接放电。

② 选择电阻挡,将表笔搭接至电容器两端。对于电容量较大(大于 5 100 pF)的电容器,可看到显示屏显示在变化,最后稳定于某电阻值。该电阻即为电容器的绝缘电阻,一般大于 500 kΩ。

③ 如果读数不变,将两表笔交换,若读数仍然不变,则表明该电容器已断路;若读数为零或很小,则表明该电容器已被击穿、短路。

电解电容器容量较大,且有极性,在使用时不可接反。若对电解电容器进行漏电阻测量,首先必须短接放电,然后将量程开关置于"Ω"挡,用 20 MΩ 挡或 2 MΩ 挡进行测量。一般来讲,电容量大,其漏电流也大,测出的漏电阻值小。

2. 交流电桥法

交流电桥法根据待测电容介质损耗的大小,有如图 3-2-6 所示的串联和图 3-2-7 所示的并联两种方法。

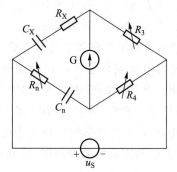

图 3-2-6　串联电桥

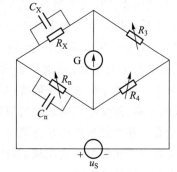

图 3-2-7　并联电桥

实际电容器并非理想元件,它存在介质损耗,所以通过电容器的电流与它两端的电压的相位差比 90° 小一个 δ 角,此 δ 角就称为介质损耗角。一般以 tan δ 代表电容的介质损耗特性,用 D 表示,称为损耗因数。串联电桥适合于测量损耗小的电容,C_X 为被测电容,R_X 为其等效串联损耗电阻。对于如图 3-2-6 所示电路,由电桥平衡条件可得:

$$C_X = \frac{R_4}{R_3}C_n, \quad R_X = \frac{R_3}{R_4}R_n, \quad D_X = \tan\delta = \frac{U_R}{U_C} = \frac{IR_X}{I/\omega C_X} = \omega C_X R_X = \omega C_n R_n$$

测量时,根据被测电容值的范围,通过改变 R_3 来选取一定的量程,然后反复调节 R_4 和 R_n 使得电桥平衡(即检流计读数最小),从 R_4、R_n 刻度读出 C_X 和 D_X 的值。

若被测电容的损耗大,则用上述电桥测量,与标准电容相串联的电阻 R_n 必然很大,这样会降低电桥的灵敏度,因此宜采用如图 3-2-7 所示的并联电桥。

并联电桥适合于测量损耗较大的电容。C_X 为被测电容,R_X 为其等效串联损耗电阻,测量时,调节 R_n 和 C_n 使得电桥平衡,此时:

$$C_X = \frac{R_4}{R_3}C_n, \quad R_X = \frac{R_3}{R_4}R_n, \quad D_X = \tan\delta = \frac{I_R}{I_C} = \frac{U/R_X}{\omega C_X U} = \frac{1}{\omega C_X R_X} = \frac{1}{\omega C_n R_n}$$

3.3 电路基本电量的测量

电压、电流和功率是表征电信号能量大小的三个基本参数,都可以直接用直读仪表(指针式或数字式)来测量。本节主要介绍在电路实验中常用的一些测量方法。

3.3.1 电压、电流的测量

测量直流量通常采用磁电系仪表,测量交流量主要采用电磁系仪表,比较精密的测量可以使用电动系仪表。

1. 用直读仪表测量

实验室通常使用直读仪表来测量,测量电压可以选择直流电压表、交流电压表、万用表、交流毫伏表等;测量电流可以选择直流电流表、直流微安表、交流电流表、万用表等。测量电流时电流表应与负载串联,仪表内阻 R_A 应远小于负载阻抗,否则仪表的串入将改变被测支路的电流值;测量电压时电压表应与负载并联,要求仪表内阻 R_V 应远大于负载阻抗。所以用这种方法测量电压、电流的误差主要取决于仪表的准确度以及仪表内阻。其误差范围通常为 0.1% ~ 2.5%,只有个别的数字式电压表,测量电压的误差可以降到 0.1% 以下。磁电系测量机构允许通过的电流很小,为了扩大量程可在测量机构两端并联分流电阻。电磁系和电动系测量机构中电流通过固定线圈,因此表头可以直接测量较大电流,其改变量程的方法是固定线圈分段串、并联换接,测大电流时,可动线圈与固定线圈并联。

2. 交流电流、电压有效值的精确测量

由于直流量单位的传递可由基准开始,所以有较高的准确度,而交流量却没有实物基准,所以精确测量交流量有效值时,通常先用交直流比较仪将交流量与直流量进行比较,然后再对与其等效的直流量进行测量,以此得到交流量的精确值。常用的交直流比较仪有:热电式比较仪、电动式比较仪、静电式比较仪、电子变换器等。

3. 大电流的测量

大电流通常指百安以上的电流。这种数量级的电流,目前测量的精度还不高。测量直流大电流可用分流电阻来扩大指示仪表的量程,或用专门的大电流测量仪器(如霍尔大电流测量仪)来测量。测量交流工频大电流则通常用电流互感器来扩大仪表的测量范围。

交流测量电路中使用的电流互感器,是将一、二次线圈绕在一个高磁导率的磁心上。使用时将一次线圈串联到被测电流电路,二次线圈经低阻抗的电流表闭合,则一、二次线圈的电流关系式为

$$\dot{I}_1 = K_I \mathrm{e}^{-\mathrm{j}\theta} \dot{I}_2$$

式中,$K_I = I_1/I_2 = n_2/n_1$(n_1、n_2 分别为一、二次线圈的匝数),称为电流互感器的变比;θ 表示 $\dot{I}_1$ 和 $\dot{I}_2$ 间的相移,称为电流互感器的相位误差。

用交流电流表测出 I_2,就可得到被测电流 I_1 的值。电流互感器的测量范围一般在几十安至一万安之间,其变比误差为 0.2% ~ 0.005%,相位误差为 0.005° ~ 2°。

4. 高电压的测量

高电压是指千伏以上的电压,交直流高电压的测量都可用附加电阻或是电阻分压器来扩大电压的测量范围。交流电压还可以用电容分压器或是电压互感器来扩大测量范围。

5. 小电流和低电压的测量

小电流和低电压的测量是指毫安级和毫伏级以下直至微安、微伏级的测量。由于被测量十分微弱,易受外界电磁干扰的影响,所以测量误差较大,要求测量仪器的灵敏度要相当高。通常采用检流计及各类放大器来达到所需要的灵敏度。

3.3.2　功率的测量

1. 直流电路功率

直流功率 $P = UI$,即 P 为电压 U 和电流 I 的乘积,所以可采用电压表和电流表间接测量,其接线如图 3-3-1(a)和(b)所示,接法不同,其结果也略有差别。由于电流表内阻上的压降很小,所以一般情况下采用如图 3-3-1(a)所示的接法。在低压大电流的特殊场合,如果电流表上的压降比较显著,可以采用如图 3-3-1(b)所示的接法。两种接线情况下的测量误差分析参见第 4 章 4.2.1 节。

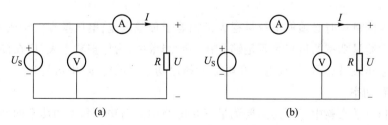

(a)　　　　　　　　　　　　　　　(b)

图 3-3-1　间接法测直流功率的接线

2. 交流电路功率

交流电路的功率一般分为有功功率 P、无功功率 Q 和视在功率 S。设电路中负载端电压的相量为 $\dot{U}$，电流相量为 $\dot{I}$，且 $\dot{I}$ 与 $\dot{U}$ 的相位差为 φ，则负载吸收的有功功率为 $P = UI\cos\varphi$；无功功率为 $Q = UI\sin\varphi$；负载的视在功率为 $S = UI = \sqrt{P^2 + Q^2}$。

视在功率的测量仍可以采用如图 3-3-1 所示电路间接测量，只需把直流测量仪表改成交流仪表，但是电流表或电压表内阻的影响都难以修正。

对于有功功率的测量，一般采用功率表。同样，功率表的连接方法也有如图 3-3-2(a) 和 (b) 所示两种。在图示电路中，1、2 表示功率表的电流端钮，3、4 表示其电压端钮，"∗"号表示电压线圈和电流线圈间的同名端。若功率表的电流线圈是串联接入电路的，其电流端钮的非"∗"号端必须接至负载端。若功率表的电压线圈是并联接入电路的，标有"∗"号的电压端钮可以接至电流端钮的任一端；而非"∗"号端则应跨接到负载的另一端。因此根据上述原则，图 3-3-2 所示的两种接线方式都是正确的，其中图 3-3-2(a) 中电压线圈支路同名端是向前接到电流线圈的同名端，简称"功率表电压线圈支路前接"。此时功率表电流线圈中的电流等于负载电流，但是功率表电压线圈支路两端的电压等于电压表与功率表电流线圈电压降之和，即在功率表的读数中多了电流线圈的功率损耗 $I^2 R_I$（I 为负载电流，R_I 为功率表电流线圈的电阻）。在图 3-3-2(b) 中电压线圈支路同名端是向后接到电流线圈的非同名端，简称"功率表电压线圈支路后接"。此时功率表电压线圈支路与负载并联，电流线圈中的电流等于功率表电压线圈支路电流与负载电流之和，因此功率表的读数中多了电压线圈的功率损耗 U^2 / R_V（U 为负载电压，R_V 为功率表电压线圈支路的总电阻）。如果功率测量的精度要求较高时，应仔细选择测量线路，并设法扣除相应的附加损耗。详细介绍请参阅专题研究 3。

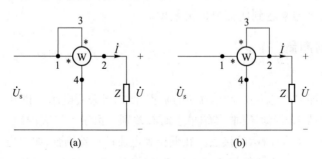

(a)   (b)

图 3-3-2 功率表接线

选择功率表的量程时必须使电流量程大于或等于负载电流，电压量程大于或等于负载电压，而不是仅仅注意测量功率的量程是否足够。在实际测量中，为保护功率表，应在接功率表的同时接入电流表和电压表，以监视负载电压和电流不超过功率表的电压、电流量程。

3. 三相电路功率

工业生产和科学实验中经常碰到要测量三相电路中有功功率和无功功率的问题。测量的方法很多，根据供电线路形式与负载情况，常用一瓦表法与二瓦表法进行测量。

三相三线制供电情况下,不论负载对称或不对称,只要连接方式为 Y 形联结,且负载中性点可引出连接线,则可采用一瓦表法测每相有功功率,如图 3-3-3(a)所示,△ 形联结时如图 3-3-3(b)所示。三相总功率则为每相功率之和(在这种情况下功率表读出的每相功率对应于负载每相实际功率)。

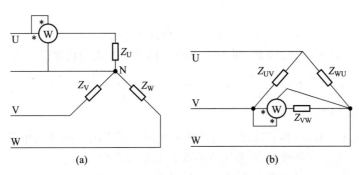

图 3-3-3　一瓦表法有功功率测量电路

三相三线制供电情况下,若负载对称,可采用一瓦表法来测量三相总无功功率,只要将功率表的电流线圈串接于任一条端线(如图 3-3-4 所示为 U 线),其电流线圈的同名端接在电源侧,而电压线圈跨接到另外两条端线之间,其电压线圈的同名端应按正相序接到串接电流线圈所在相的下一相端线上(图 3-3-4 所示为 V 线)。根据相量关系有:

$\dot{U}_{\mathrm{VW}}$ 与 $\dot{I}_{\mathrm{U}}$ 之间的相角为 $90°-\varphi$(φ 为对称三相负载电路中各相的功率因数角)。功率表的读数是:

$$W = U_{\mathrm{VW}}I_{\mathrm{U}}\cos\left(90° - \varphi\right) = U_{\mathrm{L}}I_{\mathrm{L}}\sin\varphi$$

式中,U_{L},I_{L} 分别为对称三相电源的线电压和线电流。

因为三相无功功率的表达式为 $Q = \sqrt{3}\,U_{\mathrm{L}}I_{\mathrm{L}}\sin\varphi$,所以实际三相无功功率为 $Q = \sqrt{3}\,W$。当负载为感性时,功率表正向偏转;负载为容性时,功率表反向偏转(示值取负值)。

在工业生产和科学实验中经常用二瓦表法(两只功率表,生产中常称为二瓦表法)来测量三相三线制供电系统中三相负载的有功功率和无功功率。可以证明如图 3-3-5 所示电路中两只功率表的读数之和等于三相总功率。

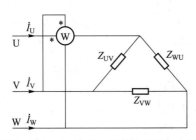

图 3-3-4　一瓦表法无功功率测量电路

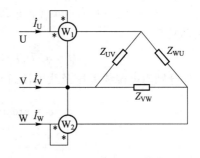

图 3-3-5　二瓦表法有功功率测量电路

瞬时功率

$$p_1 = u_{UV}i_U = (u_U - u_V)i_U$$

$$p_2 = u_{WV}i_W = (u_W - u_V)i_W$$

$$p_1 + p_2 = u_U i_U + u_W i_W - u_V(i_U + i_W)$$

由于在三线系统中 $\qquad i_U + i_V + i_W = 0$

所以 $\qquad -(i_U + i_W) = i_V$

于是 $\qquad p = p_1 + p_2 = u_U i_U + u_V i_V + u_W i_W$

而功率表读数为功率的平均值,因此,图 3-3-5 所示两只功率表的读数之和为

$$P = P_1 + P_2 = \frac{1}{T}\int_0^T (u_U i_U + u_V i_V + u_W i_W)\,\mathrm{d}t = P_U + P_V + P_W$$

等于三相总平均功率。

由功率测量原理可知,三相三线制供电系统中利用二瓦表法来测量三相负载总功率时,不论负载对称或不对称,也不管负载是 Y 形联结或 Δ 形联结都是适合的。

当负载对称时,图 3-3-5 中两只功率表的读数分别为

$$P_1 = U_{UV}I_U \cos\varphi_1 = U_{UV}I_U \cos(30° + \varphi)$$

$$P_2 = U_{WV}I_V \cos\varphi_2 = U_{WV}I_V \cos(30° - \varphi)$$

用二瓦表法测量三相功率时,应注意下列问题:

① 二瓦表法适用于对称或不对称的三相三线制电路,也能用于对称的三相四线制电路,但不适用于三相不对称的四线制电路。

② 二瓦表法的接线原则是:两只功率表的电流线圈分别串入任意两条端线中,电流线圈的同名端必须接在电源侧。两只功率表的电压线圈的同名端必须各自接到电流线圈的任一端,而两只功率表的电压线圈的非同名端必须同时接到没有接入功率表电流线圈的第三条端线上。

③ 在对称三相电路中,两只功率表的读数与负载的功率因数之间有如下关系:当负载为纯电阻时,两只功率表的读数相等;当负载的功率因数大于 0.5 时,两只功率表的读数均为正;当负载的功率因数等于 0.5 时,某一只功率表的读数为零;当负载的功率因数小于 0.5 时,某一只功率表的指针会反转。

三相三线制对称电路中,可以用二瓦表法测量负载的无功功率 Q 和负载的功率因数角 φ,功率表的连接方法与测有功功率相同,此时有:

$$P_2 - P_1 = U_L I_L [\cos(\varphi - 30°) - \cos(\varphi + 30°)] = U_L I_L \sin\varphi$$

三相无功功率为

$$Q = \sqrt{3}\,U_L I_L \sin\varphi = \sqrt{3}(P_2 - P_1)$$

式中,U_L 和 I_L 分别为电源线电压及线电流,而

$$\varphi = \arctan\sqrt{3}\left(\frac{P_1 - P_2}{P_1 + P_2}\right)$$

第 4 章
实验中的误差及数据处理

实验的目的是观察某种现象,找出某种规律或验证某种理论。从这个角度来看,总希望实验的结果越接近真实情况越好。但是人们通过实验的方法来求取被测量的真值时,由于测量工具不准确、测量手段不完善、测量条件不稳定以及测量过程中的疏忽或错误等原因,都会使测量结果与被测量的实际数值存在差别,把这种差别,也就是测量结果与被测量真值之差称为测量误差。

测量误差在任何测量中总是存在的。不同的测量对误差大小的要求往往不同。对误差理论的研究,就是要根据误差的规律,在一定测量条件下尽力设法减小误差,并根据误差理论合理地设计和组织实验,正确地选用仪器、仪表和测量方法。

4.1 测量误差的基本知识

测量误差的
基本知识

4.1.1 几个术语

1. 真值

当某量能被完善地确定并能排除所有测量上的缺陷时,通过测量所得到的量值,是被测量本身所具有的真实大小,这个量值称为被测量的真值。从测量的角度讲,真值往往会随着时间、空间的变化而变化,虽然在一定的时空条件下,真值是客观存在的,但是难以准确测量出来,因此真值是一个理想的概念。

2. 测量值

从计量器具直接得出或经过必要计算而得出的量值。

3. 实际值

满足规定准确度、用来替代真值使用的量值。

4. 约定真值

指足够接近被测量真值的量。从使用它的目的来考虑,它与真值的差可以忽略不计,可以替代真值。在实际测量中,通常用被测量的实际值、已修正过的算术平均值、计量标准器所复现的量值作为约定真值,有时候也用理论计算值作为约定真值。

5. 示值

指示仪表标度尺上的读数乘以仪表常数,即

$$示值 = 读数(格) \times C_a \qquad (4-1-1)$$

式中,$C_a = \dfrac{x_m}{a_m}$ 为仪表常数。表示电测量仪表的标度尺每分格(或数字仪表的每个字)代表被测量的大小。其中,x_m 指示仪表量程;a_m 指示仪表满刻度格数。

6. 测量误差

测量结果与被测量真值之间的差别。

4.1.2 误差的表示方法

1. 绝对误差 Δ

测量示值 x 与被测量实际值 x_0 之差称为绝对误差。

$$\Delta = x - x_0 \qquad (4-1-2)$$

绝对误差是一个具有大小、符号和单位的值,反映的是测量结果与真值的偏差程度,但不能反映测量的准确度。如 1 V 的误差值,对一节干电池来说是绝不允许的,而对于 220 V 的市电则是够准确了,若对 220 kV 的高压来讲则是非常准确的了。

在实际测量中,常定义与绝对误差等值反号的量为修正值 c,即

$$c = x_0 - x \qquad (4-1-3)$$

知道了测量值 x 和修正值 c,由上式就可求出被测的实际值 x_0。因此绝对误差虽然不能清楚地表示测量的优劣,但在误差数据修正或一些误差计算中使用起来则很方便,而测量结果的优劣通常使用相对误差来表示。

2. 相对误差 δ

相对误差 δ 是指测量的绝对误差 Δ 与被测量指定值(比如说实际值 x_0)之比(用百分数表示):

$$\delta = \frac{\Delta}{x_0} \times 100\% \qquad (4-1-4)$$

当上式中分母采用的量值为真值 A_0、实际值 x_0 或测量示值 x 时,相对误差分别为真值相对误差、实际值相对误差和测量示值相对误差。

相对误差是一个比值,其数值与被测量所取的单位无关,能反映误差的大小与方向,能确切地反映出测量的准确程度。因此在测量过程中,欲衡量测量结果的误差或评价测量结果准确程度时,一般都用相对误差表示。

相对误差虽然可以较准确地反映测量的准确程度,但用来表示仪表的准确度时,不甚方便。因为同一仪表的绝对误差在刻度范围内变化不大,这样就使得在仪表标度尺的各个不同部位的

相对误差不是一个常数。下面的引用误差则可解决这一问题。

3. 引用相对误差 γ

引用相对误差定义为绝对误差 Δ 与仪表量程 x_m 的比值（用百分数表示），其中，量程是指测量范围的上限值和下限值之间以被测量单位计的代数差。

$$\gamma = \frac{\Delta}{x_m} \times 100\% \qquad\qquad (4-1-5)$$

例 1　有一个 6 V 的电池，假设其实际值为 6.20 V。现分别用量程为 0~10 V 和 5~10 V 的电压表测得该电压的数值均为 6.38 V。试分别计算各电压表测量的实际值相对误差、测量示值相对误差和引用相对误差。

解　两电压表测量的绝对误差为

$$\Delta = x - x_0 = (6.38 - 6.20)\ \text{V} = 0.18\ \text{V}$$

使用量程为 0~10 V 的电压表测量时，各相对误差分别为

实际值相对误差　$\delta_{sj} = \dfrac{\Delta}{x_0} \times 100\% = \dfrac{0.18}{6.20} \times 100\% = 2.90\%$

示值相对误差　$\delta_{sz} = \dfrac{\Delta}{x} \times 100\% = \dfrac{0.18}{6.38} \times 100\% = 2.87\%$

引用相对误差　$\delta_{yy} = \dfrac{\Delta}{x_m} \times 100\% = \dfrac{0.18}{10-0} \times 100\% = 1.80\%$

使用量程为 5~10 V 的电压表测量时，各相对误差分别为

实际值相对误差　$\delta_{sj} = \dfrac{\Delta}{A_0} \times 100\% = \dfrac{0.18}{6.20} \times 100\% = 2.90\%$

示值相对误差　$\delta_{sz} = \dfrac{\Delta}{x} \times 100\% = \dfrac{0.18}{6.38} \times 100\% = 2.87\%$

引用相对误差　$\delta_{yy} = \dfrac{\Delta}{x_m} \times 100\% = \dfrac{0.18}{10-5} \times 100\% = 3.60\%$

比较上面两种表的测量误差可见：

① 尽管两种表测量同一被测量得到的绝对误差值相同，但其引用相对误差因表的量程不同而异。因此引用误差常常用作衡量仪表测量准确度优劣的标志，用仪表的准确度来表示。

② 在实际测量中，被测量的实际值是不知道的，因此在实际测量中，常用示值相对误差来作为衡量其测量水准高低的标准。在以后的测量实验中，凡遇到要求估计测量结果的准确度时，都用示值相对误差来表示。

4. 仪表的准确度（最大引用相对误差）

实际测量中，仪表各标度尺位置指示值的绝对误差的大小、符号不完全相等，若取仪表在标度尺工作部分所可能产生的最大绝对误差作为式（4-1-5）的分子，则得到最大引用相对误差如下：

$$\gamma_{\mathrm{m}} = \frac{\Delta_{\mathrm{m}}}{x_{\mathrm{m}}} \times 100\% \qquad\qquad (4-1-6)$$

仪表的准确度与最大引用相对误差之间满足下面的关系：

$$\gamma_{\mathrm{m}} \leqslant a\% \qquad\qquad (4-1-7)$$

其中,a 称为仪表的准确度等级指数。国标中将电工指示仪表的准确度等级分为 7 级,相应的准确度等级指数与误差范围如表 4-1-1 所示。此外,随着仪表制造业的不断发展,目前已经出现了 0.05 级甚至更高准确度级别的指示仪表。

表 4-1-1　常用电工指示仪表的准确度等级分类

准确度等级指数 a	0.1	0.2	0.5	1.0	1.5	2.5	5.0
误差范围	±0.1	±0.2	±0.5	±1.0	±1.5	±2.5	±5.0

由表 4-1-1 可见,准确度等级指数的数值越小,允许的误差越小,表明仪表的准确度越高。

在应用准确度等级为 a 的指示仪表进行测量时,如果所选量程为 x_{m},则产生的最大绝对误差为

$$\Delta_{\mathrm{m}} \leqslant \pm(a\%)x_{\mathrm{m}} \qquad\qquad (4-1-8)$$

如果此时测得被测量的示值为 x,则该被测量可能产生的最大示值引用相对误差为

$$\gamma = \frac{\Delta_{\mathrm{m}}}{x} \times 100\% \leqslant \pm(a\%)\frac{x_{\mathrm{m}}}{x} \qquad\qquad (4-1-9)$$

从上面的表达式可见,被测量越接近仪表的量程,测量的误差越小。因此测量时,应使被测量不能小于仪表量程的 1/3,尽可能在仪表量程的 2/3 以上,否则很难满足测量精度的要求。

在实际测量工作中,选用仪表等级要与测量的准确度要求相适应。通常 0.1 级和 0.2 级的仪表作为标准仪表用以校正其他工作测量仪表。实验室多用 0.5~1.5 级的仪表。作为生产过程监视用的仪表以及配电板上的仪表一般为 1.0~2.5 级仪表。

例 2　若要测量一个 8 mA 的电流,问应该选用量程为 150 mA 的 1.5 级毫安表,还是 10 mA 的 2.5 级毫安表?

解　若使用 150 mA 的 1.5 级毫安表,则测量此电流可能出现的最大绝对误差和最大引用相对误差分别为

$$\Delta_{\mathrm{m}} \leqslant \pm(a\%)x_{\mathrm{m}} = \pm 1.5\% \times 150 \text{ mA} = \pm 2.25 \text{ mA}$$

$$\gamma \leqslant \pm(a\%)\frac{x_{\mathrm{m}}}{x} = \pm 1.5\% \times \frac{150}{8} = \pm 28.125\%$$

若使用 10 mA 的 2.5 级毫安表,则有

$$\Delta_{\mathrm{m}} \leqslant \pm(a\%)x_{\mathrm{m}} = \pm 2.5\% \times 10 \text{ mA} = \pm 0.25 \text{ mA}$$

$$\gamma \leqslant \pm(a\%)\frac{x_{\mathrm{m}}}{x} = \pm 2.5\% \times \frac{10}{8} = \pm 3.125\%$$

　　通过上述分析可见,应该选用 10 mA 的 2.5 级毫安表。所以选择仪表时,不能片面追求仪表的准确度,而应该根据被测量的大小,兼顾仪表的量程和准确度。

　　直读式仪表的准确度除了用上述最大引用相对误差表示外,有时也会遇到同时使用最大引用相对误差值加绝对误差值来表示。例如,用数字显示的直读式仪表,其误差常用下列三种方式表示:

$$\left.\begin{array}{l} \Delta = \pm(a\%)x \pm 几个字 \\ \Delta = \pm(a\%)x \pm(b\%)x_{\mathrm{m}} \\ \Delta = \pm(a\%)x \pm(b\%)x_{\mathrm{m}} \pm 几个字 \end{array}\right\} \qquad (4-1-10)$$

式中,x 为被测量的指示值;x_{m} 为仪表满刻度值,也就是仪表量程;a 为误差相对项系数;b 为误差固定项系数。

　　从上述三种表达式可知,数字表的误差主要由与被测量大小有关的相对量和与被测量大小无关的固定量以及显示误差共同组成。其中,前者是由于仪表基准源、量程放大器、衰减器的衰减量不稳定及校准不完善的非线性等因素引起的误差;后者包括仪表零点漂移、热电动势、量化误差和噪声引起的误差。

　　例 3　一个准确度等级为 0.02 的四位半数字电压表,其 2 V 量程挡的准确度为 $\Delta_x = \pm(0.02\%)x \pm 2$ 个字,请问,2 V 量程测量 2 V 和 0.2 V 时引起的误差各是多少?

　　解　因为四位半数字电压表显示数值是从 00 000 ~ 19 999,所以 ±2 个字的误差是指 $\pm\dfrac{2}{20\ 000}$,相当于 $\pm(0.01\%)x_{\mathrm{m}}$。因此有:

$$\Delta_x = \pm(0.02\%)x \pm(0.01\%)x_{\mathrm{m}}$$

当被测电压为 2 V 时,测量的引用相对误差为

$$\gamma_x = \pm 0.02\% \pm(0.01\%)\frac{x_{\mathrm{m}}}{x} = \pm 0.02\% \pm(0.01\%)\frac{2}{2} = \pm 0.03\%$$

当被测电压为 0.2 V 时,测量的引用相对误差为

$$\gamma_x = \pm 0.02\% \pm(0.01\%)\frac{2}{0.2} = \pm 0.12\%$$

可见,用 2 V 量程的电压表测量 0.2 V 电压时,其误差为满刻度 2 V 时误差的 4 倍,且主要来源于数字表的固定误差。因此,要减小测量误差,需选择合适的量程使被测量大于该量程的2/3。

4.1.3　误差的分类

　　实验中的误差有多种分类法,随研究的角度不同而异。根据误差的特征规律进行分类,可分为系统误差、随机误差和粗大误差。其中粗大误差是指实验结果中显著偏离实际值所对应的误差,造成这种误差的原因有粗心、测量方法不正确、大的随机误差以及实验条件的意外改变、测量仪器缺陷、读数错误等,其中人为误差是主要的,可以通过提高责任心、加强培训等尽量避免,也可以从物理或技术角度进行分析找出原因,从而加以修正或剔除,因此以下将着重介绍随机误差

和系统误差的性质和表征方法。

1. 随机误差

随机误差是指在相同条件下对同一量进行多次测量中出现的误差,其绝对值的大小及符号变化均无确定规律,也不可预计,但具有抵偿性。究其原因,随机误差是在确定的实验条件下由许多实际上存在但暂时未被掌握或一时不便控制的、相互独立的微小因素的影响所造成的。如实验中的温度、湿度、气压、电源电压等在实验条件所规定的值附近波动而对实验结果产生影响。由于随机误差是由外界干扰等众多的、独立的、微小的因素造成,所以其值一般不大,在不甚精密的工程实验中有时不予考虑。

2. 系统误差

在相同的条件下,多次测量同一量,误差的绝对值和符号保持恒定或遵循一定规律变化的误差称为系统误差。含系统误差的实验测量值可以表现得很一致、非常有规律,因此容易被人疏忽。它们大多不能通过多次重复测量取平均值的方法来减小影响。一般需要根据分析事先做出估计或改变测量方法、测量条件以及某些统计方法来发现和确定。产生系统误差的主要原因有仪器误差、使用误差、影响误差、方法和理论误差,减小系统误差主要从消除产生误差的来源着手,多用零示法、替代法等,使用修正值是减小系统误差的一种好方法。

既不是粗大误差,又不是随机误差的实验误差均属于系统误差。在工程测量中系统误差往往是误差的主要部分。系统误差的分类方法有多种,下面介绍两种分类方法。

（1）根据系统误差的来源分类

① 设备误差 就其误差来源的设备,系统误差可分为:由标准电阻、电感、电容、电池等标准器具的误差所引起的标准器具误差;由电流表、电桥等仪器本身的不准确所引起的仪表误差;由接线的电阻、接线柱和导线之间的接触电阻,转换开关的触点电阻及其变差以及其他实验附件所引起的附件误差。例如,用量程为 150 V 的 0.5 级电压表测量 75 V 的电压时,测量误差可能达到 ±1%,这就是设备误差。

② 环境误差 由于环境因素不符合条件所引起的误差。引起环境误差的因素很多,诸如温度、压力、重力、声、光、电磁场、电流场、振动、气流、尘埃、湿度等。其中温度是实验或测试装置中的一个重要的环境因素。几乎所有标准器具、仪器、仪表甚至附件都规定有一定的使用温度范围,超出了这个范围就会引入更大的误差。能引起温度变化以及受温度影响的因素很多,因此温度是考虑系统误差的首要因素之一。另外,电磁因素引起的误差比较隐蔽,误差源和被作用物之间往往存在一定的空间,不易发现和确定,所以容易被忽视。

引起环境误差的因素可以说是包罗万象,而且相互交叉影响,是极复杂又容易疏忽的,在分析时要注意分清主次。

③ 人员误差 由于实验人员的素质、生理极限的限制(如速度、视力、辨别力、听力及其他的感觉器官的灵敏程度)、生理状态的变化(如疲劳)、固有的某些习惯、人员之间的差别造成读数的偏离等。

④ 方法误差 由于实验方法、计算公式的近似,不合理的简化,实验结果的运算中疏忽了实

验中实际连续存在的起作用的因素,不正确的实验操作等原因造成的误差。

以上所列是按系统误差的来源进行分类,有利于寻找误差的原始因素,便于从根本上消除或减少误差。

(2)按照系统误差的规律分类

① 定值系统误差　这类误差在测量过程中是不变的,不能采用平均的方法将它分离出来,只能通过分析,改变实验方法来发现和消除。如标准器具的标准值与实际值之差,测电流时电流表的内阻引起的误差,都属于定值系统误差。

② 变值系统误差　重复测量时,变值系统误差对每次测量值均产生不同的影响,它会改变误差分布曲线的形状和范围。通常也不能用取平均值的方法来消除,而应从消除误差根源入手,或找出误差变化规律,对结果进行修正。

以上分类按系统误差的规律进行,有助于设计消除误差的方法。

4.1.4　减少或消除系统误差的基本方法

目前尚无通用的方法消除系统误差,需要对具体问题采取不同的处理措施和方法,因此在很大程度上取决于测量人员的经验、学识和技巧。原则上可以从以下三方面着手。

1. 消除或削弱误差源

这是消除系统误差的根本方法,它要求测量人员对测量过程中可能产生系统误差的各种因素进行仔细分析,并在测量之前从根源上加以消除。例如,仪表指针调零、检流计调好水平;合理布置仪器、仪表和接线,防止外磁场对仪器、仪表干扰;在外界条件比较稳定时进行实验等。

2. 采用特殊测量法

为了消除由仪器所引起的恒定系统误差,可以采用等值替代法,在测量条件不变的情况下,用一个数值已知且可调的标准量来替代被测量。如用伏安法测电阻时,用可调标准电阻替代被测电阻,并使仪表保持原来的读数,则此标准电阻的数值就是待测电阻的阻值。

为了消除测量过程中的恒定测量误差,采用正负误差补偿法。这种方法通过适当安排实验,使恒定系统误差在测量结果中一次为正,一次为负,这样两次测量的平均值不含系统误差。例如,用磁电系仪表进行测量时,为了消除由恒定的直流外磁场所引起的系统误差,可以在仪表读数后,将仪表转过180°再读取一次读数。这时由于外磁场所引起的两次系统误差等值反号,则读数的平均值不含系统误差。

3. 使误差固定并检出再加以消除

预先分析测量设备、测量方法、测量环境、测量人员等因素所产生的系统误差,通过检定、理论计算将实验方法确定下来,并取其反号做出修正表格、修正曲线或修正公式。测量时,经过修正可以将上述原因所产生的系统误差减小到可以忽略的程度。

由于系统误差不像随机误差那样可以使用数理统计等数学方法系统地进行处理,而是带有很强的个性,因此需要具体问题具体分析。

4.2 测量误差的分析与综合

由于测量误差是客观存在的,因此在进行测量后,不但要取得与被测量相关的数据,还应该对测量结果的误差大小做出科学的估计,即对测量结果的准确度做出公正的评价。实验误差是实验工作中自始至终要注意的问题。

1. 在实验的设计阶段

主要是依靠分析来寻找并确定实验的误差因素及其量值。

2. 在实验过程中

由于认识的局限性,一些误差因素可能被遗漏,有些可能会对实验造成较大影响,因此在实验过程中仍要及时分析实验数据,注意是否有未被考虑的误差因素。改变实验条件或实验方法也往往可以发现一些未被发现的误差因素。

3. 在误差分析阶段

在误差分析阶段的初期,不妨列出所有能够考虑到的因素,然后先对那些容易分析的因素进行分析,去掉那些数量很小的因素。在这基础上对剩余的误差因素进行数量级的分类筛选,留下较大的误差因素作进一步分析。这里除了要注意误差的量值大小的范围外,还要注意误差的性质,一般来讲随机误差有一定的抵偿性,而固定的系统误差却没有这种性质。因此当两者估计的取值范围相同时,固定误差影响要更严重。各类误差对实验的影响要根据合成误差中各自占的比重来确定。

4.2.1 误差估计

1. 随机误差的估算方法

假设,对某一被测量 x 进行了 n 次相等精度的测量,其值为 $x_1, x_2, \cdots, x_n$,则定义测量值的算术平均值(取样平均值)如下:

$$\bar{x} = \frac{x_1 + x_2 + \cdots + x_n}{n} = \frac{\sum\limits_{i=1}^{n} x_i}{n} \qquad (4-2-1)$$

测量值的数学期望为

$$a_x = \lim_{n \to \infty} \bar{x} = \lim_{n \to \infty} \frac{\sum\limits_{i=1}^{n} x_i}{n} \qquad (4-2-2)$$

系统误差为测量值的数学期望 a_x 与测量值的实际值 x_0 之差:

$$\varepsilon_{xt} = a_x - x_0 \qquad (4-2-3)$$

随机误差为测量值 x 与其数学期望 a_x 之差:

$$\varepsilon_{sj} = x - a_x \tag{4-2-4}$$

而测量值 x 与其实际值 x_0 之差已如前定义为绝对误差,即

$$\Delta = x - x_0 = (x - a_x) + (a_x - x_0) = \varepsilon_{sj} + \varepsilon_{xt} \tag{4-2-5}$$

从上式可见,绝对误差等于随机误差与系统误差的代数和。

原则上,在进行了粗大误差剔除与系统误差消除工作后,实验数据中仅可能含随机误差。以下关于随机误差表征方法的讨论以数据中不含系统误差与粗大误差为前提。

不含系统误差的随机误差就个体而言,其值是不能预料的,但其总体(大量个体的总和)服从一定的统计规律(数学上称为具有一定的概率分布)。随机误差的分布规律有几种,最常见的是正态分布规律,服从正态分布规律的误差具有有界性(在一定的测量条件下,随机误差的绝对值不会超过一定的界限)、单峰性(绝对值小的误差出现的概率大,绝对值大的误差出现的概率小)、对称性(绝对值相等的正负误差出现的概率相等)和抵偿性(全部误差的总和为零)。对于有限次测量,随机误差的算术平均值是一个有限小的量,而当测量次数无限增大时,则趋近于零。所以,根据无限次测量的总体平均值即可求得被测量的真值。但是实际上无法做到无限次测量,因此通常采用多次等精度测量值的算术平均值 $\bar{x}$ 作为被测量的最可信赖值 $\hat{a}_x$,也就是真值的最佳估计值 $\hat{x}_0$,可写成:

$$\bar{x} = \hat{a}_x = \hat{x}_0 \tag{4-2-6}$$

在实际测量中,只知道被测量的平均值还是不够的,往往还需要知道测量数据的离散程度。假设对被测量 x 进行了无穷多次等精度测量,各次测量值的随机误差为 ε_i,则利用 ε_i^2 的平均值定义测量列的方差 σ^2 如下:

$$\sigma^2 = \lim_{n \to \infty} \frac{\sum_{i=1}^{n} \varepsilon_i^2}{n} = \lim_{n \to \infty} \frac{\sum_{i=1}^{n} (x_i - a_x)^2}{n} \tag{4-2-7}$$

很显然,方差可以用来描述测量数据的离散程度,它是表征测量精密度的参数之一。由方差可推得无系统误差情况下测量的标准差或均方差如下:

$$\sigma = \pm \sqrt{\lim_{n \to \infty} \frac{\sum_{i=1}^{n} (x_i - a_x)^2}{n}} = \pm \sqrt{\lim_{n \to \infty} \frac{\sum_{i=1}^{n} (x_i - x_0)^2}{n}} \tag{4-2-8}$$

当测量次数为有限时,根据概率统计分析,推得标准差的估计值为

$$\hat{\sigma} = \pm \sqrt{\frac{\sum_{i=1}^{n} v_i^2}{n-1}} = \pm \sqrt{\frac{\sum_{i=1}^{n} (x_i - \bar{x})^2}{n-1}} \tag{4-2-9}$$

其中,$v_i = x_i - \bar{x}$ 定义为剩余误差,是各次测量值与取样平均值之差。上式称为贝塞尔公式,在实际测量中它被广泛用来估计测量列的标准差。

同样,当测量数量为有限次时,平均值相对于数学期望存在偏差,该偏差即是算术平均值的标准差或测量结果的标准差:

$$\hat{\sigma}_{\bar{x}} = \frac{\hat{\sigma}}{\sqrt{n}} \tag{4-2-10}$$

上式表明,$\hat{\sigma}_{\bar{x}}$ 随 n 的增加而减小,即测量次数越多,则测量结果的精密度也越高,但随着 n 的增加,精密度的提高越来越慢。因此在实际测量中,一般取 n 为 10~20 次即可。

由于随机误差具有有界性,此极限误差通常称为随机不确定度或随机误差限 λ。根据概率论理论计算发现,在一个测量列中,标准误差为 $\hat{\sigma}$,这组测量的误差在 $\pm\hat{\sigma}$ 范围内的或然率为 68%;误差在 $\pm3\hat{\sigma}$ 范围内的或然率为 99.7%(也就是在 370 个随机误差中,仅有一次误差大于 $3\hat{\sigma}$,在 15 625 次测量中,仅有一次误差大于 $4\hat{\sigma}$),而在实际测量中,由于测量次数较少,可以将随机误差限定为 $3\hat{\sigma}$,从而推得测量列的随机不确定度和算术平均值的不确定度分别为

$$\hat{\lambda} = 3\hat{\sigma} \tag{4-2-11}$$

$$\hat{\lambda}_{\bar{x}} = 3\hat{\sigma}_{\bar{x}} \tag{4-2-12}$$

如果在测量列中某个测量数据 x_k 的剩余误差 v_k 满足下列不等式:

$$|v_k| = |x_k - \bar{x}| > 3\hat{\sigma} \tag{4-2-13}$$

则 x_k 是含有粗差的坏值,属于疏失误差,应该剔除掉相应的测量数据,再对剩下的那些数据重新计算平均值和标准误差。这就是拉依达准则。

以上结论是在无系统误差、无粗大误差、随机误差为正态分布、各误差分量独立的情况下推出的。若不符合这些条件则不成立。不过在不严格服从正态分布的条件下,也常近似使用这些结论。

按上述方法估算随机误差时,还需要注意下述问题:

① 对某一量进行多次测量时,由于测量的设备、人员、条件等的差异,各数据的可靠程度是不一样的。当用这些数据计算被测量最可信赖的值时,可靠程度高(分散性小)的数据应占较大的比重,这就是加权平均的基本思想。

② 当重复测量数据中含有定值系统误差时,它使所有数据值升高或降低了一个定值,也就是使数据的概率密度曲线移动了一个距离,但它仅改变数据的均值,并不改变方差,所以上述方法仍然适用。

③ 当系统误差随测量的顺序而改变时,其分布曲线也将发生改变,这时再采用上述方法来计算均方根误差是不适宜的。通常应采用作图法和计算法,这里不再详述。

测量结果可以表示为 $x = \bar{x} \pm \hat{\lambda}_{\bar{x}}$。其含义为:被测量的真值不知道,用 n 次测量的取样平均值来代替它,在这个取样平均值中含有偶然的误差,但这个误差的范围不太可能超出 $\pm\hat{\lambda}_{\bar{x}}$。

例 4 已知对某电压的 12 次测量数据为 {40.92, 40.82, 40.78, 40.76, 40.82, 40.78, 42.78, 40.84, 40.85, 40.86, 40.78, 40.81},利用式(4-2-1)可求得该电压的取样平均值为

$$\bar{U} = \frac{\sum_{i=1}^{12} U_i}{12} = 40.98 \text{ V}$$

剩余误差按照 $v_i = x_i - \bar{x}$ 计算,其中第七个测量数据的剩余误差为

$$v_7 = U_7 - \bar{U} = 1.80$$

按照式(4-2-9)该测量列的标准误差为

$$\hat{\sigma} = \pm \sqrt{\frac{\sum\limits_{i=1}^{12} (U_i - \bar{U})^2}{12 - 1}} = 0.57$$

而这组数据的极限误差为

$$\hat{\lambda} = 3\hat{\sigma} = 3 \times 0.57 = 1.71$$

第七组数据的剩余误差:

$$v_7 = 1.80 > \hat{\lambda} = 1.71$$

因此这个数据是坏值,剔除后重新计算平均值、标准差和极限误差如下:

$$\bar{U} = 40.82 \text{ V}$$

$$\hat{\sigma} = \pm \sqrt{\frac{\sum\limits_{i=1}^{11} (U_i - \bar{U})^2}{11 - 1}} = 0.05$$

$$\hat{\lambda} = 3\hat{\sigma} = 0.15$$

最后,可以写出测量结果为

$$U = \bar{U} \pm \hat{\lambda}_{\bar{U}} = \left(40.82 \pm \frac{0.15}{\sqrt{11}} \right) \text{ V} = (40.82 \pm 0.05) \text{ V}$$

就是说,被测电压为 40.82 V,它的误差不太可能超出 ±0.05 V 的范围。

2. 系统误差的估算方法

下面就几种常见的情况分别讨论系统误差的估算。

(1) 测量仪表的不完善引起的误差

所谓测量仪表的不完善主要是指测量仪表所测得的指示值与被测值的实际值之间并不完全相等。这种误差可以根据所用仪表和标准量具的准确度等级来加以计算求得,按照式(4-1-8)和式(4-1-9)可分别计算绝对误差限和相对误差限。

(2) 由实验条件引起的附加误差

实验的外界环境条件(例如温度等)的变化也会使仪表和标准量具产生附加误差。当这些因素在规定范围内变化时,其所引起的附加误差的表示方法与基本误差的表示方法相同。有关外界因素对仪表准确度的影响及仪表的适用范围,应按仪表制造厂家的有关说明和给定的参数、公式进行校核和计算。

譬如直读式仪表,正常情况下使用的环境温度规定为 20 ℃。在仪表的工作温度范围内,使用时由环境温度变化引起的附加误差按下式计算:

$$\gamma_t = |t - 20| \times a\% \times \gamma_m \tag{4-2-14}$$

式中,t 为测量时的环境温度;γ_m 为正常环境温度下所可能产生的最大相对误差。

例 5 量程为 30 A 的 1.0 级电流表,在环境温度 30 ℃时,测得某电流为 20 A,求此测量可能产生的最大相对误差。

解 根据 4.1.2 节中的误差计算公式,可求得由于仪表不完善可能产生的最大相对误差为

$$\gamma_m = \frac{1.0 \times 30}{20}\% = 1.5\%$$

根据式(4-2-14),可求得由于测量时的环境温度引起的附加误差为

$$\gamma_t = |t - 20| \times 0.1 \times \gamma_m = |30 - 20| \times 0.1 \times 1.5\% = 1.5\%$$

在环境温度 30 ℃时,用该电流表进行测量,可能产生的总的最大相对误差为

$$\gamma = \gamma_t + \gamma_m = 1.5\% + 1.5\% = 3.0\%$$

(3)由于测量方法的不完善所引起的误差

例 6 伏安法测电阻的误差估算方法。

用伏安法测量某电阻器的电阻值时,可以有如图 4-2-1 所示的两种接线方法。由于电压表和电流表均不可能为理想的仪表(理想电压表不从测量电路中取电流,即表内阻 R_V 趋于无穷;理想电流表不从测量电路中取电压,即表内阻 $R_A = 0$),所以由此而求得的 R_L 值必然存在误差。这类由测量原理上引起的误差称为方法误差。一般对方法误差都可进行理论分析,从而有可能根据理论分析的结果对有关参数进行适当的修正以消除方法误差。对如图 4-2-1(a)所示的电路,$R_L = U/I - R_A = R'_L - R_A$,其中 U,I 分别为电压表和电流表的读数,R'_L 为电阻多次测量的平均值,R_L 为电阻的真值。由上式可知,这种接法(电压表接在电流表前面的接法)的测量方法误差 $\delta_A = (R'_L - R_L)/R_L = R_A/R_L$,其中 R_A 为电流表内阻。在要求不高的情况下,仅当 $R_L \gg R_A$ 时,误差 δ_A 才较小,因此这种接法适合测量较大的电阻。同理,对如图 4-2-1(b)所示电路的接法(电流表接在电压表前面),测量方法误差 $\delta_V = (R'_L - R_L)/R_L = -1/(1 + R_V/R_L)$,其中 R_V 为电压表内阻。当 $R_L \ll R_V$ 时,误差 δ_V 才较小,所以此种接法适合测量较小的电阻。

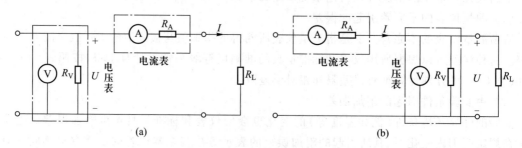

图 4-2-1 伏安法测电阻的接线图

(4)仪表内阻对测量值的影响及修正方法

实际使用中的仪表由于存在内阻,在接入测量电路时,会改变被测电路的工作状态,使测量的结果与被测量的实际值有误差。可以采用四种方法分析仪表内阻对测量值的影响,并加以修正。

方法一:使用已知的仪表校正曲线。例如,校验电流表的电路如图 4-2-2(a)所示。图中 $Ⓐ_x$ 为被校表,读数为 I_x。$Ⓐ_0$ 为标准仪表,它的读数 I_0 作为被测量的实际值。按仪表校验规程规定,标准仪表的准确度等级至少比被校仪表高两级。且被校电流表的校正曲线如图 4-2-2(b)所示,其中,$\Delta I = I_x - I_0$。那么,当使用此表测量实验电路中的电流时,则真实电流应为 $I = I_{测量} - \Delta I$。因此,如果已知所用的电压表、电流表在全量程范围内的校正曲线[即 $\Delta U(=U_x - U_0) - U_x$ 曲线,或 $\Delta I(=I_x - I_0) - I_x$ 曲线],则被测电压应该为 $U = U_{测量} - \Delta U$,被测电流为 $I = I_{测量} - \Delta I$。

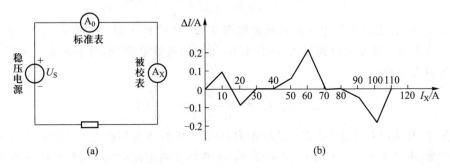

图 4-2-2　校表线路和校正曲线

方法二:估算仪表内阻所造成的误差。

例 7　使用内阻为 R_V 的电压表测量图 4-2-3(a)所示电阻 R_2 两端的电压值为 U,估算由于电压表内阻所造成的电压误差大小。使用内阻为 R_A 的电流表测量图 4-2-3(b)所示电阻 R_2 中的电流值为 I,估算由于电流表内阻所造成的电流误差大小。

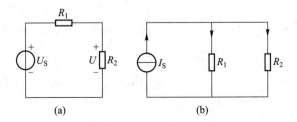

图 4-2-3　电压、电流测量电路

解　当内阻有限的电压表并接到电阻 R_2 两端时,利用戴维南定理从电压表两端将原电路简化,得到如图 4-2-4(a)所示等效电路,其中 U_{oc} 是待测的理想电压值(表内阻为无限大时测量得到的电压值),U 是电压表的指示值,等效电阻上的电压降就是由于电压表内阻造成的误差。电压误差的大小为

$$\Delta U = U - U_{oc} = -\frac{U}{R_V} \cdot \frac{R_1 R_2}{R_1 + R_2} = -\frac{U}{R_V} R_{eq}$$

由上式可见,使用内阻不是无穷大的电压表测量某电压时,产生的方法误差与从该元件两端看进去的等效电阻 R_{eq} 与电压表内阻 R_V 的比值有关。

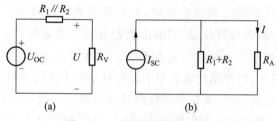

图 4-2-4　误差估算等效电路

同样的道理,若使用非理想电流表测量如图 4-2-3(b)所示 R_2 支路中的电流,也会产生误差。测量时从电流表两端可得到如图 4-2-4(b)所示的等效电路,则由于电流表内阻所造成的测量电流误差大小为

$$\Delta I = I - I_{SC} = -\frac{IR_A}{R_1 + R_2} = -\frac{I}{R_{eq}}R_A$$

综上所述,仪表内阻所造成的方法误差是可以估算出来的,也可以修正。经过修正,图 4-2-4(a)所示电路中 R_2 两端电压应为 $U - \Delta U$,图 4-2-4(b)中 R_2 支路电流应为 $I - \Delta I$,其数值与内阻大小、测量线路以及线路中电阻的大小均有关系,需要具体问题具体分析。

方法三:采用同一量程两次测量法减小仪表内阻产生的误差。

仍以使用内阻为 R_V 的电压表测量图 4-2-3(a)所示电阻 R_2 两端的电压 U 为例。根据图 4-2-5(a)所示电路测量开路电压。第一次测量按常规方法进行,电压表读数为 U_1,则

$$U_1 = U_{OC} - \frac{U_1}{R_V}R_{eq}$$

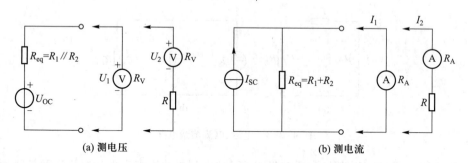

(a) 测电压　　　　　　　　　　　　(b) 测电流

图 4-2-5　两次测量法

第二次测量时,先将测量仪表串联一个标准电阻 R,测得电压为 U_2,有

$$U_2 = U_{OC} - \frac{U_2}{R_V}(R_{eq} + R)$$

则待测的电压 U 就是开路电压,为

$$U = U_{OC} = \frac{RU_1U_2}{R_V(U_1 - U_2)}$$

可见,两次测量法得到的电压值不含 R_{eq},而 R_{eq} 上的压降就是电压表内阻造成的误差。同样的道理,根据图 4-2-5(b)所示电路得到的两次电流值,可测得待测电流 I 就是短路电流,为

$$I = I_{SC} = \frac{RI_1I_2}{I_2(R_A + R) - I_1R_A}$$

方法四: 用示零法(也称为补偿法)在测量结果中消除仪表内阻的影响。

图 4-2-6 所示电路是示零法(补偿法)测量电压的基本原理,其测量步骤如下:

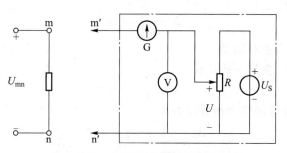

图 4-2-6　示零法(补偿法)测量电压

① 用电压表初测被测电压 U_{mn},然后调节补偿电路中分压器的输出电压 U,使之近似等于 U_{mn} 的初测值。

② 将补偿电路的 m′n′ 对应接到被测电路的 mn,细调补偿电路中的分压器,使检流计Ⓖ的指示为零。

此时补偿电路对原电路没有影响,且 U 的值为 U_{mn} 的测量值,该值排除了电压表内阻对测量结果的影响。

4.2.2　误差的综合与实验结果的评定

1. 误差的综合

测量一个物理量,既可以采用直接测量的方法,也可以采用间接测量的方法,上面讨论的误差估算方法都是针对直接测量。在间接测量中,需进行几次不同量或不同数值的测量,然后根据它们所共同遵循的公式计算出最后结果,每次测量的误差,都将对最后结果有所影响。

假设:

$$y = f(x_1, x_2, \cdots, x_m) \tag{4-2-15}$$

若自变量的绝对误差各为 $\Delta_1, \Delta_2, \cdots, \Delta_m$,它们引起 y 产生的绝对误差 Δ_y 满足下列关系:

$$y + \Delta_y = f(x_1 + \Delta_1, x_2 + \Delta_2, \ldots, x_m + \Delta_m) \tag{4-2-16}$$

根据多元函数的泰勒定理,可以推得任意函数的绝对误差和相对误差分别为

$$\Delta_y = \sum_{j=1}^{m} \frac{\partial f}{\partial x_j} \Delta_j \tag{4-2-17}$$

$$\delta_y = \frac{\Delta_y}{y} = \frac{1}{f} \sum_{j=1}^{m} \frac{\partial f}{\partial x_j} \Delta_j = \sum_{j=1}^{m} \frac{\partial \ln f}{\partial x_j} \Delta_j \tag{4-2-18}$$

式中,Δ_j 为变量 x_j 的绝对误差。

利用上述公式可以方便地计算下述常见的综合绝对误差。

(1) 和差函数的综合绝对误差

此时函数与自变量之间满足下述关系:

$$y = A_1 x_1 + A_2 x_2 + \cdots + A_m x_m \tag{4-2-19}$$

则函数的绝对误差为

$$\Delta_y = \sum_{j=1}^{m} A_j \Delta_j \tag{4-2-20}$$

(2) 积商函数的综合绝对误差

若函数与自变量之间满足下述关系:

$$y = K x_1^{A_1} x_2^{A_2} \cdots x_m^{A_m} \tag{4-2-21}$$

按照相对误差的定义,函数的综合相对误差为

$$\delta_y = \frac{\Delta_y}{y} = \sum_{j=1}^{m} \frac{\partial \ln f}{\partial x_j} \Delta_j = \sum_{j=1}^{m} A_j \delta_j \tag{4-2-22}$$

2. 随机误差的综合

对式(4-2-15)所示的函数,如果对各个自变量分别作了若干次测量,按照随机误差的分析方法可以求得各变量相应的标准差分别为 $\hat{\sigma}_1, \hat{\sigma}_2, \cdots, \hat{\sigma}_m$,则函数 y 的算术平均值的标准差和随机不确定度分别为

$$\hat{\sigma}_{\bar{y}} = \pm \sqrt{\sum_{j=1}^{m} \left(\frac{\partial f}{\partial x_j} \hat{\sigma}_{\bar{x}_j} \right)^2} \tag{4-2-23}$$

$$\hat{\lambda}_{\bar{y}} = \pm \sqrt{\sum_{j=1}^{m} \left(\frac{\partial f}{\partial x_j} \hat{\lambda}_{\bar{x}_j} \right)^2} \tag{4-2-24}$$

若表示成相对误差,则为

$$\frac{\hat{\sigma}_{\bar{y}}}{y} = \pm \sqrt{\sum_{j=1}^{m} \left(\frac{\partial \ln f}{\partial x_j} \hat{\sigma}_{\bar{x}_j} \right)^2} \tag{4-2-25}$$

$$\frac{\hat{\lambda}_{\bar{y}}}{y} = \pm \sqrt{\sum_{j=1}^{m} \left(\frac{\partial \ln f}{\partial x_j} \hat{\lambda}_{\bar{x}_j} \right)^2} \tag{4-2-26}$$

3. 系统误差的综合

(1) 已定系统误差的综合

对于已定系统误差,由于误差的大小、符号和函数关系式均已知,这类误差在合成时的确切值是可以知道的,一般可以从测量结果中直接修正消除,因此在结果中通常不含此误差,如果需要考虑,则

$$\varepsilon_y = \sum_{j=1}^{m} \frac{\partial f}{\partial x_j} \varepsilon_j \tag{4-2-27}$$

式中,ε_y 为函数 y 的系统误差,$\varepsilon_j = \bar{x}_j - x_{0j}$ 为变量 x_j 的系统误差。

综合系统误差若表示成相对误差形式,则为

$$\delta_y = \frac{\varepsilon_y}{y} = \sum_{j=1}^{m} \frac{\partial \ln f}{\partial x_j} \varepsilon_j \qquad (4-2-28)$$

(2)未定系统误差的综合

对于未定系统误差,由于往往只知道其误差限而不知道其确切的大小和符号,通常采用一些非统计的合成方法,如绝对和法、方和根法、均匀分布合成法、广义方和根法等。最保险的办法是采用算术综合法(又称绝对值综合或绝对和法),即假设各误差分量有相同分布,各分量间强正相关,当仅知道各误差分量的极限误差时,其综合的极限误差按下式计算:

$$\gamma_{ym} = \pm \sum_{j=1}^{m} \left| \frac{\partial f}{\partial x_j} \gamma_{jm} \right| \qquad (4-2-29)$$

式中,γ_{ym} 为函数 y 的系统不确定度或误差限;γ_{jm} 为变量 x_j 的系统不确定度或误差限。

这种估计是较保守的,误差较大。由于绝对和法较"保险"又便于计算,所以对于初学者或不确定度要求不高的实验来讲,不失为一种可选的方案。当要考虑的局部误差比较多时,各局部误差同时处在最坏情况的可能性极小,若仍旧采用上述绝对和方法去求合成误差,就有点保守了,因为某些局部误差有可能具有相反的符号而相互抵消一部分。这时,采用几何合成法较为合理。用几何合成法,合成误差为

$$\gamma_{ym} = \pm \sqrt{\sum_{j=1}^{m} \left(\frac{\partial f}{\partial x_j} \gamma_{jm} \right)^2} \qquad (4-2-30)$$

(3)不同性质误差的合成

对于初学者,可以采用将系统误差和随机误差分别合成,然后再用绝对和法将二者合成的方法,这种方法计算出的极限误差同样偏大。

由此可见,实验结果的总不确定度并不是随实验的重复次数的增加而无限地减小。实验的重复次数的增加仅仅使不确定度中的随机误差减小,而系统误差的减小,则要采用其他技术措施来达到。

例 8 利用 $P = I^2 R$ 测量功率时,所选用的电流表是 0.5 级,量程 100 A,假设电流表读数为 60 A;所用电阻为 0.1 级,阻值是 0.5 Ω,求功率的绝对误差。

解 电流的相对误差为

$$\gamma_I = \pm \frac{100 \times 0.5\%}{60} = \pm 0.83\%$$

电阻的相对误差为

$$\gamma_R = \pm 0.1\%$$

根据式(4-2-29),测量功率的相对误差为

$$\gamma_P = \pm (2 |\gamma_I| + |\gamma_R|) = \pm 1.76\%$$

所测功率的绝对误差为

$$\Delta_P = \gamma_P P = [\pm 1.76\% \times (60)^2 \times 0.5] \text{ W} = \pm 31.68 \text{ W}$$

例 9　测量互感可以先将耦合线圈正向串联测出 $L_正$，再反向串联测出 $L_反$，按下列公式计算互感系数 $M = \dfrac{L_正 - L_反}{4}$，假设用交流电桥测出 $L_正 = 1.2$ mH，$\gamma_1 = \pm0.5\%$，$L_反 = 1.15$ mH，$\gamma_2 = \pm0.5\%$，求互感和它的误差。

解
$$M = \frac{L_正 - L_反}{4} = \left(\frac{1.20 - 1.15}{4}\right) \text{ mH} = 0.012\ 5 \text{ mH}$$

$$\Delta M = \pm\frac{1}{4}\left(1.20 \times |\pm0.5\%| + 1.15 \times |\pm0.5\%|\right) \text{ mH} = \pm0.002\ 94 \text{ mH}$$

$$\frac{\Delta M}{M} = \pm\frac{0.002\ 94}{0.012\ 5} \times 100\% = \pm23.5\%$$

合成的相对误差很大的原因是 $L_正$ 与 $L_反$ 接近，M 很小。因此应避免接近的两个量相减的间接测量。

例 10　有 6 个 0.1 级，1 000 Ω 的标准电阻串联，求等效电阻的合成误差。

解　各电阻的相对误差为 ±0.1%，因此绝对误差为
$$[\pm0.1\% \times 1\ 000]\ \Omega = \pm1\ \Omega$$

用绝对合成法求得相对误差为
$$\gamma = \frac{\pm6}{6\ 000} \times 100\% = \pm0.1\%$$

几何合成法求得的相对误差为
$$\gamma = \frac{\pm\sqrt{6}}{6\ 000} \times 100\% = \pm0.040\ 8\%$$

可见当局部误差项较多时，用几何合成法求得的合成误差较为合理。

为了保证间接测量结果的合理性，应该注意以下几点：

① 尽可能不采用有两个自变量相减的公式，如果实在不能避免时，则应提高各相减自变量的测量准确度。

② 当计算公式中有两个自变量相乘时，则所用测量工具的误差符号最好是相反的；同理，当计算公式中有两个自变量相除时，则所用测量工具的误差符号最好是相同的。这样可以减小合成误差。

③ 若计算公式中含有某自变量的 n 次幂，则该量的测量准确度要更高一些；同理，若含有某自变量的 n 次方根，则该量的测量准确度可以低些。

4.3　测量不确定度与实验结果的评定

测量值 x 与被测量真值 x_0 的差值为绝对误差 $\Delta = x - x_0$。过去的观点是通过误差分析，给出测量值不能确定的范围，即误差。实际上，真值是不可能得到的（不存

测量不确定度与实验结果的评定

在完美无缺的测量),所以测量结果与真值之差即测量误差,也是无法确定或确切获知的。可见,测量误差只能是一个定性的概念,难以进行定量评估。因此,在测量上采用约定真值,以测量不确定度来表征真值处于的范围。

国际标准化组织 ISO、国际电工委员会 IEC、国际计量委员会 BIPM、国际法制计量组织 OIML、国际理论化学与应用化学联合会 IUPAC、国际理论物理与应用物理联合会 IUPAP、国际临床化学联合会 IFCC 等 7 个国际组织于 1993 年联合发布了《测量不确定度表示指南》(Guide to the Expression of Uncertainty in Measurement),简称 GUM。我国于 1999 年,经国家质量技术监督局批准,颁布实施由全国法制计量技术委员会提出的《测量不确定度评定与表示》(JJF 1059—1999)。该标准的适用范围包括国家计量基准、标准物质、测量及测量方法、计量认证和实验室认可、测量仪器的校准和检定、生产过程的质量保证和产品的检验和测试、贸易结算以及资源测量等测量技术领域。该标准最新版本为 JJF 1059.1—2012。

测量不确定度是用来表征被测量之值所处范围的一种评定,表示由于测量误差的影响而对测量结果的不可信程度或有效性的怀疑程度,或称为不能肯定的程度。国际计量委员会通过的《BIPM 实验不确定度的说明建议书 INC-1(1980)》建议用不确定度(uncertainty)取代误差(error)来表示实验结果,并按其性质将不确定度从估计方法上分为按统计分布的 A 类不确定度和按非统计分布的 B 类不确定度两类,分别进行处理后再进行合成,从而使得"由于测量误差的存在而对被测量值不能确定的程度"得到更科学的评估。

4.3.1 实验标准差

若在等精度测量条件下对某被测量(其真值为 x_0)做多次独立测量,得 $x_1, x_2, \cdots, x_n$;则误差为 $x_i - x_0 = (x_i - \bar{x}) + (\bar{x} - x_0)$($\bar{x}$ 是 n 次测量结果的算术平均值)。

令 $\Delta_i = x_i - x_0$,两边平方得 $\Delta_i^2 = (x_i - \bar{x})^2 + 2(x_i - \bar{x})(\bar{x} - x_0) + (\bar{x} - x_0)^2$。

求 n 项和为

$$\sum_i^n \Delta_i^2 = \sum_i^n \left[(x_i - \bar{x})^2 + 2(x_i - \bar{x})(\bar{x} - x_0) + (\bar{x} - x_0)^2 \right]$$

$$= \sum_i^n (x_i - \bar{x})^2 + \sum_i^n 2(x_i - \bar{x})(\bar{x} - x_0) + \sum_i^n (\bar{x} - x_0)^2$$

式中,$(\bar{x} - x_0) = \Delta_{\bar{x}}$(常量),故

$$\sum_i^n \Delta_i^2 = \sum_i^n (x_i - \bar{x})^2 + 2\Delta_{\bar{x}} \sum_i^n (x_i - \bar{x}) + n\Delta_{\bar{x}}^2 \qquad (4-3-1)$$

若 $n \to \infty$,则有 $\sum_i^n (x_i - \bar{x}) = \sum_i^n x_i - n\bar{x} = 0$。

若定义 n 次测量标准差为 $\sigma = \sqrt{\dfrac{\sum_i^n (x_i - x_0)^2}{n}}$,平均值标准差为 $\sigma_{\bar{x}} = \sqrt{\dfrac{\sum_i^n (\bar{x} - x_0)^2}{n}}$,

可见,两者之间有如下关系:$\sigma_{\bar{x}} = \dfrac{\sigma}{\sqrt{n}}$。

当进行有限次测量时,不可能获得真值 x_0。常用平均值代替真值,用残差 $x_i - \bar{x}$ 代替误差 $x_i - x_0$。假设,此时的标准差称作实验标准差,用 $\hat{\sigma}$ 表示,则式(4-3-1)可改写为 $n\hat{\sigma}^2 = \sum\limits_{i}^{n} (x_i - \bar{x})^2 + \hat{\sigma}^2$。

从而得到

$$\hat{\sigma} = \sqrt{\dfrac{\sum\limits_{i}^{n} (x_i - \bar{x})^2}{n - 1}} \tag{4-3-2}$$

这就是有限次测量时实验标准差的计算公式,也称作贝塞尔公式。

同样,平均值的实验标准差可按下式计算:

$$\hat{\sigma}_{\bar{x}} = \dfrac{\hat{\sigma}}{\sqrt{n}} = \sqrt{\dfrac{\sum\limits_{i}^{n} (x_i - \bar{x})^2}{n(n - 1)}} \tag{4-3-3}$$

4.3.2　测量结果标准不确定度

依据《测量不确定度评定与表示》(JJF 1059.1—2012),测量结果标准不确定度分为 A 类和 B 类两种方法。

A 类标准不确定度的评定是用统计方法获得的,也就是计算出测量数据的平均值标准差 $\hat{\sigma}_{\bar{x}}$,即式(4-3-3)的数值。当不能用统计方法计算不确定度时,就要用 B 类方法评定。B 类方法评定的主要信息来源是以前测量的数据、生产厂提供的技术说明书、各类计量部门给出的仪器检定证书或校准证书等,这类信息通常只给出极大值和极小值。B 类标准不确定度就是根据现有信息分析判断被测量的可能值不会超出的区间 $(-\Delta, \Delta)$,并假设被测量的值的概率分布,由要求的置信水平估计包含因子 k,则测量不确定度 u_B 为

$$u_B = \dfrac{\Delta}{k} \tag{4-3-4}$$

式中,Δ 为区间半宽,k 的选取与概率分布有关,假设被测量的值为正态分布时,查表 4-3-1,假设被测量的值为非正态分布时,根据概率分布查表 4-3-2。

表 4-3-1　正态分布时概率与包含因子 k

概率 $P/(\%)$	50	68.3	90	95	95.45	99	99.73
包含因子 k	0.676	1	1.645	1.96	2	2.576	3

表 4-3-2　非正态分布的包含因子 k

分布	三角	均匀	反正弦
$k(P=100\%)$	$\sqrt{6}$	$\sqrt{3}$	$\sqrt{2}$

可见,计算 B 类标准不确定度分量时,涉及包含因子的选择,而包含因子的选择与概率分布形式和置信概率的大小有关,在确定诸多不确定度分量及其包含因子时,需要对被测量重要性进行分析和判断并做出合理的选择。

因此,B 类评定方法包含了评定人员的经验和不确定度的传递。如检测仪器检定的标准不确定度 u_1,仪器分辨率标准不确定度 u_2,测量时检测人员布点(测点)的位置偏离引起的不确定度等。同时具有多个不确定度的分量 u_i,需要对逐个分量进行合成,即

$$u_C = \sqrt{\sum u_i^2 + \hat{\sigma}_{\bar{x}}^2} \tag{4-3-5}$$

合成标准不确定度 u_C 仍然是标准差,它表征了测量结果的分散性。

扩展不确定度是为提供测量结果一个区间的要求而附加的不确定度,由合成不确定度与包含因子 k 表示,即

$$u = ku_C \tag{4-3-6}$$

测量结果可表示为 $X = x \pm u$,x 是被测量 X 的最佳估计值。被测量 X 的可能值以较高的概率落在区间 $x - u \leqslant X \leqslant x + u$ 内。包含因子是根据所确定区间需要的置信概率选取的,如果无法得到合成标准不确定度的自由度,且测量值接近正态分布时,按所要求的置信概率选取 k 值,如表 4-3-3所示。若测量值的分布规律接近均匀,则按表 4-3-4由所要求的置信概率来选取 k 值。

表 4-3-3　正弦分布时的置信概率与包含因子

$P/(\%)$	50	68.27	90	95	95.45	99	99.73	99.8	99.9	1
k	0.676	1	1.645	1.960	2	2.576	3	3.09	3.30	3.998

下面给出几种常见情况的不确定度估算方法。

1. 高精度测量结果(误差正态分布时)不确定度的估算

(1) A 类不确定度分量的估算

假设做 n 次测量,形成测量列,此项分量(测量次数较多,$n>10$ 时)一般直接由测量列平均值的标准偏差来近似估计,即

$$u_A = \hat{\sigma}_{\bar{x}} = \sqrt{\frac{\sum_{i}^{n} (x_i - \bar{x})^2}{n(n-1)}} = \frac{\hat{\sigma}}{\sqrt{n}} \tag{4-3-7}$$

式中,$\hat{\sigma}_{\bar{x}}$ 为有限次测量平均值的标准偏差;$\hat{\sigma}$ 为有限次测量列单次测量的标准偏差。

(2) B 类不确定度分量的估算

此项分量的估算,要对影响测量结果的各项进行仔细分析研究以确定其分布、大小、相关因

子等,并用经验方法将其换算成与标准偏差有相同置信概率的分量,而最后合成。

(3) 总不确定度的估算

合成不确定度及其分量要用"标准偏差"的形式,即方和根的形式表示为

$$u_C = \sqrt{\sum_{j=1}^{k} u_{Aj}^2 + \sum_{j=1}^{k} u_{Bj}^2} \qquad (4-3-8)$$

合成不确定度 u_C 乘以对应于某一置信概率 P 的包含因子 k_P,则得到总不确定度 u:

$$u = k_P u_C \qquad (4-3-9)$$

此类不确定度的估算属计量、标定及高精度测量(相对不确定度在 0.001 以内)等部门专业人员的工作,许多问题的分析已超出普通测量的要求范围。一般数据处理教材及国家计量技术标准中都是以不确定度分布服从正态分布理论为依据的,这主要是由于目前正态分布的研究最完善,用其他分布分析测量结果的合成不确定度比较困难,故以近似正态分布来处理。

2. 少次数测量情况下不确定度的估算

(1) A 类不确定度分量的估算

在许多情况下(如普通物理实验或电工测量),一般测量次数不大于 $10(5 < n \leqslant 10)$ 时,以算术平均值的标准偏差作为 A 类分量,仍以正态分布作为测量结果的表示,则将出现较大偏差(偏小),从而夸大了实验的精确度。这时,以联系正态样本平均值 $\bar{x}$ 和偏差 $\hat{\sigma}_{\bar{x}}$ 的统计量 $\frac{\bar{x}\mu}{\hat{\sigma}_{\bar{x}}}$($\mu$ 为期望值)所服从的 t 分布(又称 Student 分布)来表示平均值的误差更为合理。可以推导:当 $5 < n \leqslant 10$ 时,取 $t_P(n-1) = \sqrt{n}$,由 t 分布的概率表可算得置信概率 P,如表 4-3-4 所示。

表 4-3-4　置信概率表

测量次数 n	2	3	4	5	6	7	8	9	10	11
$t_P(n-1) = \sqrt{n}$	1.41	1.73	2	2.24	2.45	2.65	2.83	3	3.16	3.32
置信概率 P	0.610	0.775	0.861	0.911	0.942	0.962	0.974	0.983	0.988 8	0.992

所以,以统计方式估计的 A 类分量不确定度 u_A 简化等于测量列的单次测量标准偏差。即

$$u_A = t_P(n-1)\hat{\sigma}_{\bar{x}} = \sqrt{n} \cdot \hat{\sigma}_{\bar{x}} = \hat{\sigma} \quad (n-1 \text{ 为自由度};P \text{ 接近或大于 95\%})$$

(2) B 类不确定度分量的估算

B 类分量常以仪器误差 $\Delta_{仪}$ 乘以与其分布有关的因子 k_B 简化表示。如前所述,在少次数测量情况下,具体分析 $\Delta_{仪}$ 的原因和确定 k_B 已超出了实验课程的要求范围。但是,因 $\Delta_{仪}$ 为仪器的允许误差(检定规程或有关技术文件规定的计量器具所允许的极限值),则应有接近 100% 的置信概率($P \approx 0.99$)。因而,大多数实验可简化近似为 u_A 与 u_B 取相同置信因子 $P \geqslant 0.95$,直接将 $\Delta_{仪}$ 当作总不确定度中的 B 类分量($\Delta_{仪}$ 可从有关国家标准查得)。

(3) 总不确定度的估算

以 $\hat{\sigma}$ 作为总不确定度的 A 类分量,$\Delta_{仪}$ 为总不确定度的 B 类分量,按照方和根的合成形式,总不确定度可简化用下式求出:

$$u = \sqrt{\hat{\sigma}^2 + \Delta_{仪}^2} \qquad (P \geqslant 95\%)$$

这一估计方法,与国际上工业技术和商务活动中所推荐的置信概率 $P = 0.95$,以及考虑实验的实际应用性而采用高置信度的做法相一致,也是与我国有关技术规范基本一致的比较简单、合理的估算方法,且在实验中用带有统计运算功能的计算器可方便地求得 $\hat{\sigma}$ 和 u。

3. 普通精度实验不确定度的估算

(1) A 类不确定度的估算

普通精度测量(相对不确定度在 $0.001 \sim 0.01$)如普通物理实验或电工测量等,因精度要求较低,则可只讨论主要的几个影响较大的误差分量而忽略其他微小分量。因不确定度的有效数字在普通测量中一般只取一位,此项可根据不确定度传递公式,将小于最大分量 1/3 之后的各项舍去,而后按测量列平均值的标准偏差公式计算[见式(4-3-3)]。

(2) B 类不确定度的估算

B 类不确定度的估算,如能确定其分布规律,可按各自分布规律处理,则 $u_B = \dfrac{\Delta}{k}$。其中,k 为包含因子,一般情况下,因数理统计,误差分布等已超出普通测量讨论范围,可采用近似标准偏差来估算。例如,当非统计不确定度相应的估计误差为正态分布时,取 $u_B = \dfrac{\Delta}{3}$,此时概率为 99.73%;非统计不确定度相应的估计误差为均匀分布(方法、环境、数字仪表等误差分布)时,取 $u_B = \dfrac{\Delta}{\sqrt{3}}$ 等。式中 Δ 为非统计不确定度相应的估计误差限,常取为仪器误差 $\Delta_{仪}$。

(3) 总不确定度的合成

把各分量按"标准偏差"的形式合成,如式(4-3-5)所示,其中包括按各自分布处理的分量及非统计分量按正态分布近似处理的非正态估算分量。

此类估算方法为一较好近似结果,且在普通精度测量的不确定度估算中,避免了许多次要影响量及复杂的处理过程。

4. 特殊情况不确定度的估算

若 B 类不确定度较小(可忽略),则总不确定度直接用 A 类不确定度 u_A 表示。对于少次数测量,可用单次测量的标准偏差 $\hat{\sigma}$ 表示,即 $u = \hat{\sigma}$。

若 $u_A < \dfrac{1}{3} u_B$,或因估计出的 u 对实验最后结果影响甚小,或因条件限制只进行了一次测量时,u 可简单地用 u_B 表示。对于少次数测量,可直接以 $\Delta_{仪}$ 表示,即 $u = \Delta_{仪}$。

4.3.3　测量不确定度的评定和报告

测量不确定度分成标准不确定度和扩展不确定度,其中,标准不确定度又分为 A 类标准不确定度、B 类标准不确定度和合成标准不确定度。扩展不确定度与置信因子和置信概率有关。依据 JJF 1059.1—2012,对测量不确定度各分量评定流程如图 4-3-1 所示。

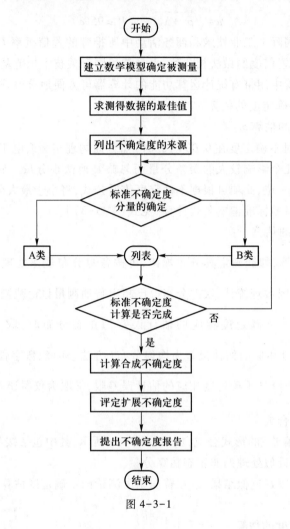

图 4-3-1

例 11 对某被测物进行 10 次等精度测量(重复性测量),仪器分辨率为 2 μm,仪器检定证书给出不确定度是标准差的 2 倍(包含因子 2),其值为 50 μm,测量数据见表 4-3-5,进行测量不确定度的 A 类和 B 类评定,并给出测量结果。

由上表得知:$\bar{x} = 999.79$,$\sum_{i=1}^{10} (x_i - \bar{x})^2 = 0.007\,0$,$n = 10$。

A 类评定:

$$\hat{\sigma}_{\bar{x}} = \sqrt{\frac{1}{n(n-1)} \sum_{i=1}^{n} (x_i - \bar{x})^2} = \sqrt{\frac{1}{10 \times 9} \times 0.007}\ \text{mm} = 0.009\ \text{mm} = 9\ \mu\text{m}$$

表 4-3-5　测　量　数　据

序号	x_i/mm	$\bar{x}$/mm	$(x_i - \bar{x})$/mm	$(x_i - \bar{x})^2$/mm
1	999.76	999.79	−0.03	0.000 9
2	999.77		−0.02	0.000 4
3	999.78		−0.01	0.000 1
4	999.75		−0.04	0.001 6
5	999.80		0.01	0.000 1
6	999.80		0.01	0.000 1
7	999.82		0.03	0.000 9
8	999.81		0.02	0.000 4
9	999.83		0.04	0.001 6
10	999.82		0.03	0.000 9

B 类评定：

① 检定证书表明,测量仪器标准不确定度 $u_1 = \dfrac{50}{2}$ μm = 25 μm。

② 仪器分辨率 $\lambda = 2$ μm,区间半宽 $a = \dfrac{\lambda}{2}$,查 JJF 1059.1—2012 附录 B,分辨率不确定度按矩形均匀分布,概率为 100% 时,查表得包含因子 $k = \sqrt{3}$,仪器分辨率标准不确定度 $u_2 = \dfrac{2}{\sqrt{3}}$ μm = 1.2 μm。

③ 测量时检测人员布点(测点)的位置偏离 0.01 mm(10 μm),由此引起的不确定度区间半宽 $a = \dfrac{10}{2}$ μm = 5 μm,按正态分布,置信概率为 50%,查得包含因子为 0.67,测量位置不确定度 $u_3 = \dfrac{5}{0.67}$ μm = 7.5 μm。

④ 确定合成不确定度 $u = \sqrt{\sum \hat{\sigma}_i^2 + \sum u_i^2} = \sqrt{9^2 + 25^2 + 1.2^2 + 7.5^2}$ μm = 27.6 μm。

⑤ 确定扩展不确定度,按正态分布,以 99.73% 的置信概率给出最佳区间,则扩展不确定度为 $U_{99.73} = ku = 3 \times 27.6$ μm = 82.8 μm。

测量结果：$X = \bar{x} \pm U_{99.73} = 999.79$ mm ± 0.08 mm,扩展不确定度 $U_{99.73} = 0.08$ mm,置信概率 $P = 99.73\%$。

4.4　测量数据的处理

实验取得的数据往往不是最后结果,需要根据误差理论进行计算、分析和整理,估计其值和精确程度,并将结果表示出来。测量结果的表示方法有表达式、表格和曲线三种。

4.4.1　测量数据的有效数字表示

1. 有效数字

从最左边第一个非零位开始直至最后一位所包含的数字称为有效数字,如 0.5 和 0.005 都是 1 位有效数字,0.50、30.30 分别是 2 位和 4 位有效数字。

有效数字包括两部分:可靠(准确)位和欠准确位。其中后者只能有 1 位,即最后一位,并且最后一位是估计出来的。例如,使用最小分度值为 0.1,量程为 5 V 的电压表测量某电压,指针位于 3.4 和 3.5 中间的位置,估测值为 3.45,则 3.4 为准确值,百分位上的 5 为估计数字,称为欠准确数字。有效数字也可以用科学计数法来表示,如 2 600 表示成有效位数为 2、3、4、5 的数分别为 2.6×10^3、2.60×10^3、2.600×10^3、$2.600\ 0 \times 10^3$。值得注意的是:决定有效数字位的唯一因素是误差大小,与小数点位置和单位无关。

2. 舍入原则

对于需要保留 n 位有效数字而实际上超过 n 位的测量数据,需要对有效数字右边的数字进行处理(称为数的修约),原则如下:

① 传统方法　"四舍五入"。

② 现用方法　"四舍,六入,五配偶",若以保留数字的末位为单位,它后面的数字大于 0.5 单位者,末位进一;小于 0.5 单位者,末位不变;恰为 0.5 单位者,则使末位凑成偶数,即末位为奇数时进一,末位为偶数时则末位数不变。

后一种方法的好处是可以使舍入的概率均等,在多次计数中,由舍入引起的误差趋于零。另外,偶数作为被除数易除尽,减小了计算的误差。

3. 有效数字的运算

（1）加法运算

几个小数位数不同的有效位数相加时,以小数位数最少的数为标准数,其余各加数的小数位数应修约成比标准数的小数位数多一位,然后相加,其和的小数位数与标准数的小数位数相同。

（2）减法运算

减法运算分为两种情况:

① 当两个数值相差较大的有效数相减时,运算法则与加法的相同。

② 当两个数值相差较小的有效数相减时,需要先确定位数少的数为标准数,另一数的小数位数应尽可能比标准数的小数位多取几位,差值也应多取几位小数。

（3）乘除运算

有效数相乘（或相除）时，以有效位数最少的数为标准数，其余修约成比标准数多一位有效数字的数，然后进行运算，其结果的有效数位与标准数的有效数位相同。

（4）平方和开方运算

有效数的平方值的有效位数应比底数的有效位数多取一位；有效数的平方根的有效位数也应比被开方数的有效位数多取一位。

4. 测量数据的表示

测量数据的表示方式国内外不统一，但一般应能反映真值大小和可信程度，同时要简洁。通常用测量值和相应的误差共同表示。如：

$$（7.61±0.35）\text{ A}$$

式中，7.61 为测量结果，往往代表平均值；0.35 为使用某精度等级表在选定量程下可能出现的最大绝对误差。

若用量程为 150 mA 的 0.5 级表测得某两个电流分别为 0.6 mA 和120.5 mA，则使用该测量挡可能出现的最大绝对误差为（±0.5%×150）mA＝±0.75 mA，工程测量中，误差的有效位一般只取 1 位，并采用进位法（只要后面该舍弃的数字是 1~9 都应进 1 位），因此两个电流数据分别记录为（0.6±0.8）mA 和（120.5±0.8）mA。

注意：

① 测量值的有效数字取决于测量结果的误差，即测量值的有效数字的末位与测量误差末位数是同一个数位。所以被测量值最低位通常与误差最低位对齐。多余位舍去。

② 当一个数据是多个数据运算的结果时，总结果误差，严格来说，应按误差综合公式进行。但简单情况下，可以按各数据中误差位最高者来决定结果的误差位数情况。

4.4.2　测量结果的公式表示法——最小二乘法与回归分析

如果要将测量数据用公式表示出来，需要按照以下步骤进行：

① 将数据进行图形表示。

② 观察分析大致函数关系，确定待定方程类型，例如用线性、幂级数前 n 项或对任意曲线分段逼近等，使待定方程能够近似表示测量曲线。

③ 用回归分析和最小二乘法求出待定函数 $y=f(x;\alpha,\beta,\cdots)$ 中的系数。

凡是不单纯根据理论分析，而依据测量数据来分析各物理量关系的方法称为回归分析。而最小二乘法的基本思想是用一个待定的公式 $y=f(x;\alpha,\beta,\cdots)$ 表示测量数据（其中，y 为因变量，x 是自变量，α、β 为待定常数参量，有 m 组测量数据），要求两者之间的加权误差尽可能小，也就是使

$$\sum_{j=1}^{m}（w_j v_j）^2 \to 最小值$$

或等精度误差最小

$$\sum_{j=1}^{m} v_j^2 \rightarrow 最小值$$

满足上述公式的 f、α、β、$\cdots$ 就是最接近于真函数的估计函数。其中，$v_j = y_j - f(x_j;\alpha,\beta,\cdots)$ 为测量值 y_j 与估计函数值 $f(x_j;\alpha,\beta,\cdots)$ 的差。以等精度测量为例，将待定函数代入上式后，有

$$\sum_{j=1}^{m} [y_j - f(x_j;\alpha,\beta,\cdots)]^2 \rightarrow 最小值$$

$$\partial \left[\sum_{j=1}^{m} [y_j - f(x_j;\alpha,\beta,\cdots)]^2 \right] \Big/ \partial\alpha = 0$$

$$\partial \left[\sum_{j=1}^{m} [y_j - f(x_j;\alpha,\beta,\cdots)]^2 \right] \Big/ \partial\beta = 0$$

$$\cdots\cdots$$

解方程组可以求出待定系数 α、$\beta\cdots$，其中，每一个 x_j 由足够多次（一次）测量得来。

例 12 已知测量数据 (x,y) 为 $(0,100)$；$(1,223)$；$(2,497)$；$(3,1\ 104)$；$(4,2\ 460)$；$(5,5\ 490)$，用回归分析法找出拟合曲线的表达式。

解 ① 在 x-y 坐标系中画出上述点后，发现它们的连线接近于抛物线。

② 初步选用 $y = ax^2 + b$ 为回归函数。

③ 作线性变换 $y' = ax' + b$，其中，$y' = y$，$x' = x^2$。

④ 求得 (x',y') 数据为 $(0,100)$；$(1,223)$；$(4,497)$；$(9,1\ 104)$；$(16,2\ 460)$；$(25,5\ 490)$。

⑤ 绘出 (x',y') 曲线，发现线性度差。重新估计回归函数 $y = ae^{bx}$。

⑥ 线性变换：$y' = \lg y$，$x'' = x$。

因为 $\qquad\qquad\qquad\qquad \lg y = \lg a + bx\lg e = 0.434\ 3bx + \lg a$

所以 $\qquad\qquad\qquad\qquad a' = 0.434\ 3b,\ b' = \lg a$

⑦ 求 (x'',y'') 数据，绘出曲线，发现线性度足够好，可见选择 $y = ae^{bx}$ 是恰当的。

由 $b' = 2.0$ 求得 $a = \lg^{-1}b' = 100$。

由 $a' = 0.348$ 求得 $b = 0.801$。

因此 $y = 100e^{0.801x}$。

⑧ 测量数据和拟合后曲线相应点数值的对比如表 4-4-1 所示，说明吻合良好。

表 4-4-1 测量数据和拟合后曲线相应点数值的对比

x	0	1	2	3	4	5
y	100	223	497	1 104	2 460	5 490
$y = 100e^{0.801x}$	100	222.7	496.2	1 105.6	2 463.1	5 487.2

4.4.3 测量结果的列表表示法和图形表示法

当不要求用数学解析式表示测量数据时，经常用表格或曲线表示实验结果。

1. 列表表示

列表是将一组实验数据中的自变量、因变量的各个数值依一定的形式和顺序对应列出来,同一表格内可以同时表示几个变量的关系。

在实验测试的进行过程中,应及时将实验数据以表格形式记录下来。用于记录数据的表格应于实验进行前制作完成。完整的数据记录表格应包含表的序号、名称、项目、说明及数据来源。表格中项目应有电路变量名和单位、数据单位、数据个数;数值的书写应整齐统一,并用有效数字的形式表示;自变量间距的选择应注意测量中因变量的变化趋势,且自变量取值应便于计算,便于观察,便于分析,并按增大或减小顺序排列;如果数据需要重复测量,也应在数据表格中预留相应的位置。

在实验进行过程中,记录有序的数据可以使得实验者易于对数据进行初步的分析,以便及时发现问题。例如如果实验的数据分散性较大,就可以采取一定措施如增加预定的实验重复次数来降低其偶然误差;如果数据中出现一些不合理但有规律的变化,则可能是某个因素的系统误差,应及时检查加以消除或降低。

2. 图形表示

图形表示法在研究工作中常常被用于表示各变量之间的关系和趋势,它可以将一些复杂的数学关系以简洁、直观的形式表现出来,给人以明确的总体概念,也是实验结果分析中一个必不可少的有效手段。

图形表示法分为两个步骤:首先是把测量数据点标在适当的坐标系中,然后根据点画出曲线。

用于绘制曲线的坐标可以是直角坐标、极坐标、单对数坐标、双对数坐标等。其中最常用的是均匀分度的直角坐标。纵坐标与横坐标的分度不一定取得一样,应根据具体情况,以能够反映曲线变化规律为准则来选择。如果测量变量之间的关系是按指数变化的,则可以使用单对数坐标。此时一个坐标轴通常是均匀刻度坐标,另一个坐标轴的长度是以 $\lg y$ 来分度,坐标轴相应位置上的数字标的是 y 的值而不是 $\lg y$ 的值。如果两个坐标轴均使用对数坐标,则成为双对数坐标。

选定坐标形式后,应根据数据的有效位数决定坐标的长度。如果使用细格绘图纸绘制曲线,通常坐标可取 20~30 cm,使得从绘制曲线上读取的数据具有和实测数据一样位数的有效数字。过小或过大的坐标都会使作图与读数误差增大。

坐标不一定从零开始,原则上应使曲线比较匀称地分布在整个坐标系上,而不是偏于一侧。

坐标轴上应注有名称和单位,并在主要的坐标格上标出相应的坐标值;绘制的曲线应标出名称。如果实验中有多个相关的变量,应尽量把它们画在同一坐标上,以便观察分析它们之间的关系。

绘制曲线需要一定数量、且合理分布的数据。通常在进行实验测量时数据之间的间隔是均匀的,但当数据曲线出现剧烈变化时,应适当增加测量的密度,以免遗漏曲线上某些表征特征的关键区。这需要实验者对被测量预先有一个定性的认识,对测量数据的全貌有基本的概念。

根据数据描点,数据可用空心圆、实心圆、三角形等符号作标记,其中圆心应与测量值位置一致。不同的曲线用不同的符号标识。根据各点作曲线时,应注意曲线一般应光滑,曲线所经过的地方应尽量与所有的点相接近,但不一定通过图上所有的点。

计算机辅助绘图软件目前是进行数据处理的一个重要工具,借助于软件,可以绘出许多高质量和人工难以完成的曲线绘制,比如三维曲线、三维曲面图等。正确使用绘图软件绘制曲线,并利用其完成曲线拟合等任务也是一项很有用的实验技能。利用 MATLAB 软件绘制实验曲线,进行数据插值和拟合请参考第 5 章第 5.2 节的有关内容。

第 5 章
计算机虚拟电路实验

随着电子技术和计算机技术的不断进步,电子设计自动化(electronic design automatic,简称 EDA)技术迅速发展,电子线路的设计人员能在计算机上完成电路的功能设计、逻辑设计、性能分析、时序测试直至印刷电路板的自动设计。各种 CAD(computer aided design)技术和 EDA 软件广泛应用于理论教学、科学试验以及电路设计,并发挥着很好的作用,成为不可缺少的使用工具和开发手段,电路仿真必将成为一项工程设计人员必须掌握的技术。

当前高校的电工电子类实验分为两种:其一是传统的硬件类实验(硬实验),其二是虚拟和仿真实验(软实验),由于"软实验"的灵活性高、成本低,在某些领域几乎替代了传统的硬件类实验;在理论教学上,随着课堂教学设备的改善,这些"软实验"手段也被用来进行形象化教学。

一个传统的实验要使用多种仪器,而且不同实验所用的仪器也不尽相同,如果开设综合性实验所需仪器更多,这么多的仪器不仅价格昂贵,体积大,占用空间多,而且相互连接也十分麻烦。学生在计算机上操纵各种虚拟仪器进行实验,就如同是在操作传统仪器一样有效,与在真实实验室的现场实验做出的实验结果是一致的。这样,使用基于虚拟仪器系统的虚拟实验来代替实际现场实验,能很好地解决上述实验教学的矛盾,而且又符合现代测试技术和实验技术的发展方向。

从构成上来说,虚拟实验的实现是利用计算机配上相应的专用软件,形成既有普通仪器的基本功能,又有一般仪器所没有的特殊功能的高档低价的新型实验环境。在使用上来说,虚拟实验利用计算机强大的图形环境,建立界面友好的虚拟仪器面板(即软面板),用户通过友好的图形界面进行实验设备的选择、控制和运行等,完成对被测试量的采集、分析、判断、显示、存储及数据生成。

Multisim 虚拟实验软件是一种界面友好、操作简便、易学易懂、容纳实验科目多的一种新型虚拟实验软件。该虚拟实验软件可完成电路基础、数字电路、模拟电路、单片机等众多实验的构成、设计、运行和测试等。该软件的操作空间是二维空间,虽然目前是在单机上运行,但比起如 LabVIEW 等虚拟实验设备,既不需要硬件支持,又不需专业编程才能应用,因此在电路虚拟实验中更具专业性、使用性和灵活性。

因此本节将介绍 Multisim12.0 和 MATLAB 在虚拟电路实验、电路设计以及计算机辅助电路分析和实验结果处理方面的应用。

5.1　电路实验的 Multisim 仿真

Electronics Workbench（EWB）是加拿大 Interacive Image Technology（IIT）公司研制的虚拟电子工作台电路仿真软件,该软件的更新版本称为 Multisim 系列。Multisim12.0 是其中的一个更新版本,属于该公司电子设计自动化软件套装的一部分,可以进行原理图输入、模拟和数字混合仿真以及 SPICE 方式分析。该软件采用菜单、工具栏和热键相结合的方式,具有一般 Windows 应用软件的界面风格,直观的图形界面使用户可以在计算机屏幕上模拟实验室的工作台,用屏幕抓取的方式选用元器件,创建电路,连接测量仪器。该软件带有丰富的电路元件库,提供多种电路分析方法。作为设计工具,它可以同其他流行的电路分析、设计和制版软件交换数据。软件所提供的虚拟仪器的控制面板外形和操作方式都与实物相似,可以实时显示测量结果,并可以交互控制电路的运行与测量过程。利用虚拟仪器可以用比实验室中更灵活的方式进行电路实验,仿真电路的实际运行情况,熟悉常用电子仪器的测量方法。本章将就线性电路、简单非线性电阻电路和由通用运算放大器构成的有源电路介绍 Multisim12.0 的基本操作方法。

5.1.1　Multisim12.0 的主窗口界面

启动 Multisim12.0 后,将出现如图 5-1-1 所示的界面。

主窗口界面由多个区域构成,主要有菜单栏、工具栏、电路输入窗口、元件栏、虚拟仪器等。通过对各部分的操作可以实现电路图的输入、编辑,并根据需要对电路进行相应的观测和分析。用户可以通过菜单或工具栏改变主窗口的视图内容。

1. 菜单栏

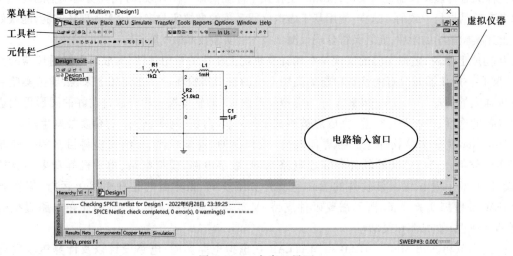

图 5-1-1　主窗口界面

菜单栏位于主窗口界面的上方,通过菜单可以对 Multisim 的所有功能进行操作。菜单栏如图 5-1-2所示。

File Edit View Place MCU Simulate Transfer Tools Reports Options Window Help

图 5-1-2 菜单栏

不难看出菜单中有一些与大多数 Windows 平台上的应用软件一致的功能选项,如 File,Edit,View,Options,Help。此外,还有一些 EDA 软件专用的选项,如 Place,Simulation,Transfer 以及 Tools 等。这里仅对菜单中的部分内容和功能作简要说明。

(1) File

File 菜单包含了对文件和项目的基本操作以及打印等命令。

(2) Edit

Edit 命令提供了类似于图形编辑软件的基本编辑功能,用于对电路图进行编辑。

(3) View

通过 View 菜单可以决定使用软件时的视图,对一些工具栏和窗口进行控制。

(4) Place

通过 Place 命令输入电路图。

(5) Simulate

通过 Simulate 菜单执行仿真分析命令。

● Run:执行仿真

● Pause:暂停仿真

● Stop:停止仿真

● Instruments:选用仪表(也可通过工具栏选择)

● Default Instrument Settings:设置仪表的预置值

● Interactive Simulation Settings:交互式仿真设置

● Mixed-mode Simulation Settings:混合模式仿真设置

● Analysis:选用各项分析功能

● Postprocess:启用后处理

● Automatic Fault Option:自动设置故障选项

(6) Transfer

Transfer 菜单提供的命令可以完成 Multisim 对其他 EDA 软件需要的文件格式的输出。

● Transfer to Ultiboard V12:将所设计的电路图转换为 Ultiboard(Multisim 中的电路板设计软件)的文件格式

● Transfer to other PCB Layout:将电路图转换成 PCB 文件格式

● Backannotate From Ultiboard V12:将在 Ultiboard 中所作的修改标记到正在编辑的电路中

● Export Simulation Results to MathCAD:将仿真结果输出到 MathCAD

- Export Simulation Results to Excel：将仿真结果输出到 Excel
- Export Netlist：输出电路网表文件

（7）Tools

Tools 菜单主要针对元器件的编辑与管理的命令。

- Database Manager：启动元器件数据库管理，进行数据库的编辑管理工作

（8）Options

通过 Option 菜单可以对软件的运行环境进行定制和设置。

- Global preference：设置操作环境
- Sheet properties：设置图纸属性
- Lock toolbars：是否锁定工具栏
- Customize interface：自定义界面

（9）Help

Help 菜单提供了对 Multisim 的在线帮助和辅助说明。

2. 工具栏

MultiSim 12.0 提供了多种工具栏，并以层次化的模式加以管理，用户可以通过 View 菜单中的选项方便地将顶层的工具栏打开或关闭，再通过顶层工具栏中的按钮来管理和控制下层的工具栏。通过工具栏，用户可以方便地使用软件的各项功能。

顶层的工具栏有：Standard 工具栏、Simulation 工具栏。

（1）Standard 工具栏

Standard 工具栏如图 5-1-3 所示。其中包含了常见的文件操作和编辑操作、编辑窗口的大小调整以及常用的设计和分析工具，通过对该工作栏按钮的操作可以完成对电路从设计到分析的全部工作。

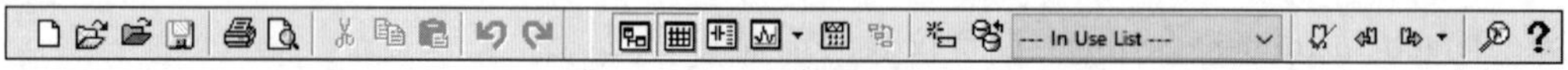

图 5-1-3　Standard 工具栏

（2）Component 工具栏

Component 工具栏有 20 个按钮，前 15 个按钮分别对应一类元器件，其分类方式和 Multisim 元器件数据库中的分类相对应，通过按钮图标就可大致清楚该类元器件的类型（15 个元件分类库从左到右分别为：Sources 电源库、Basic 基本元件库、Diode 二极管库、Transistors 晶体管库、Anolog 模拟元件库、TTL 器件库、CMOS 器件库、Misc Digital 数字元件库、Mixed 混合器件库、Indicators 指示器库、Power Component 电源器件库、Misc 其他器件库、Advanced Peripherals 高级外围设备库、RF 射频元件库、Electromechanical 机电类器件库）。具体的内容可以从 Multisim 的在线文档中获取。Component 工具栏如图 5-1-4 所示。

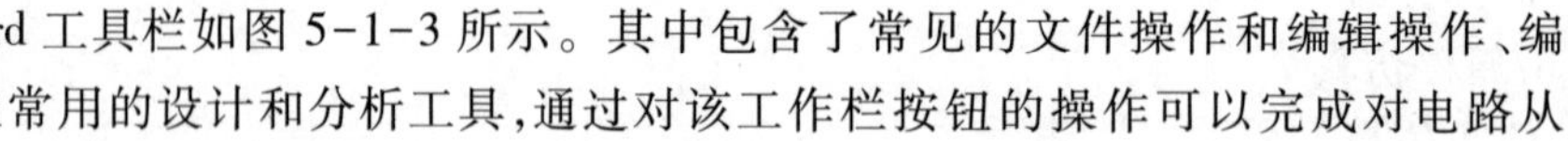

图 5-1-4　Component 工具栏

（3）Simulation 工具栏

Simulation 工具栏可以控制电路仿真的开始、结束和暂停。如图 5-1-5 所示。

图 5-1-5 Simulation 工具栏

3. Multisim 对元器件的管理

EDA 软件所能提供的元器件的多少以及元器件模型的准确性都直接决定了该 EDA 软件的质量和易用性。Multisim 为用户提供了丰富的元器件，并以开放的形式管理元器件，使得用户能够自己添加所需要的元器件。

Multisim 以库的形式管理元器件，通过菜单 Tools→Database→Database Manager 打开 Database Manager（数据库管理）窗口（如图 5-1-6 所示），对元器件库进行管理。

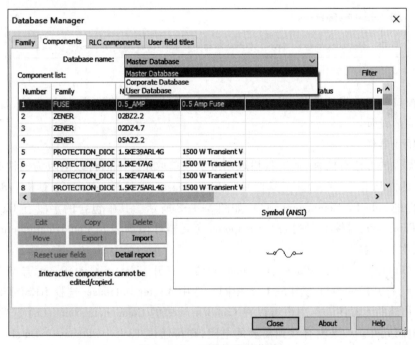

图 5-1-6 元器件管理菜单

在 Database Manager 窗口中的 Components 列表中有三个数据库：Master Database、Corporate Database 和 User Database。其中 Master Database 库中存放的是软件为用户提供的元器件，User Database 是为用户自建元器件准备的数据库，Corporate Database 是共同的数据库。用户对 Master Database 数据库中的元器件和表示方式没有编辑权。当选中 Master Database 时，窗口中对库的编辑按钮全部失效而变成灰色，如图 5-1-6 所示。但用户可以通过这个对话窗口查找库中不同类别器件在工具栏中的表示方法。据此用户可以通过选择 User Database 数据库，进而对自建元器件进行编辑管理。

在 Master Database 中有实际元器件和虚拟元器件，它们之间的根本差别在于：一种是与实际元器件的型号、参数值以及封装都相对应的元器件，在设计中选用此类器件，不仅可以使设计和仿真与实际情况有良好的对应性,还可以直接将设计导出到 Ultiboard 中进行 PCB 的设计。另一种器件的参数值是该类器件的典型值,不与实际器件对应,用户可以根据需要改变器件模型的参数值,只能用于仿真,这类器件称为虚拟器件。

4. 输入并编辑电路

输入电路图是分析和设计工作的第一步,用户从元器件库中选择需要的元器件放置在电路图中并连接起来,为分析和仿真做准备。

(1) 设置 Multisim 的通用环境变量

为了适应不同的需求和用户习惯,用户可以用菜单 Options→Global Preferences 打开 Global Preferences 对话窗口,如图 5-1-7 所示。

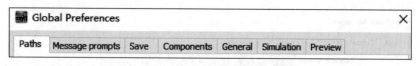

图 5-1-7　Global Preferences 对话窗口

通过该窗口的 7 个标签选项,用户可以对编辑界面颜色、电路尺寸、缩放比例、自动存储时间等内容作相应的设置。

(2) 取用元器件

取用元器件的方法有两种:从工具栏取用或从菜单取用。下面将以电阻为例说明两种方法。

① 从工具栏取用　　　Design 工具栏→Multisim Master 工具栏→Basic 工具栏→Resistor 按钮,打开这类器件的 Select a Component 窗口,如图 5-1-8 所示。其中包含的字段有 Database (元器件数据库),Family(元器件类型列表),Component(元器件明细表),Model manufacturer/ID (生产厂家/模型层次)等内容。

② 从菜单取用　　　通过 Place→Component 命令打开 Select a Component 窗口,操作过程如图 5-1-9所示,打开后的窗口与图 5-1-8 相同。选中 Master Database,选择 RESISTOR。

③ 选中相应的元器件　　　用户可以在 Component 中的 Component Name List 选项框中选中所需要数值的电阻元件。如果没有找到需要的电阻,则可通过 Tools→Database→Database Manager→User Database 自建元器件或者使用虚拟器件。器件放置到电路编辑窗口中后,用户就可以进行移动、旋转、复制、粘贴等编辑工作了,在此不再详述。

(3) 将元器件连接成电路

将电路需要的元器件放置在电路编辑窗口后,用鼠标就可以方便地将器件连接起来。方法是:用鼠标单击连线的起点并拖动鼠标至连线的终点。在 Multisim 中连线的起点和终点不能悬空。

5. 虚拟仪器及其使用

对电路进行仿真运行,通过对运行结果的分析,判断设计是否正确合理,是 EDA 软件的一项主要功能。为此,Multisim 为用户提供了类型丰富的虚拟仪器,可以从 Design 工具栏→Instruments 工具栏,或用菜单命令(Simulation → Instruments)选用 17 种仪表,如图 5-1-10 所示。在选用后,各种虚拟仪表都以面板的方式显示在电路中。

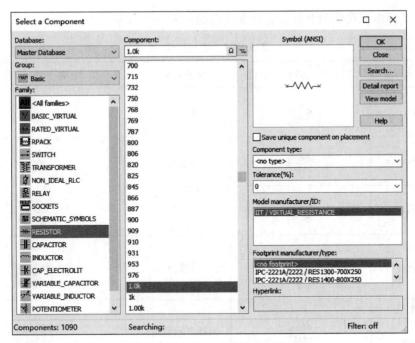

图 5-1-8   从工具栏取用电阻

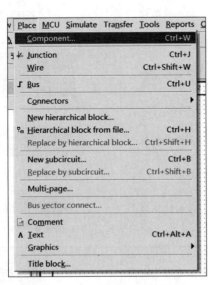

图 5-1-9   从菜单取用元件

图 5-1-10   Instruments 工具栏

下面将 17 种虚拟仪器的名称及表示方法总结在表 5-1-1 中。

表 5-1-1 虚 拟 仪 器

菜单上的表示方法	工具栏上的对应按钮	仪器名称	电路中的仪器符号
Multimeter		万用表	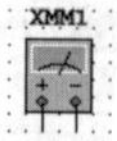 XMM1
Function Generator		波形发生器	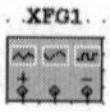 XPG1
Wattermeter		瓦特表	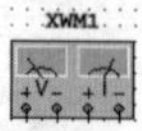 XWM1
Oscilloscope		示波器	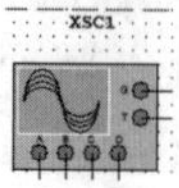 XSC1
Four Channel Oscilloscope		四通道示波器	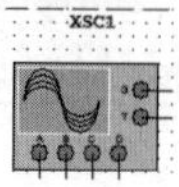 XSC1
Bode Plotter		波特图图示仪	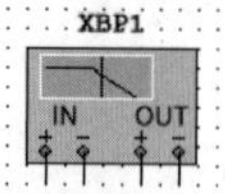 XBP1 IN OUT
Frequency Counter		频率计数仪	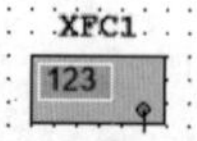 XFC1 123
Word Generator		字元发生器	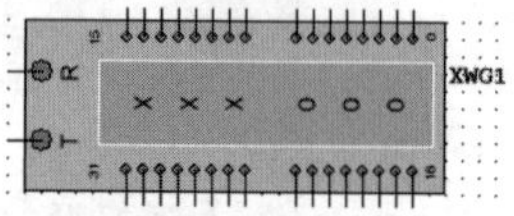 XWG1
Logic Analyzer		逻辑分析仪	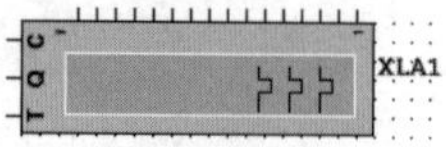 XLA1
Logic Converter		逻辑转换仪	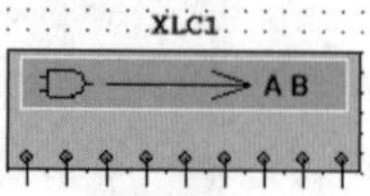 XLC1 A B
IV Analyzer	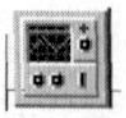	电流电压分析仪	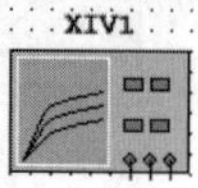 XIV1

菜单上的表示方法	工具栏上的对应按钮	仪器名称	电路中的仪器符号
Distortion Analyzer		失真度分析仪	XDA1 THD
Spectrum Analyzer		频谱仪	XSA1 IN T
Network Analyzer		网络分析仪	XNA1 P1 P2
Agilent Function Generator		安捷伦函数发生器	XFG1 Agilent
Agilent Multimeter		安捷伦万用表	XMM1 Agilent
Agilent Oscilloscope		安捷伦示波器	XSC1 Agilent

　　在电路中选用了相应的虚拟仪器后,将需要观测的电路点与虚拟仪器面板上的观测口相连,双击虚拟仪器就会出现仪器面板,面板为用户提供观测窗口和参数设定按钮。

　　以图 5-1-11 为例,可以用虚拟示波器同时观测电路中两点的波形。启动电路仿真后,双击图中的示波器,示波器面板的窗口中就会出现被观测点的波形。

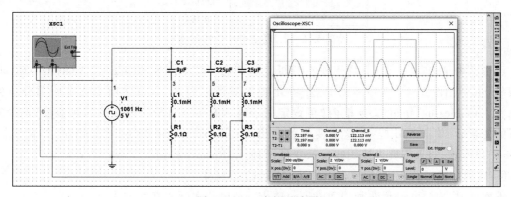

图 5-1-11　虚拟示波器

5.1.2　Multisim 与电路虚拟实验

Multisim 除了可以给出以数值和曲线表示的 SPICE 分析结果外，还提供了独特的虚拟电子工作台仿真方式，可以用虚拟仪器实时监测、显示电路的变量值和波形。Multisim 具有模拟真实实验室工作台的环境和交互操作方法的功能，可以由用户控制分析过程，通过仿真开关随时改变电路参数对电路进行瞬态分析。用虚拟实验台方式仿真的主要步骤为：

① 电路原理图的图形输入。

② 放置和连接测量仪器，设置测量仪器参数。

③ 选择分析变量：

选择菜单命令 Options→Sheet Properties→Show all，把电路的节点标号显示在原理图上；

选择菜单命令 Simulate→Analysis，出现图 5-1-12 所示仿真分析选择菜单。

DC operating point...	直流工作点分析
AC analysis...	交流分析
Single frequency AC analysis...	单频交流分析
Transient analysis...	瞬态分析
Fourier analysis...	傅里叶分析
Noise analysis...	噪声分析
Noise figure analysis...	噪声系数分析
Distortion analysis...	失真度分析
DC sweep...	直流扫描分析
Sensitivity...	灵敏度分析
Parameter sweep...	参数扫描分析
Temperature sweep...	温度扫描分析
Pole zero...	零极点分析
Transfer function...	传递函数分析
Worst case...	最坏情况分析
Monte Carlo...	蒙特卡罗分析
Trace width analysis...	布线宽度分析
Batched analysis...	批处理分析
User defined analysis...	用户自定义
Stop analysis	停止仿真

图 5-1-12　仿真分析选择菜单

点击其中某选项，比如"直流工作点分析"，也即选择菜单命令 Simulate→Analysis→DC operating point，弹出图 5-1-13 所示对话框，在出现的对话框中选 Output（用于选定所要分析的变量），在 Variables in circuit 文本框内（可设定用于显示的节点电压与电流及其他参数）选中需要分析的变量后，单击 Add 按钮，这些变量就会出现在 Selected variables for analysis 文本框中，如图 5-1-13 所示，如果需要去掉一些显示变量，则使用 Remove 按钮。

④ 启动仿真开关，在虚拟仪器上即可观察到仿真结果。

下面通过一些例子，说明利用 Multisim 进行虚拟电路实验的基本方法。

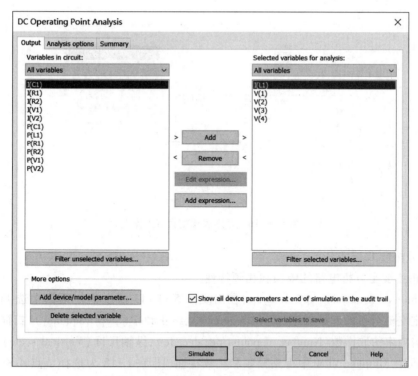

图 5-1-13　直流工作点分析结果选择菜单

1. 直流工作点分析(DC operating point)

在 Multisim 中,直流分析指的是电路的直流工作点分析,是将电路中的电容视为开路、电感视为短路,计算在直流电源激励下各支路的电压和电流。

搭建图 5-1-14 所示电路,选择分析类型为"DC operating point",并选择节点 1、2、3 和 4 的电压以及电压源支路的电流为输出变量,然后就可以在 Grapher View 中观察分析结果(如图 5-1-15 所示),也可以在指定支路中放置万用表、示波器等虚拟仪器,从仪器上读取结果(如图 5-1-16 所示)。

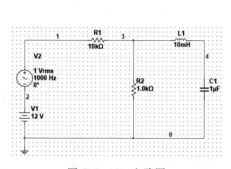

图 5-1-14　电路图

图 5-1-15　直流工作点分析结果

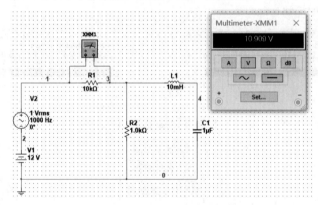

图 5-1-16 万用表观察直流工作点

2. 交流分析(AC analysis)

交流分析主要是分析电路的幅频和相频特性。

选择 Simulate→Analysis→AC analysis,在出现图 5-1-17 所示的对话框中选 Frequency Parameters,设定交流分析的起始频率(Start frequency)、终止频率(Stop frequency)、扫描形式(Sweep type)、每十倍频率的取样数(Number of points per decade)、纵轴尺度(Vertical scale),单击 Simulate 按钮,即可在 Grapher View 中得到幅频和相频特性(图 5-1-18 为选择节点 4 和 3 为分析变量时的频率特性曲线)。要想得到波形精细的数据,可以用鼠标左键先点击图中的某个波形,然后再点其上工具栏的精细分析按钮,弹出图 5-1-19 所示的波形和数据表,通过鼠标移动游标进行数据观察。

图 5-1-17 交流分析设置

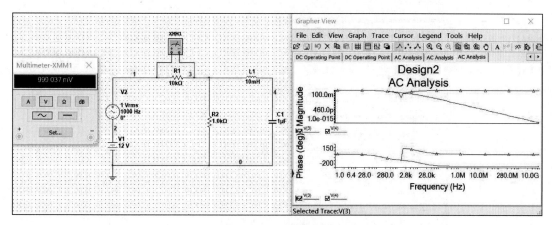

图 5-1-18　交流分析

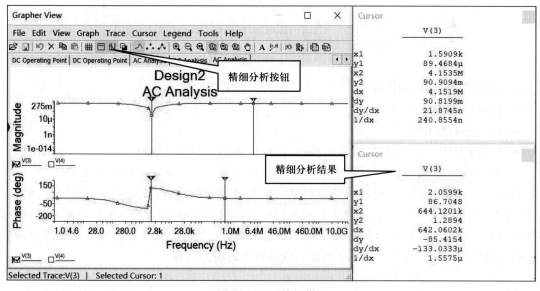

图 5-1-19　精细分析

3. 瞬态分析（Transient analysis）

瞬态分析用于时域分析,相当于利用示波器读取波形。通过 Simulate→Analysis→Transient analysis,在出现的对话框中（如图 5-1-20 所示）设置瞬态分析参数。

① 初始条件的选择。

- Set to Zero：设置为零
- User-defined：采用用户定义的节点电压的初始值
- Calculate DC operating point：先计算直流工作点,取其作为初始条件
- Automaticlly determine initial conditions：自动设置初始条件

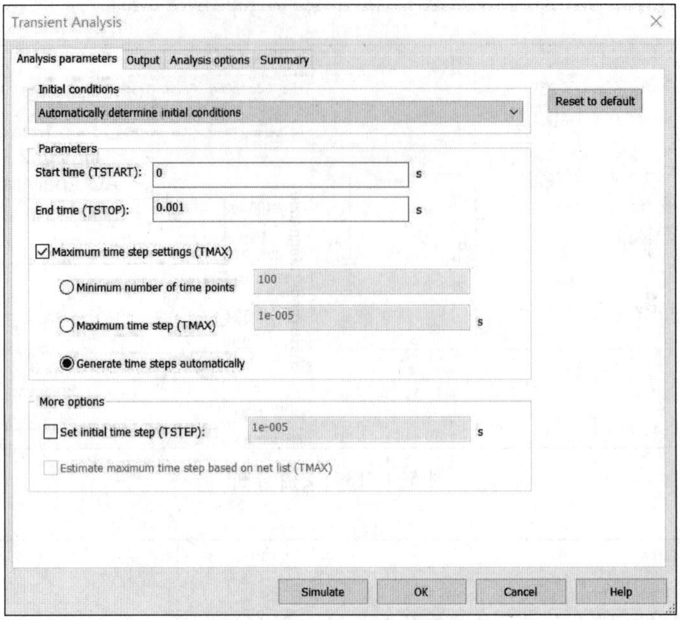

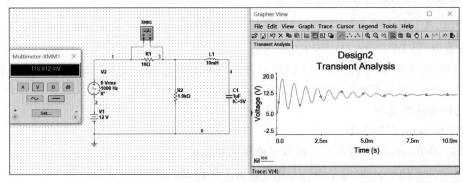

图 5-1-20　瞬态分析设置

② 分析时间与步长的选择。

● Start time：起始时间

● End time：终止时间

● Steps：步长（可以选择自动步长 generate time steps automatically）

③ 单击 Simulate 按钮，分析结果显示在 Grapher View 窗口的 Transient Analysis 栏中。

在图 5-1-21 中，将所示电路中交流电源的幅度设置为零，选择节点 4 为输出变量，给定电容 C1 的初值为 5 V（双击电容，在弹出的对话框中，Initial conditions 设为 5 V），在瞬态分析参数设置对话框中选择初始条件为 User-defined。单击 Simulate 可得节点 4 电压的动态曲线，该响应曲线表示电路在一定初始能量状态下接通直流电压源的瞬态过程。

图 5-1-21　瞬态分析

4. 傅里叶分析(Fourier analysis)

傅里叶分析用于分析信号中的谐波分布情况,图 5-1-22 是傅里叶分析时的参数设置。

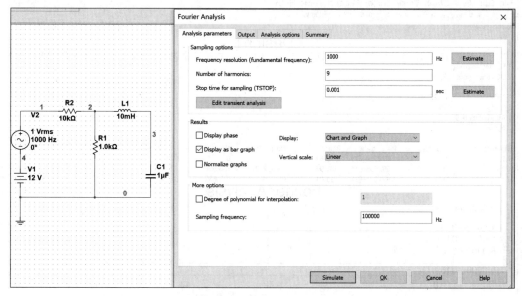

图 5-1-22　傅里叶分析

● Frequency resolution(fundmental frequency):设置基波频率
● Number of harmonics:谐波次数
● Stop time for sampling(TSTOP):终止时间

在 Results 中可以选择仿真输出方式,如

● Display phase:相频图
● Display as bar graph:显示线条频谱
● Normalize graphs:显示归一化频谱

分析结果既可以从所列数据表或图形中观察(如图 5-1-23 所示),也可以选择"Export to Excel"将结果输出到 Excel 表格中显示。

5. 参数扫描分析(Parameter sweep)

通过电路的参数扫描分析可以观察某元件参数在一定范围内变化时对电路特性的影响,步骤如下:

① 确定输出节点以及扫描的元件和参数。选择 Simulate→Analysis→Parameter sweep,在出现的对话框中设置要分析的元件类型(Device type)、元件名字(Name)、元件参数(Parameter)、参数起始(Start)和终止值(Stop)、扫描方式(Sweep variable type)(线性、倍程,线性方式时要设定变化增量),同时要在(Output)中设定输出节点。

② 对每个参数要选择分析的类型和相关参数,如直流工作点、瞬态或交流频响分析(在 More Option 下的 Analysis to sweep 中设置)。

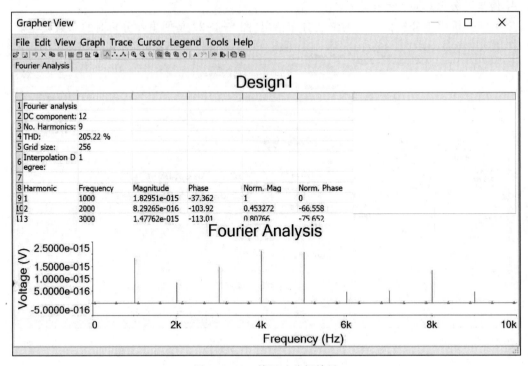

图 5-1-23   傅里叶分析结果

③ 单击 Simulate 按钮,分析结果显示在 Analysis Graphs 窗口的 Transient Analysis 栏中。

图 5-1-24 所示是让电路图中 R2 按十倍程从 10 Ω 到 1 000 Ω 变化时参数扫描分析的结果。

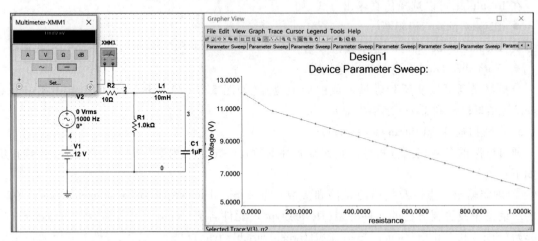

图 5-1-24   参数扫描分析

6. 传递函数分析(Transfer function)

传递函数分析是计算电路在直流工作点附近的线性化模型中,从某独立源到某一个输出变量的直流小信号传递函数,同时计算输入和输出电阻。

选择 Simulate→Analysis→Transfer Function,在出现的对话框中设置参数,包括确定输出节点、参考节点和独立源:输出变量为电压或电流,输出电流只能是电压源支路的电流。图 5-1-25 为选择 Input source:vv2;Output node:V(4);Output reference:V(0)时的传递函数值。

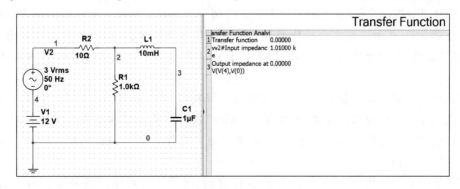

图 5-1-25　传递函数分析

7. 零极点分析(Pole zero)

零极点分析通常从计算电路的直流工作点开始,然后对非线性元件求出小信号线性模型,在此基础上分析小信号 AC 传递函数的零极点。步骤如下:

① 创建原理图,选择 Simulate→Analysis→Pole　zero。

② 在出现的对话框中设置如下参数:

● Analysis Type:Gain Analysis;Impedance Analysis;Input Impedance;Output Impedance

● Nodes:输入和输出节点对

● Analysis:Pole Zero Analysis;Zero Analysis;Pole Analysis

例如,选择图 5-1-26(a)中的输入节点对为 1—0,输出节点对为 3—0,做电压增益零极点分析,则可得到图 5-1-26(b)所示的结果。

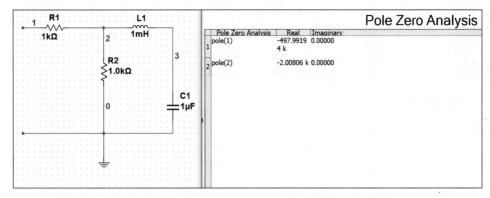

(a) 用于零极点分析的电路　　　　　　(b) 零极点分析结果

图 5-1-26　零极点分析

5.2 MATLAB 与计算机辅助电路分析

MATLAB 是矩阵(matrix)和实验室(laboratory)两个英文单词的前三个字母的组合。MATLAB是一个适合多学科、多种工作平台的功能强大的可视化计算程序,已经广泛应用于数值计算、图形处理、符号运算、数学建模、系统辨识、实时控制和动态仿真等领域的科学研究和各种工程设计中。

MATLAB 可以对离散数据进行插值,还可以选择直线、多项式等进行拟合,并通过对 plot 命令的设置绘制曲线。在电路实验中,利用 MATLAB 可进行试验测量数据的绘制和处理。通过编写基于节点法的电路方程求解源程序,可分析大型复杂电路。利用 Simulink 工具箱可以很方便地获得电路的动态响应。

不同于其他高级计算语言,MATLAB 具有最直观、最简洁的程序开发环境。本节概要介绍MATLAB 的环境、数值计算方法、程序设计的基础知识以及简单的绘图指令和常用的图形控制与标注指令。

5.2.1 MATLAB 环境

本书采用 MATLAB R2020b 版本。双击桌面快捷键,正常启动后的 MATLAB 程序桌面如图 5-2-1 所示。

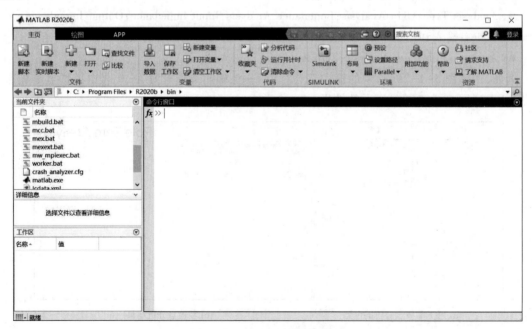

图 5-2-1 MATLAB 程序桌面

桌面通常包括以下面板：

① 当前文件夹　　　显示正在访问的文件夹的路径

② 命令行窗口　　　可以输入和执行命令

③ 工作区　　　显示程序或命令生成的变量

1. MATLAB 的工作区

工作区指运行 MATLAB 的程序或命令所生成的所有变量和 MATLAB 提供的常量构成的空间。每次打开 MATLAB，MATLAB 会自动建立一个工作区，工作区在 MATLAB 运行期间一直存在，关闭 MATLAB 后工作区自动消失。刚打开的 MATLAB 的工作区只有 MATLAB 提供的几个常量，如 pi、虚数单位 i 等。运行 MATLAB 的程序时，程序中的变量被加入工作区。除非删除，否则该变量在 MATLAB 被关闭前一直存在。所以，一个程序中的运算结果以变量的形式保存在工作区中，可以被别的程序继续利用。可以随时查看工作区中的变量名和值。

在命令窗口中键入 who 和 whos 命令可以看到目前工作区里的所有变量；命令 clear 可以删除工作区里的变量。

2. MATLAB 的命令行窗口

在命令行窗口中，用于输入和显示计算结果的区域称为命令编辑区。用户可以在>>提示符后键入命令，按下回车键后，MATLAB 就会解释执行所输入的命令，并在命令后面给出计算结果。符号>>表示 MATLAB 已准备好，正等待用户输入命令。

如图 5-2-2 所示，在 MATLAB 命令行窗口中创建变量或输入计算式后按下回车，指令即被执行，计算结果显示在命令行窗口中，同时左侧工作区中显示出计算后产生的变量的有关信息。如果命令行尾带分号，则窗口不会显示计算结果。MATLAB 可以当作计算器使用，如果没有赋值，MATLAB 就自动将计算结果存放在名字为 ans 的变量中。

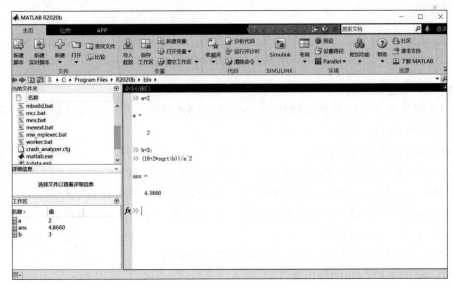

图 5-2-2　命令行窗口

使用↑键可以显示刚才键入的命令。反复键入↑键,可以回调以前键入的所有命令行。可以用 Ctrl+C 来终止正在运行的命令。clc 指令可用于清除命令行窗口的所有显示。在行尾加上三个英文句号(即…)表示续行。运算符+、-、=前后的空格不影响计算结果。

3. MATLAB 的程序编辑器

在 MATLAB 命令行窗口中直接写语句,写一句就会执行一句,检查调试的难度比较大。当程序语句较多时,MATLAB 提供了一个内置的具有编辑和调试功能的程序编辑器,用来编辑源程序文件。选择菜单中的"新建脚本",可进入程序编辑器,如图 5-2-3 所示。编辑完成后的程序可以保存到指定目录下,默认文件后缀为.m。

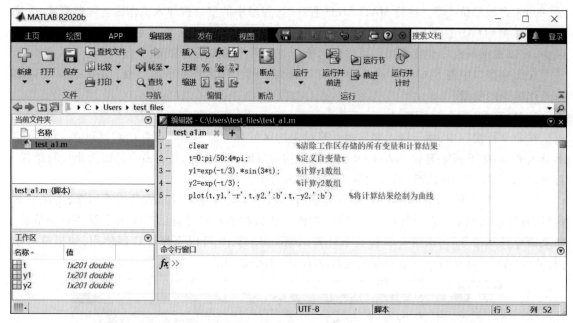

图 5-2-3　程序编辑器

4. MATLAB 的在线帮助

MATLAB 提供了丰富的查询帮助功能。在 MATLAB 的命令窗口中直接输入某些命令就可以获得相应的帮助信息。例如:

● help:提供快速入门的资源

● help func:根据用户指定的项目,func 给出相应的帮助信息

● lookfor abc:系统按照已设置的 MATLAB 路径在所有文件中查找字符串 abc。对每个文件首部注释行的第一行所描述的帮助信息进行扫描。若在该行中找到字符串 abc,则将其所在的文件名以及所在行显示在屏幕上

此外,单击 MATLAB 桌面菜单栏中的帮助菜单,可选择:

● 文档:阅读 MATLAB 的帮助文件

● 示例:执行 MATLAB 的演示功能

5.2.2　MATLAB 的数值计算

　　MATLAB 中变量的命名方式与其他语言的变量命名方式基本相似。在 MATLAB 中自定义的变量可以包含 31 个字符,所有的字母(包括大、小写)、数字、下划线"_"都可以作为变量名,但变量的第一个字符必须是一个英文字母。MATLAB 是区分大、小写字母的。

　　在变量使用前,用户不需要指定变量的数据类型,也不必申明变量。MATLAB 已经预定义了一些特殊变量,如表 5-2-1 所示。用户不可以定义与之同名的变量。

表 5-2-1　MATLAB 的特殊标特殊变量及含义

MATLAB 预先定义的特殊变量	含　义
ans	最近生成的默认变量值
clock	时钟
cputime	CPU 的运行时间
date	当前的日期信息
eps	浮点数相对误差,为 2.220 4e-016
etime	得到计算机的运行时间
i,j	虚数单位
inf	无穷大(如 1/0)
inputname	输入参数的名称
NaN	不定值(如 0.0/0.0)
nargin	函数输入参数的个数
nargout	函数输出参数的个数
now	当前日期和时间
pi	圆周率
realmax	最大正浮点数(为 1.797 7e 308)
realmin	最小正浮点数(为 2.225 1e -308)
version	MATLAB 的相关版本信息

1. 各种运算符

MATLAB 中最常见的运算符如表 5-2-2 所示。

表 5-2-2　MATLAB 中最常见的运算符

运算符	功能	运算符	功能
+	加法	*	矩阵乘法
−	减法	.*	数组乘法

续表

运算符	功能	运算符	功能
^	矩阵乘方	'	共轭转置符
.^	数组乘方	.'	一般转置符
/	右除	=	赋值号
\	左除	( )	小括号,用于决定计算顺序,也用于数组的访问
.\	数组左除	[ ]	中括号,用于生成数组和矩阵
./	数组右除	{}	大括号,用于生成单元数组
:	冒号运算符	.	小数点或访问结构的域

① :(冒号)　既可用作矩阵或数组的下标,又可以应用于行循环操作等。

- $j:k$　等价于$[j \quad j+1 \quad j+2 \quad \cdots \quad k]$,若$j>k$,则返回空值
- $j:i:k$　$[j \quad j+i \quad j+2i \quad \cdots \quad k]$,若$j>k$且$i>0$或者$j<k$且$i<0$,则返回空值
- $A(i,:)$　取矩阵A的第i行,其中冒号表示取矩阵的所有列
- $A(:,:)$　以矩阵A的所有元素构造一个二维矩阵,若A本身就是二维矩阵,则结果不变
- $A(:)$　将A的所有元素作为一个列向量,如果此操作符在赋值语句的左边,则用右边矩阵的元素来填充A。矩阵A的结果不变,但要求两边矩阵元素的个数要相等,否则会显示出错信息

② %(百分号)　注释符,在一行的某处键入%,则该行%以后的部分将被视为注释部分而不再执行。

③ …(三个连续的点)　续行标志。

④ '(撇号)　表示数值的共轭或矩阵的转置。如果矩阵的元素是复数,则'表示共轭转置;.'表示非共轭转置。

⑤ ;(分号)　若分号用在每行命令的结尾,则 MATLAB 执行完该命令时不会显示本行的计算结果。当分号用在中括号"[ ]"内时,表示矩阵中该行的结束。

MATLAB 提供的关系运算符包括:<(小于)、<=(小于等于)、>(大于)、>=(大于等于)、==(等于)、~=(不等于)。

2. 矩阵的建立与运算

MATLAB 中数据的基本格式是矩阵,标量和向量都可以看成特殊的矩阵。在 MATLAB 中,矩阵和数组在形式上没有区别,但在涉及某些运算时,两者有不同的要求和结果。

通常可以采用两种方法来创建矩阵:逐个元素输入法和冒号法。在对矩阵元素赋值时,矩阵中同一行的元素之间由空格隔开,空格个数不限。不同行之间由分号或回车键分隔。

当矩阵仅仅由一行组成时,它是一个行向量;当矩阵仅有一列,它是一个列向量;向量

中元素的数量就是向量的长度。如果矩阵的维数是 1×1，它是一个标量，即一个数。一个 m 行 n 列的矩阵也可看作是一个 m 行 n 列的数组。

MATLAB 用圆括号来表示矩阵或数组的下标，访问矩阵中的元素也是使用圆括号，在 MATLAB 中，$x(n)$ 表示的是数组 x 的第 n 个元素。在圆括号中也可以使用冒号，这样就可以访问数组中的多个元素。

① 矩阵的加减运算（+、-）　一般来说，两个矩阵能进行加减运算的前提是它们必须具有相同的阶数。两个矩阵进行加减运算时，两个矩阵的对应元素进行加减运算，所得的结果仍然是一个矩阵。

② 矩阵的乘法运算（*）　如果矩阵 A 的列数与 B 的行数相等，那么二者可以相乘，即如果 A 是 $m \times n$ 的矩阵，B 是 $n \times p$ 的矩阵，则所得的结果是一个 $m \times p$ 的矩阵。如果不是这种情况，MATLAB 就返回一个出错信息。若其中有一个矩阵变成标量时，此时该元素和矩阵中的所有元素进行乘法运算，所得结果仍是一个矩阵。

③ 矩阵的点乘法（.*）　当两个矩阵进行点乘时，是两个矩阵的对应元素相乘，此时要求它们具有相同的阶数，得到的结果是一个与原矩阵阶数相同的矩阵。当有一个矩阵退化为一个标量时，$A.*B$ 与 $A*B$ 的结果是一样的。当两个同维数组或同维向量相乘时，是两个数组或向量内相应元素的相乘，此时应该用的是点乘（.*）而不是乘（*）。

④ 矩阵的乘方（^）　如果 A 是一个二阶方阵，B 是一个正整数，那么 A^B 是 A 连乘 B 次所得到的结果；如果 $B=0$，那么 A^B 的结果是单位阵；当 $B<0$ 时，如果 A^{-1} 存在，那么 A^B 是 A 的逆阵连乘 B 次所得到的结果。若 B 是方阵，则 MATLAB 会显示出错信息。

⑤ 矩阵的点乘方（.^）　当矩阵 A 与 B 具有相同的阶数时，二者可以进行点乘方运算，结果是两个矩阵的对应元素的乘方。当其中一个矩阵是标量时，则对另外一个矩阵的所有元素进行乘方运算。

⑥ 矩阵的左除（\）　如果 A 是一个方阵，$A\backslash B$ 就是矩阵方程 $AX=B$ 的解，即 $X=A^{-1}B$，等价于 $\mathrm{inv}(A)*B$。如果 B 是一个向量，$A\backslash B$ 即为线性方程组的解。

⑦ 矩阵的右除（/）　如果 A 是一个方阵，B/A 就是矩阵方程 $XA=B$ 的解，即 $X=BA^{-1}$，等价于 $B*\mathrm{inv}(A)$。

⑧ 矩阵的点除（.\，./）　若 A 和 B 是阶数相同的矩阵，则 $A./B$ 就是 A 中的元素除以 B 中的对应元素，所得结果仍是一个矩阵，其阶数与 A、B 的阶数相同。如果 A、B 中有一个为标量，则结果为该标量和相应矩阵中的所有元素作运算，结果也是一个矩阵。若 A 和 B 是阶数相同的矩阵，则 $A.\backslash B$ 就是 B 中的元素除以 A 中的对应元素，所得结果仍然是一个矩阵，其阶数与 A、B 的阶数相同。如果 A、B 中有一个为标量，则结果为该标量和相应矩阵中的所有元素作运算，结果也是一个矩阵。

MATLAB 提供了大量的常用数学函数命令，可以编写出功能强大的应用程序。表 5-2-3 所示为一些常用的数学函数在 MATLAB 中相应的实现命令。要注意的是所有三角函数都要求自变量以弧度表示。

表 5-2-3 常用的数学函数命令

三角函数	sin	正弦函数
	sinh	双曲正弦函数
	asin	反正弦函数
	asinh	反双曲正弦函数
	cos	余弦函数
	cosh	双曲余弦函数
	acos	反余弦函数
	acosh	反双曲余弦函数
	tan	正切函数
	atan	反正切函数
	sec	正割函数
	asec	反正割函数
其他常用数学函数	abs	实数的绝对值以及复数的模
	angle	复数的辐角
	conj	求复数的共轭
	real	求复数的实部
	imag	求复数的虚部
	sqrt	求平方根
	exp	求指数
	log	自然对数
	log10	常用对数
	log2	以 2 为底的对数
	lcm	最小公倍数
	gcd	最大公约数

5.2.3 MATLAB 程序设计基础

1. M 文件工作方式

M 文件工作方式,指的是将要执行的命令全部写在一个文本文件中,这样既能使程序显得简洁明了,又便于对程序进行修改与维护。M 文件直接采用MATLAB命令编写,就像在 MATLAB 的命令窗口中直接输入命令一样,因此调试起来也十分方便,并且增强了程序的交互性。M 文件包含两类:脚本文件(Script M-Files)和函数文件(Function M-Files)。两者的区别在于:脚本文件没有输入参数,也不返回输出参数,而函数文件可以有输入参数,也可以返回输出参数;脚本文件对工作空间中的变量进行操作,而函数文件的变量为局部变量,只有其输入、输出变量保留在工作空间中。两者都可以在 MATLAB 的命令窗口中运行,也都可以被别的程序调用。

M 文件与其他文本文件一样,可以在任何文本编辑器中进行编辑、存储、修改和读取。利用 M 文件还可以根据用户的需要编写一些函数,这些函数也可以像 MATLAB 提供的函数一样进行调用。脚本文件和函数文件的扩展名均是.m。

(1) M 脚本文件

将所有要执行的命令按顺序放到一个扩展名为.m 的文本文件中,即可生成一个 M 文件。需要注意的是,M 文件名不应该与 MATLAB 的内置函数名以及工具箱中的函数重名,以免发生执行错误命令的现象。

MATLAB 的命令文件可以访问 MATLAB 工作空间里的任何变量及数据。因此,任何其他命令文件和函数都可以自由地访问这些变量。这些变量一旦产生就一直保存在内存中,只有对它们重新赋值,它们的原有值才会变化。关机后,这些变量也就全部消失了。另外,在命令窗口中运行 clear 命令,也可以把这些变量从工作空间中删去。当然,在 MATLAB 的工作空间窗口中也可以用鼠标选择想要删除的变量,从而将这些变量从工作空间中删除。

MATLAB 提供了一个内置的具有编辑和调试功能的程序编辑器。在程序编辑器里,不同的文本内容分别用不同颜色的字体显示。其中 MATLAB 的关键字如 for、end 等为蓝色,注释语句为绿色,其他文本为黑色,这样更为醒目,便于调试。程序输入完毕后,选择"保存"或"另存为",即生成一个 M 文件。

M 文件建立后,有两种办法来运行它:一种是在 MATLAB 的命令窗口中直接键入命令文件名,此时 M 文件如果直接放在 MATLAB 的默认搜索路径下,就不必设置 M 文件的路径了,否则应当用路径操作指令,即命令窗口中选择"设置路径",更改 MATLAB 执行命令时的搜索路径,将保存有.m 文件的目录加入搜索路径下,在 MATLAB 的命令窗口中键入文件名(不需要加后缀.m),文件即被执行。另外一种办法是在程序编辑器菜单栏中选择"运行"即可。程序运行后,在MATLAB的命令窗口就会出现输出结果。

(2) M 函数文件

M 函数文件相当于对 MATLAB 进行了二次开发。和脚本文件相比,M 函数文件稍微复杂一些,具有如下特征:

① 文件的第一行必须包括字 function,脚本文件没有此种要求。

② 第一行必须指定函数名、输入变量和输出变量,如 function output = name(input),输入变量要用逗号隔开,输出变量多于 1 个时,要用方括号括起来。如 function[y1,y2] = func(x,a,b,c),该函数文件名必须存为 func.m,而 M 脚本文件则无此要求。但调用函数时所用的输入、输出变量名并不要求与编写函数文件时所用的输入、输出变量名相同。

③ 如果第二行起有注释,用户可以借助 help name 命令显示其注释语句。

④ M 函数的调用方法与一般的 MATLAB 函数的调用方法相同。

脚本文件的变量在文件执行结束以后仍然保存在内存中而不会丢失,而 M 函数文件的变量仅在函数运行期间有效(除非用 global 把变量说明成全局变量,否则函数文件中的变量均为局部变量),当函数运行完毕后,这些变量也就消失了。

2. 程序结构

一般来说,复杂程序的基本组成有三种结构:顺序结构、选择结构和循环结构。MATLAB 的语法和 C 语言极为相似,但比 C 语言要简单得多。

(1)顺序结构

顺序结构是指程序由依次按照顺序执行的各条语句组成。语句在程序文件中的位置就是程序的执行顺序。

(2)选择结构

选择结构又称条件控制语句。选择结构在程序中占有重要的地位,因为在编程过程中总要对某些条件进行判断,从而根据判断的结果进行不同的后处理。MATLAB 提供了两种选择结构,分别是 if-else-end 和 switch-case-end。

if-else-end 选择结构又可以分成以下 3 种:

```
if 逻辑表达式
语句体
end
```

语句执行时,先判断逻辑表达式,如果成立,执行语句体,如果不成立,则跳出该选择结构,继续执行 end 后的命令。

```
if 逻辑表达式
语句 1
else
语句 2
end
```

语句执行时,先判断逻辑表达式,如果成立,执行语句 1,如果不成立,则执行语句 2,执行完毕后跳出该选择结构,继续执行 end 后的命令。

```
if 逻辑表达式 1
语句 1
elseif   逻辑表达式 2
语句 2
elseif   逻辑表达式 3
语句 3
    ⋮
```

```
else
    语句 n
end
```

　　语句执行时,先判断逻辑表达式 1,如果成立,执行语句 1,执行完语句 1 后,跳出该选择结构,继续执行 end 后的命令;当逻辑表达式 1 不成立时,跳过语句 1,进而判断逻辑表达式 2,当逻辑表达式 2 成立,则执行语句 2 且忽略后面的语句,跳出该选择结构;若逻辑表达式 2 不成立,则判断逻辑表达式 3…;如此往下,如果 if 和 elseif 后的所有逻辑表达式都不成立,则执行 else 和 end 之间的语句 n。

　　注意:在上述调用结构中,关键字"else"和"elseif"后的逻辑表达式和语句都不是必需的,但关键字"end"不可省略。

　　switch-case-end 选择结构能实现多选择功能。虽然 if-else-end 选择结构的第三种结构(形式 3)也可以实现多选择功能,但没有 switch-case-end 选择结构这么简明、易于维护。其表达形式为

```
switch 表达式
case 常量表达式 1
    语句体 1
case 常量表达式 2
    语句体 2
        ⋮
case 常量表达式 n
    语句体 n
otherwise
    语句体 n+1
end
```

　　switch 后面的表达式可以是任意类型,如字符串、矩阵、标量等;若表达式的值与 case 后面的某个常量表达式相等,则执行该 case 后的语句体。若表达式的值和所有的常量表达式的值都不相等,则执行 otherwise 后面的语句体。

　　(3) 循环结构

　　在许多问题中需要用到循环控制。循环语句也涉及判断,只有满足一定的条件才执行循环,否则就会跳出循环。MATLAB 提供的循环有两种:for-end 循环和 while-end 循环。

　　for-end 循环使用比较灵活,一般用于循环次数已经确定的情况。其调用格式为

```
for    variable = expression
语句体
end
```

其中,variable 为循环变量名,可以是字符串、字符串矩阵或者是由字符串组成的单元数组。expression 为循环变量表达式。在 expression 中给出循环变量的初值、步长和终值。通常用冒号来定义 expression,如 i:j:k(即初始值为 i、步长为 j、终止值为 k;如果步长为 1,则 j 值可省略)。

for 循环允许嵌套。在程序里,每一个"for"关键字必须和一个"end"关键字配对,否则出错。

while-end 循环一般用于事先不能确定循环次数的情况,其调用格式为

```
while    表达式
         循环体语句
end
```

其中,表达式一般由逻辑运算和关系运算及一般的运算组成,用于判断循环是否继续进行。当表达式成立时,执行循环体语句;当表达式不成立时,终止循环。在 while 语句的循环中,可以用 break 语句退出循环。如果 break 命令位于嵌套循环的内循环,那么它只能终止内循环而外循环仍然继续进行。

5.2.4 函数图形的绘制

1. 基本绘图命令

MATLAB 自动将图形画在图形窗口上,图形窗口和命令窗口是独立的窗口。图形窗口的属性由系统和 MATLAB 共同控制。当 MATLAB 上没有图形窗口时,图形命令将新建一个图形窗口;当 MATLAB 已经存在一个或多个图形窗口时,MATLAB 一般指定最后一个图形窗口作为当前图形命令的输出窗口。函数 figure 可建立新的图形窗口,并把新建的窗口指定为当前窗口用于输出图形。

plot 是最基本的二维图形命令,它的基本调用方法如下。

● plot(y):当 y 为向量时,以 y 的元素为纵坐标,以相应元素下标为横坐标,绘制连线图。若 y 为复数矩阵,则分别以每列元素的实部和虚部为纵横坐标绘制多条连线图

● plot(x,y):若 y 和 x 为同维向量,则以 x 为横坐标,y 为纵坐标绘制连线图。若 x 和 y 为同维矩阵,则以 x、y 对应列元素为横纵坐标分别绘制曲线,曲线条数等于矩阵的列数。若 x 和 y 为复数矩阵,MATLAB 将忽略虚数部分

● plot(x1,y1,x2,y2,…):每对 x、y 必须符合 plot(x,y)中的要求,不同对之间没有影响,命令将对每一对 x、y 绘制曲线

命令 hold 用于向已有的图形窗口中加入图形,当 hold 设置为 on 时,绘图命令不删除当前图形窗口中的线条,只是把新的数据加入该图形中,并且自动调整坐标轴的显示范围。

如果希望在一个图形窗口中显示多个图形,以便进行分析比较,可以使用 subplot,其调用方法如下。

● subplot(m,n,k):m 为上下分割的个数,n 为左右分割的个数,k 为分割后的子图编号,子窗口按从左至右、从上至下进行编号

利用以下程序,可绘制如图 5-2-4 所示图形。

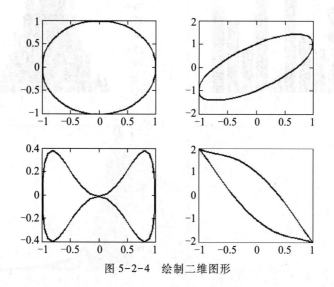

图 5-2-4　绘制二维图形

```
t=0:pi/20:2*pi;              %生成向量 t;
x=sin(t);                    %生成向量 x;
y=cos(t);                    %生成向量 y;
subplot(2,2,1)               %将图形窗口分隔为 2 行 2 列,指定 1 号子图,即左上角子图;
plot(x,y)                    %以 x 为横坐标、y 为纵坐标绘图;
subplot(2,2,2)               %将图形窗口分隔为 2 行 2 列,指定 2 号子图,即右上角子图;
z=x-y;                       %生成向量 z;
plot(x,z)                    %以 x 为横坐标、z 为纵坐标绘图;
subplot(2,2,3)               %将图形窗口分隔为 2 行 2 列,指定 3 号子图,即左下角子图;
z=x.*y.^2;                   %重新生成向量 z;
plot(y,z)                    %以 y 为横坐标、z 为纵坐标绘图;
subplot(2,2,4)               %将图形窗口分隔为 2 行 2 列,指定 4 号子图,即右下角子图;
z=x.^3-y*2;                  %重新生成向量 z;
plot(y,z)                    %以 y 为横坐标、z 为纵坐标绘图;
```

MATLAB 提供了许多绘图指令,可以用于数值统计分析和数据处理,如

● bar(x,y):绘制对应于每个输入 x 的输出 y 的高度条形图,如图 5-2-5(a)所示

● hist(y,x):绘制 y 在以 x 为中心的区间中分布的个数条形图,如图 5-2-5(b)所示

● stairs(x,y):绘制 y 对应于 x 的梯形图,如图 5-2-5(c)所示

● stem(x,y):绘制 y 对应于 x 的火柴杆图,如图 5-2-5(d)所示

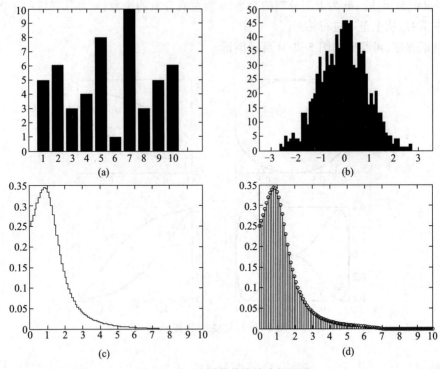

图 5-2-5 绘制数值统计分析图形

三维数据既可以画成线图(如命令 plot3),也可以画成长方形网线图(如命令 mesh,surf)。它们的调用格式如下。

● plot3(x,y,z):当 x、y、z 为向量时,将以 3 个向量中相应元素按 x 坐标、y 坐标、z 坐标绘制曲线。x、y、z 也可以是同维矩阵,此时分别取出 x、y、z 中的对应列,绘制多条空间曲线

● mesh(x,y,z):绘制函数描述的网格图

● surf(x,y,z):绘制函数描述的彩色曲面图

2. 图形的控制与标注

MATLAB 提供的绘图命令中通过加入控制字符串控制所绘图的颜色(红色、绿色……)、线型(实线、虚线……)、数据点的标记形式(*、+、……)以及线型的粗细。以 plot 命令为例,当需要控制图形的线型、点型及颜色时,它的指令格式可以表示为:plot(x,y,'颜色+线型+标注')。它们的取值情况分别如表 5-2-4 至表 5-2-6 所示。

表 5-2-4 颜色控制字符

字符	颜色	字符	颜色
b/blue	蓝色	g/green	绿色
c/cyan	青色	k/black	黑色

字符	颜色	字符	颜色
m/magenta	洋红	w/white	白色
r/red	红色	y/yellow	黄色

表 5-2-5 线型控制字符

字符	线型	字符	线型
–	实线	– –	虚线
:	点线	-.	点画线

表 5-2-6 点型控制字符

字符	点型	字符	点型
.	点	v	倒三角
o	圆圈	<	顶点指向左边的三角形
x	差号×	>	顶点指向右边的三角形
+	十字标号	^	正三角形
*	星号	p	五角星
s	方块	h	六角星
D	菱形		

此外,在 plot 命令中加入控制字符 LineWidth 就可以控制图形的粗细了。其调用格式如下。

- plot(x,y,'LineWidth',n):改变 n 的值就可以改变线条的粗细

有关图形标注的指令有

- xlabel('text'):对 x 轴进行标注,text 为标注在 x 轴上的说明语句
- ylabel('text'):对 y 轴进行标注,text 为标注在 y 轴上的说明语句
- zlabel('text'):对 z 轴进行标注,text 为标注在 z 轴上的说明语句
- title('text'):在图形窗口顶端的中间位置输出 text 的内容作为图形标题
- text(x,y,z,'str'):三维图的标注,参数含义和 text(x,y,'str')中的参数含义相同
- legend('strl','str2',…,ops):当在一幅图中出现多条曲线时,结合在绘图时所用的不同线型和颜色等特点,用户可以用该命令对不同的图例进行说明,其中 str1,str2,… 是对图中不同曲线的说明。该命令中的参数 ops 用于指定图例说明所处的位置,可取以下数值。

-1:将图例框放在图形的右侧

0:将图例框放在坐标轴的内侧,以使被覆盖的点最少

1:将图例框放在右上角(系统默认情况)

2:将图例框放在左上角

3:将图例框放在左下角

4:将图例框放在右下角

● legend off:从当前图形中清除图例

有关图形的控制和标注既可以在程序指令里实现,也可以在 MATLAB 的图形窗口中实现。绘制出函数图形后,左键单击快捷工具栏中的 ▲,然后点击图形中任一处选中图形,右键单击,在弹出的菜单中选中 Properties,即可以得到图形、坐标轴等的属性编辑窗口。

5.2.5 利用 MATLAB 中的 Simulink 作电路仿真

如果利用 MATLAB 对电路进行时间域的瞬态仿真,既可以建立.m 文件编程实现,也可以利用 Simulink 建立.mdl 文件实现。在 MATLAB 的命令窗口(图 5-2-1)点击 Simulink,可进入如图 5-2-6 所示的界面。

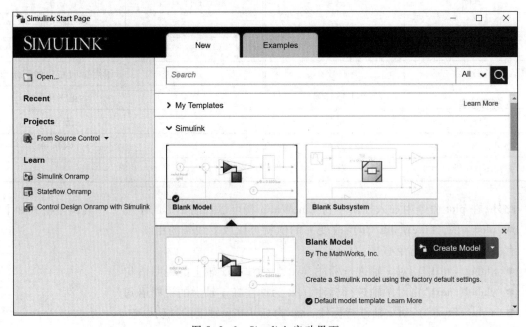

图 5-2-6 Simulink 启动界面

在图 5-2-6 界面中,可以打开或新建一个.mdl 文件。如需新建,可以点击 New,选择 Blank Model →Create Model。在新建的空白模型页面上,点击菜单栏中的 Library Browser,可根据需要从组件库中选择使用相应的模块,如图 5-2-7 所示。例如从 Sources 库中提取一个正弦交流电源模块(Sine Wave),从 Math Operations 库中提取求绝对值运算模块(Abs 模块),从 Sinks 库中提取示波器 Scope。提取方法是:选中所需要的模块,按下鼠标左键,拖动鼠标到新建文件中即可,或者选中模块,单击鼠标右键,在弹出菜单中选择第一项,就可以将模块添加到文件中。随后,将各个模块按照一定的次序连接即可,如图 5-2-8 所示。

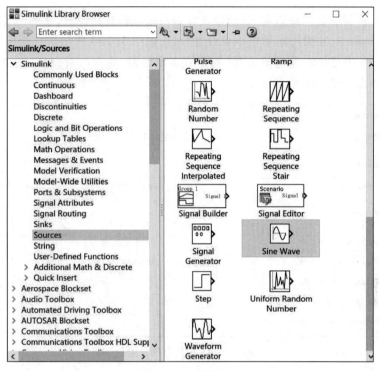

图 5-2-7　模块调用

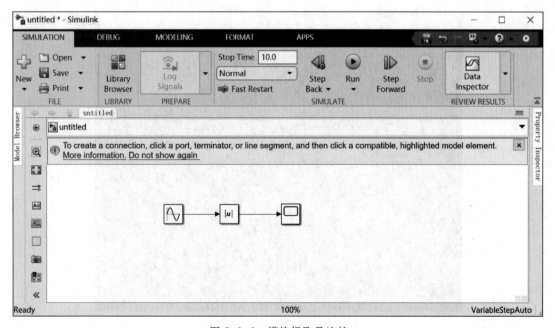

图 5-2-8　模块提取及连接

　　模型建好后,需要设置求解选项,在新建文件中右键点击空白位置,在弹出菜单中点击 Model Configuration Parameters,在弹出对话框中可设置参数,如图 5-2-9 所示。

　　点击图 5-2-8 中菜单栏里的 Run 键,然后双击示波器,就可以看到正弦波经过取绝对值运算后的波形图,如图 5-2-10 所示。

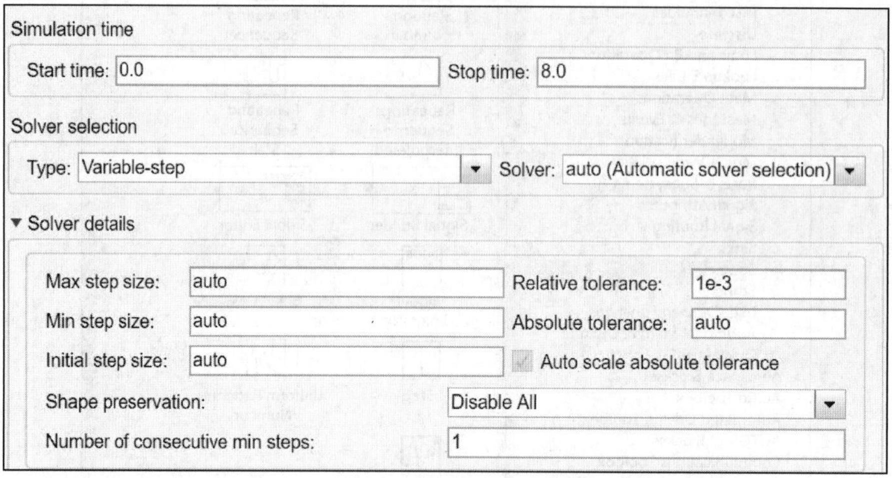

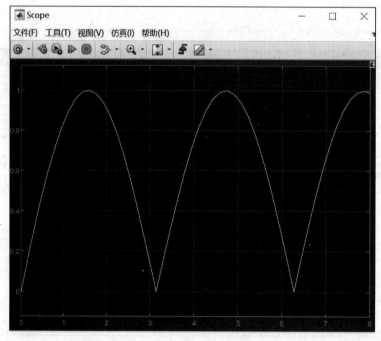

图 5-2-9　模块参数设置

图 5-2-10　输出波形

5.3　仿真实验 1　一阶动态电路的计算机仿真分析

一、实验目的

1. 学习虚拟信号源、虚拟示波器、开关等动态电路器件和仪器的使用以及瞬态分析的仿真方法。

2. 熟悉一阶 RC 电路的零状态响应、零输入响应和全响应。

3. 研究一阶电路在阶跃激励和方波激励情况下响应的基本规律和特点。

4. 掌握积分电路和微分电路的基本概念。

5. 研究一阶动态电路阶跃响应和冲激响应的关系。

6. 从响应曲线中求出 RC 电路的时间常数 τ。

二、实验内容

1. 用 $R = 1\ \text{k}\Omega$、$C = 1\ 000\ \mu\text{F}$ 组成 RC 充放电电路，观察 RC 一阶电路的零状态、零输入和全响应曲线。

2. 在实验内容 1 中用示波器测出电路时间常数 τ，并与理论值比较。

3. 选择合适的 R 和 C 的值（$R = 100\ \Omega \sim 9\ 999\ \Omega$，$C = 0.1\ \mu\text{F}$，或 $0.15\ \mu\text{F}$，或 $0.22\ \mu\text{F}$），组成如图 5-3-1 所示的积分电路和微分电路，并接至幅值为 3 V 的方波电压信号源，利用示波器的双踪功能同时观察微分电路和积分电路中输入与输出波形的关系。调节电阻的值或调节信号源周期 T，观察并描绘 $\tau = 0.1T$、$\tau = 1T$ 和 $\tau = 10T$ 三种情况下的 u_S、u_C、u_R 波形，并作记录。

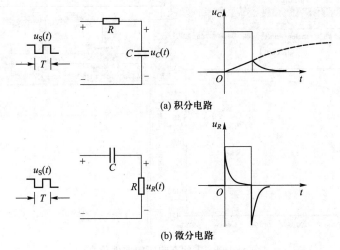

(a) 积分电路

(b) 微分电路

图 5-3-1　积分电路和微分电路中响应与激励的关系

4.利用示波器的双踪功能同时观察图 5-3-2 电路的阶跃响应和冲激响应,记录所观察到的波形。

三、仿真示例

例1 用 Multisim 软件分析图 5-3-3 所示电路,$R=510\ \text{k}\Omega$,$C=0.1\ \mu\text{F}$。图 5-3-4 为零状态响应的分析结果,图中左上部分为电路结构,右上部分为虚拟示波器的输出,调整 Timebase 的 Scale 值至 50 ms/格,可以看到响应的整个时间过程。利用游标可以测得时间常数。图 5-3-4 下方为选择"Simulate→Analysis→Transient analysis",并设置初值为零,给定起始和终止时间后得到的电容电压变化曲线。

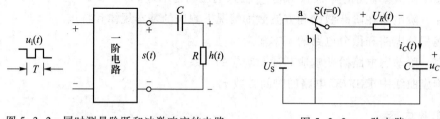

图 5-3-2 同时测量阶跃和冲激响应的电路　　　　图 5-3-3 一阶电路

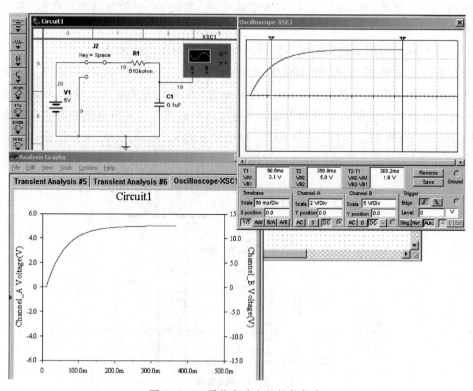

图 5-3-4 零状态响应的软件仿真

例 2　一阶电路(时钟源频率为 2 000 Hz,占空比为 50%,电压为 10 V,$R=10\ \text{k}\Omega$,$C=47\ \text{nF}$)如图 5-3-5 所示。

1. 在虚拟仪器库中选取信号源和示波器,双击信号源设置频率、波形与幅值,示波器接信号源观察方波信号。

2. 关断仿真开关。连接一阶电路,设定各元件参数。启动仿真开关,观测示波器通道 B 的输出波形,减小 Timebase 的 Scale 值,使波形在 x 轴方向尽量地扩展。

3. 测量时间常数。观测零输入响应和零状态响应,并分别测出时间常数。将游标 1 置于输出波形的(零状态响应)起点,移动游标 2 使 VB2-VB1 读数等于或非常接近 6.32 V,则 T2-T1 的读数就是时间常数。

4. 改变方波的周期或图 5-3-5 电路中 R_1 的大小,使电路的时间常数由 τ 变为 0.1τ、0.5τ、2τ、10τ、20τ,观察输出波形的变化。

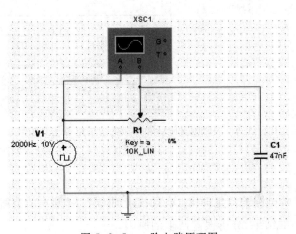

图 5-3-5　一阶电路原理图

例 3　图 5-3-2 所示电路(同时观测阶跃和冲激响应的电路)的软件仿真。

设计图 5-3-2 中一阶电路为 1 kΩ 的电阻与 0.1 μF 的电容串联,如图 5-3-6 所示,接入双通道示波器即可观察近似的阶跃和冲激响应波形。

四、预习思考及实验注意事项

1. 实验前,请熟读 Multisim 中有关开关的使用说明和虚拟仪器的使用说明,掌握观察暂态响应以及用示波器两个通道同时观察两个波形的使用方法。

2. 在实际测量时,信号源的接地端与示波器的接地端要连在一起(称共地),以防外界干扰影响测量的准确性。在虚拟实验中,请仔细阅读 Multisim 软件中有关虚拟示波器的使用说明,得出其是否必须共地的相关结论。

3. 已知 RC 一阶电路的 $R=10\ \Omega$,$C=0.1\ \mu\text{F}$,试计算时间常数 τ,并根据 τ 值的物理意义拟定

测量 τ 的方案。

4. 何谓积分电路和微分电路,它们必须具备什么条件? 它们在方波序列脉冲的激励下,其输出信号波形的变化规律如何? 这两种电路有何功用?

5. 改变图 5-3-6 所示电路的元件参数,观察实验效果。

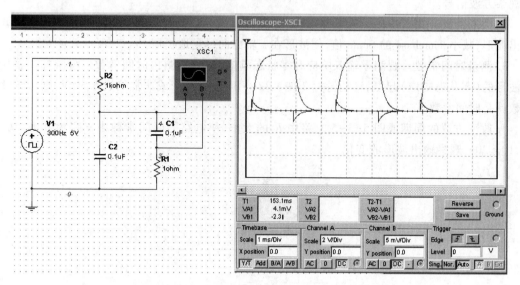

图 5-3-6 同时测量阶跃和冲激响应的电路仿真结果

五、实验报告

1. 怎样获得 RC 一阶电路充放电时 u_C、i_C 的变化曲线? 测量 τ 值有哪些方法? 测量时间常数并比较各种方法得到的结果,分析误差产生的原因。

2. 根据观测结果,归纳、总结积分电路和微分电路的形成条件,说明波形变换的特征。

3. 观察和比较一阶电路的阶跃和冲激响应。

5.4 仿真实验 2 二阶动态电路的计算机仿真分析

一、实验目的

1. 学习用仿真的方法研究二阶动态电路的响应,了解元件参数对响应的影响。

2. 观察、分析二阶电路响应的三种不同情况及其特点,加深对二阶电路响应的认识和理解。

3. 尝试使用 MATLAB 对电路进行仿真计算和研究。

二、原理说明

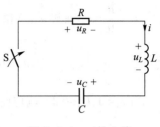

图 5-4-1 二阶电路

图 5-4-1 所示二阶电路的暂态响应可通过求解如下微分方程来获得：

$$LC\frac{\mathrm{d}^2 u_C}{\mathrm{d}t^2}+RC\frac{\mathrm{d}u_C}{\mathrm{d}t}+u_C=0, \quad u_C(0_-)=U_0$$

$$\frac{\mathrm{d}u_C}{\mathrm{d}t}\bigg|_{t=0}=\frac{i(0_-)}{C}=\frac{I_0}{C}$$

其中，U_0 和 I_0 分别为电容和电感上的初始状态值，方向如图所示。

特征方程为
$$s^2+\frac{R}{L}s+\frac{1}{LC}=0$$

特征根为
$$s_{1,2}=-\frac{R}{2L}\pm\sqrt{\left(\frac{R}{2L}\right)^2-\frac{1}{LC}}$$

方程的解可分不同的情况讨论：

① 当 $\left(\dfrac{R}{2L}\right)^2>\dfrac{1}{LC}$ 即 $R>2\sqrt{\dfrac{L}{C}}$ 时，过渡过程是非周期情况，也称为过阻尼非振荡情况，此时特征方程有两个不相等的负实根。通解 $u_C(t)$ 和 $i(t)$ 的一般形式为

$$u_C=\frac{U_0}{s_1-s_2}(s_1 e^{s_2 t}-s_2 e^{s_1 t})+\frac{\frac{I_0}{C}}{s_1-s_2}(e^{s_1 t}-e^{s_2 t})$$

$$i=C\frac{\mathrm{d}u_C}{\mathrm{d}t}=\frac{U_0}{L(s_1-s_2)}(e^{s_2 t}-e^{s_1 t})+\frac{I_0}{s_1-s_2}(s_1 e^{s_1 t}-s_2 e^{s_2 t})$$

图 5-4-2 所示响应曲线对应于 $I_0=0$、$U_0>0$ 的情

况。其中 $t_1=\dfrac{\ln\dfrac{s_2}{s_1}}{s_1-s_2}$，这是 i 的极值点，也是 u_C 波形的拐

点，因为 $\dfrac{\mathrm{d}^2 u_C}{\mathrm{d}t^2}\bigg|_{t=t_1}=0$；$t_2=\dfrac{2\ln\dfrac{s_2}{s_1}}{s_1-s_2}=2t_1$，它是 u_L 的极值

点，也是 i 波形的拐点，因为 $\dfrac{\mathrm{d}^2 i_L}{\mathrm{d}t^2}\bigg|_{t=t_2}=0$。

② 当 $\left(\dfrac{R}{2L}\right)^2=\dfrac{1}{LC}$ 即 $R=2\sqrt{\dfrac{L}{C}}$ 时，过渡过程是临界

阻尼非振荡情况，此时特征方程有两个相等的负实根，

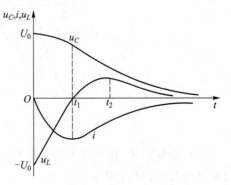

图 5-4-2 过阻尼响应

$s_1 = s_2 = -\dfrac{R}{2L} = s$。通解 $u_c(t)$ 和 $i(t)$ 的一般形式为

$$u_C = U_0(1-st)\mathrm{e}^{st} + \frac{I_0}{C}t\mathrm{e}^{st}, \qquad i = -\frac{U_0}{L}t\mathrm{e}^{st} + I_0(1+st)\mathrm{e}^{st}$$

当 $I_0 = 0$、$U_0 > 0$ 时,响应曲线与图 5-4-2 所示类似,其中 $t_1 = \dfrac{1}{s}$, $t_2 = \dfrac{2}{s} = 2t_1$。

③ 当 $\left(\dfrac{R}{2L}\right)^2 < \dfrac{1}{LC}$ 即 $R < 2\sqrt{\dfrac{L}{C}}$ 时,过渡过程是欠阻尼情况,即周期性振荡情况。此时特征方程有两个实部为负的共轭复根。令 $b = \dfrac{R}{2L}$,称为衰减系数,$\omega_0 = \dfrac{1}{\sqrt{LC}}$ 为谐振角频率,$\omega_\mathrm{d} = \sqrt{\omega_0^2 - b^2}$ 称为振荡角频率,则特征根为

$$s_{1,2} = \frac{R}{2L} \pm \sqrt{\left(\frac{R}{2L}\right)^2 - \frac{1}{LC}} = -b \pm \mathrm{j}\sqrt{\omega_0^2 - b^2} = -b \pm \mathrm{j}\omega_\mathrm{d}$$

通解 $u_c(t)$ 和 $i(t)$ 的一般形式为

$$u_C = U_0 \frac{\omega_0}{\omega_\mathrm{d}} \mathrm{e}^{-bt} \sin(\omega_\mathrm{d}t + \theta) + \frac{I_0}{\omega_\mathrm{d}C} \mathrm{e}^{-bt} \sin\omega_\mathrm{d}t$$

$$i = -\frac{U_0}{\omega_\mathrm{d}L} \mathrm{e}^{-bt} \sin\omega_\mathrm{d}t - I_0 \frac{\omega_0}{\omega_\mathrm{d}} \mathrm{e}^{-bt} \sin(\omega_\mathrm{d}t - \theta), \quad \theta = \arctan\frac{\omega_\mathrm{d}}{b}$$

图 5-4-3 所示响应曲线同样对应于 $I_0 = 0$、$U_0 > 0$ 的情况。

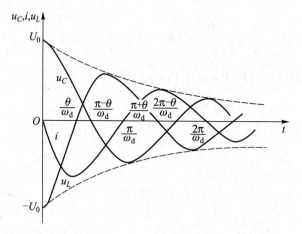

图 5-4-3 欠阻尼响应

在电路原理中,相平面法主要用于由二阶微分方程描述的二阶电路的动态过程分析,特别是二阶非线性电路的分析。

对于如图 5-4-2 所示的电路,可令状态变量为 i_L、u_C,则状态方程为

$$i_L = C\dot{u}_C \rightarrow \dot{u}_C = \frac{i_L}{C}, \quad u_L = L\dot{i}_L \rightarrow \dot{i}_L = \frac{-R}{L}i_L - \frac{u_C}{L}$$

当 $R = 0$ 时,状态方程的解为

$$u_C = A\sin(\omega_0 t + \theta), \quad i_L = CA\omega_0 \cos(\omega_0 t + \theta)$$

式中,角频率 $\omega_0 = \sqrt{\dfrac{1}{LC}}$,$A$、$\theta$ 由 u_C 和 i_L 的初值决定。因为

$$\sin^2(\omega_0 t + \theta) + \cos^2(\omega_0 t + \theta) = \frac{u_C^2}{A^2} + \frac{i_L^2}{(CA\omega_0)^2} = 1$$

可见 u_C、i_L 的相迹方程是一个椭圆方程,此时电路出现的是无阻尼振荡响应。

当 $0 < R < 2\sqrt{\dfrac{L}{C}}$,即电路参数满足欠阻尼条件时,相迹趋于坐标原点,平衡点是稳定焦点;当

$R > 2\sqrt{\dfrac{L}{C}}$,即电路参数满足过阻尼条件时,相迹趋于坐标原点,平衡点是节点。图 5-4-4(a)和 (b)所示分别为二阶 RLC 电路参数满足欠阻尼和无阻尼振荡时的相迹曲线,图 5-4-4(c)所示为电路参数满足过阻尼条件时的相迹曲线。

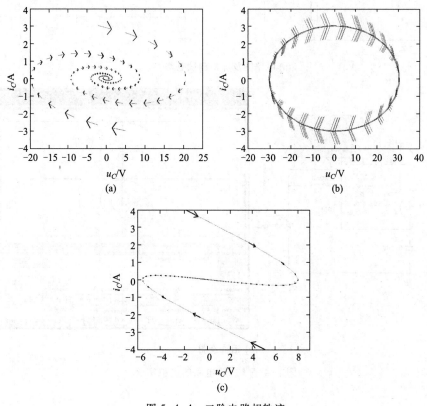

图 5-4-4 二阶电路相轨迹

三、仿真示例及实验内容

1. 执行本节末所附的 MATLAB 计算程序,输入不同的电路参数观察二阶电路的零输入响应,分别观察过阻尼、临界阻尼、欠阻尼过渡过程。推荐使用参数:$L = 200$ mH,$C = 0.1$ μF。如将电阻值取得很小,例如 0.001 Ω,可观察到接近无阻尼振荡的响应曲线。

2. 尝试编写 MATLAB 计算程序,绘制 RLC 串联电路在三种不同过渡状态下的相迹曲线。

3. 二阶电路的 Multisim 仿真:观察 RLC 串联电路的方波响应。

4. 实验电路如图 5-4-5 (a)所示,其中,信号源输出频率为 200 Hz、幅值为 5 V 的方波,$L = 20$ mH,$C = 0.1$ μF。也可以选为:$f = 600$ Hz,$C = 0.01$ μF,$L = 40$ mH。改变电阻 R 的值,观察振荡与不振荡情况下的状态轨迹,测出临界电阻。

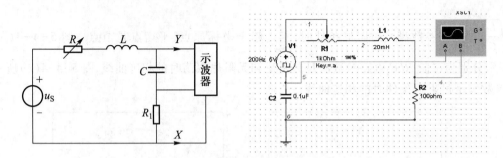

(a) 电路图及虚拟测试电路

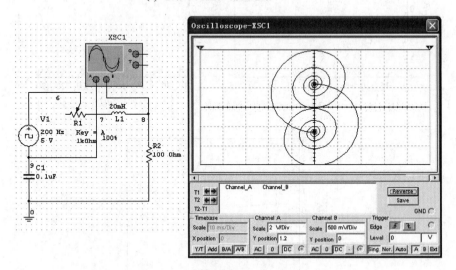

(b) 相轨迹图

图 5-4-5 二阶电路的虚拟实验

注意:示波器的接法和设置可以参考图 5-4-5 所示的仿真电路,测量时域波形时 Timebase 选为 Y/T,测量相轨迹时选择 A/B。

调节示波器使输出波形稳定后,用鼠标选中电路图中的电位器,敲击 a 键使电位器的阻值按 5% 的速度减少,或按下 Shift+a 键,使电位器的阻值按 5% 的速度增加,观察欠阻尼、临界阻尼和过阻尼时电容电压波形的变化以及相应的阻值。

四、预习思考及注意事项

1. 通读所附 MATLAB 程序,对照 MATLAB 简介,根据注释,理解各语句的作用和意义。

2. 程序执行时,观察欠阻尼情况,如果电阻的取值比较接近临界阻尼,将会造成绘制的图形比例不合理,试修改程序,使得绘制的曲线比例合适,易于观察。

3. 根据二阶电路实验电路中元件的参数,计算处于临界阻尼状态的电阻值。

4. 在示波器显示屏上,如何测得二阶电路零输入响应欠阻尼状态的衰减常数 α 和振荡频率 ω_d?

五、报告要求

1. 用 MATLAB 仿真二阶电路在过阻尼、临界阻尼、欠阻尼和无阻尼情况下的响应,观测电容电压和电流波形,并归纳和总结元件参数对响应的影响。

2. 尝试编写 MATLAB 程序,绘制二阶电路在不同响应情况下相应的相迹曲线。

3. 用 Multisim 中的虚拟仪器对二阶电路实验进行虚拟测试。

4. 测算欠阻尼振荡曲线上的 α 与 ω_d。

5. 归纳、总结电路和元件参数的改变对响应变化趋势的影响。

```
附:MATLAB 程序清单
%二阶电路过渡过程分析——零输入响应
clear
L=input('输入电感值 L=   H？ ')                    %输入电感值
C=input('输入电容值 C=   F？ ')                    %输入电容值
r0=2 * sqrt(L/C)                                  %计算临界电阻值
r=input('输入电阻值=   ？Ohm ')                    %输入电阻值
u0=input('输入电容电压初始值 u0=   V？ ')           %输入电容电压初始值
i0=input('输入电感电流初始值 i0=   A？ ')           %输入电感电流初始值
if  abs(r-r0)<=1;                                 %判断:如果属于临界
                                                  阻尼情况
    s1=-r/2/L;                                    %计算特征根
    tt=-1/s1;                                     %根据 s1 计算时间周期
    t=0:tt/20:6 * tt;                             %取时长为 6 个时间周期,步长为时间周期
                                                  的二十分之一
```

```
    uc=u0*(1-s1*t).*exp(s1*t)+i0/C*t.*exp(s1*t);          %计算电容电压
    ic=-u0/L*t.*exp(s1*t)+i0*(1+s1*t).*exp(s1*t);          %计算电容电流(电感
                                                            电流)
    uL=-u0*(1+s1*t).*exp(s1*t)+L*i0*s1*(2+s1*t).*exp(s1*t); %计算电感电压
else                                                        %判断:如果不属于临界
                                                            阻尼情况
    s1=-r/2/L+sqrt((r/2/L)^2-1/L/C);                        %计算特征根
    s2=-r/2/L-sqrt((r/2/L)^2-1/L/C);                        %计算特征根
    if 1/L/C>=r^2/4/L^2;                                    %判断:如果属于欠阻尼
                                                            情况
        wd=sqrt(1/L/C-r^2/4/L^2);                           %计算振荡角频率
        tt=1/(wd/2/pi);                                     %计算相应振荡角频率下的时间周期
    else                                                    %判断:如果属于过阻尼
                                                            情况
        tt=1/abs(s1);                                       %根据s1计算时间周期
    end
    t=0:tt/30:3*tt;                                         %取时长为3个周期,步长
                                                            为时间周期的30分之一
uc=u0/(s1-s2)*(s1*exp(s2*t)-s2*exp(s1*t))+i0/C/(s1-s2)*(exp(s1*t)-exp(s2*t));
                                                            %计算电容电压
ic=u0/L/(s1-s2)*(exp(s2*t)-exp(s1*t))+i0/(s1-s2)*(s1*exp(s1*t)-s2*exp(s2*t));
                                                            %计算电容电流(电感
                                                            电流)
uL=u0/(s1-s2)*(s2*exp(s2*t)-s1*exp(s1*t))+i0*L/(s1-s2)*(s1^2*exp(s1*t)-s2^2*exp(s2*t));
                                                            %计算电感电压
end                                                         %计算完毕,绘制曲线
subplot(2,2,1);                                             %左上角图
plot(t,uc,'r'); xlabel('t(s)'); ylabel('uc(V)');           %绘制电容电压曲线,添加
                                                            x轴和y轴名
subplot(2,2,2);                                             %右上角图
plot(t,ic,'b');  xlabel('t(s)'); ylabel('ic(A)');          %绘制电容电流曲线,添加
                                                            x轴和y轴名
subplot(2,2,3);                                             %左下角图
plot(t,uL,'g');  xlabel('t(s)'); ylabel('uL(V)');          %绘制电感电压曲线,添加x轴和y轴名
subplot(2,2,4);                                             %右下角图
plot(t,uc,'r',t,uL,'g','LineWidth',2);                     %绘制电容电压
                                                            电感电压曲线
legend('uc','uL'); xlabel('t(s)');                         %添加图例和x轴名
```

5.5　仿真实验 3　实验曲线的拟合

一、实验目的

1. 了解一元函数多项式拟合的原理,学习用曲线拟合的方法对实验数据进行分析和处理。
2. 尝试使用 MATLAB 对电路进行仿真计算和研究。

二、原理说明

在许多电路领域中,为了更直观地反映电路特性,需要用一个解析函数描述数据,而曲线拟合就是一种常用的方法。曲线拟合的目标是,根据实验数据找出某条光滑曲线,但不必经过任何数据点,使得误差按照某种标准为最小。

多项式的最小二乘曲线拟合是一种简捷常用的拟合方式,它的拟合目标是误差平方和最小。计算拟合曲线上相应点和原始数据点之间距离的平方,然后全部相加,就是误差平方和。在进行曲线拟合时,通常已知数据多于未知系数的个数,所以曲线拟合实质上为求解超定方程组。

曲线拟合的工作通常借助于计算软件进行,在 MATLAB 中,polyfit 是用于求解最小二乘曲线拟合的指令,它的调用格式为:$p = \text{polyfit}(x, y, n)$。其中 x 和 y 分别是需要进行拟合的两组原始数据,n 是希望的最佳拟合数据的多项式的阶数。指令的输出是一个多项式系数的行向量,依次是多项式中由高次项至低次项各项的系数。

多项式阶数的选择可以是任意的,两点决定一直线或 1 阶多项式,三点决定一个平方或 2 阶多项式,因此 $n+1$ 个数据点唯一地确定 n 阶多项式。但并不是阶数越高效果越好。高阶多项式的数值特性往往不佳,近似变得不够光滑,在数据点的边界处常常会出现大的纹波。

图 5-5-1 是利用所附 MATLAB 程序对一组实验数据分别进行 3 阶和 9 阶拟合后得到的结果,图中圆点为原始测量数据,实线是进行 3 阶拟合后的曲线,点线是进行 9 阶拟合后的结果。很明显,3 阶拟合的结果要好于 9 阶拟合。

图 5-5-2 是利用所附 MATLAB 程序对几组实验数据进行拟合计算的结果,图中圆点为原始测量数据,曲线是拟合后的结果。图5-5-2(a)中曲线是进行 2 阶拟合后的结果,图 5-5-2(b)是进行 6 阶拟合后的结果。

三、实验任务

1. 利用所附的 MATLAB 计算程序,对实验数据进行拟合计算,并绘制相应的曲线图。
2. 修改所附的 MATLAB 计算程序,计算拟合结果的误差平方和。

四、预习思考及注意事项

1. 通读所附 MATLAB 程序,对照 MATLAB 简介,根据注释理解各语句的作用和意义。

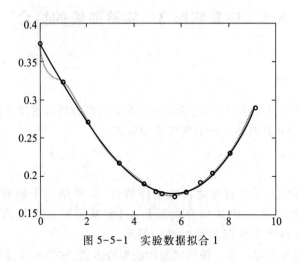

图 5-5-1　实验数据拟合 1

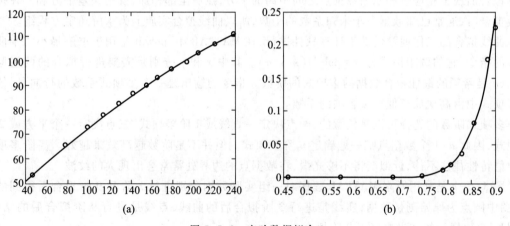

图 5-5-2　实验数据拟合 2

2. 程序执行时,应根据测量数据的情况合理选择拟合阶数。

3. 用于拟合的实验数据不应过少,同时应尽量均匀分布,并在数据变化剧烈处适当增加数据点。

4. 拟合误差较大时可以考虑对数据进行预处理,例如先对数据进行对数运算然后再进行拟合,有时可以取得很好的效果。

五、报告要求

1. 利用所附的 MATLAB 计算程序,对实验数据进行不同阶数的拟合计算,绘制相应的曲线图,并观察不同阶数拟合时效果的差异。

2. 通过改写 MATLAB 程序计算出拟合结果的误差平方和。

3. 拟合误差较大时可改写 MATLAB 程序,尝试对数据进行对数运算后再进行拟合。

```
附:MATLAB 程序清单
x = input('输入数据组 1:x=? 形式为[1  2  3 ...]');      %输入数据组 1
y = input('输入数据组 2:y=? 形式为[1  2  3 ...]');      %输入数据组 2
n = input('输入拟合阶数:n=? ');                        %输入数据拟合的阶数
numx = size(x);                                      %确定数据组的维数
numxx = numx(2);                                     %确定 x 数据组中数据的个数
p1 = polyfit(x,y,n)                                  %拟合计算 1,阶数为 n
p2 = polyfit(x,y,n+1)                                %拟合计算 2,阶数为 n+1
                                                     %根据输入的拟合阶数,进行 2 次拟合计算:第一次的拟合阶
                                                     数为输入的数据 n,第二次的拟合阶数为 n+1
disp('拟合曲线表达式为:p(1) * xn̂+p(2) * x(n-1)+p(3) * x(n-2)+...+p(n+1) * x0̂')
disp('p1 表示拟合阶数为 n 时的拟合结果;p2 表示拟合阶数为 n+1 时的拟合结果')
xx = x(1):(x(numxx)-x(1))/50:x(numxx);               %给定 x 轴范围
p1curve = polyval(p1,xx);                            %根据 n 时拟合系数计算所得结果
y1 = polyval(p1,x);                                  %根据第 1 次拟合结果计算相对于 x 的 y 值
err1 = y-y1;                                          %原始数据和第 1 次拟合后曲线点的差值
p2curve = polyval(p2,xx);                            %根据 n+1 时拟合系数计算所得结果
y2 = polyval(p2,x);                                  %根据第 2 次拟合结果计算相对于 x 的 y 值
err2 = y-y2;                                          %原始数据和第 2 次拟合后曲线点的差值
subplot(2,2,1);                                      %左上角图
plot(x,y,'ro');                                      %将原始数据绘制为点图
hold on                                              %保持当前图形
plot(xx,p1curve)                                     %第 1 次拟合后曲线
hold off                                             %释放图形
legend('原始数据','拟合曲线')                           %图例
subplot(2,2,2);                                      %右上角图
plot(x,err1,'+');  ylabel('误差值')                   %绘制原始数据和第 1 次拟合后曲线点的差值
subplot(2,2,3);                                      %左下角图
plot(x,y,'ro');                                      %将原始数据绘制为点图
hold on                                              %保持当前图形
plot(xx,p2curve)                                     %第 2 次拟合后曲线
hold off                                             %释放图形
legend('原始数据','拟合曲线')                           %图例
subplot(2,2,4);                                      %右下角图
plot(x,err2,'+');  ylabel('误差值')                   %绘制原始数据和第 2 次拟合后曲线点的差值
```

5.6 仿真实验 4 网络函数频率特性与滤波电路的研究

一、实验目的

1. 理解电源频率变化对电路响应的影响,掌握电路频率特性的分析方法。

2. 学习用 MATLAB 仿真的方法研究频率特性和滤波电路,了解元件参数对滤波效果的影响。

3. 观察、分析四种不同的无源滤波电路(低通、高通、带通、带阻)的工作特点及滤波效果,了解滤波电路的选频特性、通频带等概念,加深对无源滤波电路的认识和理解。

4. 针对高通滤波器了解无源和有源滤波的不同特点。

5. 初步学会使用简单的滤波电路。

二、原理说明

1. 无源滤波器的传递函数与频率特性

电路的响应与电路中元件类型、连接方式和阻抗等有关,当正弦电源频率改变时,会引起电感和电容阻抗的变化,因为它们都是频率的函数。如果正确选择电路元件、元件参数和连接方式,可以构造一种电路,使得处于某个频率范围内的输入信号得到输出,这种电路即为选频电路,也称为滤波器。许多通过电信号进行通信的设备,如电话、收音机、电视和卫星等都需要使用滤波器。严格地说,实际的滤波器并不能完全滤掉所选频率的信号,只能衰减信号。

无源滤波器是指只利用无源元件,如 R、L、C 所构成的选频电路;而有源滤波器则在电路中包含运算放大器。

图 5-6-1 所示为一个典型的无源低通滤波器电路以及它的幅频响应曲线。图中 ω_c 为截止频率,定义为:转移函数的幅值由最大值下降为最大值的 $1/\sqrt{2}$ 时的频率,即 $|H(\omega_c)| = \dfrac{1}{\sqrt{2}} H_{\max}$。

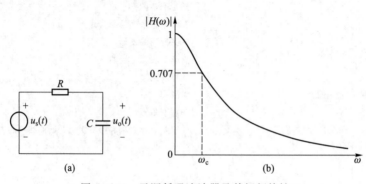

图 5-6-1 无源低通滤波器及其幅频特性

图 5-3-14(a)的电压传递函数为

$$H(\omega) = \frac{\dot{U}_o}{\dot{U}_s} = \frac{1/(j\omega C)}{R+1/(j\omega C)} = \frac{1}{1+j\omega RC}$$

截止频率为 $\omega_c = \dfrac{1}{RC}$。

如果以图 5-6-1(a)中的电阻电压作为输出,即可得到一个典型的无源高通滤波器,如图 5-6-2(a)所示,图 5-6-2(b)为此高通滤波器的幅频响应曲线。

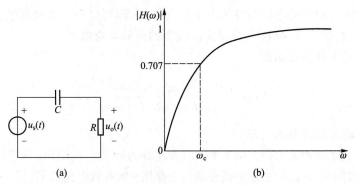

图 5-6-2 无源高通滤波器及其幅频特性

图 5-6-2(a)的电压传递函数为

$$H(\omega) = \frac{\dot{U}_o}{\dot{U}_s} = \frac{R}{R+1/(j\omega C)} = \frac{j\omega RC}{1+j\omega RC}$$

图 5-6-3 所示为一个典型的无源带通滤波器电路以及它的幅频响应曲线。

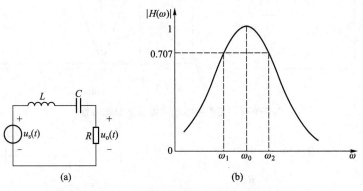

图 5-6-3 无源带通滤波器及其幅频特性

表征带通滤波器性质的重要参数有三个,分别是:

① $\omega_0 = \dfrac{1}{\sqrt{LC}}$,为中心频率,也即谐振频率,带通滤波器在中心频率处转移函数的幅值最大;

② $BW = \omega_2 - \omega_1 = \dfrac{R}{L}$,为带宽,定义为两个截止频率之差;

③ $Q = \dfrac{\omega_0}{BW} = \dfrac{\omega_0 L}{R} = \dfrac{1}{\omega_0 CR}$,为品质因数,定义为中心频率与带宽之比。

图 5-6-3(a)的电压传递函数为

$$H(\omega) = \frac{\dot{U}_o}{\dot{U}_s} = \frac{R}{R + j[\omega L - 1/(\omega C)]}$$

如果以图 5-6-3(a)中的电容与电感电压作为输出,即可得到一个典型的无源带阻滤波器,如图 5-6-4(a)所示,图 5-6-4(b)为此带阻滤波器的幅频响应曲线。

图 5-6-4(a)的电压传递函数为

$$H(\omega) = \frac{\dot{U}_o}{\dot{U}_s} = \frac{j[\omega L - 1/(\omega C)]}{R + j[\omega L - 1/(\omega C)]}$$

2. 无源、有源高通滤波器的比较

下面以一阶高通滤波电路为例介绍无源和有源滤波的特点。为了使用 MATLAB 的 Simulink 功能进行动态仿真,将图 5-6-2(a)所示的高通滤波电路用 s 域等效电路模型(图 5-6-5)表示。以 R 两端电压作为输出,写出传递函数:

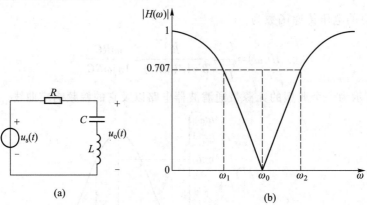

图 5-6-4 无源带阻滤波器及其幅频特性

$$H(s) = \frac{s}{s + \dfrac{1}{RC}}$$

令 $s = j\omega$,有

$$H(j\omega) = \frac{j\omega}{j\omega + \dfrac{1}{RC}}$$

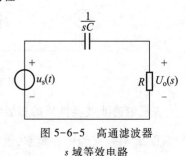

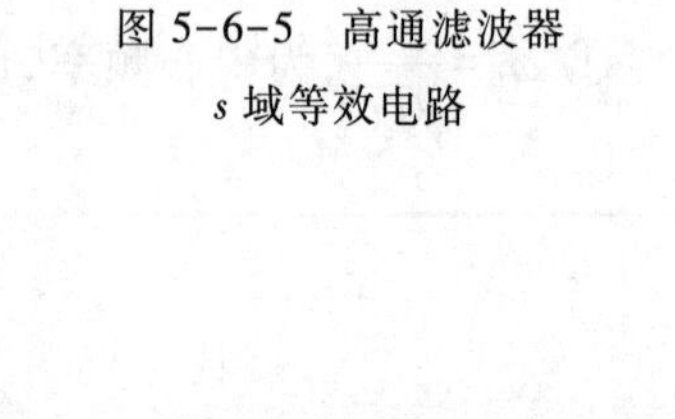

图 5-6-5 高通滤波器
s 域等效电路

与图 5-6-2(a)所示电路的电压转移函数表达式完全一致。

由此可知,要设计一个截止频率为 1 000 Hz 的一阶 RC 高通滤波器,只要恰当地选择参数 R、C 就可以实现了。取 $C=1$ nF,$R=159.2$ kΩ,则 $H(s)=\dfrac{s}{s+6\ 283}$,利用 MATLAB 的 Simulink 对图 5-6-2(a)中的电路作仿真分析,仿真模型如图 5-6-6 所示,其中 $u_s(t)=\sin(2\pi)\times100t+\sin(2\pi)\times2\ 000t$,观察输出电压波形。

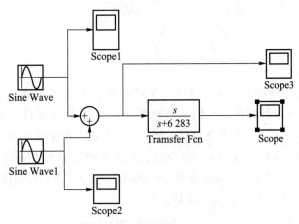

图 5-6-6　Simulink 仿真模型

各个示波器图形如图 5-6-7 所示。从中可以看出:两种频率不同、幅值相同的信号输入,经过高通滤波器后,低频 100 Hz 信号被大大抑制,输出信号为接近 2 000 Hz 的高频信号。

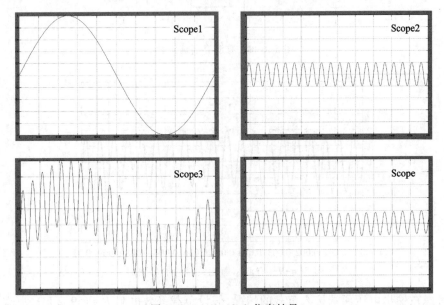

图 5-6-7　Simulink 仿真结果

如果在输出电压两端接入负载,假设负载等效电阻为 $R=159.2\ \text{k}\Omega$,那么将发现滤波电路结构由此而发生改变,高通滤波器的截止频率变为 $f_{\text{c}}=\dfrac{1}{2\pi R_{\text{eq}}C}=2\ 000\ \text{Hz}$,这是无源滤波电路的缺点,即随着负载情况的变化,滤波器的性能也发生变化。

下面介绍一阶有源高通滤波器,如图 5-6-8 所示。

$$H(s)=\frac{U_{\text{o}}(s)}{U_{\text{s}}(s)}=\frac{-R_2}{R_1+\dfrac{1}{sC}}=-\frac{R_2}{R_1}\frac{s}{s+\dfrac{1}{R_1C}}=-K\frac{s}{s+\omega_{\text{c}}}$$

其中,$K=\dfrac{R_2}{R_1}$,$\omega_{\text{c}}=\dfrac{1}{R_1C}$。

上式表示的传递函数同样具有高通特性,并且有源滤波器可以使通带内放大系数大于 1。适当选择 R、C 参数,就可以得到所需要的高通滤波器。例如,同样设计一个截止频率为 1 000 Hz 的高通滤波器,则取 $C=1\text{nF}$,$R_1=159.2\ \text{k}\Omega$,$R_2=2\times159.2\ \text{k}\Omega$,在如图 5-6-8 所示电路中,信号源相同,即 $u_{\text{s}}(t)=\sin(2\pi)\times100t+\sin(2\pi)\times2\ 000t$,利用 MATLAB 作仿真分析,输出信号波形如图 5-6-9 所示,表明经过高通滤波器后,低频 100 Hz 信号被大大抑制,输出信号为 2 000 Hz 的高频信号,并且放大为输入对应频率信号的 2 倍。

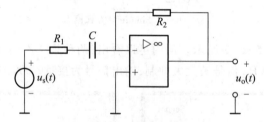

图 5-6-8　有源高通滤波器

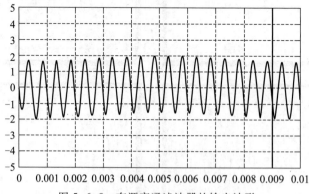

图 5-6-9　有源高通滤波器的输出波形

同样考虑在输出电压两端接入负载的情况,假设负载等效电阻 $R=159.2\ \text{k}\Omega$,那么有源高通滤波器的传递函数仍然不变,截止频率也不变,因此可发现有源滤波器的优点:可以按要求灵活

设置增益 K ,并且无论输出端是否带载,滤波特性不变,这也是有源滤波较无源滤波得到广泛应用的原因。

三、实验任务

1. 执行所附的 MATLAB 计算程序 A,输入不同的选择和参数,观察一个含有谐波的波形分别通过低通、高通、带通和带阻滤波器后,波形和谐波成分的变化以及不同参数选择对滤波结果的影响。

2. 执行所附的 MATLAB 计算程序 B,观察一个三角形波通过一个带通滤波器后,波形和谐波成分的变化以及不同参数的选择对滤波结果的影响。

3. 尝试编写 MATLAB 计算程序,计算一组方波通过一个带通滤波器后,波形和谐波成分的变化。

4. 在图 5-6-5、图 5-6-8 电路中,均令 $u_s(t) = \sin(2\pi) \times 100t + \sin(2\pi) \times 2\,000t$,分别观察无源滤波器和有源滤波器的输出端波形。

5. 在图 5-6-5、图 5-6-8 电路的输出端加上一个电阻负载,再分别观察无源滤波器和有源滤波器的输出端波形,并与任务 4 中观察到的结果进行比较。

6. 设计一个截止频率为 1 000 Hz 的低通滤波器,分别用无源、有源两种方式实现,画出原理图,并进行计算机仿真,然后用实验验证你的设计思想。

四、预习思考及注意事项

1. 了解无源和有源选频电路的基本原理及工作特性。
2. 通读所附 MATLAB 程序,对照 MATLAB 简介,根据注释理解各语句的作用和意义。
3. 了解 MATLAB 中 Simulink 的使用方法。

五、报告要求

1. 依据观察结果,绘制原始波形分别通过低通、高通、带通和带阻滤波器后,波形和谐波成分的变化;总结对于不同的滤波器,参数的选择对滤波结果的影响。

2. 依据观察结果,绘制三角波通过带通滤波器前、后波形和谐波成分的变化,总结参数的选择对滤波结果的影响。

3. 尝试编写 MATLAB 计算程序,计算一组方波通过一个带通滤波器后波形和谐波成分的变化。

4. 设计一个截止频率为 1 000 Hz 的低通滤波器,分别用无源、有源两种方式实现,画出原理图,并进行计算机仿真。

5. 根据理论分析和仿真研究的结果,选择上述任务中任一项,设计相关电路,确定参数后搭建电路,进行测试,并将结果与理论分析进行对照。

6. 根据设计和实验结果,总结你对有源滤波器和无源滤波器的认识。

附:MATLAB 程序 A 清单

```
clear
tp = 0. 2;                                      %采样总时间
N = 1024;                                       %总采样点
Ts = tp/N;                                      %采样周期
detf = 1/tp;                                    %频域分辨率
t = 0:Ts:Ts * (N−1);                            %时域采样序列
f = 0:detf:(N−1) * detf;                        %频域采样序列
f1 = 50;
a = [ 1  0.2  0.4  0.5  0.2  0.3 ];             %谐波幅值
b = [ 1 3 15 17 29 31 ];                        %谐波次数
w = 2 * pi * f1;
x = a(1) * sin(w * b(1) * t)+a(2) * sin(w * b(2) * t)+a(3) * sin(w * b(3) * t)+a(4) * sin(w * b(4) * t)+a(5) * sin
(w * b(5) * t)+a(6) * sin(w * b(6) * t);
                                                %构造原始信号
disp([ '原始信号 = ',num2str(a(1)),' * sin(',num2str(b(1)),' * w * t)+',num2str(a(2)),' * sin(',num2str(b(2)),
' * w * t)+',num2str(a(3)),' * sin(',num2str(b(3)),' * w * t)+',num2str(a(4)),' * sin(',num2str(b(4)),' * w * t)+',
num2str(a(5)), ' * sin(',num2str(b(5)),' * w * t)+',num2str(a(6)),' * sin(',num2str(b(6)),' * w * t)'])
disp([ 'w = ',num2str(w)])                      %在屏幕上显示信号表达式
incode = input('请选择:高通滤波器:1;低通滤波器:2;  带通滤波器:3;  带阻滤波器:4')
fftx = fft(x)/(N/2);                            %FFT 运算
y = abs(fftx);                                  %取模
switch incode
case {1}                                        %一阶高通滤波器
    x = input('输入截止频率波次 x 为 =  ?  （wc = x * 314,x 建议值:7~25）');
                                                %输入截止频率波次
    wc = x * 2 * pi * f1;                        %计算截止频率
    r = 5;                                      %电阻值
    c = 1/wc/r;                                 %电容值
    for m = 1:6;
        h(m) = abs(r/(r+1/(j * c * w * b(m))));
        %分别计算各次谐波通过滤波器时的幅值和辐角衰减系数
        ang(m) = angle(r/(r+1/(j * c * w * b(m))));
        cof(m) = a(m) * h(m);
end
case {2}                                        %一阶低通滤波器
    x = input('输入截止频率波次 x 为 =  ?  （wc = x * 314,x 建议值:7~25）');
                                                %输入截止频率波次
    wc = x * 2 * pi * f1;                        %计算截止频率
    r = 5;                                      %电阻值
    c = 1/wc/r;
```

```
    for m = 1:6;
        h(m) = abs(1./(1+j * r * c * w * b(m)));
        ang(m) = angle(1./(1+j * r * c * w * b(m)));
        cof(m) = a(m) * h(m);
    end
case{3}                                          %一阶带通滤波器
    L = 1e-3;                                     %电感值
    x = input('输入谐振频率波次 x 为 = ?   (wc = x * 314,x 建议值:15~17)');
                                                 %输入谐振频率波次
    wc = x * 2 * pi * f1;                         %计算谐振频率
    c = 1/wc^2/L;                                 %电容值
    Q = input('输入品质因数为 = ?   (建议值:0.5~1)');
                                                 %输入品质因数
    r = wc * L/Q;                                 %电阻值
    for m = 1:6;                                  %分别计算各次谐波通过滤波器时的幅值和辐角衰减系数
        h(m) = abs(r/(r+j * (L * w * b(m) -1/(w * b(m) * c))));
        ang(m) = angle(r/(r+j * (L * w * b(m) -1/(w * b(m) * c))));
        cof(m) = a(m) * h(m);
    end
case{4}                                          %一阶带阻滤波器
    L = 1e-3;                                     %电感值
    x = input('输入谐振频率波次 x 为 = ?   (wc = x * 314,x 建议值:15~17)');
                                                 %输入谐振频率波次
    wc = x * 2 * pi * f1;                         %计算谐振频率
    c = 1/wc^2/L;                                 %电容值
    Q = input('输入品质因数为 = ?   (建议值:0.5~1 )');
                                                 %输入品质因数
    r = wc * L/Q;                                 %电阻值
                                                 %分别计算各次谐波通过滤波器时的幅值和辐角衰减系数
    for m = 1:6;
        h(m) = abs(1-r/(r+j * (L * w * b(m) -1/(w * b(m) * c))));
        ang(m) = angle(1-r/(r+j * (L * w * b(m) -1/(w * b(m) * c))));
        cof(m) = a(m) * h(m);
    end
end
out = cof(1) * sin(w * b(1) * t+ang(1))+cof(2) * sin(w * b(2) * t+ang(2))+cof(3) * sin(w * b(3) * t+ang(3))+cof
(4) * sin(w * b(4) * t+ang(4))+cof(5) * sin(w * b(5) * t+ang(5))+cof(6) * sin(w * b(6) * t+ang(6));
                                                 %滤波后波形
subplot(2,2,1)                                   %左上角图
stem(f,y);                                       %各次谐波幅值的火柴杆图
axis([0, f1 * (b(6)+1),0,inf]);                  %轴范围(X,Y)
xlabel('Frequency(Hz)');    ylabel('滤波前谐波成分');
```

```
                                                    %X 轴和 Y 轴标注
ffty = fft( out)/( N/2) ;                           %FFT 运算
yy = abs( ffty) ;
subplot(2,2,3) ;                                    %左下角图
stem( f,yy) ;                                       %各次谐波幅值的火柴杆图
axis([ 0, f1 * (b(6)+1) ,0,1]) ;                    %轴范围(X,Y)
xlabel( 'Frequency( Hz)') ;   ylabel('滤波后谐波成分') ;   %X 轴和 Y 轴标注
time = 0. 02 ;
t1 = 0:0. 0001:time ;
x_new = a(1) * sin(w * b(1) * t1)+a(2) * sin(w * b(2) * t1)+a(3) * sin(w * b(3) * t1)+a(4) * sin(w * b(4) * t1)+a
(5) * sin(w * b(5) * t1)+a(6) * sin(w * b(6) * t1) ;
out_new = cof(1) * sin(w * b(1) * t1+ang(1))+cof(2) * sin(w * b(2) * t1+ang(2))+cof(3) * sin(w * b(3) * t1+ang(3))
+cof(4) * sin(w * b(4) * t1+ang(4))+cof(5) * sin(w * b(5) * t1+ang(5))+cof(6) * sin(w * b(6) * t1+ang(6)) );
subplot(2,2,2)                                      %右上角图
axis([0,time,-2,2]) ;                               %轴范围(X,Y)
plot(t1,x_new,'LineWidth ',2) ;                     %绘制波形曲线图
xlabel( 't(s)') ;   ylabel('滤波前波形') ;             %X 轴和 Y 轴标注
subplot(2,2,4) ;                                    %右下角图
plot(t1,out_new,'LineWidth ',2) ;                   %绘制波形曲线图
axis([0,time,-2,2]) ;                               %轴范围(X,Y)
xlabel( 't(s)') ;   ylabel('滤波后波形') ;             %X 轴和 Y 轴标注


MATLAB 程序 B 清单
clear
disp('应用一阶带通滤波器对三角波进行滤波')
tp = 0. 1 ;                                          %采样总时间
N = 1024 ;                                           %总采样点
Ts = tp/N ;                                          %采样周期
detf = 1/tp ;                                        %频域分辨率
t = 0:Ts:Ts * (N-1) ;                               %时域采样序列
f = 0:detf:(N-1) * detf ;                           %频域采样序列
per = 0. 01 ;                                        %取波形周期为 0. 02 s
for m = 1:4                                          %按三角波定义,取傅里叶展开的前
                                                    4 项
    a(m) = 1/(2 * m-1)^2 ;                          %谐波幅值
    b(m) = 2 * m-1 ;                                %谐波次数
end
x = per/2-4 * per/pi^2 * (a(1) * cos(b(1) * pi * t/per)+a(2) * cos(b(2) * pi * t/per)+a(3) * cos(b(3) * pi * t/per)+a
(4) * cos(b(4) * pi * t/per)) ;
%构造原始信号
disp([ '原始三角波信号 =
```

```matlab
',num2str(per/2),'-',num2str(4 * per/pi^2 * (a(1))),' * (cos(',num2str(b(1) * pi/per),' * t)+', num2str(a
(2)), ' * cos(',num2str(b(2) * pi/per),' * t)+', num2str(a(3)),' * cos(',num2str(b(3) * pi/per), ' * t)+',num2str(a
(4)),' * cos(',num2str(b(4) * pi/per),' * t))'])
%在屏幕上显示信号表达式
fftx = fft(x)/(N/2);                                    %FFT 运算
y = abs(fftx); y(1) = y(1)/2;                           %取模
subplot(2,2,1)                                          %左上角图
stem(f,y);                                              %各次谐波幅值的火柴杆图
axis([0,(b(4)+1)/2/per,0,inf]);                        %轴范围(X,Y)
xlabel('Frequency(Hz)');ylabel('滤波前谐波成分');        %X 轴和 Y 轴标注
subplot(2,2,2)                                          %右上角图
time = per * 6;                                         %选择 X 轴长度
tt = 0:0.0001:time;
x_new = per/2-4 * per/pi^2 * (cos(pi * tt/per)+1/9 * cos(3 * pi * tt/per)+1/25 * cos(5 * pi * tt/per)+1/49 * cos(7 * pi * tt/per));
plot(tt,x_new)                                         %绘制波形曲线图
                                                       %一阶带通滤波器
L = 200e-3;                                             %电感值
x = input('输入截止频率波次 x 为 = ?  （wc = x * 314,x 建议值:1 或 3)');
                                                       %输入截止频率波次
wc = x * pi/per;                                        %计算截止频率
c = 1/wc^2/L;                                           %电容值
Q = input('输入品质因数为 = ?  （建议值:2~5（当 x = 1）;20~50（当 x = 3）)  ');
                                                       %输入品质因数
r = wc * L/Q;                                           %电阻值
for m = 1:4;                                            %分别计算各次谐波通过滤波器时的幅值和辐角衰减系数
    h(m) = abs(r/(r+j * (L * pi/per * b(m)-1/(pi/per * b(m) * c))));
    ang(m) = angle(r/(r+j * (L * pi/per * b(m)-1/(pi/per * b(m) * c))));
    cof(m) = a(m) * h(m);
end
out = -4 * per/pi^2 * (cof(1) * cos(b(1) * pi * t/per)+cof(2) * cos(b(2) * pi * t/per)+cof(3) * cos(b(3) * pi * t/per)+cof(4) *
cos(b(4) * pi * t/per));                               %滤波后的信号
ffty = fft(out)/(N/2);                                 %FFT 运算
yy = abs(ffty);                                         %取模
subplot(2,2,3);                                        %左下角图
stem(f,yy);                                            %各次谐波幅值的火柴杆图
axis([0,(b(4)+1)/2/per,0,inf]);                       %轴范围(X,Y)
xlabel('Frequency(Hz)');   ylabel('滤波后谐波成分');    %X 轴和 Y 轴标注
out_new = -4 * per/pi^2 * (cof(1) * cos(b(1) * pi * tt/per+ang(1))+cof(2) * cos(b(2) * pi * tt/per+ang(2))+cof(3) *
cos(b(3) * pi * tt/per+ang(3)) +cof(4) * cos(b(4) * pi * tt/per+ang(4)));
subplot(2,2,4)                                         %右下角图
plot(tt,out_new)                                       %绘制波形曲线图
```

5.7　仿真实验5　二极管特性曲线的计算机仿真

一、实验目的

1. 学习 Multisim 分析设置、仿真、波形查看方法。
2. 学习二极管特性曲线的仿真分析方法。
3. 了解温度对二极管特性的影响。

二、实验内容

1. 用 Multisim 仿真分析模拟实验室中测量二极管特性曲线的伏安法和示波器观测法,测量二极管导通压降。
2. 仿真分析温度对二极管特性参数的影响。
3. 二极管使用型号为 1N4007。

三、仿真示例

利用万用表可以测量二极管的导通压降。通常,实验室中配有直流稳压源、信号源、示波器、直流仪表,若还能提供理想电流源,则下述仿真分别模拟测量二极管伏安特性曲线的各种方法。

方法1　伏安法:理想电流源激励

利用理想电流源给二极管供电,接入直流电压表和电流表,如图 5-7-1 所示(图中用探针示意)。调节电流源的大小,记录二极管的电压和电流就可以获得一定电流范围内的伏安特性曲线。图 5-7-2 是利用 Multisim 分析中的直流扫描(DC sweep)得到的伏安特性曲线,设置电流源的变化范围为 0~60 mA,如图 5-7-2(a),输出变量为节点电压 V(4),图 5-7-2(b)则为仿真结果界面上得到的伏安特性曲线。

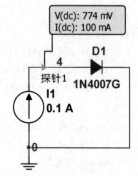

图 5-7-1　伏安法:理想电流源激励测量线路

为了观测温度对二极管特性的影响,可以选择温度扫描分析(Temperature sweep),在扫描类型中选择"列表",如图 5-7-3(a)所示,并设置若干温度为-10 ℃、0 ℃、27 ℃、50 ℃,运行直流工作点分析,并将输出变量设置为二极管电压,即 V(4),如图 5-7-3(b)所示,分析结果如图 5-7-3(c)所示。可以看出随着温度升高,二极管的压降从824 mV 减小至 741 mV 左右,反映了温度对二极管正向导通压降的影响是负相关的,随着温度的升高,正向压降减小。如果想得到伏安特性曲线随温度的变化关系,同样使用温度扫描,在扫描类型中选择"列表"并设置若干温度为 0 ℃、27 ℃、50 ℃,如图 5-7-4(a)所示,同时编辑"嵌套分析",如图 5-7-4(b)所示,运行可得图 5-7-4(c)所示的三条特性曲线,同样可见随着温度的升高,正向压降减小。

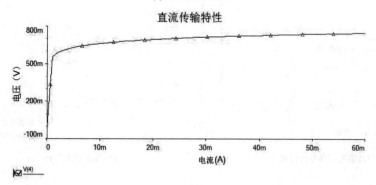

(a) 电流变化范围

直流传输特性

(b) 分析结果

图 5-7-2　针对电流源的直流扫描分析

(a) 温度扫描分析界面

1	V(4), 温度=-10	823.96378 m
2	V(4), 温度=0	810.57262 m
3	V(4), 温度=27	773.64404 m
4	V(4), 温度=50	741.35633 m

(c) 温度扫描分析结果

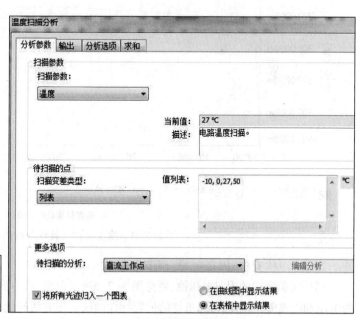

(b) 温度扫描分析设置

图 5-7-3　温度扫描分析

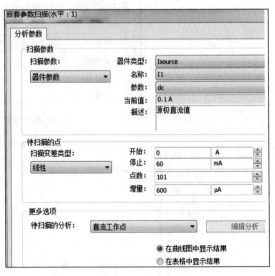

(a) 温度扫描分析设置   (b) 编辑嵌套分析

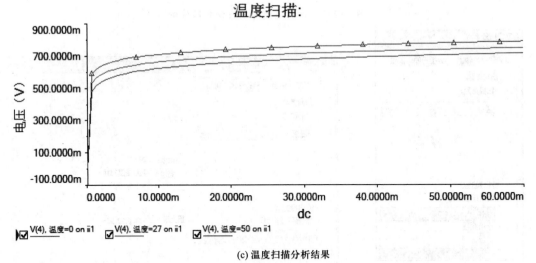

(c) 温度扫描分析结果

图 5-7-4 温度对伏安特性曲线的影响

方法 2 伏安法:固定电源,调节电位器

利用实验室中的固定电压源,搭建图 5-7-5 所示电路,从小到大改变电位器,记录探针所示二极管的电压和电流值,然后画出二极管的伏安特性曲线。该方法的优点:可以不等步长改变电位器,选取合适的测量点,所以在不损失曲线精度的前提下测量点较少;缺点:逐点测量,工作量大。

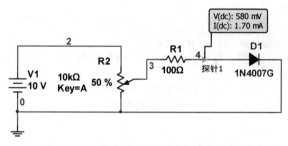

图 5-7-5　伏安法:固定电源,调节电位器

方法 3　DC sweep:固定电位器(也可以去掉电位器),调节电源

若实验室有输出可调的稳压源,可以直接调节电源的输出电压值。在图 5-7-5 所示电路中,固定电位器的位置,选择直流扫描分析,如图 5-7-6(a)所示,给定电源变化范围和变化步长,如图 5-7-6(b)所示,指定输出变量为节点 4 电位(也即二极管电压)和 I(R1)(R1 的电流也就是二极管电流。要注意元件电流的方向,默认为从元件的缺省输入端流向输出端。如果不能确定电流的方向,可以在元件端钮处加探针,输出变量选为探针电流)。

(a)　　　　　　　　　　　　　　　　　(b)

图 5-7-6　伏安法:固定电位器,调节电源

仿真运行后自动获得所有输出变量相对于变化电源电压的曲线,如图 5-7-7(a)所示。选中所有光迹,点击界面右上角"导出至 Excel"。在 Excel 中以二极管电压为横轴、二极管电流为纵轴,用散点图画出伏安特性曲线。补充曲线图所需的各要素,获得最终结果,如图 5-7-7(b)所示。

方法 4　示波器观测法:信号源的地与示波器的地分离

利用信号源提供大小可以连续变化的输入电压,如正弦波或三角波,再用双通道示波器观测二极管的电压和电流(也就是电阻上的电压),就可以在示波器屏幕上直接观测二极管的伏安特性曲线,如图 5-7-8 所示。值得注意的是:

① 该测量方法要求信号源的地和示波器的地可以分离;

② 为了获得二极管特性曲线,需要将电路的参考地放在示波器接地处;

③ 示波器的两个通道的地内部是接在一起的,如果要在电路中安放示波器的地,必须接在同一点处,否则会使部分电路被短接;

④ 图 5-7-8 中 B 通道的电压与实际电压方向相反,需要在仿真界面上将其反相(如图 5-7-8 中方框处)。

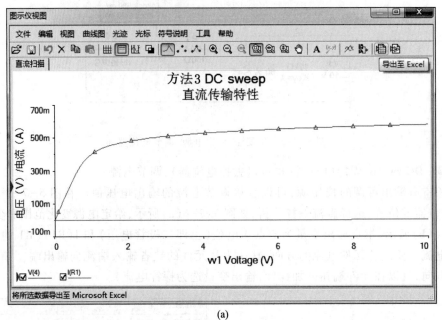

(a)

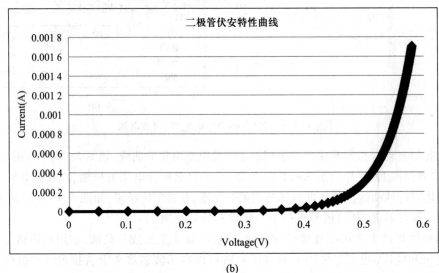

(b)

图 5-7-7　直流扫描分析获得伏安特性曲线的结果

方法 5　示波器观测法:信号源与示波器共地连接

在大多数的实验室中,信号源和示波器的电源线接至同一具有地线的单相交流电源,所以若无特殊处理,信号源和示波器的地是无法分离的,也就是无法实现方法 4 所示的测量方法。按照图 5-7-9 所示连接,得到的伏安特性是二极管与电阻串联的等效特性。不过,可以将示波器的测量数据导出来加以处理,计算出二极管的伏安特性曲线。

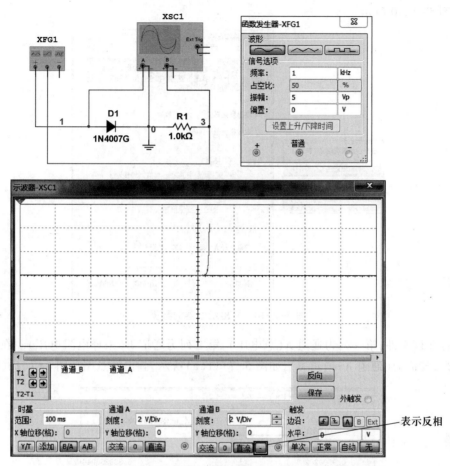

图 5-7-8　示波器观测伏安特性曲线（信号源与示波器不共地）

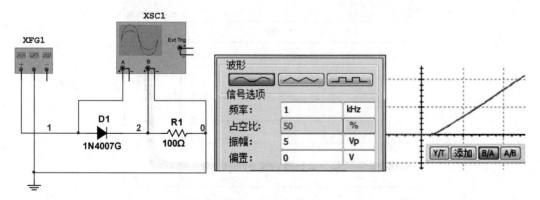

图 5-7-9　示波器观测伏安特性曲线（信号源与示波器共地）

具体方法是,在示波器显示界面上,点击"保存"按钮,选择保存为 ∗.tdm 文件,点选"勿重新采样",如图 5-7-10 所示。

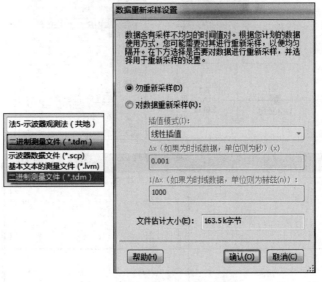

图 5-7-10 导出示波器的数据

双击打开该文件,第一列为通道 A(总电压),第二列为通道 B(采样电阻电压)。在 Excel 表中插入一列,其值为(通道 A−通道 B),如图 5-7-11(a)所示,画出散点图如图 5-7-11(b)所示。

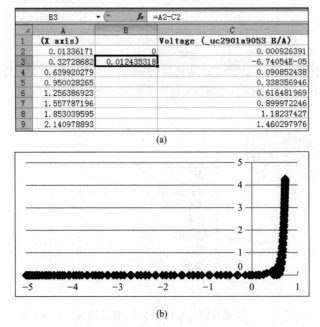

(a)

(b)

图 5-7-11 导出示波器时域波形并处理获得伏安特性曲线

　　在导出示波器数据时也可以选择 ∗.scp 格式,用文本编辑器打开该文件,删除前面若干行非数值的文件头后,再导入到 Excel 中,与上述方法类似可以画出伏安特性曲线。

　　需要注意的是,此时纵轴的数值并不是真正意义的电流值,它是电阻上的电压值。

　　由于示波器采集的数据点过多,显示出来的伏安特性曲线不够清晰。改进方法如下:采用仿真中的瞬态分析→设置采集数据时间为 0.1s 后的一个周期→设置好输出变量为二极管电压和二极管中的电流→点击仿真,得到两个输出变量在一个周期中的波形,如图 5-7-12 所示。

　　将所得到的电压、电流时域波形数据导出到 Excel 表。画出以二极管电压为横轴、电流为纵轴的曲线,即可得到性能良好的伏安特性曲线,如图 5-7-13 所示。

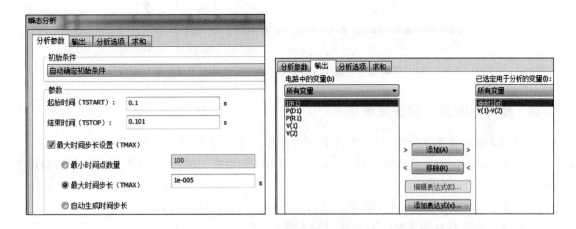

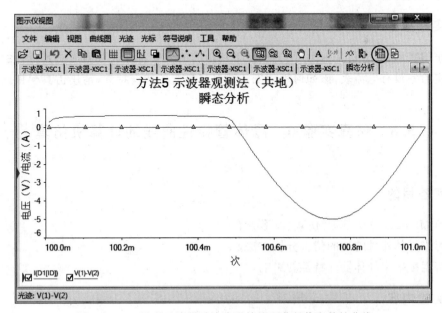

图 5-7-12　导出示波器时域波形并处理获得伏安特性曲线

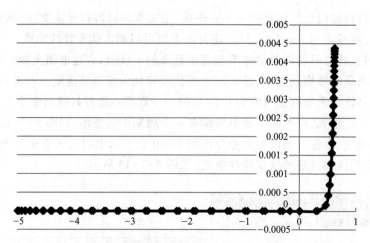

图 5-7-13 从瞬态分析的电压、电流时域波形数据获得伏安特性曲线

四、预习思考及实验注意事项

1. 用 Multisim 查看波形时,对于不同的分析设置,其默认的横坐标是哪些变量?

2. 熟读 Multisim 中有关直流工作点、直流扫描方法和温度扫描、瞬态分析等仿真方法的设置与分析。

3. 在 Multisim 中,用什么样的测量方法可以获得二极管的导通压降?

4. 通过仿真能否有助于设计实验室中的实测方案?

五、实验报告

1. 参照仿真示例,分析其他类型二极管,如稳压管的伏安特性以及温度对其特性的影响。

2. 若实验室没有电流表,该如何用伏安法测量二极管的伏安特性,请用仿真模拟此实验。

5.8 仿真实验 6 晶体管特性曲线的计算机仿真

一、实验目的

1. 学习 Multisim 分析设置、仿真、波形查看方法。

2. 学习半导体器件特性的仿真分析方法。

3. 了解温度对半导体器件特性的影响。

二、实验内容

1. 晶体管的输出特性测试电路如图 5-8-1 所示。设置合适的分析方式及参数,用 Multisim

仿真分析晶体管的输出特性曲线,并估算其电流放大
倍数。

2. 仿真分析温度对晶体管特性参数的影响。

3. 晶体管使用 NPN 型晶体管,型号为 2N3904。

三、仿真示例

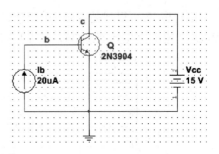

图 5-8-1　晶体管输出特性测试电路

选取 DC_CURRENT、DC_POWER、2N3904、GROUND
等元器件,按图 5-8-1 所示接线,晶体管命名为 Q,电压
源命名为 Vcc,电流源命名为 Ib。

晶体管的输出特性是指晶体管在不同基极电流下,集电极电流与集射极间电压之间的关
系,因此选择直流扫描分析(DC sweep),设置过程如图 5-8-2 所示,其中主扫描变量选择电压
源 Vcc,起止电压值分别设置为 0 V、30 V,增量为 0.1 V;次扫描变量选择电流源 Ib,起止电流
值分别设置为 0 μA、100 μA,增量为 10 μA。输出变量设置为−I(Vcc),这是因为在 Multisim
中,流经电压源的电流方向默认为从电压源的正极流向负极,而我们希望观测的是晶体管集电
极电流 Ic,由集电极流向发射极,因此选择 I(Vcc)的反向,这可以通过输出变量表达式进行
设置。

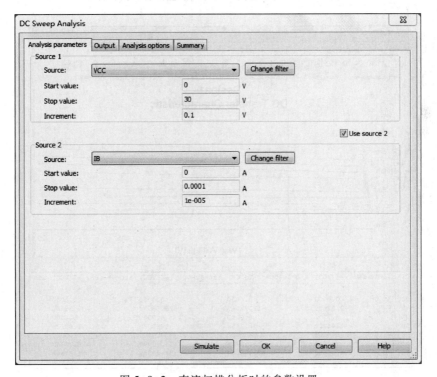

图 5-8-2　直流扫描分析时的参数设置

运行仿真,可得到晶体管的输出特性曲线如图 5-8-3 所示。使用光标,如图 5-8-4 所示,在 Ib = 20 μA 的输出曲线上,测得 Vce=5 V 时,Ic=3.174 5 mA,计算可得此时的电流放大倍数约为 159。

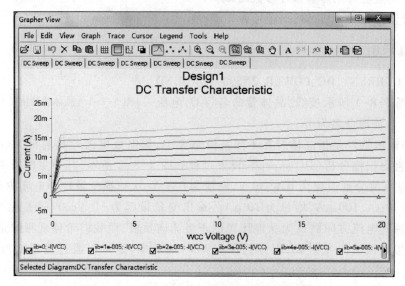

图 5-8-3 直流扫描分析得到的晶体管输出特性

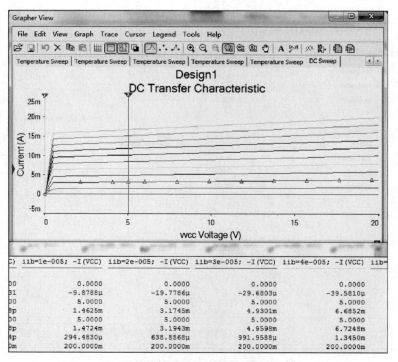

图 5-8-4 根据晶体管输出特性曲线测量电流放大倍数

　　右键单击晶体管的属性菜单,打开 Edit Model(如图 5-8-5 所示),其中 BF 表示晶体管的直流放大倍数最大值,修改此参数,再次运行直流扫描分析,可以获得不同的输出特性曲线。

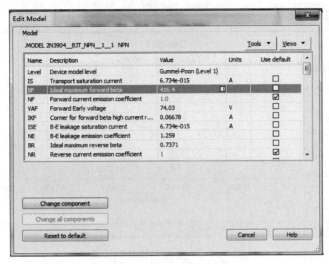

图 5-8-5　晶体管模型参数编辑器

　　为了观测温度对晶体管特性的影响,可以选择温度扫描分析(Temperature sweep),如图 5-8-6 所示,设置起止温度为 0 ℃、50 ℃,增量为 5 ℃,运行直流工作点分析,并将输出变量设置为电流放大倍数即-I(Vcc)/Ib,分析结果如图 5-8-7 所示。可以看出,随着温度升高,晶体管的电流放大倍数从 130 增大至 170 左右,反映了温度对半导体器件特性的明显影响。

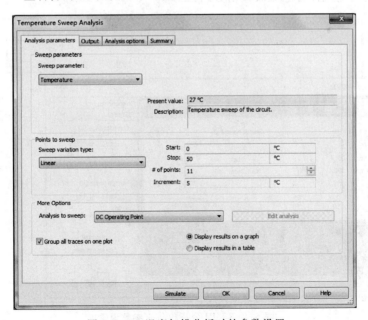

图 5-8-6　温度扫描分析时的参数设置

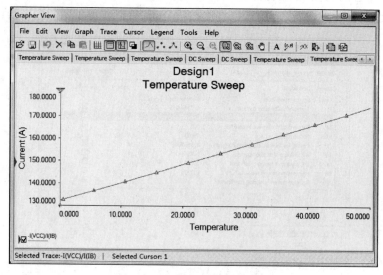

图 5-8-7 温度扫描分析结果

此外，还可以利用 Multisim 中的虚拟仪器 IV 分析仪，对晶体管的输出特性进行直接观测。IV 分析仪的面板设置和测量接线如图 5-8-8 所示，器件选择 BJT NPN，仿真参数 V_ce 和 I_b 分别设置为 $0\sim20$ V 和 $1\sim100$ μA。坐标轴使用线性刻度，电压、电流刻度分别为 $0\sim30$ V 和 $0\sim100$ μA，运行仿真，分析仪面板显示测试结果如图 5-8-9 所示。使用光标以及面板下方的数据窗口，可以估算此时的晶体管电流放大倍数约为 160。

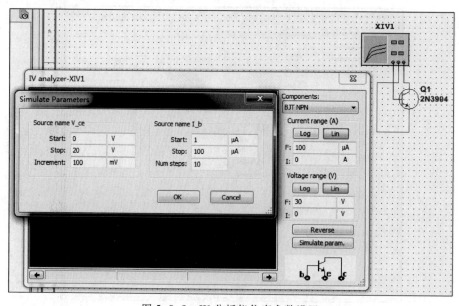

图 5-8-8 IV 分析仪仿真参数设置

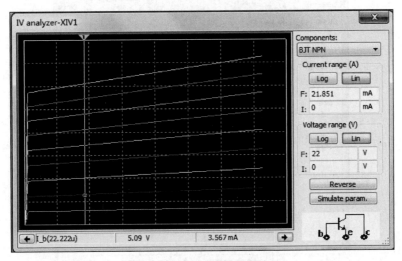

图 5-8-9　IV 分析仪仿真结果

　　实验室中一般没有 IV 测量仪,所以需要人工逐点测量电压、电流,然后画出相应的特性曲线。若实验室中没有恒流源,则无法采用图 5-8-1 所示的测量线路得到输出特性曲线。

　　利用图 5-8-10 所示的测量线路测量晶体管的输入特性曲线,仿真方法如下。

　　方法 1　R2 不接,逐次改变 V2 取值为 0 V、0.5 V、1 V、5 V 等,采用与二极管的伏安特性曲线测量类似的方法分别获得每一条输入特性曲线。

　　方法 2　直接获得一簇输入特性曲线。搭建如图 5-8-10 所示电路,设置嵌套直流扫描分析:嵌入的二级扫描为 Vce = V2(这里设为 0~1,步长为 0.5,也就是 0、0.5、1 三条),主扫描为 V1(同二极管的直流扫描)。具体设置如图 5-8-11 所示。输出变量设置为探针 1 处的电压和电流。运行后得到 6 条以 V1 为横轴的数据列,分别对应于不同 V2 的探针 1 电流和电压。点击 🖻 将仿真数据导出至 Excel。

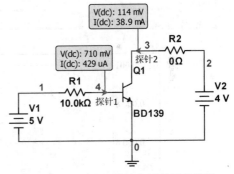

图 5-8-10　输入特性曲线的测量线路

　　在 Excel 中分别画出三条曲线,如图 5-8-12(a)所示。选择其中一幅图为主图,逐个选择另两幅图中的曲线粘贴至主图(按下 Ctrl+C 复制图像,回到主图区按下 Ctrl+V 粘贴图像),这样即可获得一簇输入特性曲线,如图 5-8-12(b)所示。

　　若晶体管输入回路是电压源激励,则搭建如图 5-8-13 所示电路,以 V2 为主扫描,V1 为二次扫描,如图 5-8-14 所示。输出变量设置为探针 2 处的电压和电流。

　　仿真得到 3 条曲线。将仿真数据导出至 Excel,在 Excel 中分别画出不同 V1 对应的单条输出特性曲线,将 3 条曲线归集到一幅图中,则可得到一簇输出特性曲线,如图 5-8-15 所示。需要注意的是,每条曲线对应的 Ib 不能保证为常数,所以得到的特性曲线并不是真正的输出特性曲线。

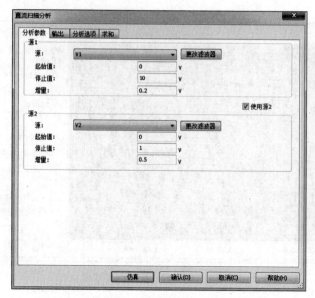

图 5-8-11 获得一簇输入特性曲线的仿真设置

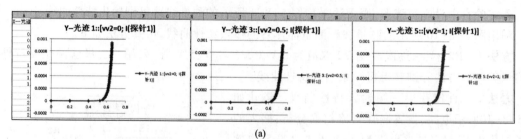

(a)

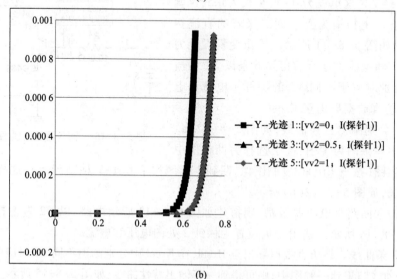

(b)

图 5-8-12 不同 Vce 下的输入特性曲线仿真结果

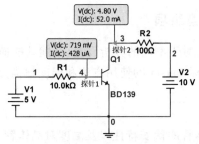

图 5-8-13 输出特性曲线测量线路（输入回路电压源激励）

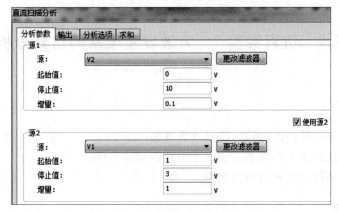

图 5-8-14 输出特性曲线的仿真设置

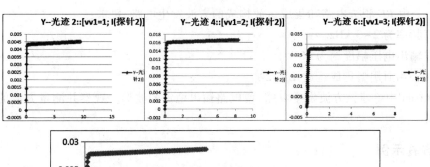

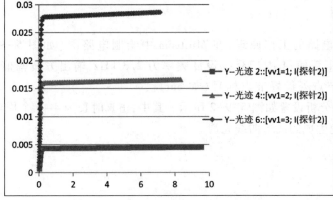

图 5-8-15 输出特性曲线的仿真结果

四、预习思考及实验注意事项

1. 用 Multisim 查看波形时,对于不同的分析设置,其默认的横坐标是哪些变量?
2. 熟读 Multisim 中有关光标 Cursor 的使用方法和温度扫描分析的设置与分析方法。

五、实验报告

1. 参照仿真示例,分析晶体管的伏安特性以及温度对晶体管特性的影响。
2. 若要仿真分析 2N3904 晶体管的输入特性,应如何设置扫描分析方式和参数?

5.9 仿真实验7 方波发生电路的仿真分析

一、实验目的

1. 学习 Multisim 分析设置、仿真、波形查看方法。
2. 学习用集成运算放大器构成方波发生电路的设计方法。
3. 理解器件的选择对波形指标的影响。

二、实验内容

设计一个由 RC 积分电路和集成运放构成的方波发生电路,要求:
1. 振荡频率为 2~3 kHz。
2. 方波输出电压幅度约为 ±6 V。
3. 运放采用通用型集成运放 LM324。
在 Multisim 中组建该方波发生电路,使电路输出稳定的波形。观察并测量方波的幅值、频率及上升时间。

三、仿真示例

根据方波发生电路的工作原理,在 Multisim 中绘制电路图(如图 5-9-1),其中集成运放使用 LM324,稳压管使用 IN4735。设计频率为 2.3 kHz,输出方波幅值为 ±6.25 V。为便于测量,可在关键节点处设置节点标号(如 out)。

选择瞬态分析,分析设置如图 5-9-2 所示。其中,仿真时长为 4~5 个周期,数据点步长略小于周期的 1/50,以使生成的波形曲线光滑。

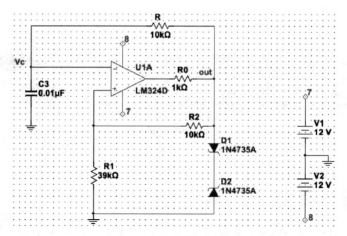

图 5-9-1　由集成运放和 RC 积分电路构成的方波发生电路

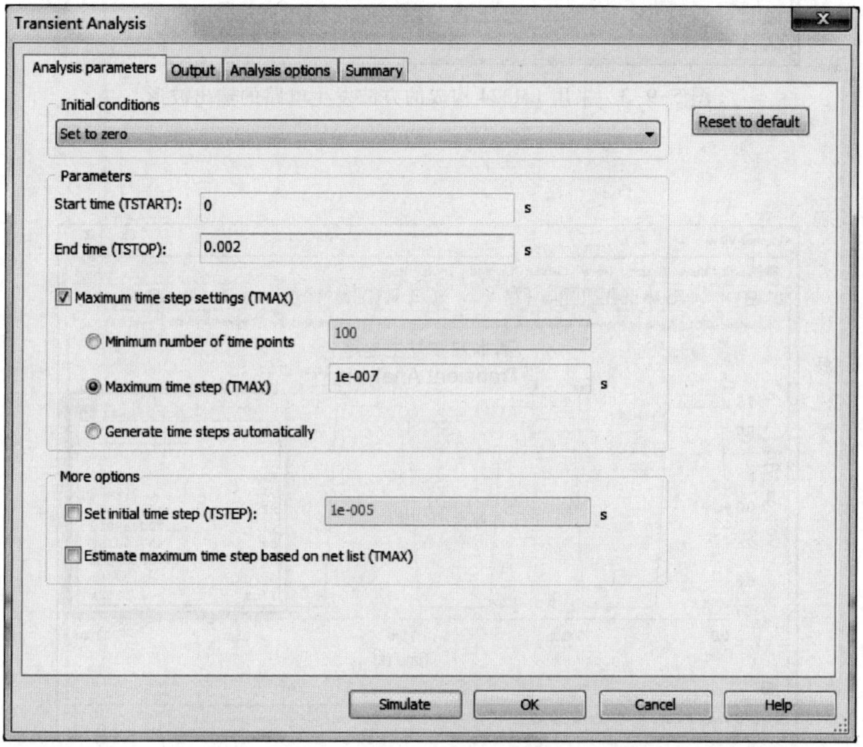

Transient Analysis

Analysis parameters | Output | Analysis options | Summary

Initial conditions

Set to zero

Reset to default

Parameters

Start time (TSTART):　0　s

End time (TSTOP):　0.002　s

☑ Maximum time step settings (TMAX)

　○ Minimum number of time points　100

　● Maximum time step (TMAX)　1e-007　s

　○ Generate time steps automatically

More options

☐ Set initial time step (TSTEP):　1e-005　s

☐ Estimate maximum time step based on net list (TMAX)

Simulate　OK　Cancel　Help

图 5-9-2　方波发生电路的瞬态分析设置

　　输出选择 out 节点的电压,显示输出的方波波形如图 5-9-3 所示。使用光标分别测量该方波的频率、幅值和上升时间,显示结果为:频率 2.19 kHz,幅值±6.6 V,上升时间 32 μs。测量过程如图 5-9-4、图 5-9-5 所示。

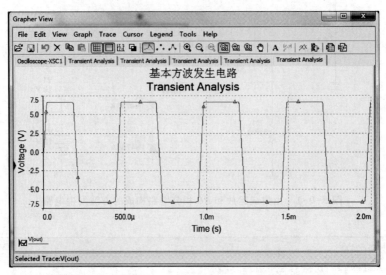

图 5-9-3 采用 LM324 构成的方波发生电路的输出波形

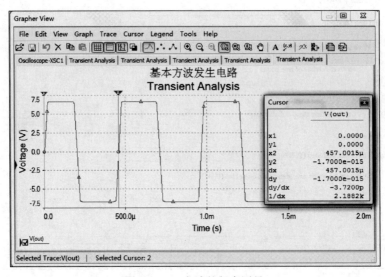

图 5-9-4 方波的频率测量

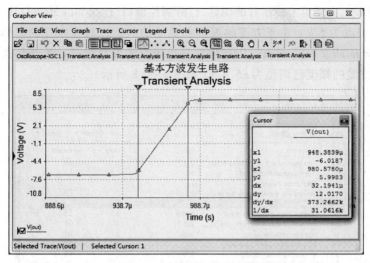

图 5-9-5 方波的上升时间测量

将集成运放替换为 LF353,重复上述测量,显示结果为:频率 2.57 kHz,上升时间仅 1 μs,幅值不变,方波输出波形如图 5-9-6 所示。

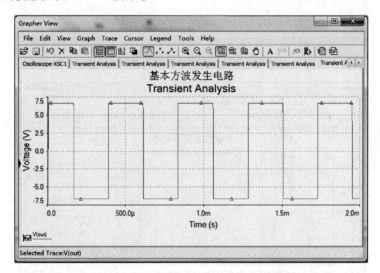

图 5-9-6 采用 LF353 构成的方波发生电路的输出波形

从上述两种情况可以看出,方波发生电路的核心器件,即集成运放的不同选择对输出波形主要指标的影响。造成性能提升的主要原因在于 LF353 在转换速率(SR)和增益带宽积(GBW)两个参数上均明显优于 LM324。这也体现了仿真在电路设计尤其是电路性能方面起到的作用。

另外,上述电路中,稳压管的作用是限制和确定方波的幅值,此时如果我们要调整方波的输出幅度,只需在 Multisim 中更改稳压管的型号,采用具有不同稳压值的稳压管替换即可。若无法确定稳压管型号,也可采用直接修改器件参数的方法。

如图 5-9-7 所示,右键单击稳压管的图标,打开属性窗口,选择 Edit Model,其中的"BV"参数即表示稳压值,将其修改为 5 V。由于方波的振幅和宽度的对称性与稳压管的对称性有关,因此修改后,需点击 Change all 2 components,以确保两只稳压管的参数相同。重新仿真并再次测量,可以看到此时输出方波的幅度已调整为±5.4 V(如图 5-9-8 所示)。

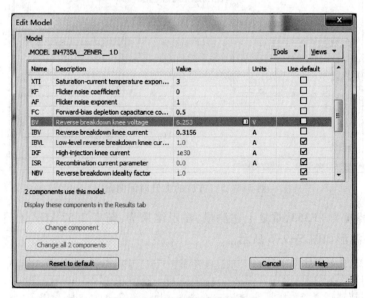

图 5-9-7   稳压管的模型参数

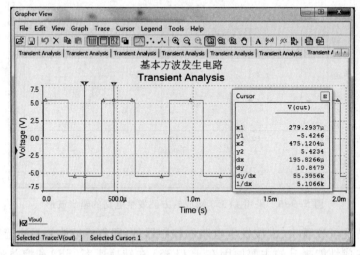

图 5-9-8   改变方波的输出幅度

四、预习思考及实验注意事项

1. 掌握方波发生电路的工作原理,学习方波频率、幅值及上升时间的测量方法。

2. 熟读 Multisim 中有关光标 Cursor 的使用方法和瞬态分析的设置与分析方法。

3. 在对方波发生电路进行瞬态分析时,如果不设置 Maximum time step 参数,仿真结果会出现什么情况?

五、实验报告

1. 使用虚拟仪器中的示波器,观察并测量方波的频率、幅度和上升时间等性能指标。

2. 若要改变方波的输出频率,应调节哪些参数?

3. 若要让方波的占空比可调,应怎样设计电路?

5.10　仿真实验 8　myCAA:基于 MATLAB 实现计算机辅助电路分析

myCAA
电路分析
软件编写

一、实验目的

1. 结合电路方程的矩阵形式实现计算机辅助电路分析。

2. 基于节点列表方程的矩阵形式和 MATLAB,编写通用程序,完成直流电路、交流电路、暂态电路的分析计算。

3. 加深对电子电路分析软件内核 Spice 的认识和理解。

4. 学会编写电路分析软件。

二、原理说明

1. 矩阵形式的节点列表方程

以一个二端元件作为一条支路,设节点电压 $\dot{U}_n$ 以及支路电压 $\dot{U}$ 和电流 $\dot{I}$ 为待求量,用关联矩阵 A 表示的 KCL、KVL 以及支路伏安特性如下。

KCL:
$$A\dot{I} = 0$$

KVL:
$$\dot{U} - A^{T}\dot{U}_n = 0$$

支路方程:
$$F\dot{U} + K\dot{I} = \dot{U}_s + \dot{I}_s$$

将这 3 个方程合在一起,便得到节点列表方程的矩阵形式

$$\begin{bmatrix} 0 & 0 & A \\ -A^{T} & 1_b & 0 \\ 0 & F & K \end{bmatrix} \begin{bmatrix} \dot{U}_n \\ \dot{U} \\ \dot{I} \end{bmatrix} = \begin{bmatrix} 0 \\ 0 \\ \dot{U}_s + \dot{I}_s \end{bmatrix}$$

上式中 1_b 为 b 阶单位矩阵。由于 A 为 $[(n-1)\times b]$ 矩阵,F 和 K 为 b 阶方阵,故方程总数为 $(2b + n-1)$。b 条支路电压和电流关系式可写成矩阵形式为

$$
\begin{bmatrix} K_{11} & \cdots & K_{1b} \\ \vdots & & \vdots \\ K_{b1} & \cdots & K_{bb} \end{bmatrix} \begin{bmatrix} \dot{I}_1 \\ \vdots \\ \dot{I}_b \end{bmatrix} + \begin{bmatrix} F_{11} & \cdots & F_{1b} \\ \vdots & & \vdots \\ F_{b1} & \cdots & F_{bb} \end{bmatrix} \begin{bmatrix} \dot{U}_1 \\ \vdots \\ \dot{U}_b \end{bmatrix} = \begin{bmatrix} \dot{V}_1 \\ \vdots \\ \dot{V}_b \end{bmatrix}
$$

式中，K_{ij} 和 F_{ij} 为支路电压和电流关系方程系数，$\dot{V}_i$ 为支路中电压或电流源，它们取决于支路的属性。

2. 输入数据文件

MATLAB 代码的计算流程如图 5-10-1 所示，M 和 N 分别为支路数和独立节点数，在程序中设定或修改，"输入 Toplog_Value"通过文本文件"test1.ckt"输入（文件名只要与程序中一致即可）。

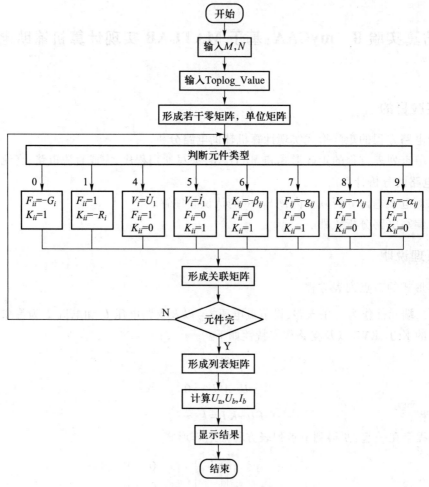

图 5-10-1 计算流程图

输入数据文件 test1.ckt，每行 8 个数值的含义对应于：nty（元件类型），nb（支路号），nf（起始节点），nt（终止节点），kb（控制支路），val（元件值），L2（对应于互感元件的支路 2 电感），M（互感系数）。

为了使计算机识别电路的元件类型,约定如下:

0 代表电导 G　1 代表电阻 R　2 代表电容　3 代表电感　4 代表电压源

5 代表电流源　6 代表 CCCS　7 代表 VCCS 8 代表 CCVS 9 代表 VCVS

10 代表互感……

3. 基本程序

(1) 直流、交流计算程序

下述程序交直流通用,可以计算含有 G、R、C、L、Us、Is、CCCS、VCCS、CCVS、VCVS、互感和理想变压器的电路稳态响应。如果涉及其他线性元件,只要将其伏安特性用 $F\dot{U}+K\dot{I}=\dot{U}_\mathrm{s}+\dot{I}_\mathrm{s}$ 表示,在程序中添加 case 即可。交流与直流电路分析的区别是,当角频率 $\omega>0$ 时,交流电源的输入值包含模和角,分别在输入文件的第六列和第七列给出(仅当支路类型为 4—电压源和 5—电流源时)。

```
%附:基本程序代码
Ty.m
fid = fopen( 'test2.ckt ', 'r ') ;
%方法 1:屏幕读取或程序中设定节点总数 N、支路总数 M 和频率 f
%N = input( 'Please input the number of the nodes:' ) ;
%M = input( 'Please input the number of the branches:' ) ;
%f = input( 'Please input the frequency:' ) ;
%方法 2:N,M,w 在 ckt 文件的第一行输入 3 个数据
N = fscanf( fid, '%d ',1) ;
M = fscanf( fid, '%d ',1) ;
w = fscanf( fid, '%g ',1) ;                %可输入%e 和%f 两种形式的 w
%方法 3:程序中修改
%N = 5 ;
%M = 8 ;
%w = 0 ;
zero11 = zeros( N) ;                       %定义若干零矩阵和单位矩阵
zero12 = zeros( N,M) ;
zero23 = zeros( M) ;
zeroIS = zeros( N+M,1) ;
one22 = eye( M) ;
F = zeros( M) ;
K = zeros( M) ;
A = zeros( N,M) ;
V = zeros( M,1) ;
toplog = fscanf( fid, '%f ',[8,inf] ) ;    %读取数据文件
toplog = toplog '
%根据元件的类型形成矩阵 F、H、Us、Is、A
for i = 1:M
```

```
nb = toplog(i,2) ;
kb = toplog(i,5) ;
nf = toplog(i,3) ;
nt = toplog(i,4) ;
nty = toplog(i,1) ;
value(i) = toplog(i,6) ;
valueL2(i) = toplog(i,7) ;
valueM(i) = toplog(i,8) ;
switch nty
case 0
F(nb,nb) = value (i) ;
K(nb,nb) = -1;
case 1
F(nb,nb) = -1 ;
K(nb,nb) = value (i) ;
case 2
F(nb,nb) = -1 ;
K(nb,nb) = -j /value(i)/w ;
case 3
F(nb,nb) = -1 ;
K(nb,nb) = j * value(i) * w ;
case 4
V (nb) = value (i) ;
if w> 0
V(nb) = value (i) * (cos(pi/180 * valueL2 (i))+j * sin(pi/180 * valueL2 (i))) ;
end
F(nb,nb) = 1 ;
K(nb,nb) = 0 ;
case 5
V(nb) = value (i) ;
if w> 0
V(nb) = value (i) * (cos(pi/180 * valueL2 (i))+j * sin(pi/180 * valueL2 (i))) ;
end
F(nb ,nb) = 0 ;
K(nb ,nb) = 1 ;
case 6
K(nb,kb) = -value (i) ;
F(nb,nb) = 0 ;
K(nb,nb) = 1 ;
case 7
F(nb,kb) = -value (i) ;
```

```
F(nb,nb) = 0 ;
K(nb,nb) = 1 ;
case 8
K(nb,kb) = -value (i) ;
F(nb,nb) = 1 ;
K(nb,nb) = 0 ;
case 9
F(nb,kb) = -value (i) ;
F(nb,nb) = 1 ;
K(nb,nb) = 0 ;
case 10
F(nb,nb) = 1 ;
F(kb,kb) = 1 ;
K(nb,nb) = -j * value (i) * w ;
K(kb,kb) = -j * valueL2 (i) * w ;
K(nb,kb) = -j * valueM (i) * w ;
K(kb,kb) = -j * valueM (i) * w ;
case 11
F(nb,nb) = 1 ;
F(kb,kb) = 0 ;
F(nb,kb) = -value(i) ;
K(nb,nb) = 0 ;
K(kb,kb) = 1 ;
K(kb,nb) = value(i) ;
end
%建立电路的关联矩阵
if nf~ = 0
A(nf,nb) = 1 ;
end
if nt~ = 0
A(nt,nb) = -1 ;
end
end
A    %屏幕显示各矩阵
F
K
V
%形成节点列表方程矩阵
yn = [ zero11, zero12, A; -A ',one22, zero23; zero12', F,K] ;
Is = [ zeroIS; V ] ;
X = yn \ Is
```

（2）s 域计算程序

s 域计算所需输入文件 s.ckt 与 test.ckt 类似，但第一行少角频率，各支路信息由 10 列组成，含义如下：

1 种类 nty　2 支路编号 nb　3 起始节点 nf　4 终止节点 nt　5 控制支路 kb

6 元件参数值 value　7 电源幅角或互感系数 value2_M　8 电源角频率或电感 L1 初始值 value1_L　9 关联电感 L2 初始值 value2_L　　10 电容初始值 value_C

① s 域计算主程序

```
Sy.m    %s 节点列表法 s 域计算程序(本程序为 2013 级爱迪生班电网络分析课程所完成作业的一部分)
%9527 小组电路分析程序   2014.03.13
%--- 9527 小组成员:侯佳佐 3120104275 周昌平   周万紫   刘元修   王昭   排名不分先后 ----%
fid0 = fopen('s.ckt','r');
%N,M 在 ckt 文件的第一行输入,时域中第一行需输入 2 个数据
N = fscanf(fid0,'%d',1);
M = fscanf(fid0,'%d',1);
syms s;
F = zeros(M);
A = zeros(N,M);
HH = eye(M);
vgg = ones(M,1);                              %Us 支路电压源
cgg = ones(M,1);                              %Is 支路电流源
K = s * HH;
vg = s * vgg;          %先将矩阵定义为 s 域,再把不必要的转为时域即可
cg = s * cgg;
toplog = fscanf(fid0,'%f',[10,inf]);
toplog = toplog ';
for i = 1:M
    nty(i) = toplog(i,1);                     %支路类型
    nb = toplog(i,2);                         %支路数
    nf = toplog(i,3);                         %起始节点
    nt = toplog(i,4);                         %终止节点
    kb = toplog(i,5);                         %控制支路
    value(i) = toplog(i,6);                   %原件值 1 基本参数
    value2_M(i) = toplog(i,7);                %原件值 2 电源幅角或互感系数
    value1_L(i) = toplog(i,8);                %原件值 3 电源角频率或电感初始值
    value2_L(i) = toplog(i,9);                %原件值 4 关联电感初始值
    value_C(i) = toplog(i,10);                %原件值 5 电容初始值
    %形成节点列表方程矩阵
    if nf~ = 0
        A(nf,nb) = 1;
```

```
    end
    if nt ~ = 0
        A( nt,nb) = -1;
    end
%根据元件的类型形成矩阵 F、K、Us、Is
switch nty( i)
    case 0                                    %电导
        F( nb,nb) = value( i) ;
        K( nb,nb) = -1;
        vg( nb) = 0;
        cg( nb) = 0;
    case 1                                    %电阻
        F( nb,nb) = -1;
        K( nb,nb) = value( i) ;
        vg( nb) = 0;
        cg( nb) = 0;
    case 2                                    %电容+初始值
        F( nb,nb) = -1;
        K( nb,nb) = 1/( s * value( i) ) ;
        vg( nb) = -( value_C( i) )/s;
        cg( nb) = 0;
    case 3                                    %电感+初始值
        F( nb,nb) = -1;
        K( nb,nb) = s * ( value( i) ) ;
        vg( nb) = 0;
        cg( nb) = value( i) * value1_L( i) ;
    case 4                                    %直流电压源
        F( nb,nb) = 1;
        K( nb,nb) = 0;
        vg( nb) = ( value( i) )/s;
        cg( nb) = 0;
    case 5                                    %直流电流源
        cg( nb) = ( value( i) )/s;
        K( nb,nb) = 1;
        vg( nb) = 0;
    case 6                                    %CCCS 电流控制电流源
        K( nb,nb) = 1;
        K( nb,kb) = -value( i) ;
        vg( nb) = 0;
        cg( nb) = 0;
    case 7                                    %VCCS 电压控制电流源
```

```
                F(nb,kb) = -value(i);
                K(nb,nb) = 1;
                vg(nb) = 0;
                cg(nb) = 0;
            case 8                                    %CCVS 电流控制电压源
                F(nb,nb) = 1;
                K(nb,kb) = -value(i);
                vg(nb) = 0;
                cg(nb) = 0;
            case 9                                    %VCVS 电压控制电压源
                F(nb,nb) = 1;
                F(nb,kb) = -value(i);
                vg(nb) = 0;
                cg(nb) = 0;
                K(nb,nb) = 0;
            case 10                                   %互感
                F(nb,nb) = -1;
                K(nb,nb) = s * value(i);
                K(nb,kb) = s * value2_M(i);
                cg(nb) = value(i) * value1_L(i) + value2_M(i) * value2_L(i)
                vg(nb) = 0;
            case 11                                   %理想变压器
                F(nb,nb) = 1;
                F(nb,kb) = -value(i);
                K(kb,kb) = 1;
                K(kb,nb) = value(i);
                vg(nb) = 0;
                cg(nb) = 0;
        end
    end
end
zero11 = zeros(N);
zero12 = zeros(N,M);
zero23 = zeros(M);
zeroIS = zeros(N+M,1);
one22 = eye(M);
yn = [zero11,zero12,A;-A ',one22,zero23;zero12',F,K];
Is = [zeroIS;cg+vg];
X = yn\Is                                             %X 矩阵输出
fprintf('\n 独立节点数 = %d        支路数 = %d\n',N,M);
fprintf('\n 上述 X 矩阵的第 1 行至第%d 行为独立节点电压的 s 域表达式;',N);
```

```
fprintf('\n 第%d 行至第%d 行为支路电压 s 域表达式,第%d 行至第%d 行为支路电流 s 域表达式。',N+1,N+M,N+M+1,
N+M+M);
    %判断题目类型,分类处理
    fprintf('\n 请输入 s 域题目的类型 \n ');
    choicetry = input('0----暂态响应　　1-----传输函数:　');
    if choicetry = = 0                                              %暂态响应
        choice01 = input('请输入要处理的暂态响应支路:　');
        choice01 = choice01+N;
        H_s = X(choice01);
        choice01 = choice01-N;
        syu_continue(choice01, choicetry, H_s);　%调用 syu_continue 函数进行暂态响应处理
    elseif choicetry = = 1                                          %传输函数
        choice01 = input('请输入要处理的传输函数分子支路:　');
        choice02 = input('请输入要处理的传输函数分母支路:　');
        choice01 = choice01+N;
        choice02 = choice02+N;
        H_s = X(choice01) / X(choice02);
        syu_continue(choice01, choicetry, H_s);　　%调用 syu_continue 函数进行传输函数处理
    else
        fprintf('s 域题目类型输入错误,电脑将在 30 s 后爆炸…… \n ');　　%容错性
    end
    fclose(fid0);
```

② s 域计算后续时域和频域计算函数

```
syu_continue.m      %%时域、s 域后续计算
function [ ] = syuhouxu (choice01, choicetry, A)
syms s t;            %声明变量
if choicetry = = 0
    fprintf('\n 第 %d 条支路的暂态响应如下:',choice01);
    %syms t
    ft = ilaplace(A,s,t)                              %反变换,变换到时域里去
    t1 = 0:0.1:100;
    ftf = subs(ft,t,t1)
    plot(t1,ftf,'-r ');
    xlabel('x 坐标(s)');
    ylabel('y 坐标(V)');
    title('暂态响应图——9527 小组');                  %输出暂态响应图
    fprintf('\n 暂态响应图如图\n ');
    fprintf('\n 谢谢使用!        By —— 9527 小组\n ');
elseif choicetry = = 1
```

```
%求化简表达式
collect(A);                                    %合并同类项
pretty(A);                                     %写成分子分母的形式
eval(A);                                       %将 A 输出。eval() 的功能就是将括号内的字
                                                 符串视为语句并运行
[n,d] = numden(A);                             %输出多项式形式的分子和分母
num = sym2poly(n);                             %求分子多项式系数
den = sym2poly(d);                             %求分母多项式系数
mySys = tf(num,den);                           %得到传输函数
fprintf('\n 传输网络函数如下:');
mySys1 = zpk(mySys)                            %得到最高次幂系数为 1 的分式
k = mySys1.k;
fprintf('\n 传输网络函数的增益为:        %d ',k);    %输出传输网络函数的增益
%求零极点
z = mySys1.z;
p = mySys1.p;
fprintf('\n 传输网络函数的零点如下:');
Z = z{:}                    %输出零点
fprintf('\n 传输网络函数的极点如下:');
P = p{:}                    %输出极点
%画零极点图
pzmap(mySys)
pzmap(mySys1)
grid on
xlabel('x 坐标');
ylabel('y 坐标');
title('传输网络函数的零极点图——9527 小组');
fprintf('\n 传输网络函数的零极点图如图');
%画函数图像
figure(2)
bode(mySys)                                    %波特图,包括幅频特性和相频特性
xlabel('x 坐标');
ylabel('y 坐标');
title('传输网络函数的波特图——9527 小组');
fprintf('\n 传输网络函数的波特图如图');
if length(Z) < length(P)    %单位阶跃响应图绘制,需满足左边的条件才能绘制成功。
    figure(3)
    step(mySys)                                %单位阶跃响应图,是时域图
    xlabel('x 坐标');
    ylabel('y 坐标');
    title('传输网络函数的时域单位阶跃响应图——9527 小组');
```

```
        fprintf( '\n 传输网络函数的时域单位阶跃响应图如图');
    else
        fprintf( '\n 零点数大于或等于极点数,无法生成单位阶跃响应图像。');
        fprintf( '\n 谢谢使用!      By —— 9527 小组 \n ');
    end
end
end
```

4. 分析示例

（1）直流电路分析

分析图 5-10-2 所示电路。

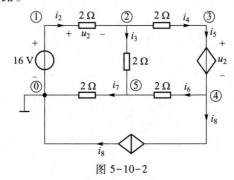

图 5-10-2

输入数据文件：

```
test1.ckt
5 8 0
4 1 1 0 0 16 0 0
1 2 1 2 0 2 0 0
1 3 2 5 0 2 0 0
1 4 2 3 0 2 0 0
9 5 3 4 2 1 0 0
1 6 4 5 0 2 0 0
1 7 5 0 0 2 0 0
6 8 4 0 3 1 0 0
```

计算结果：

```
toplog =
   4    1    1    0    0   16    0
   1    2    1    2    0    2    0
   1    3    2    5    0    2    0
   1    4    2    3    0    2    0
```

$$
\begin{array}{ccccccc}
9 & 5 & 3 & 4 & 2 & 1 & 0 \\
1 & 6 & 4 & 5 & 0 & 2 & 0 \\
1 & 7 & 5 & 0 & 0 & 2 & 0 \\
6 & 8 & 4 & 0 & 3 & 1 & 0
\end{array}
$$

A =

$$
\begin{array}{cccccccc}
1 & 1 & 0 & 0 & 0 & 0 & 0 & 0 \\
0 & -1 & 1 & 1 & 0 & 0 & 0 & 0 \\
0 & 0 & 0 & -1 & 1 & 0 & 0 & 0 \\
0 & 0 & 0 & 0 & -1 & 1 & 0 & 1 \\
0 & 0 & -1 & 0 & 0 & -1 & 1 & 0
\end{array}
$$

F =

$$
\begin{array}{cccccccc}
1 & 0 & 0 & 0 & 0 & 0 & 0 & 0 \\
0 & -1 & 0 & 0 & 0 & 0 & 0 & 0 \\
0 & 0 & -1 & 0 & 0 & 0 & 0 & 0 \\
0 & 0 & 0 & -1 & 0 & 0 & 0 & 0 \\
0 & -1 & 0 & 0 & 1 & 0 & 0 & 0 \\
0 & 0 & 0 & 0 & 0 & -1 & 0 & 0 \\
0 & 0 & 0 & 0 & 0 & 0 & -1 & 0 \\
0 & 0 & 0 & 0 & 0 & 0 & 0 & 0
\end{array}
$$

H =

$$
\begin{array}{cccccccc}
0 & 0 & 0 & 0 & 0 & 0 & 0 & 0 \\
0 & 2 & 0 & 0 & 0 & 0 & 0 & 0 \\
0 & 0 & 2 & 0 & 0 & 0 & 0 & 0 \\
0 & 0 & 0 & 2 & 0 & 0 & 0 & 0 \\
0 & 0 & 0 & 0 & 0 & 0 & 0 & 0 \\
0 & 0 & 0 & 0 & 0 & 2 & 0 & 0 \\
0 & 0 & 0 & 0 & 0 & 0 & 2 & 0 \\
0 & 0 & -1 & 0 & 0 & 0 & 0 & 1
\end{array}
$$

X =

16. 0000

8. 0000

6. 0000

−2. 0000

2. 0000

16. 0000

8. 0000

6. 0000

2. 0000

```
    8.0000
   -4.0000
    2.0000
   -2.0000
   -4.0000
    4.0000
    3.0000
    1.0000
    1.0000
   -2.0000
    1.0000
    3.0000
```

（2）交流电路分析

已知 $u_{S1}(t) = 3\sqrt{2}\cos 2t\,\text{V}$，$u_{S2}(t) = 4\sqrt{2}\sin 2t\,\text{V}$，试求图 5-10-3所示电路中电流 $i_1(t)$。

答案：$i_1(t) = 3.162\sqrt{2}\sin(2t + 108.43°)\,\text{A}$。

电路数据如下，要注意两个电压源的输入数据包含模和角两项。

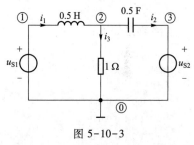

图 5-10-3

```
test2.ckt
3 5 2
3 1 1 2 0 0.5 0
1 2 2 0 0 1.0 0
2 3 2 3 0 0.5 0
4 4 1 0 0 3.0 90
4 5 3 0 0 4.0 0
```

计算结果：

```
X =
    0.0000+3.0000i 节点电压 1
    3.0000+4.0000i
    4.0000+0.0000i
   -3.0000-1.0000i 支路电压 1
    3.0000+4.0000i
   -1.0000+4.0000i
    0.0000+3.0000i
    4.0000+0.0000i
   -1.0000+3.0000i 支路电流 1
```

```
3.0000+4.0000i
−4.0000−1.0000i
1.0000−3.0000i
−4.0000−1.0000i
```

由计算结果得：$\dot{I}_1 = -1+j3$，与答案一致。

（3）暂态电路分析

已知图 5-10-4 所示电路，$R=1\,\Omega$，$C=1$ F，$L=1$ H，求单位阶跃响应。

答案：$u_C(t) = \left\{ -\dfrac{2}{\sqrt{3}} \mathrm{e}^{-0.5t} \sin\left(\dfrac{\sqrt{3}}{2} t + 60°\right) + 1 \right\}$ V。

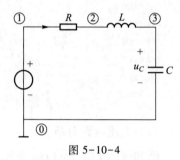

图 5-10-4

电路数据如下：

```
s.ckt
3 4
4 1 1 0 0 0 1 0 0 0 0
1 2 1 2 0 0 1 0 0 0 0
3 3 2 3 0 0 1 0 0 0 0
2 4 3 0 0 0 1 0 0 0 0
```

计算结果：

```
X =
                        1/s
  (s^2 + 1)/(s * (s^2 + s + 1))
        1/(s * (s^2 + s + 1))
                        1/s
            1/(s^2 + s + 1)
            s/(s^2 + s + 1)
        1/(s * (s^2 + s + 1))
           −1/(s^2 + s + 1)
            1/(s^2 + s + 1)
            1/(s^2 + s + 1)
            1/(s^2 + s + 1)
独立节点数 = 3        支路数 = 4
```

上述 X 矩阵的第 1 行至第 3 行为独立节点电压的 s 域表达式；第 4 行至第 7 行为支路电压 s 域表达式，第 8 行至第 11 行为支路电流 s 域表达式。

请输入 s 域题目的类型

0——暂态响应　　　1——传输函数：　0

请输入要处理的暂态响应支路：　4

H_s =

1/(s * (s^2 + s + 1))

第 4 条支路的暂态响应如下：

ft =

1 − exp(−t/2) * (cos((3^(1/2) * t)/2) + (3^(1/2) * sin((3^(1/2) * t)/2))/3)

若选择 s 域计算,部分结果如图 5-10-5 所示。

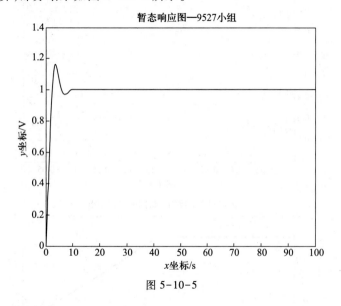

图 5-10-5

传输网络函数如下：

mySys1 =

　　　　1

　(s^2 + s + 1)

传输网络函数的增益为：　　　1

传输网络函数的零点如下：

Z =

　　Empty matrix：0-by-1

传输网络函数的极点如下：

```
P =
  -0.500 0 + 0.866 0i
  -0.500 0 - 0.866 0i
```

  传输网络函数的零极点图、传输网络函数的波特图、传输网络函数的时域单位阶跃响应图如图 5-10-6 所示。

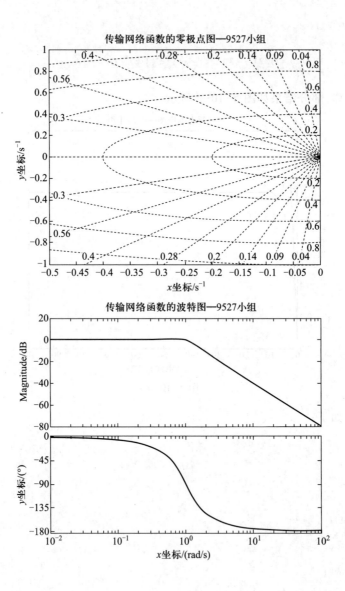

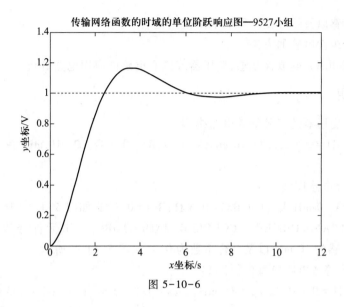

图 5-10-6

三、实验任务

1. 熟悉电路矩阵方程和分析的基本原理,在所附 MATLAB 计算程序的基础上扩充理想运放、回转器、负阻变换器等器件,形成能够计算直流、交流、s 域、ω 域和时域电路问题的程序。

2. 充分利用 MATLAB 在图形表达和 s 域分析等方面的优势,扩充程序功能。

3. 编写简单的界面,形成属于自己的交互式分析程序。

4. 完成各种类型的电路分析测试题。

四、预习思考及注意事项

1. 学习电路方程矩阵形式的相关理论。

2. 了解 MATLAB 中 s 域分析的使用方法。

3. 通读所附 MATLAB 程序,对照 MATLAB 简介,根据注释,理解各语句的作用和意义。

五、报告要求

1. 总结所编写程序的功能和使用说明;

2. 列出所测试的题目、结果并说明计算结果正确与否。

5.11　仿真实验9　基于 Multisim 实现互感、变压器和非线性电感

一、实验目的

1. 了解 Multisim 中变压器的内部电路模型。

2. 掌握耦合电感以及线性变压器的电路模型化表示。

3. 了解模拟非线性电感的方法。

4. 学会应用 Multisim 模拟含互感、变压器或铁心电感的应用电路分析。

二、原理说明

1. 互感或线性变压器的三种等效电路模型

某互感参数为 R1 = 0.5 Ω,L1 = 90 mH,k = 0.9,R2 = 0.3 Ω,L2 = 10 mH,在 Multisim 中可用下述三种模型来模拟。

模型 1——耦合电感模型

L4 = 90 mH,L5 = 10 mH,k = 0.9,Rs3 = 0.5 Ω,Rs4 = 0.3 Ω,如图 5-11-1 所示。

选择 Basic → TRANSFORMER → COUPLED_INDUCTORS,双击元件修改一次线圈电感为 90 mH、二次线圈电感为 10 mH 以及耦合系数为 0.9,如图 5-11-2 所示。

模型 2——T 形等效电路模型(受控源)

Rs1 = 0.5 Ω,LI1 = 9 mH,Lmag = 81 mH,cccs = 1/3,vcvs = 1/3,Rs2 = 0.3 Ω,LI2 = 1 mH,如图 5-11-3所示。

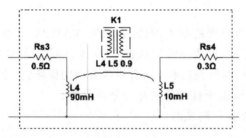

图 5-11-1

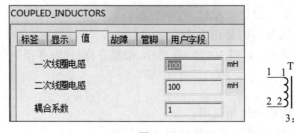

图 5-11-2

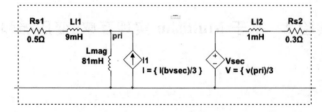

图 5-11-3

器件 Basic→TRANSFORMER→TEMPLATE_1P1S_TMODEL 的 Spice 模型如下,其中 n1,n2, Lmag,Lleakage,Rcoil 可以自定义,将其与上述模型相比,只需修改参数,并串联一次、二次侧的两个电阻即可与之等价。

```
.subckt TEMPLATE_1P1S_TMODEL_TRANSFORMER_1 p1pos p1neg s1pos s1neg
  .param n1 = 10
  .param n2 = 1
  .param Lmag = 50u
  .param Lleakage = 10u
  .param Rcoil = 500m
  *** Primary coil 1
  Llp1 p1pos p1mid {Lleakage}
  Rp1 p1mid p1coil {Rcoil}
  G1 p1coil p1neg value = {-n2/n1 * I(Es1)}
  *** Secondary coil 1
  Lls1 s1pos s1mid {Lleakage}
  Rs1 s1mid s1coil {Rcoil}
  Es1 s1coil s1neg value = {V(p1pos,p1neg) * n2/n1}
  *** Linear core
  Lmag p1coil p1neg {Lmag}
.ends
```

模型 3——非理想变压器

选择 Basic→TRANSFORMER→1P1S,双击进入元件模型参数设置,匝数设为 3∶1,如图 5-11-4 所示。选择非理想铁心,固定电感设为 81 mH;漏电感可以设定为对称 9 mH;电阻自定义为 0.5 Ω、0.3 Ω。

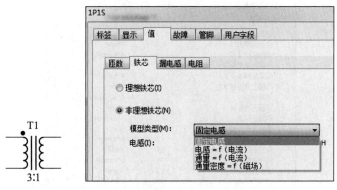

图 5-11-4

2. 额定变压器

选择 Basic→TRANSFORMER_RATED,如图 5-11-5 所示,可以模拟实际的线性变压器。所用的模型仍是 Tmodel。

3. 铁心电感

选择 BASIC_VIRTUAL→MAGNETIC_CORE_VIRTUAL，双击打开模型参数界面如图 5-11-6 所示，输入铁心尺寸和 BH 曲线，可以模拟铁心电感。

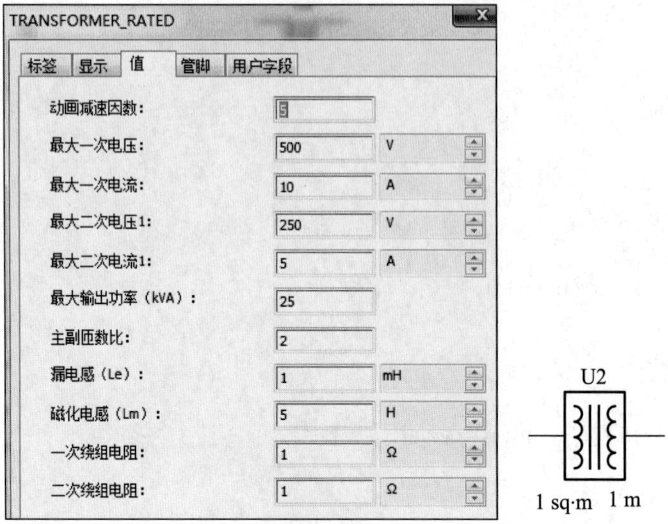

图 5-11-5

图 5-11-6

三、实验任务

1. 结合实验室中的耦合电感参数,进行电路仿真,比较三种模型空载、短路以及带一定大小负载电阻情况下的电压和电流数值。

2. 以耦合电感为非接触供电的核心部件,研究补偿电路与最大功率传输条件以及传输效率之间的关系。

3. 构建非线性电感——镇流器的仿真电路模型,并用其模拟铁磁谐振现象的观测和相关实验。

四、预习思考及注意事项

1. 学习互感、变压器以及磁路的相关理论。

2. 了解 Multisim 的使用方法。

3. 了解 Multisim 中设置 BH 曲线的依据和方法。

五、报告要求

1. 总结 Multisim 模拟互感以及线性变压器的原理和实现方法。

2. 总结 Multisim 模拟铁心线圈的原理和实现方法。

3. 列举需要模拟变压器或非线性电感的应用场合。

第 **6** 章
实验设计与典型实验案例分析

6.1 实验方案的制定

广义的电路实验是为了测试某一电路的功能和特性,而电路原理实验通常是为了观察某种现象、规律或证实检验某种观点或结论而设计的一个测试过程,制定实验方案是至关重要的。为此,首先要论证实验原理、设计实验方法、操作步骤和实验装置,以便获得可靠的实验数据以满足观察、证实或检验的要求。

对于"指定"的电路原理实验,如本教材中大多数的基础规范型实验,表面上看,并不要求进行实验设计,其实验内容、实验电路连同参数、实验方法甚至操作步骤都已详细给定,因此,一次基础规范型的电路实验大致需要完成以下几项工作:

(1)预估测量结果——理论计算或计算机仿真获得待测量的估算值,以便正确选择测量仪器和仪表。

(2)搭建电路——根据电路图连接测量线路,按测试要求连接好测量仪器与实验电路之间的连线。

(3)调试——调准电路参数;发现和排除故障。

(4)测量——按照拟定好的数据记录表格,完整记录测量数据及其相关信息。

(5)数据分析与处理——将测量得到的原始数据进行处理(如画曲线、列表格,计算获得其他感兴趣的量值),对数据加以分析(通常是进行误差分析和回归分析,以便对研究结果下结论),最后给出相关结论。

事实上,每个实验都经历了实验设计的过程,只不过这一过程有时(在大多数基础规范性实验中)是由下达任务者承担,而有时是由实验操作者来完成的。实验设计并不仅仅是提出一种原理或提出一种线路,而是需要综合考虑获得准确测量结果的各种因素,至少需要说明下述内容:

（1）实验的目的与原理。

（2）测量线路,实验装置、仪器设备及其技术指标或规格型号,实验环境的要求。

（3）实验操作步骤及条件。

（4）实验观察的内容,实验的重复次数,测量数据的选择和完整信息记录。

（5）实验数据的处理方法,实验数据的可靠性分析,实验结果的评价。

（6）安全措施。

6.1.1　拟定实验方案的基本原则

实验方案并不是唯一的,受很多因素影响,即使在相同的条件下也可能有多种可行的方案,有时为了比较,一个实验可能采用多个方案。因此,制定实验方案的基本原则是用最少的人力和物力、最快的速度获得符合准确度要求的实验结果。制定实验方案应考虑下述因素:

（1）实验结果的准确度要求

通常,实验的准确度要求在实验任务下达时就已经给定,而基于一定原理和方法的测量,其仪表误差限和方法误差是可以估算的,因此制定实验方案主要考虑被测量的大小、仪表的基本误差、仪表内阻的影响、量程等。

（2）实验设备和元器件的制约

制定实验方案要充分考虑实验室中仪器设备的能力,元器件的实际规格和精度,以及它们在使用中的限制条件。

（3）实验和数据处理方便与否

同一实验要求可以直接测量也可以间接测量,可以单次测量也可以多次测量,还可以根据这个量与其他量的关系测量曲线来获得这个量,因此,操作是否方便、数据量多少是选择实验方案的重要因素。

1. 实验方法选择与实验误差

例 1　电阻的测量方法与测量精度。

与用电线路相连接的电阻称为在线电阻,其测量方法与孤立的器件电阻的测量是不同的。在此,仅以离线电阻的测量为例,说明测量方法的选择。万用表测电阻其准确度为 $10\% \sim 20\%$,用伏安法测量为 $1\% \sim 2\%$,用直流电桥可达 $0.01\% \sim 1\%$ 。测量交流电阻和直流电阻均应尽量在工作状态下测量,否则应考虑测量频率、电源数值以及温度对测量结果的影响。

例 2　功率的测量。

测量某一电阻的功率可以采用① $P = UI$,② $P = RI^2$,③ $P = U^2/R$,④ 功率表直接测量,共四种方法。看起来最后一种属于直接测量,应该更为方便,但是功率表电压线圈的内外接以及测量结果的修正等要求会使测量结果的计算比 $P = UI$ 法更麻烦。

例 3　测量对象的量值大小、性质以及被测电路的参数值均影响测量方法的选择。

以电流的测量为例,中等大小的电流可以用电流表测量,大电流则需要用分流器或电流互感器。非正弦电流或瞬态电流要用特殊的方法,当测量精度要求不高时可以用示波器。

2. 实验条件与测量的准确度

测量误差不仅与测量方法有关,还与测量条件和测量步骤有关。这一点将在下一节的"6.2.3 实验条件与实验的准确度"中详细介绍。

3. 测量样点与测量操作要求

元件特性曲线测量、器件端口特性测量、频率特性曲线测量以及其他关系曲线(功率因数与补偿电容的关系曲线)的测量是利用众多点的测量值,拟合成它们自身复杂函数规律的曲线,拟合的效果取决于测量样点的取值,而测量样点位于特性曲线的不同部位又可能决定了对实验操作的特殊要求。

例 4 二极管特性的伏安测量法。

二极管的正向特性大致可分为三段 OA、AB 和 BC,在 OA 和 BC 段测量点可以设置得较少,AB 段则需要设置足够多的测量点。在 OA 段宜调节电压,BC 段则需调节电流。因此,在电路以及电路参数设计时要妥善处理。例如,对于图 6-1-1 所示测量电路,首先将电阻 R 取得足够大,然后调节电源电压满足测量 OA 段的要求,BC 段的测量可采用给定电压源,减少电阻的方式来测量,或者用可调电流源供电测量。

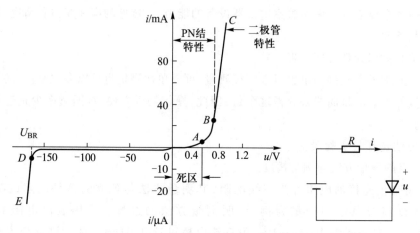

图 6-1-1 二极管特性及其伏安法测量电路

例 5 铁磁谐振特性曲线的测量。

铁心电感的电压电流有效值具有非线性关系,如图 6-1-2 中 U_L 所示,当与一定值的线性电容串联时,其等效的 U-I 特性如图 6-1-2 中 U 所示。在实际系统中,由于线圈中的电阻等原因,这条外特性曲线呈现如图 6-1-3 所示的形状。由于 LC 串联后的交流伏安特性呈现具有负阻段的非线性,因此电路产生自激振荡。这就是铁磁谐振现象。该怎样测量图 6-1-3 所示的外特性曲线呢?

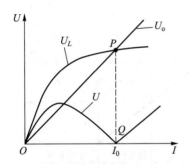

图 6-1-2　理想的铁磁谐振特性曲线

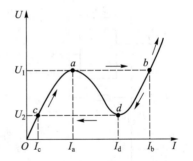

图 6-1-3　实际的铁磁谐振特性曲线

例 6　带通滤波器频率特性测量。

图 6-1-4 为 *RLC* 串联电路中的通用谐振曲线,具有带通特征,其频率特性形状与电路的品质因数 *Q* 值有关;*Q* 越大,曲线越尖锐,带宽越小。测量时,应首先确定谐振点也即中心频率。然后确定上、下截止频率。按照中心频率处电流或电压大小的 10% ~ 20% 来定最低和最高频率,最后在这些点间均匀地插入若干测量点即可。

4. 测量方法与测量线路

完成某一测量任务,有时可能有多种方法,具体选择哪种方法,要根据实验室的条件和测量的精度要求来决定,同时还要考虑测量方法的特殊要求。例如,测量图 6-1-5 所示负阻

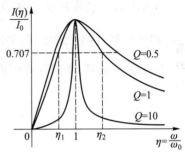

图 6-1-4　带通滤波器频率特性

变换器的等效电阻时,若用万用表测量,要在端口并联一个小电阻,或将运放的两个输入端交换一下后,在端钮 1 处串联个大电阻,再用万用表进行测量。如果采用直流法测量伏安特性,一定要保证直流电源正常工作。当采用交流法观测伏安特性曲线时,则测量信号的大小和频率以及示波器的接法需设置合理。否则,负阻器件的工作条件将会遭到破坏。

例 7　有源负阻伏安特性的测量。

用运算放大器可以构建如图 6-1-5(a)所示的负电阻元件。此时,考虑到运放的非线性特性,其输入端伏安特性为:

当输入电压 $-\dfrac{R_2}{R_1 + R_2}u_{i-} \leqslant u \leqslant \dfrac{R_2}{R_1 + R_2}u_{i+}$ 时,运放工作在线性区,则 $u = -\dfrac{R_2 R_3}{R_1}i$。

当输入电压 $u > \dfrac{R_2}{R_1 + R_2}u_{i+}$ 时,运放工作在正饱和区,则 $u = R_3 i + u_{sat}$。

当输入电压 $u < -\dfrac{R_2}{R_1 + R_2}u_{i-}$ 时,运放工作在负饱和区,则 $u = R_3 i - u_{sat}$。

其中,u_{sat} 为运放的饱和电压,$u_{i+} = u_{sat} = -u_{i-}$。综上所述,图 6-1-5(a)所示电路的特性曲线如图 6-1-5(b)所示。

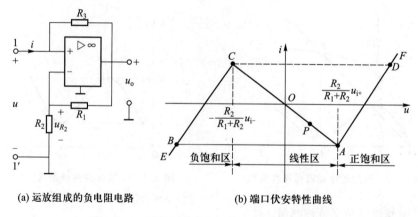

(a) 运放组成的负电阻电路 (b) 端口伏安特性曲线

图 6-1-5 运放组成的负电阻电路及其端口特性

当采用直流法测量负阻时,测量线路如图 6-1-6 所示,外加直流电源 U,测出 U_1 和 I_1(或 U_r),即可得到负阻中的电流,并求出负阻 $R = \dfrac{U_1}{U_r/R_1}$。值得注意的是,R_6 是为保证电源正常工作而并联的电阻,在用直流法测量负阻时不可忽略,其作用是确保对于电源来说的总负载电阻是正值。

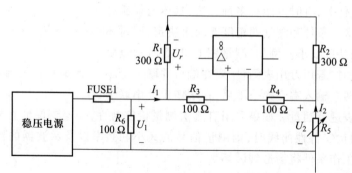

图 6-1-6 直流法测量电路

负阻的交流测量法如图 6-1-7 所示,其中函数信号发生器供给峰-峰值为 $6U_{PP}$ 的低频正弦信号,经过阻值为 500 Ω 的 R_7 接到负阻器两端。将示波器 CH2 通道红表笔接 2 处,黑表笔接地。示波器 CH1 通道红表笔接 1 处,黑表笔接地。CH2 所测即为负阻器输入电压 U_2',通过示波器上 math 的减法功能,实现 CH1 和 CH2 通道的减法,得到 CH1−CH2 电压差 ΔU 即为电阻 R_7 上的电压。调节 R_5,求出 $I = \dfrac{\Delta U}{R_7}$,负阻 $R' = \dfrac{U_2'}{I}$,并记下示波器此时的波形。

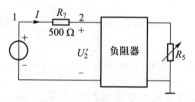

图 6-1-7 交流法测量电路

若要观测负阻的伏安特性,基于图 6-1-7 的接线需要将节点 1 对地电压和节点 2 对地电压波形数据利用示波器的存储功能导出来,在 Excel 中计算获得 U_{12}/R_7 的波形数据,然后画出伏安特性曲线。另一种办法是加上一个减法器,如图 6-1-8 所示,则可在双通道示波器上观测伏安特性曲线。

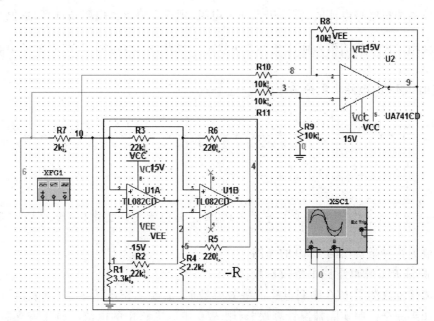

图 6-1-8　观测伏安特性的虚拟实验电路

6.1.2　实验方案的评估

在实验方案比较时,主要考虑实验的准确度、仪器的要求、各种误差因素对实验结果的影响等。在真正实验前若能对各种实验方案先做粗略分析就能淘汰不合适的方案,减轻实验的工作量。另外,利用计算机对可行方案进行仿真和虚拟测试,可以预知实验结果,特别是较为复杂的实验线路,虚拟测试更便于掌握和调整实验参数与实验条件。

1. 近似估测

对于待测电路,除了按照其理想模型和标称值计算出理想值外,可以按照最好情况估计、最坏情况估计、区间估计等近似方法估算结果。

例 8　测量 10 Ω 的电阻,要求测量精度不得低于 1%。

假设,实验室中的数字万用表测量电阻的最低挡位为 200 Ω,准确度为 ±(1% 读数+10 字);直流电压测量准确度为 ±(0.5% 读数+3 字);直流电流测量准确度为 ±(1% 读数+3 字)。按照最好情况考虑,即仅考虑测量仪表的满度误差。若用电阻挡直接测量电阻误差为 1%,实际上,10 Ω≪200 Ω,误差肯定大于 1%。如果采用伏安测量法,其传递误差计算公式为 $\dfrac{\mathrm{d}R}{R} =$

$\frac{1}{R}\left(\left|\frac{\mathrm{d}U}{I}\right| + \left|-\frac{\mathrm{d}I}{I^2}\right|\right) = \left(\left|\frac{\mathrm{d}U}{U}\right| + \left|-\frac{\mathrm{d}I}{I}\right|\right)$ ，则误差为 1.5%。如果考虑伏安法测量时仪表内阻对电压电流读数的影响，则误差更大。因此可以很快排除这两种测量方法。

例 9 采样电阻的估算。

在用示波器测量电路电流时，需要串入一个电阻，理论上要求该电阻精度高，数值小，以保证待测电路不会因采样电阻的引入而改变其工作状态。假设将采样电阻 R_0 与阻抗 Z 串联，且 $\frac{R_0}{Z} = x$ ，如果电路电压不变，电路中电流为原来的 $\frac{1}{\sqrt{1+x^2}}$ 。而

$$\sqrt{1+x^2} = 1 + \frac{1}{2}x^2 - \frac{1}{2\times4}x^4 + \frac{1\times3}{2\times4\times6}x^6 - \frac{1\times3\times5}{2\times4\times6\times8}x^8 + \cdots$$

$$\frac{1}{1+x} = 1 - x + x^2 - x^3 + \cdots$$

所以，$\frac{1}{\sqrt{1+x^2}} \approx 1 - \frac{1}{2}x^2$ ，即电流少了 $\frac{1}{2}x^2 \times 100\%$ 。若电流允许变化 0.5%，则 $x \leqslant 0.1$ 。这就是采样电阻取为待测阻抗模的 1/10 的原因。

例 10 测量 RLC 串联电路的等效参数。

采用交流伏安法测量 RLC 串联电路的等效参数时，需要修正电压表、电流表内阻对测量结果的影响。如果完全按照实际情况计算误差，则 RLC 串联支路中的电流与电压表支路中分得的电流是有相位差的，计算较麻烦；如果按照最恶劣的情况来估算这两个电流的差值则很容易，只要按照同相位来计算即可。

例 11 被测体温升对电阻测量的影响。

测量线圈等效参数时，电阻值的测量结果将对最终测量效果有很大影响，而电阻的测量结果与通入的电流大小以及作用时间有关，也就是说，与线圈的温升有关。而线圈的温升与其电阻、电流值、通电时间、线圈结构、材料、环境温度、周围空间的结构、气流状态等多种因素有关，因此获取工作温升是复杂费时的工作，一般情况下不易测量。此时如果知道最坏的情况，也就是线圈在绝热情况下的温升，就可近似估算测量结果，只要整个实验过程中的绝热温升不超过允许的值，则实验结果就有效。而线圈的绝热温升可以通过公式 $T = \frac{Pt}{cG}$ 计算，其中，T 是重量为 G 的线圈材料在 t 时间内产生热功率 P 对应的温升，c 是材料比热容。

例 12 交流电源波动。

实验室中的交流电源的幅值和频率可能都是时间的函数，但是只要知道其变化量在允许变化的范围之内，就不必在实验中随时测量电源电压，可以忽略其对测量结果的影响。

2. 仿真计算与虚拟测量

实验方案拟定后，一定要估算实验结果，这样既可以掌握实验对设备、仪表量程的要求，也可

预知实验结果,便于在实验过程中及时处理异常情况,节省实验时间。Multisim 软件中既有真实元器件又有万用表、信号源、示波器、波特仪等各种虚拟测试仪器,通过计算机仿真如同进入虚拟实验室,可以很方便地进行各种测试,甚至可以弥补实验室实验手段和实验器材方面的缺陷,是值得深入挖掘广为利用的良好手段。

例 13　伏安法测电阻的虚拟实验。

伏安法测电阻需要注意以下三个问题:

(1) 仪表连接方式

由于测量仪表具有内阻,需要根据被测量电阻的大小确定电压电流表的连接方式。

在图 6-1-9 中,U1 为直(交)流电流表,U3 为直(交)流电压表(indicator 库中),双击仪表可以改变直(交)流属性以及内阻的数值。当 $\dfrac{R_\text{V}}{R_\text{测}} > \dfrac{R_\text{测}}{R_\text{A}}$ 时,用电流表外接法;当 $\dfrac{R_\text{V}}{R_\text{测}} < \dfrac{R_\text{测}}{R_\text{A}}$ 时,用电流表内接法。

(2) 要加可调电阻对测量线路进行保护

一般采用滑线变阻器(或可调电阻)进行保护,滑线变阻器有两种连接方式:限流电路或分压电路(如图 6-1-10),限流式可省一个耗电支路;分压式电压调节范围大,应根据需要选用。

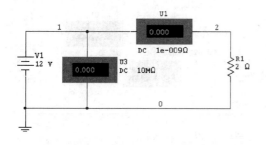

图 6-1-9　伏安法测电阻的虚拟实验线路

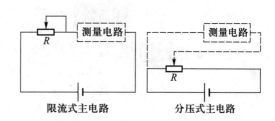

图 6-1-10　滑线变阻器两种连接方式

① 负载电阻的阻值 R_X 远大于变阻器总电阻 R 时,须用分压式电路。

② 要求负载上电压或电流变化范围较大,且从零开始连续可调时,须用分压式电路。

③ 负载电阻的阻值 R_X 小于变阻器的总电阻 R 或相差不多,且电压电流变化不要求从零调起时,应采用限流接法。

④ 两种电路均可使用的情况下,应优先采用限流式接法,因为限流接法总功耗较小。

⑤ 特殊问题中还要根据电压表和电流表量程以及允许通过的最大电流值来反复推敲,以安全、准确、方便为原则。

(3) 电源及仪表的选用

仪器的选择一般应考虑三方面因素:

① 安全因素,如通过电源和电阻的电流不能超过其允许的最大电流。

② 误差因素,如选用仪表量程应考虑尽可能减小测量值的相对误差;电压表、电流表在使用时要尽可能使指针接近满量程,其指针应偏转到满刻度的 2/3 以上;使用欧姆表时宜选用指针尽可能在中间刻度值附近的倍率挡位。

③ 便于操作,如选用滑线变阻器时应考虑对外供电电压的变化范围既能满足实验要求又便于调节,在调节滑线变阻器时应使其大部分电阻线都用到,否则不便于操作。连接各元件,一般先从电源正极开始,按顺序以单线连接方式将主电路中要串联的元件依次串联起来,其次将要并联的元件再并联到电路中去。

图 6-1-11 所示结果为仪表基本理想的情况下测得的电压和电流,计算可得待测电阻的大小为 $\dfrac{3.999\ \mathrm{mV}}{1.999\ \mathrm{mA}} = 2.000\ 5\ \Omega$,与所用电阻的大小一致。

若用实验室中的直流数字电压表(内阻 1 MΩ)和直流数字电流表(内阻 0.1 Ω),则由图 6-1-12 所示测量数据可得待测电阻的大小为 $\dfrac{4.199\ \mathrm{mV}}{1.999\ \mathrm{mA}} = 2.100\ 55\ \Omega$ 。若用实验室中的直流微安表(内阻 5 Ω)代替直流数字电流表(内阻 0.1 Ω),则由图 6-1-13 所示测量数据可得待测电阻的大小为 $\dfrac{14\ \mathrm{mV}}{1.998\ \mathrm{mA}} = 7.007\ \Omega$ 。

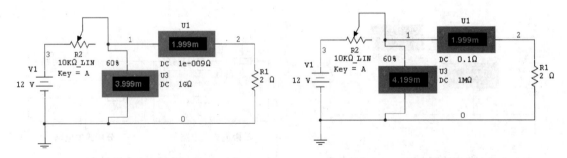

图 6-1-11 理想仪表   图 6-1-12 非理想仪表测量结果 1

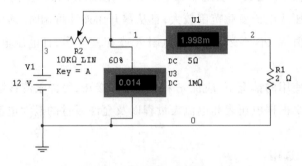

图 6-1-13 非理想仪表测量结果 2

对图 6-1-13 的测量数据进行修正,电流和电压应该为

$$1.998 \text{ mA} + \frac{I \cdot R_\text{A}}{R_\text{eq}} = \left(1.998 + \frac{1.998 \times 5}{\dfrac{6\ 000 \times 1\ 000\ 000}{6\ 000 + 1\ 000\ 000} + 2}\right) \text{mA} = 1.999\ 67 \text{ mA}$$

$$\left(14 \text{ mV} + \frac{V}{R_\text{V}} R_\text{eq}\right) \frac{R}{R + R_\text{A}} = \left(14 + \frac{14}{1\ 000\ 000} \times \frac{7 \times 6\ 000}{6\ 000 + 7}\right) \times \frac{2}{2 + 5} \text{ mV} = 4.000\ 03 \text{ mV}$$

利用修正后的电压和电流可求得待测电阻为

$$\frac{4.000\ 03 \text{ mV}}{1.999\ 67 \text{ mA}} = 2.000\ 345\ \Omega$$

与理想值一致。可见,仪表内阻在某些情况下对测量结果影响很大,对测量数据进行修正是必要的。

例 14　直流电源外特性的虚拟测试。

方法一:逐点测量

图 6-1-14 所示是伏安法测量直流电源外特性的虚拟实验,调整可变电阻,记录电压表和电流表的读数即可得到待测的伏安特性曲线。

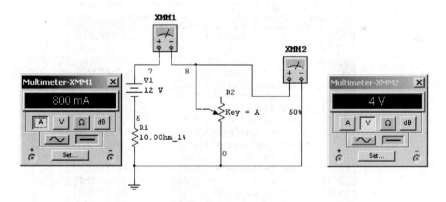

图 6-1-14　逐点测量

方法二:参数扫描

按照图 6-1-15(a)~(d)进行 Multisim 仿真设置,以 R1 为变量进行参数扫描分析,以节点 1 的电压近似代表 R1 的电压,节点 2 的电压为采样电阻上的电压。将扫描分析所得的结果[如图 6-1-15 (e)中的数据]导出,用 origin 可画出外特性曲线如图 6-1-16。

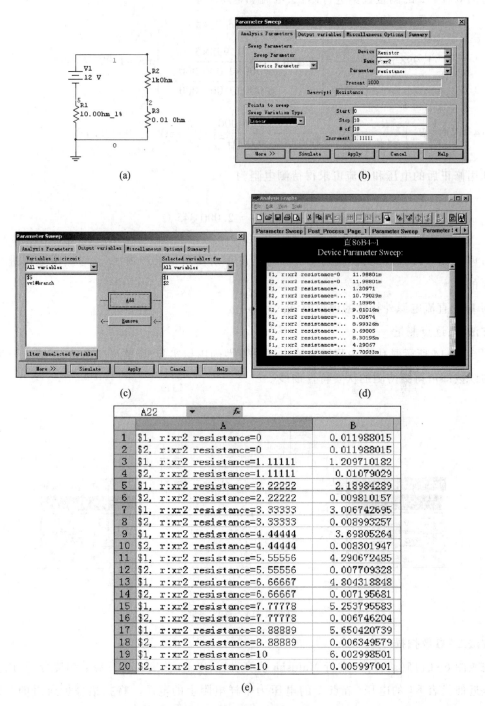

图 6-1-15 直流电源外特性的虚拟实验

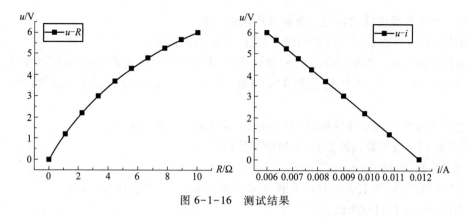

图 6-1-16 测试结果

例 15 电路参数对直流电源工作条件的影响。

实验室中的稳压稳流源只能发出功率,一旦因外电路工作条件导致电压源短路或吸收功率的情况发生,电源的工作状态和示数就会异变。如图 6-1-17(a)所示电路,当负载短路时,电流源两端的电压极性[图 6-1-17(b)]表明该电源处于吸收功率的状态,在实验室中电压源示数会发生异变。此时,除了搞清楚为什么电源示数会发生异变外,还应在实验开始之前了解什么样的电路参数下,哪个电源的示数可能发生异变,以及怎样测量电源示数异变电路中的电压和电流。利用仿真软件可以在进行实验前有效地解决上述问题。

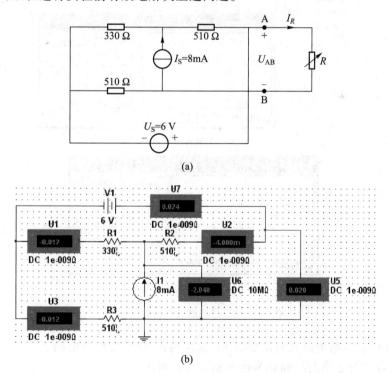

图 6-1-17 电源工作异常的虚拟实验

例 16　频率特性曲线的测量以及滤波电路的仿真。

利用波特仪可以观察网络函数的频率特性,主要步骤如下:

① 波特仪的"in+"接输入端,"out+"接输出端,两个"-"相连并接至地,也可以置空。

② 幅频特性中 Y 轴用线性标尺 Lin 幅值(F 为终止值,I 为起始值),X 轴用对数坐标 Log 频率。

③ 相频特性中 Y 轴用线性标尺 Lin 角度,X 轴用对数坐标 Log 频率。

也可以采用交流参数扫描分析,求取频率特性:

① 设置分析变量为输出节点电压。

② 设置频率变量,设置频率扫描范围,扫描类型为 Decade,纵坐标为 Linear。

③ 选择交流分析得到曲线。

图 6-1-18 为使用波特仪测量得到的带通滤波器频率特性。

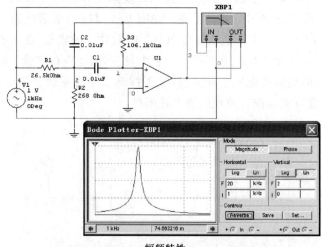

幅频特性

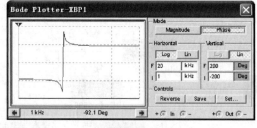

相频特性

图 6-1-18　带通滤波器的频率特性

图 6-1-19 所示电路为研究有源低通 RC 滤波器通、阻带特性的电路。

① 用波特仪可观察电路的幅频特性和相频特性曲线。

② 按空格键将开关接到两个正弦交流信号源上。示波器上可以看到两个波形:输入波形

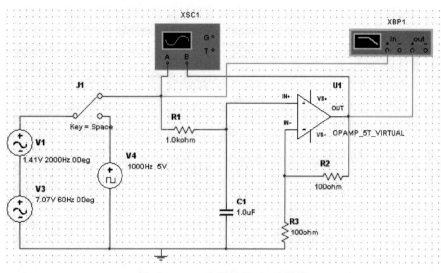

图 6-1-19　有源低通 RC 滤波器

为 60 Hz 正弦波与 2 kHz 较小幅度正弦波的叠加波形;在输出波形中,2 kHz 正弦波成分已经基本上被滤除。

　　③ 按空格键将开关接到方波信号源上。改变输入方波的频率,可以看到输出波形的形状发生变化。当方波频率足够高时,输出波形成为三角波,这也说明了电路的低通特性。

　　利用带通滤波器的选择性和通频带的特点可以设计选频电路。例如,使用 RLC 设计选频网络,从方波中分别提取若干次谐波。将提取出的谐波重新合并,通过频谱分析比较合并后的波形与原始方波的区别。图 6-1-20(a)所示电路是能够近似实现上述功能的一种简单结构,其中并联支路数以及每条支路上的元件参数根据需要选择的频率值(比如说分别为基波、三次、五次谐波等)来决定,在每条支路上的电阻上可测得预期频率的波形。$u_2(t)$ 为合成后的波形。图 6-1-20(b)和(c)分别为任意选择的一组参数及其仿真结果。也可以根据频率分解和合成的基本原理设计新的实验电路。

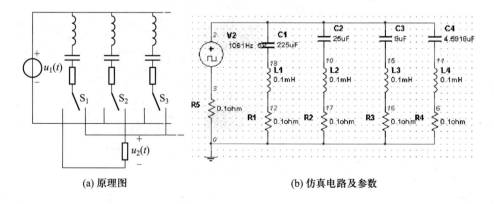

(a) 原理图　　　　　　　　　　　　　(b) 仿真电路及参数

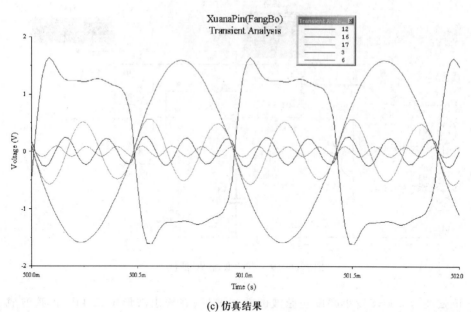

(c) 仿真结果

图 6-1-20 选频电路

例 17 三相电路的研究。

在三相电路的软件仿真过程中,首先需要构造三相电源并保存为一个子电路,作为一个器件使用,如图 6-1-21(a)所示,其方法如下:

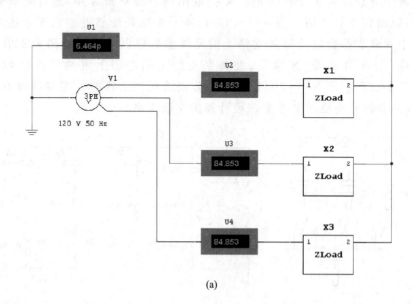

(a)

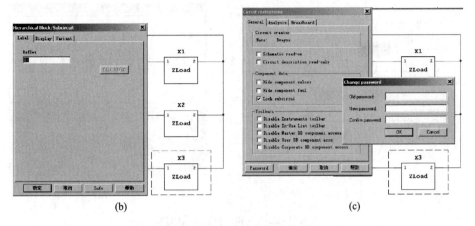

(b)

(c)

图 6-1-21　三相电源与负载

　　选择三个正弦信号源(频率 50 Hz、有效值 120 V、相位互差 120°),在 Multisim 中构建三相四线制电源,点击菜单栏的 Edit 中的 Select All 项,或者用Ctrl+A键选中全部电路。点击菜单栏 Place 中的 Place a Subcircuit 项,弹出子电路命名框,填写名称,确认回车后整个电路缩变为子电路,将其存盘以便以后调用。

　　负载复阻抗也可以作为子电路保存,并可设置密码密封起来,因此可以利用此功能组成只有建立负载的人才知道的内部元件及其结构,由其他人通过外电路的各种测试,推断出内部的结构或等效参数。图 6-1-21(b)和(c)为上述功能的实施过程。

　　用市电电压甚至更高的电压进行实验,安全是十分关键的,采用虚拟测试可以做一些有潜在危险的实验,比如说,模拟三相电路短路故障等,如图6-1-22 所示。图(a)和(b)分别对应于正常的三相对称 Y0-Y0 电路及其线电压波形,而图(c)和(d)对应于 B 相负载短路后无中线时的电路及其线电压波形。

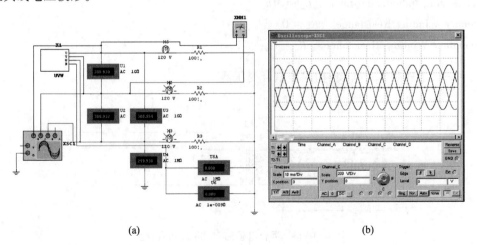

(a)

(b)

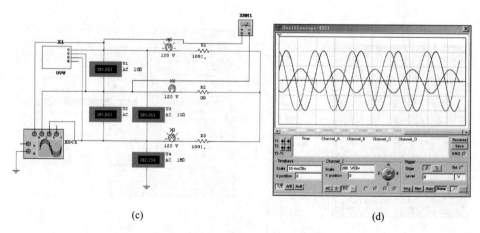

(c)

(d)

图 6-1-22 三相电路的虚拟实验

例 18 耦合电感与双调谐电路频率特性的测量。

为了模拟实验室中含耦合电感电路的实验过程,比如说,耦合谐振或非接触电能传输,需要在 Multisim 中构建所需的耦合电感器件。

假设,实验测得实验室中耦合电感线圈的参数为:$R_1 = 17.9\ \Omega$,$R_2 = 23.2\ \Omega$,$L_1 = 82.2\ \text{mH}$,$L_2 = 22.5\ \text{mH}$,$M = 16.7\ \text{mH}$。在 Multisim 中,耦合电感线圈用变压器 T_1(Basic→BASIC_VIRTU-AL→TS_VIRTUAL)与两个电感 L_{11}、L_{21} 以及两个电阻 R_1 和 R_2 共同表示,其中,变压器元件的参数有 5 个(n, L_e, L_m, R_p, R_s),如图 6-1-23 所示。这些参数与耦合电感线圈参数(R_1, R_2, L_1, L_2, M)之间的关系如下:

Primary-to-Secondary Turns Ratio $\quad n = \dfrac{M}{L_{20}}$

Leakage Inductance(Le) $\quad L_e = L_{10} - L_m$

Magnetizing Inductance(Lm) $\quad L_m = Mn$

Primary Winding Resistance $\quad R_p = 0$

Secondary Winding Resistance $\quad R_s = 0$

$L_{10} = \dfrac{M^2}{L_{20}}$,也就是 L_{10}、L_{20}、M 构成全耦合变压器。

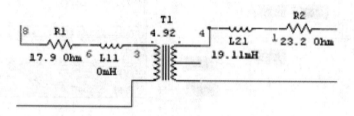

图 6-1-23 耦合电感的 Multisim 仿真模型

$$L_{11} = L_1 - L_{10}, \quad L_{21} = L_2 - L_{20}$$

若取 $L_{10} = 82.2$ mH，则根据全耦合变压器可求得 $L_{20} = 3.39$ mH，进一步求得 $L_{11} = 0$，$L_{21} =$ $(22.5 - 3.39)$mH $= 19.11$ mH，$L_e = 0$，$L_m = 82.2$ mH，按下述方法可建立耦合线圈元件：

首先在 BASIC_VIRTUAL 中找到 TS_VIRTUAL，双击进入参数设置菜单（如图 6-1-24 所示），设置 TS_VIRTUAL 参数；然后在 TS_VIRTUAL 元件的两端各加一个电阻和电感 $R_1 = 17.9$ Ω、$L_{11} = 0$ 和 $R_2 = 23.2$ Ω、$L_{21} = 19.11$ mH。

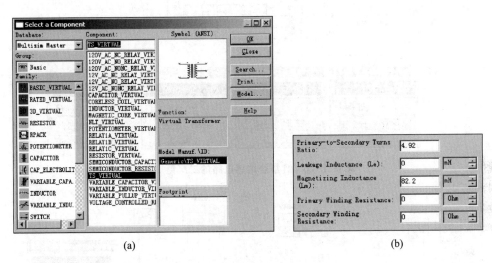

(a)　　　　　　　　　　　　　　　　(b)

图 6-1-24　虚拟互感的设置

将此耦合电感线圈的一次侧加 50 Hz 有效值为 4.39 V 的电压源，二次侧开路，测得一次侧电压、电流和二次侧开路电压如图 6-1-25 所示，从图中可见，对应于二次侧开路，当一次侧加 50 Hz 正弦电压 $U_1 = 4.39$ V 时，所得一次侧电流和二次侧开路电压，与测量结果基本相符。

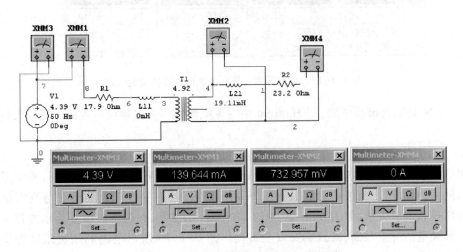

图 6-1-25　含耦合电感电路的二次侧开路

由二次侧的开路电压和短路电流(如图 6-1-26),可以求得二次侧输出等效阻抗模为 732.957/29.874 Ω = 24.535 Ω。若在二次侧接负载,且负载为可变电阻(如图 6-1-27),当其电阻为 50 Ω×49% = 24.5 Ω 时,负载上获得最大功率,此功率值为 5.569 mW。

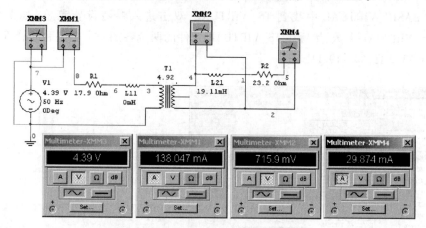

图 6-1-26 含耦合电感电路的二次侧短路

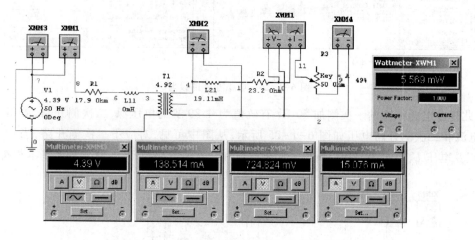

图 6-1-27 变压器耦合最大功率传输虚拟实验线路

图 6-1-28 是耦合谐振电路,用 Multisim 中的虚拟仪器——波特仪可观测电压放大倍数的幅频特性。

例 19 负阻抗变换器将容性阻抗转换为感性阻抗。

在 Multisim9.0 以上版本中,使用电流探头,可以在不接入采样电阻的情况下,非常方便地观察一端口网络的电压、电流波形,如图 6-1-29 所示。另外,一些虚拟仪器具有与真实示波器非常相近的面板和调节方法,如图 6-1-29 中的 TDS2024 示波器,利用该虚拟泰克示波器学习操作可以弥补实验室的时空限制,既真实又安全方便。图 6-1-29 所示电路利用负阻抗变换器将容性阻抗转换为感性阻抗。

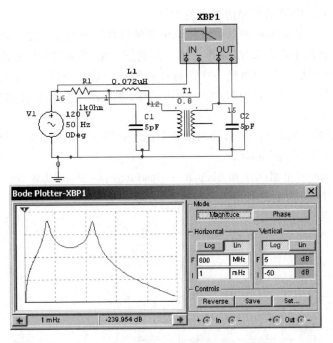

图 6-1-28　耦合谐振电路频率特性的虚拟测试

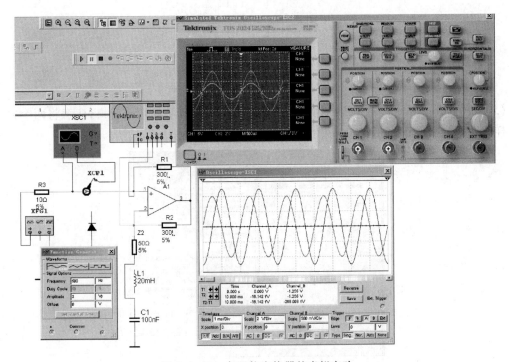

图 6-1-29　负阻抗变换器的虚拟实验

例 20 在 Multisim 中使用音频信号源的方法。

在 Multisim 中,虚拟话筒和扬声器可以在调试音频信号处理电路直接听到语音效果,这里介绍一种通过外录语音(为数字声音文件)来作为仿真音频信号源,并通过耳机或音箱播出的方法。

(1) 首先打开计算机的控制面板→声音与音频设备→音频→录音→音量。

(2) 在新弹出的"录音控制"窗口中,选项→属性,在显示下列音量控制中保证"波形输出混音"选中,然后点击"确定"。

(3) 在"录音控制"窗口中,"波形输出混音"下选中"选择",然后关闭该窗口。以上操作使系统的录音系统工作在"内录"的状态。

(4) 打开 Multisim,在电路图添加 Simulate →Instruments →LabVIEW Instruments →Microphone 和 Speaker。如图 6-1-30 所示的典型电路连接。

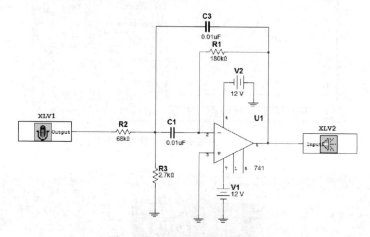

图 6-1-30 虚拟话筒和扬声器

(5) 双击 Microphone 和 Speaker 模块,得到图 6-1-31 所示的两个窗口,注意将两个窗口中的采样率和采样时间设为相同。

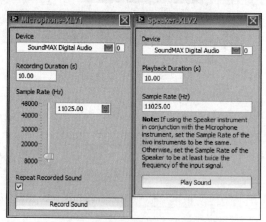

图 6-1-31 虚拟话筒和扬声器的设置

（6）在点击 Record Sound 前请先播放音乐或语音文件,确保录音期间在耳机或扬声器中听到音乐或语音。Mircrophone 程序将记录 Record Sound 按钮按下后系统所播出的声音。

（7）然后在 Multisim 中进行仿真,仿真结束后在 Speaker 窗口中点击 Play Sound 可以听到经系统处理后的声音信号。

例 21　混沌现象的仿真。

20 世纪物理学中最重大的理论是相对论、量子论和混沌论。这三大理论都是对牛顿、拉普拉斯决定论的某种否定:相对论否定了时间、空间的绝对性,解决了高速运动问题;量子论否定了粒子与波的绝对性,解决了微观粒子运动的问题;混沌论则否定了可预见的绝对性,解决了非线性运动的问题。物理学从决定论占统治地位走向决定论、随机论、混沌论三分天下的局面,这是人类对自然规律认识的又一个重大飞跃。声音保密、图像保密均为利用混沌实现工程应用的实例。下面将以蔡氏电路为例,介绍系统由直流平衡态过渡到混沌态的过程。

图 6-1-32 为产生混沌的典型电路——蔡氏电路,该电路由两个有源负阻（集成运放 TL082、$R_1 = 3.3\ \text{k}\Omega$、$R_2 = R_4 = 22\ \text{k}\Omega$、$R_6 = R_5 = 220\ \Omega$、$R_7 = 2.2\ \text{k}\Omega$）并联作为非线性电阻,其伏安特性通过图 6-1-33 的测量线路,得到如图 6-1-34 所示形状的曲线。非线性电阻与 $L_1(= 23.3\ \text{mH})$、$R_8(= 15.1\ \Omega)$、$C_1(= 10.25\ \text{nF})$、$C_2(= 100\ \text{nF})$、$R_9(= 1.4\ \text{k}\Omega)$ 组成的电路连接,构成蔡氏电路。当图中 R_3 大于 620 Ω 时,系统处于直流平衡态。当 R_3 从 620 Ω 逐渐减少至 0 时,电路由直流平衡态经周期倍增分叉到 Hopf 分叉形成的类似于 Rossler 吸引子,然后再过渡到双涡卷状的 Chua 吸引子直至大极限环的全过程,仿真结果如图 6-1-35 和图 6-1-36 所示。

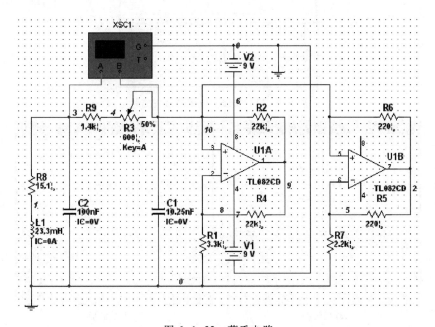

图 6-1-32　蔡氏电路

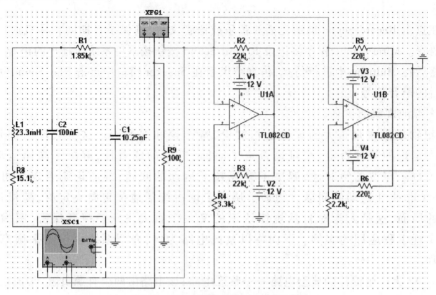

图 6-1-33 测量非线性电阻的电路

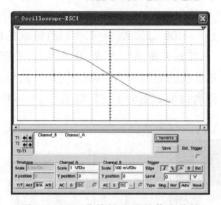

图 6-1-34 非线性电阻的伏安特性

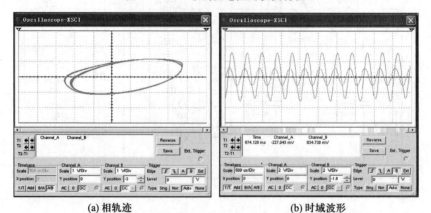

(a) 相轨迹   (b) 时域波形

图 6-1-35 周期 $2[R_3 = (1.4 + 0.6 \times 100\%)\ k\Omega]$

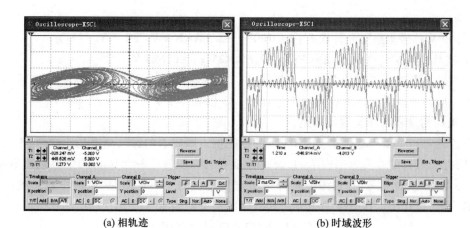

(a) 相轨迹　　　　　　　　　　　　　(b) 时域波形

图 6-1-36　Chua 吸引子 $[R_3 = (1.4+0.6×90\%)\ \mathrm{k}\Omega]$

6.2　实验器件与设备的选择

6.2.1　器件的标称值、工作条件与电路模型

标称值不是元件的真值或"理论值",因此在选用元件时,不仅要看标称值,还要考虑其准确度。例如,同样阻值的电阻,所用的材料不同,精度有很大区别,碳膜电阻的允许公差有 ±20% 或更大,电解电容的公差可能为 50%~200%。

一个 0.5 级 25 V 量程的电压表和一只量程为 200 V、准确度为(0.05%x+2 个字)的数字表,在测量 25 V 以内电压时准确度是一样的。

不同仪表的准确度表示方法有所不同。机电仪表的极限误差表示为 $a\%$ × 满刻度 ,而数字仪表则会表示成($a\%x$+几个字)。

6.2.2　仪表量程与内阻

1. 采用准确度不同的万用表测量同一个电压所产生的误差

例 22　有一个 10 V 标准电压,用 100 V 挡、0.5 级和 15 V 挡、2.5 级的两块电压表测量,问哪块表测量误差小?

解　第一块表测量的最大绝对允许误差 $\Delta x_1 = ±0.5\%×100$ V $= ±0.50$ V。

第二块表测量的最大绝对允许误差 $\Delta x_2 = ±2.5\%×15$ V $= ±0.375$ V。

在选用万用表时,并非准确度越高越好。只有正确选择量程,才能发挥万用表潜在的准确度。

2. 用一块万用表的不同量程测量同一个电压所产生的误差

例 23　准确度为 2.5 级的某万用表,选用 100 V 挡和 25 V 挡测量一个 23 V 标准电压,问哪一挡误差小？

解 100 V 挡最大绝对允许误差：$\Delta x(100) = \pm 2.5\% \times 100$ V $= \pm 2.5$ V。

25 V 挡最大绝对允许误差：$\Delta x(25) = \pm 2.5\% \times 25$ V $= \pm 0.625$ V。

用不同量程测量所产生的误差是不相同的。在满足被测信号数值的情况下，应尽量选用量程小的挡。应使被测电压指示在万用表量程的 2/3 以上。

3. 电阻挡的量程选择与测量误差

电阻挡的每一个量程都可以测量 $0 \sim \infty$ 的电阻值。欧姆表的标尺刻度是非线性、不均匀的倒刻度，是用标尺弧长的百分数来表示的，而且各量程的内阻等于标尺弧长的中心刻度数乘倍率，称作"中心电阻"。也就是说，被测电阻等于所选挡量程的中心电阻时，电路中流过的电流是满度电流的一半，指针指示在刻度的中央。其准确度用下式表示：

$$R\% = (\Delta R / \text{中心电阻}) \times 100\%$$

6.2.3 实验条件与实验的准确度

实验条件包含两个方面的内容：一是实验设备和实验原理对工作环境的要求；另一方面是指实验应具备的条件和测试方案。前者所涉及的工作环境包括温度、湿度、屏蔽、隔离电源电压、容量等，以及被测量是"地浮"还是"共地"，接地电阻多大等。从下面几个实例，可以看到测量条件对实验准确度的影响，只有在满足条件的情况下，才可获得较高精度的测量结果。

例 24 电压三角形法测量无源一端口网络等效参数，满足一定条件，测量误差最小。

电压三角形法的测量原理如图 6-2-1(a) 所示，其中 R_1 为一已知电阻，Z_2 为交流无源一端口网络的等效阻抗（假设为容性网络），且 $Z_2 = z_2 \underline{/-\varphi} = R_0 - jX_0$，$\varphi > 0$，$X_0 > 0$。用电压表分别测量电压 U、U_1、U_2 的值，然后根据三个电压值绘出电压相量图，如图 6-2-1(b) 所示。根据相量图有

$$\cos\varphi = \frac{U^2 - U_1^2 - U_2^2}{2U_1 U_2}$$

于是

$$R_0 = \frac{U_2 \cos\varphi}{I} = \frac{U^2 - U_1^2 - U_2^2}{2U_1 I} = \frac{U^2 - U_1^2 - U_2^2}{2U_1^2} R_1$$

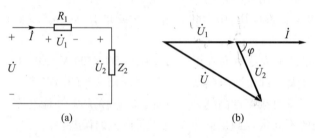

(a)　　　　　　　　　　(b)

图 6-2-1　电压三角形法测量交流无源一端口网络等效参数

$$X_0 = \frac{U_2 \sin \varphi}{I} = \frac{U_2 \sqrt{1 - \cos^2 \varphi}}{I} = \frac{U_2}{U_1} R_1 \sqrt{1 - \left(\frac{U^2 - U_1^2 - U_2^2}{2 U_1 U_2}\right)^2}$$

可得到

$$\frac{\mathrm{d}R_0}{R_0} = \frac{1}{U^2 - U_1^2 - U_2^2} \left[2U^2 \frac{\mathrm{d}U}{U} + (U_2^2 - U^2 - U_1^2) \frac{\mathrm{d}U_1}{U_1} - 2U_2^2 \frac{\mathrm{d}U_2}{U_2} \right] - \frac{\mathrm{d}I}{I}$$

$$\frac{\mathrm{d}X_0}{X_0} = -\frac{\mathrm{d}I}{I} - \frac{U^2 \cos \varphi}{U_1 U_2 \sin^2 \varphi} \frac{\mathrm{d}U}{U} + \frac{U_1 + U_2 \cos \varphi}{U_2 \sin \varphi \tan \varphi} \frac{\mathrm{d}U_1}{U_1} + \frac{U_1 + U_2 \cos \varphi}{U_1 \sin^2 \varphi} \frac{\mathrm{d}U_2}{U_2}$$

当假设 Z_2、U_2、$\dfrac{\mathrm{d}I}{I}$、$\dfrac{\mathrm{d}U}{U}$、$\dfrac{\mathrm{d}U_1}{U_1}$、$\dfrac{\mathrm{d}U_2}{U_2}$ 不变(即电压表与电流表的相对误差不随 R_1 而变)时,我们进一步得到

$$\frac{\mathrm{d}}{\mathrm{d}R_1}\left(\frac{\mathrm{d}R_0}{R_0}\right) = \frac{4IU_2 \cos \varphi}{(U^2 - U_1^2 - U_2^2)^2} \left[(U_1^2 - U_2^2) \frac{\mathrm{d}U}{U} - U_1^2 \frac{\mathrm{d}U_1}{U_1} + U_2^2 \frac{\mathrm{d}U_2}{U_2} \right]$$

$$\frac{\mathrm{d}}{\mathrm{d}R_1}\left(\frac{\mathrm{d}X_0}{X_0}\right) = \frac{I \cos \varphi}{U_1^2 U_2 \sin^2 \varphi} \left[(U_2^2 - U_1^2) \frac{\mathrm{d}U}{U} + U_1^2 \frac{\mathrm{d}U_1}{U_1} - U_2^2 \frac{\mathrm{d}U_2}{U_2} \right]$$

如果电压表的内阻足够大,以至于可以忽略其对测量结果的影响,用两块同样规格电压表的同一量程(或者一块表的同一量程)测量 U_1 和 U_2,则可保证仪表误差具有相同的性质。由上两式可以看出,当调节 R_1 的值,使电路满足$U_1 = U_2$时,等效参数中电阻和电抗部分的测量误差将达到最小。如果我们使用同一电压表的同一量程测量 U_1 和 U_2,并且电压表有足够高的重复性,则当 $U_1 = U_2$,就有 $\mathrm{d}R_0/R_0$ 和 $\mathrm{d}X_0/X_0$ 取得最小值。换句话说,如果采取 $R_1 = |Z_2|$ 措施,就可以得到测量 R_0 和 X_0 的相对误差最小。

例 25　开路电压法测量磁耦合线圈的互感系数,改变实验条件可以改善不确定度。

开路电压法测量磁耦合线圈的互感系数及其相对误差分别为

$$M = \frac{U_2}{\omega I} = \frac{R U_2}{\omega U_1}$$

$$\frac{\mathrm{d}M}{M} = \frac{\mathrm{d}U_2}{U_2} - \frac{\mathrm{d}U_1}{U_1} + \frac{\mathrm{d}R}{R}$$

R 为一次侧线圈(加电侧)的串联电阻,I 和 U_1 为其电流和电压,U_2 为二次侧线圈开路电压。实验室现有交流电压表和万用表均为 1 级,仅考虑仪表的基本误差,该测量结果的不确定度为

$$\frac{\mathrm{d}M}{M} = \left| \frac{\mathrm{d}U_2}{U_2} \right| + \left| -\frac{\mathrm{d}U_1}{U_1} \right| + \left| \frac{\mathrm{d}R}{R} \right| = 2 \times 1\% + 1\% = 3\%$$

若在实验中,取 $U_1 = U_2$,则电压表的定值误差性质相同,就会被抵消,则不确定度可达 1%。

例 26　实验操作步骤对实验结果的影响。

实验的操作步骤不仅对实验设备安全和实验顺利进行十分关键,而且会影响到实验的结果。要保证实验设备和人身安全,必须养成良好的操作习惯。

例如,使用数字万用表,须考虑:电池电压是否满足测量要求;指针的零位是否正确;功能类别以及量程的挡位是否合理;测量方式是并联还是串联,是离线还是在线;用毕关闭电源开关。

例如,为保证实验安全,需要直流供电电路时,其实验步骤应该如下:

(1) 置各元件参数于设计值(或检测各元件);

(2) 调节直流电源输出至有源器件所要求的电压,关闭电源;

(3) 按实验线路连线;

(4) 打开直流电源;

(5) 调试静态工作点;

(6) 接入信号进行相关测量。

例 27 电工法测电感线圈自感系数。

采用下述步骤测量电感线圈参数:

(1) 用直流法测定直流电阻 $R = \dfrac{U_-}{I_-}$;

(2) 工频交流电源测量线圈两端电压和电流,计算得到 $Z = \dfrac{U_\sim}{I_\sim}$;

(3) $L = \dfrac{1}{\omega}\sqrt{Z^2 - R^2}$。

此时,由于(1)和(2)两步中测定线圈的电流不同、顺序不同、通电的长短不同会使二次测量时线圈的温度不同,从而使 L 的值产生附加误差。如果在实验室设备条件许可的情况下,采取下列措施可以使误差降低:

措施1:用交流电桥直接测量电感。

措施2:使测量 R 时的电流与测量 L 时的交流电流有效值相等,并且使线圈温升均达到热平衡,这样可以消除温度引起的误差。

措施3:加快实验速度,使线圈发热少,线圈温度基本保持周界温度。

措施4:先测交流电压和电流,然后用电桥多次测量 R,记录测量时刻,将测量数据画成 R-t 曲线,外推至 $t = 0$(交流测量时刻)的 R 值。

措施5:用电流表、电压表和功率表同时测量 R 和 L。

简单起见,也可将操作步骤修改为测电阻 R_1—测阻抗 Z—再测电阻 R_2,用 $R = \dfrac{1}{2}(R_1 + R_2)$ 计算电阻值。另外,电感的大小与线圈中电流的大小是有关系的,我们实验室的互感线圈中的小线圈允许电流 300 mA,但是在测量中发现,当电流大于 140 mA 后,电感会发生突变,从而呈现非线性。

由此例可见,测量条件(电路参数)、测量速度、测量步骤的顺序均会影响实验的效果,从而说明实验过程的记录对实验数据的分析和处理十分重要。

6.3　实验数据的选择及其分析与处理

实验设计中有关实验数据的考虑主要包括数据的选择、数据重复测量次数的确定、数据相关性的判定和措施、测试样点的布置等,而实验数据的分析和处理是判定实验效果的关键,只有经过实验数据处理才能得到直观的表述和说明其实质的结果,才能进一步给出相关结论。

6.3.1　实验数据的选择

实验数据的选择主要考虑在某种测量方法、测量线路以及设备条件下,单次测量在什么样的电路条件下可得好的结果,多次测量重复次数多少才合适,有限测量点的分布规律等。

1. 单次测量数据的选择

例 28　用图 6-3-1 所示电路按伏安法测 100 Ω 电阻。假设电阻的允许电流为 60 mA,直流稳压源 0~30 V,允许电流 500 mA,用附录所示万用表测量直流电压和直流电流,内阻分别为 1 MΩ 和0.1 Ω,试为测量 R 选择合适的电源电压和仪表量程。

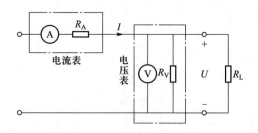

图 6-3-1　伏安法测电阻电路

按照图 6-3-1 所示的测量线路以及所用的仪表内阻,可以忽略内阻对测量误差的影响。取不同的电压电流值进行实验,将测量结果以及仪表误差列于表 6-3-1 中。

表中, $\delta_I = \dfrac{\Delta I}{I} \times 100\%$ 、 $\delta_U = \dfrac{\Delta U}{U} \times 100\%$ 和 $\delta_R = |\delta_I| + |\delta_U|$ 分别为电流、电压和电阻测量的相对误差。ΔI 和 ΔU 分别为万用表的电流和电压测量误差,其值与测量值和所用量程有关,具体计算公式见附录万用表使用说明。比较表中所列各种情况下的电阻测量误差可见,测量序列 2 的误差最小,此时电压为 166.2 mV,电流为 1.652 mA,量程最为合适。所以,单次测量要根据所用的仪表,合理地选择电路变量 U 和 I 的大小,只有这样,才能得到好的实验结果。

2. 数据重复测量次数的确定

实验数据要进行重复测量的原因主要是:利用多次重复测量的平均值来表示被测量的量值,以降低随机误差;确定测量值中随机误差的标准差和不确定度;观察实验系统是否存在变值的系统误差。从随机误差计算的角度来考虑,重复测量次数当然是越多越好。从测定结果的准确度要求来看,确定重复测量次数主要从以下方面来考虑;

表6-3-1　测量结果以及仪表误差

序号	1	2	3	4	5
I(测量值/量程)	0.711 mA/2 mA	1.652 mA/2 mA	4.7 mA/20 mA	8.98 mA/20 mA	15.54 mA/20 mA
U(测量值/量程)	71.6 mV/200 mV	166.2 mV/200 mV	0.471 V/2 V	0.901 V/2 V	1.559 V/2 V
δ_I	±1.422 0%	±1.181 6%	±1.638 3%	±1.334 1%	±1.193 1%
δ_U	±0.639 7%	±0.560 2%	±1.136 9%	±0.833 0%	±0.692 4%
δ_R	2.061 7%	1.741 8%	2.775 2%	2.167 1%	1.885 5%
序号	6	7	8	9	10
I(测量值/量程)	48.1 mA/200 mA	57.9 mA/200 mA	15.54 mA/20 mA	48.1 mA/200 mA	57.9 mA/200 mA
U(测量值/量程)	4.85 V/20 V	5.84 V/20 V	1.559 V/2 V	4.85 V/20 V	5.84 V/20 V
δ_I	±2.539 5%	±2.363 6%	±1.193 1%	±2.539 5%	±2.363 6%
δ_U	±1.118 6%	±1.013 7%	±0.692 4%	±1.118 6%	±1.013 7%
δ_R	3.658 1%	3.377 3%	1.885 5%	3.658 1%	3.377 3%

（1）当系统误差是主要的误差分量时，重复次数 1~3 次就够了，否则还可能在原先系统定值误差的基础上因增加实验时间而引入变值误差。

（2）当随机误差是主要的误差分量时，重复次数与 $\dfrac{\sigma}{\Delta}$（σ 为标准差，Δ 为合成不确定度或合成极限误差）的关系为 $n \geqslant \left(\dfrac{\sigma}{\Delta}\right)^2$，也就是平均值标准差不大于 Δ。为了有一个量的概念，将 n 与 $\dfrac{\sigma}{\Delta}$ 的关系列表如下。

表 6-3-2　测量次数与 $\dfrac{\sigma}{\Delta}$ 的关系

Δ/σ	1	0.71	0.58	0.5	0.45	0.32	0.1	0.032
n	1	2	3	4	5	10	100	900

由表 6-3-2 可见前 4 次平均值的标准差降低至 0.5σ，前 10 次降低了 $\dfrac{2}{3}\sigma$，而后千次才降低 $\sigma/3$。因此从降低平均值的标准差的角度来看，测量次数以不超过 10 次为宜。当 $\dfrac{\Delta}{\sigma}$ 较小时，应该考虑减少单次测量的标准差而不能盲目增加测量次数。

6.3.2　实验数据的分析与处理

实验数据的分析涉及测量结果的表示（误差与不确定度）和其他相关物理量的计算，实验数据的处理包括关系曲线的绘制和拟合。

例 29　单次测量数据的表示

完整的测量结果表示由"量值、不确定度和单位"三部分组成：$x \pm u_{\mathrm{c}}(P=\rho)$ 单位，表示区间 $(x-u_{\mathrm{c}}, x+u_{\mathrm{c}})$ 内包含被测量 x 的真值的可能性为 ρ。

如，215.6 ± 0.8 V　（$P=68.3\%$），其中，要注意以下三点：

（1）量值的有效数字。数显式仪表直接读取仪表的示指；指针式仪表读到最小分度以下再估一位。有效数字的运算规则是仅当可靠数字与可靠数字运算，结果才为可靠数字，最后只保留一位（最多两位）欠准确数字或可疑数字，去掉第二位可疑数字时要用"四舍六入五凑偶"的原则。

（2）不确定度的计算。合成不确定度只取一位有效数字。合成不确定度取位原则为宁大勿小（只进不舍）。例：$u=0.412 \approx 0.5$。不确定度和平均值的最后一位保持对齐，且两者的数量级和单位要相同。平均值的取位原则为"四舍六入五凑偶"。相对不确定度可取 1 到 2 位有效数字。例如，某物理量的测量结果为 76.82，测量扩展不确定度为 0.3，则根据上述原则，该测量结果的有效位数应保留到小数点后一位，即 76.8 ± 0.3。

（3）还应标明置信区间和概率。

例 30   多次测量数据的表示。

多次测量的结果表示为：$\bar{x} \pm u_{\mathrm{C}}(P = \rho)$。其中，$\bar{x}$、$u_{\mathrm{C}}$ 和 P 分别是多次测量的平均值、扩展不确定度和置信概率。

例 31   测量曲线的表示。

测量得到的曲线可以用专业工具软件 Excel 或 origin 等进行处理，也可以用坐标纸手工画出，以图 6-3-2 所示电阻的伏安特性为例，画曲线时要注意下述问题：

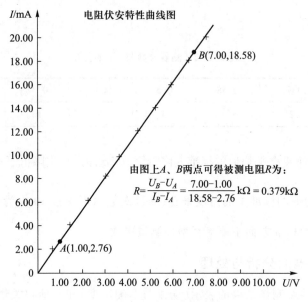

图 6-3-2   电阻伏安特性曲线图

（1）标注坐标

坐标分度值的选取应能基本反映测量值的准确度或精密度。根据表6-3-3 数据，U 轴可选 1 mm 对应于 0.10 V，I 轴可选 1 mm 对应于 0.20 mA，并可定坐标纸的大小（略大于坐标范围、数据范围）约为 130 mm×130 mm。

表 6-3-3   伏安特性的测量数据

U/V	0.81	1.65	2.50	3.20	4.00	4.60	5.50	6.00	6.90	7.80
I/mA	2.00	4.00	6.05	8.10	10.0	12.2	14.0	16.0	18.0	20.0

（2）标明坐标轴

用粗实线画坐标轴，用箭头标轴方向，标坐标轴的名称或符号、单位，再按顺序标出坐标轴整分格上的量值。

（3）标实验点

实验点可用"＊""○""▲"等符号标出（同一坐标系下不同曲线用不同的符号）。

（4）连成光滑曲线

用直尺、曲线板等把点连成直线或光滑曲线。一般不强求直线或曲线通过每个实验点，应使图线两边的实验点与图线最为接近且分布大体均匀。

（5）标出图线特征

在图上空白位置标明实验条件或从图上得出的某些参数。如利用所绘直线可给出被测电阻 R 大小；从所绘直线上读取两点 A、B 的坐标就可求出 R 值。

（6）标出图名

在图线下方或空白位置写出图线的名称及某些必要的说明。

下 篇

电路实验内容

第 **7** 章
基础规范型实验

实验 1 直流电压、电流和电阻的测量

电阻、电容、
电压和电流
的测量

一、实验目的

1. 掌握直流电源、测量仪表以及数字万用表的使用方法。
2. 掌握直流电压、电流和电阻的直接测量方法。
3. 了解测量仪表量程、分辨率、准确度对测量结果的影响。
4. 学习如何正确表示测量结果。

电阻、电压、
电流的测量
（仿真演示）

二、原理说明

1. 数字式仪表测量误差计算方法

数字显示的直读式仪表,其误差的计算公式如第 4 章 4.1.2 节所述。

2. 测量结果的表示

完整的测量结果表示由"量值、不确定度和单位"三部分组成。

单次测量的结果表示为:$x \pm u(P = \rho)$（单位）,其中 u, P 分别是测量的不确定度和置信概率。

多次测量的结果表示为:$\bar{x} \pm u(P = \rho)$（单位）,其中 $\bar{x}$ 为多次测量的平均值。

对于普通精度实验中的少次数测量,可直接以仪器误差 $\Delta_{仪}$ 表示测量的不确定度,即 $u = \Delta_{仪}$。
上述各量的含义和计算依据,请参阅 4.3 节和 6.3.2 节。

3. 直流电压、电流的直接测量

将直流电压表跨接(并联)在待测电压处,可以测量其电压值。直流电压表的正负极性与电路中实际电压极性相对应时,才能正确测得电压值。

电流表则需要串联在待测支路中才能测量在该支路中流动的电流。电流表两端也标有正负极性,当待测电流从电流表的"正"流到"负"时,电流表显示为正值。

理想电压表的内阻为无穷大,理想电流表的内阻为零。但是,如果电压(电流)表的内阻为

有限量,则当该电压(电流)表接入电路时,将会改变原来的电路工作状态,从而使待测电压(电流)产生误差。该误差的计算以及修正方法将在基础规范型实验 2 中专门研究。

直流仪表的测量误差通常由其说明书上的计算公式给出,与测量值以及量程大小有关。

4. 电阻的直接测量

电阻的直接测量通常可用万用表(电阻表)、电桥、电参数测量仪 LCR 来测量。电阻的测量误差由该仪表说明书上的计算公式给出,与测量值以及量程大小有关。

三、实验任务

1. 仔细阅读实验室各实验装置、仪器仪表的使用手册,了解本次实验所用的数字万用表、直流电源、数字直流电压(电流)表的技术性能指标。

2. 用数字万用表分别测量。

(1)当十进制电阻箱的指示值分别为 2 Ω、50 Ω、200 Ω、5 000 Ω、9 999 Ω、50 kΩ 时的电阻值,测量数据填入表 7-1-1。

表 7-1-1 用数字万用表测量电阻

电阻指示值/Ω	2	50	200	5 000	9 999	50 k
测量值/量程						

(2)指定电容器的电容值,测量数据填入表 7-1-2。

表 7-1-2 用数字万用表测量电容

电容标称值/μF	0.1	0.47	1	47	1 000
测量值/量程					

3. 用数字万用表和数字直流电压表分别测量直流电压。

按图 7-1-1 接线,其中 $U_S \approx 15$ V,为直流稳压电源;R_1 的标称值为 200 kΩ,R_2 的标称值为 50 kΩ。分别用数字万用表的直流电压挡和数字直流电压表测量 U_S、U_1 和 U_2,测量数据(包括测量值与量程)填入表 7-1-3。

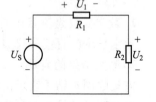

图 7-1-1 电压测量电路

表 7-1-3 测量直流电压

	U_S/V	U_1/V	U_2/V
用数字万用表测量			
用数字直流电压表测量			

4. 用直流电流表测量直流电流。

按图 7-1-2 接线,其中 $I_S \approx 18$ mA,为直流稳流电源。用直流电流表 20 mA 量程测量以下两种情况下的 I_S、I_1 和 I_2,测量数据(包括测量值与量程)填入表 7-1-4。

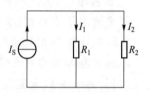

图 7-1-2 电流测量电路

表 7-1-4　测量直流电流

	I_s/mA	I_1/mA	I_2/mA
R_1、R_2 标称值均为 20 Ω			
R_1、R_2 标称值均为 2 kΩ			

四、实验仪器设备

1. 数字万用表。
2. 电工综合实验台。
3. 直流稳压/稳流电源。

五、预习思考及注意事项

1. 进入实验室,开始实验之前,需要做哪些准备工作?

2. 在接线之前,实验台的电源开关、直流电源的输出调节旋钮分别应该放在什么位置?仪表的量程应该取多少?

3. 实验完毕,应先关闭稳压(稳流)电源开关,再关闭实验台电源开关,然后再拆线。

4. 在进行测量时,万用表的转换开关置于所需的测量功能及量程。若事先无法估计被测量的大小,应将转换开关先置于最高量程挡,再逐渐减小到合适位置。

5. 为了提高测量精度,减小被测量的测量误差,应如何选择万用表的测量量程?举例说明。

6. 在实验任务 4 中,测量直流电流时,为什么要区分两种情况分别测量?会出现什么现象?请说明。

7. 如果实验中电流表无正常读数,可能是什么原因?如何检查?

8. 直流稳压电源的大小需开路设置,直流稳流电源的大小则需短路设置。

六、实验报告要求

1. 根据实验任务完成实验,并将实验数据填入相应的表格。
2. 计算测量电阻、电压和电流时的仪表误差。
3. 分析实验结果,讨论各实验误差产生的原因。
4. 估算测量的不确定度。
5. 正确表示各测量结果。

实验 2　仪表内阻对测量结果的影响和修正

仪表内阻对
测量结果的
影响和修正

仪表内阻对
测量结果的
影响和修正
（仿真演示）

一、实验目的

1. 了解电压表、电流表内阻的来源以及测量方法。
2. 理解仪表内阻对测量结果的影响。
3. 掌握电工仪表因内阻而产生的测量误差的计算方法。
4. 掌握修正仪表内阻对测量结果影响的方法。
5. 了解电阻的间接测量方法。
6. 了解电阻的在线测量方法。

二、原理说明

1. 仪表内阻的测量方法

仪表内阻是指仪表在工作状态下,在仪表两个输入端子之间所呈现的等效电阻或阻抗。在精确测量中,必须考虑由于输入电阻有限所引起的测量误差。电工仪表内阻的表示形式有如下几种:

（1）直接表示法,在仪表上标明每个量程的内电阻欧姆值。

（2）间接表示法,电流表标明某量程满偏电流下仪表两端的电压降,电压表则标明某量程满偏时仪表中流过的电流值,则内阻可以计算求得。

（3）电压表的内阻用电压灵敏度来表示,仪表上注明量程中每伏电压具有的内电阻 Ω/V,该量程的总内阻可计算求出。

仪表内阻的测量方法很多,下面以电流表内阻的测量为例介绍常用的几种方法。

方法 1:电桥法。将仪表的内阻作为被测电阻,用单臂电桥或双臂电桥平衡测出。这种方法测量精度高,但仅适合于大量程的电流表,对于较灵敏的小量程电流表(几十微安至几十毫安),可能在测试时受到损坏,因为电桥在工作中会有相当大的电流通过待测电阻(几百毫安或更大),会使仪表线圈发热烧坏。

方法 2:电位差计法。这种方法测量精度最高,并且可以控制流过仪表的电流,但对设备要求高且测量较复杂。

方法 3:万用表电阻挡直接测量。使用万用表或电阻表直接测量,操作最简单,但用这种方法须十分谨慎。因电阻表低量程挡的工作电流一般都在 100 mA 以上,所以测量时通过被测表的电流必须小于其量程。

方法 4:加源法。外加电压或电流源,测量仪表中的电流或两端的电压。加电压源时,要串联限流电阻,以保证仪表中的电流不过载。同时,由于电流表两端压降很小,所以必须有一个小量程的电压表。这种方法适用于任何量程的电流表内阻测量。

　　方法 5:半偏法。如图 7-2-1 所示,首先选定仪表的某一量程,直接加电源使该量程满偏,然后接入高精度可调电阻,并调节电阻大小使仪表半偏,此时对应的电阻值就是仪表内阻。使用半偏法时,需要准备数值范围能够涵盖仪表内阻大小的高精度可调电阻以及标准电源。

　　方法 6:伏安法。有些仪表如功率表、电度表等含有电压和电流两个线圈,工作时须同时输入电压和电流才有读数,当测量其电流线圈内阻时,不可能利用其读数获得电流,所以需要外接电压表和电流表同时读数,以求得内阻的大小。

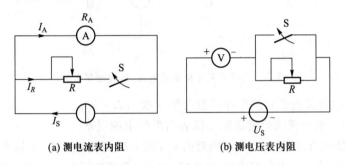

(a) 测电流表内阻　　　　　　　(b) 测电压表内阻

图 7-2-1　半偏法测仪表内阻

2. 仪表内阻对测量值的影响及修正方法

　　实际使用中的仪表由于存在内阻,在接入测量电路时,会改变被测电路的工作状态,使测量的结果与被测电路的实际值产生误差。此误差属于系统误差(方法误差),可以采用下述三种方法分析仪表内阻对测量值的影响,并加以修正。

　　方法 1:估算仪表内阻所造成的误差并予以修正。

　　假设,使用内阻为 R_V 的电压表测量图 7-2-2(a)所示电阻 R_2 两端的电压值为 U,则由于电压表内阻所造成的电压测量误差为

$$\Delta U = -\frac{U}{R_V} \cdot \frac{R_1 R_2}{R_1 + R_2} = -\frac{U}{R_V} R_{eq}$$

其中,U 是电压表的指示值,等效电阻 $R_{eq} = R_1 /\!/ R_2$。修正值 $C = -\Delta U$。经过修正,图 7-2-3(a)中 R_2 两端电压应为 $U+C = U+(-\Delta U)$。

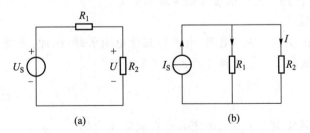

(a)　　　　　　　　　　(b)

图 7-2-2　电压、电流测量电路

　　同样的道理,若使用非理想电流表测量图 7-2-2(b)中 R_2 支路中的电流,所造成的电流测量误差大小为

$$\Delta I = -\frac{I \times R_A}{R_1 + R_2} = -\frac{I}{R_{eq}} R_A$$

图 7-2-3(b)中 R_2 支路电流修正后应为 $I + (-\Delta I)$。

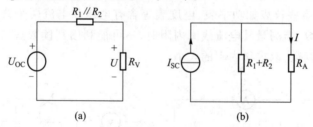

(a)　　　　　　(b)

图 7-2-3　从仪表两端得到的电压、电流测量等效电路

上述误差计算以及修正公式的推导请参考第 4 章 4.2.1 节。

方法 2：采用同一量程两次测量法减小仪表内阻产生的误差。

第一次测量按常规方法进行，即将有内阻的电压表并联接在 R_2 两端，电压表读数为 U_1；第二次测量时，先将测量仪表串联一个标准电阻 R，再接入电路，测得电压为 U_2，则待测的电压值 U 为

$$U = U_{OC} = \frac{RU_1 U_2}{R_V(U_1 - U_2)}$$

经两次测量的电流值，可得待测电流值为

$$I = I_{SC} = \frac{RI_1 I_2}{RI_2 + R_A(I_2 - I_1)}$$

其详细推导过程，请参考第 4 章 4.2.1 节。

方法 3：用示零法（也称为补偿法）在测量结果中消除仪表内阻的影响。其原理及方法请参考第 4 章 4.2.1 节。

3. 离线电阻的间接测量法

用伏安法测量某离线电阻器的电阻值时，有电压表内接和外接两种接线方法。由于仪表内阻的存在，其测量线路的选择要综合考虑待测电阻相对于电压表和电流表内阻的大小，并且电阻的测量值需要修正，其原理及方法请参考第 4 章 4.2.1 节。

4. 在线电阻的测量法

在线电阻是指连接在电路中的电阻，由于与其他电阻关联，因此，其测量方法与离线电阻的测量不同。在线电阻的测量方法请参考第 3 章 3.2.1 节。

三、实验任务

1. 分别查阅或测量实验室中直流电流表和直流电压表的内阻值。

2. 测量图 7-2-4 中 R_1 和 R_2 元件上的电压和电流，其中 $U_S \approx 9$ V，$I_S \approx 28$ mA，R_1 的标称值为 $180\ \Omega$，R_2 的标称值为

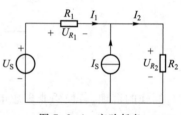

图 7-2-4　实验任务

150 Ω。图中元件电压用直流电压表测量,各支路电流用直流电流表测量。测量数据表格自拟。

3. 根据实验室的设备条件,设计合适的测量线路,完成实验任务 2。计算由于存在仪表内阻而使测量结果产生的误差,并分别修正测量值。

4. 设计实验方案测量图 7-2-4 中 R_1 元件的电阻值。比较不同方法的优缺点。

5. 拓展性研究:设计合适的测量方法,测量实验台其他某个指定电阻的大小。

四、实验仪器设备

1. 数字万用表。

2. 电工综合实验台。

3. 直流稳压/稳流电源。

五、预习思考及注意事项

1. 本实验中,各直流电源是否工作在其允许范围之内? 实验中各电阻实际通过的电流为多少? 是否在其允许通过的电流范围之内?

2. 实验中测量电压、电流应分别使用什么仪表? 量程应如何选择? 选择的依据是什么?

3. 如何修正仪表内阻对电压、电流测量的影响?

六、实验报告要求

1. 根据实验任务要求完成实验,整理实验数据,分析误差产生的原因。

2. 推导实验电路所用电流表、电压表内阻误差的修正公式,计算修正值,给出实验误差。

3. 用 Multisim 构建一组相互连接的电阻,测量其中一个电阻的值,通过对在线电阻测量实验的仿真,理解正确测量在线电阻的原则。

实验 3　电路元件特性曲线的伏安测量法和示波器观测法

一、实验目的

二极管-
伏安法

1. 熟悉电路元件的特性曲线。

2. 学习非线性电阻元件特性曲线的伏安测量方法。

3. 掌握伏安法中测量样点的选择和绘制曲线的方法。

4. 学习非线性电阻元件特性曲线的示波器观测方法。

5. 设计实验方案,用示波器观测电容的特性曲线。

6. 设计实验方案,用示波器观测铁心电感线圈的特性曲线。

二极管-
示波器法

二、原理说明

1. 元件的特性曲线

在电路原理中,元件特性曲线是指特定平面上定义的一条曲线。例如,白炽灯在工作时,灯丝处于高温状态,其灯丝电阻随着温度的改变而改变,并且具有一定的惯性;又因为温度的改变与流过灯泡的电流有关,所以它的伏安特性为一条曲线,如图 7-3-1 所示。由图可见,电流越大、温度越高,对应的灯丝电阻也越大。一般灯泡的"冷电阻"与"热电阻"可相差几倍至十几倍。该曲线的函数关系式称为电阻元件的伏安特性。

电阻元件的特性曲线就是在 $u-i$ 平面上的一条曲线。当曲线变为直线时,与其相对应的元件即为线性电阻器,直线的斜率为该电阻器的电阻值的倒数。电容和电感的特性曲线分别称为库伏特性和韦安特性,与电阻的伏安特性类似。

线性电阻元件的伏安特性符合欧姆定律,它在 $u-i$ 平面上是一条通过原点的直线,如图 7-3-2 所示。该特性曲线各点斜率与元件电压、电流的大小和方向无关,所以线性电阻元件是双向性元件。

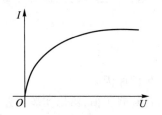

图 7-3-1 白炽灯伏安特性曲线

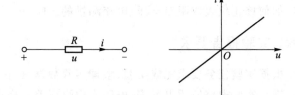

图 7-3-2 线性电阻及其伏安特性曲线

非线性电阻的伏安特性在 $u-i$ 平面上是一条曲线。如图 7-3-3 所示,图(a)~(d)分别为整流二极管、稳压二极管、隧道二极管和辉光二极管的伏安特性。

整流二极管的特点是正向电阻和反向电阻区别很大,其伏安特性曲线如图 7-3-3(a)所示。正向压降很小,正向电流随正向压降的升高而急骤上升,而反向电压从零一直增加到十几伏至几十伏时,其反向电流增加很小,粗略地可视为零。可见,二极管具有单向导电性,如果反向电压加得过高,超过管子的极限值,则会导致管子击穿损坏。稳压二极管是一种特殊的半导体二极管,其正向特性与整流二极管类似,但其反向特性则与整流二极管不同,在反向电压开始增加时,其反向电流几乎为零,但当反向电压增加到某一数值时(称为管子的稳压值),电流将突然增加,以后它的端电压将维持恒定,不再随外加的反向电压升高而增大,此时要注意稳压管中的电流不能超过其功率所限定的电流值。

上述两种二极管的伏安特性均属于单调型,电压与电流之间是单调函数。图 7-3-3(c)和(d)所示特性曲线则分别为压控型电阻和流控型电阻。

整流二极管的特性参数主要有最大整流电流 I_F,最高反向工作电压 U_R,反向电流 I_R,最高工

作频率 f_M 等。稳压二极管的特性参数主要有稳压电压 U_Z,稳压电流 I_Z,最大稳定电流 I_{ZM},耗散功率 P_{ZM} 等。它们的具体含义请参考 2.1.4 节。图 7-3-4 分别为整流二极管和稳压二极管的特性曲线。

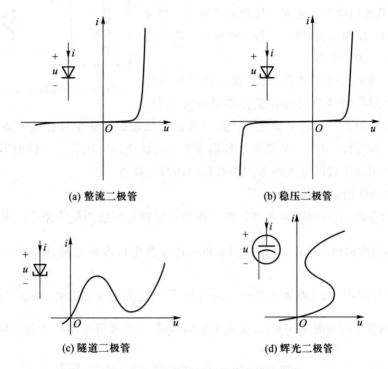

(a) 整流二极管　　　　　　　　　(b) 稳压二极管

(c) 隧道二极管　　　　　　　　　(d) 辉光二极管

图 7-3-3　非线性元件的伏安特性曲线

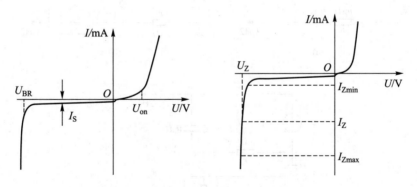

图 7-3-4　整流二极管和稳压二极管特性曲线

2. 非线性电阻元件特性曲线的逐点伏安测量法

元件的伏安特性可以用电压表、电流表测定,称为逐点伏安测量法。伏安法原理简单,测量方便,但由于仪表内阻会影响测量的结果,因此必须注意仪表的合理接法。

按图 7-3-5 接线,R 为限流电阻,测二极管 D 的正向特性时,其正向电流不得超过二极管长期运行时允许通过的最大半波整流电流平均值,否则,二极管将被烧坏。做反向特性实验时,只需将图 7-3-5 中的二极管 D 反接,其反向电压不能超过反向击穿电压。当反向电压超过 U_{BR} 时,反向电流剧增,二极管的单向导电性能被破坏,甚至引起二极管损坏。

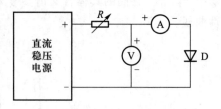

图 7-3-5 特性曲线的逐点伏安测量法

采用伏安法测量二极管特性时,限流电阻以及直流稳压源的变化范围与特性曲线的测量范围是有关系的,要根据实验室设备的具体要求来确定。在综合考虑测量效率和获得良好曲线效果的前提下,测量点的选择十分关键,由于二极管的特性曲线在不同的电压区间具有不同的形状,因此测量时需要合理采用调电压或调电阻的方式来有效控制测量样点。

3. 元件特性曲线的示波器观测法

图 7-3-6 为电阻、电感和电容元件特性曲线的示波器观测法测量线路图。图中 $u_S(t)$ 是正弦波信号发生器提供的输出电压,R 是被测电阻元件,r 为电流取样电阻,通常 $r \leqslant \dfrac{R}{10}$ 或 $r \leqslant \dfrac{X_L}{10}$ 或 $r \leqslant \dfrac{X_C}{10}$。图 7-3-6(a)中,示波器置于 X-Y 工作方式,将电阻元件两端的电压 $u_R(t)$ 接入示波器 X 轴输入端,取样电阻 r 两端的电压 $u_r(t)$ 接入 Y 轴输入端,适当调节 Y 轴和 X 轴的幅值,屏幕上就

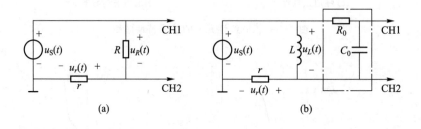

(a)　　　　　　　　　　(b)

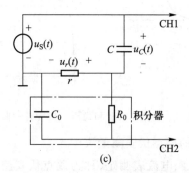

(c)

图 7-3-6 特性曲线的示波器观测法

能显示出电阻 R 的伏安特性曲线。采用图 7-3-6(b)和图 7-3-6(c)电路测量库伏特性曲线和韦安特性曲线时,$u_S(t)$ 的信号频率须满足 $\dfrac{1}{f} \leqslant \dfrac{1}{10}R_0C_0$,其中,$R_0$、$C_0$ 构成积分器。通过双踪示波器的 X-Y 模式则可测得电感和电容的特性曲线。

　　4. 铁心磁滞回线的观测

　　由于变压器铁心的磁非线性,其磁化特性 $u_2 = f(i_1)$ 或 $B = f(H)$ 为一簇回环,称为磁滞回线。对应于不同的激磁电流峰值 I_{1m},有不同的回线,如图 7-3-7 所示。利用图 7-3-8 所示电路可以观测磁滞回线。

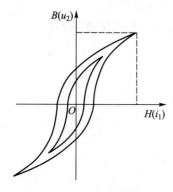

图 7-3-7　铁心的磁滞回线

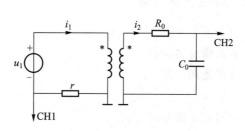

图 7-3-8　观测磁滞回线的电路图

三、实验任务

1. 用伏安法测定半导体二极管或稳压二极管的伏安特性曲线。

　　自行设计实验线路图,测量数据表格自拟。

2. 用示波器观测二极管的伏安特性曲线。

　　按图 7-3-9 所示两种方式接线,取 $f = 1$ kHz,正弦信号峰-峰值 5 V,图中 $R = 1$ kΩ 为限流电阻,用 X-Y 模式观测伏安特性曲线,并标出最大正向电压、正向电流、最大反向电压以及开启电压。

3. 用示波器观测稳压二极管的伏安特性曲线。

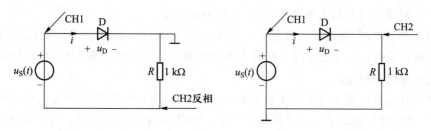

图 7-3-9　实验任务 2

按图 7-3-10 接线,$f=1$ kHz 正弦信号,峰–峰值 $\geqslant 10$ V,用 X–Y 模式观测伏安特性曲线,并标出最大正向电压、正向电流、正向开启电压、稳压电压、最小稳定电流。

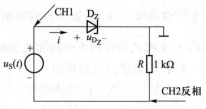

图 7-3-10 实验任务 3

4. 拓展性研究:用伏安法测定隧道二极管或辉光二极管的伏安特性曲线。自行设计实验线路图,测试该二极管的伏安特性曲线,测量数据表格自拟。

5. 拓展性研究:设计测量电路用示波器观测电容元件的库伏特性曲线。

6. 拓展性研究:设计测量电路用示波器观测铁心电感的韦安特性曲线。

7. 拓展性研究:设计测量电路和测试步骤,观测特制铁心变压器的磁滞回线。

四、实验仪器设备

1. 数字万用表。

2. 电工综合实验台。

3. 直流稳压电源。

4. 信号源。

5. 双通道示波器。

五、预习思考及注意事项

1. 设线性电阻为 100 Ω/2 W,若用伏安法测量其特性,则稳压电源输出的最大电压是多少?限流电阻应怎样选取? 应选用多大量程的毫安表?

2. 预习被测元件伏安特性曲线的大致形状,预测被测量(电压、电流)的取值范围,测量数据点应如何分布? 应选用哪些仪表及其量程?

3. 选取适当测量点,针对所要求完成的实验任务设计好实验线路、实验步骤和数据表格。

4. 伏安法测量二极管特性时,如何确定直流稳压电源以及限流电阻的取值和变化范围? 按照实验室设备的性能指标,若要求特性曲线的电流最大在 100 mA 左右,试估算限流电阻以及直流稳压源的变化范围。

5. 实验过程中直流稳压电源不能短路,以免损坏设备。

6. 特性曲线测量时,要保证二极管安全工作,也就是说,测二极管的正向特性时,其正向电流不得超过二极管长期运行时允许通过的最大半波整流电流平均值。做反向特性实验时,其反向电压不能超过反向击穿电压。

7. 用伏安法测量电阻元件的伏安特性曲线时(如图 7-3-5,电压表外接),由于电流表内阻不为零,电压表的读数包括了电流表两端的电压,给测量结果带来了误差。为了使被测元件的伏安特性更准确,设已知电流表的内阻为 5 Ω,如何用作图的方法对测得的伏安特性曲线进行校正?

若将实验电路换为电压表内接,电流表的读数则包括了流经电压表支路的电流,设电压表的内阻为 1 MΩ,对测得的伏安特性又该如何校正?

8. 实验前,请熟读双踪示波器使用说明,掌握使用示波器两个通道同时观察两个波形,以及通过光标读取特定点时间和电压的使用方法。

9. 示波器观测非线性电阻伏安特性的原理是什么? 对信号源的输出波形、幅值、频率有无要求? 对示波器的接线有无要求?

10. 信号源和示波器共地与不共地,对测量结果有什么影响? 可以自由选择共地或不共地测量信号吗?

六、实验报告要求

1. 整理测量数据,在坐标纸上按合适的比例绘出各元件的伏安特性曲线。
2. 了解曲线拟合的方法,计算与实验结果相应的曲线拟合表达式。
3. 使用计算机软件绘制伏安特性曲线。
4. 记录并分析示波器测得的特性曲线,并重点测量其特征值。

电路定理
研究的设计
性实验

实验 4　电路定理研究的设计性实验

一、实验目的

1. 设计一个实验电路和步骤验证线性电路中的叠加定理及其适用范围。
2. 设计一个实验电路和步骤验证替代定理。
3. 设计一个实验电路和步骤验证特勒根定理和互易定理。
4. 了解二极管、晶体管以及运算放大器的基本原理和端口特性,掌握由这些元件构成非线性元件以及受控源的基本原理。

叠加定理
(仿真演示)

二、原理说明

线性电路的叠加定理,是指几个电源在某线性网络的任一支路产生的电流或在任意两点间产生的电压降,等于这些电源分别单独作用时,在该部分所产生的电流或电压降的代数和。如果网络是非线性的,叠加定理将不再适用。另外,不能用叠加定理来计算功率。

替代定理可以叙述如下:给定任意一个线性电阻电路,其中第 k 条支路的电压 u_k 和电流 i_k 已知,那么这条支路就可以用一个具有电压等于 u_k 的独立电压源替代,或者用一个具有电流等于 i_k 的独立电流源替代,替代后电路中全部电压和电流均保持原值。定理中所提到的第 k 条支路可以是无源的,也可以是含源的。值得注意的是,替代前后的各支路电压和电流均应唯一,而原电路的全部电压和电流又将满足新电路的全部约束关系,因此也就是后者的唯一解。替代定理可以推广至非线性电路。

特勒根定理是电路的基本定理,包含两部分。

定理1(又名功率守恒定理):对于具有 n 个结点、b 条支路的网络 N,关联参考方向下各支路电压 U_k 与电流 i_k 满足 $\sum\limits_{k=1}^{b} u_k i_k = 0$。

定理2(又名似功率守恒定理):相同拓扑的网络 N 和 $\hat{N}$,各网络中支路上的电压与电流参考方向关联,则 $\sum\limits_{k=1}^{b} u_k \hat{i}_k = 0$,$\sum\limits_{k=1}^{b} \hat{u}_k i_k = 0$。

对于单一激励的不含受控源的线性电阻电路,互易定理有下述三种形式。

形式1:在图 7-4-1(a)与(b)所示电路中,N 为仅由电阻组成的线性电阻电路,有

$$\frac{i_2}{u_{S1}} = \frac{i_1}{u_{S2}}$$

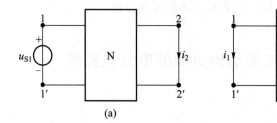

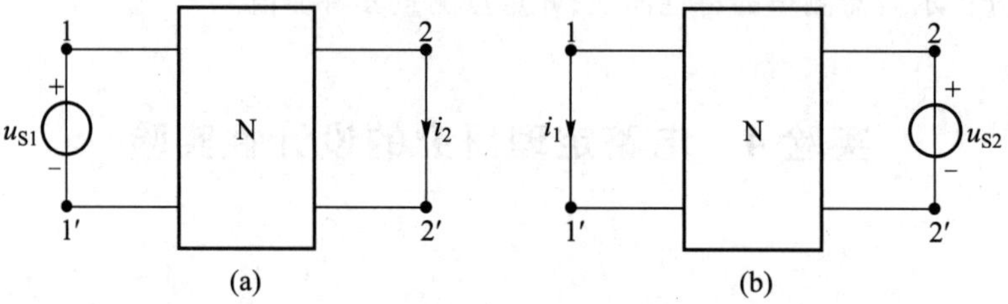

图 7-4-1 互易定理形式 1

形式2:在图 7-4-2(a)与(b)所示电路中,N 为仅由电阻组成的线性电阻电路,有

$$\frac{u_2}{i_{S1}} = \frac{u_1}{i_{S2}}$$

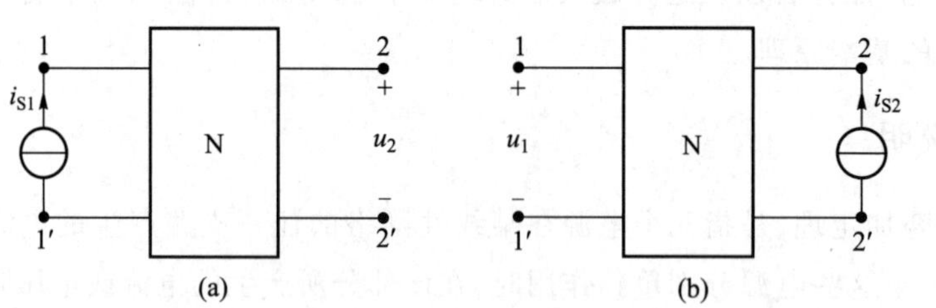

图 7-4-2 互易定理形式 2

形式3:在图 7-4-3(a)与(b)所示电路中,N 为仅由电阻组成的线性电阻电路,有

$$\frac{u_2}{u_{S1}} = \frac{i_1}{i_{S2}}$$

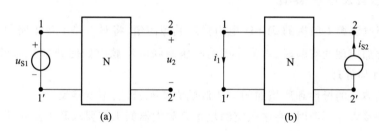

图 7-4-3　互易定理形式 3

三、实验任务

1. 实验线路如图 7-4-4 所示,其中 R_1、R_3、R_4 的标称值均为 510 Ω,R_2 的标称值为 1 kΩ,D_1 为稳压二极管,标称值为 5 V/1 W。U_S = 10 V,I_S = 5 mA,为验证叠加定理,拟定测量步骤和表格,记录数据。请注意在各电源单独作用以及共同作用时稳压管的工作状态。

2. 调整电压源和电流源的数值,使稳压管在各电源单独作用以及共同作用时均处于截止状态,再次从实验数据中验证叠加定理。如果使稳压管在各电源单独作用以及共同作用时均处于稳压状态,则此时叠加定理是否成立?

3. 在任务 1 和任务 2 中,用电压源替代 U_{CD},用电流源替代 I_{AB},验证替代前后电路响应是否一致。

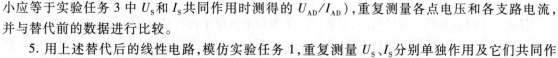

图 7-4-4　实验任务 1

4. 将 AD 支路的稳压二极管去掉,换成线性电阻 R(大小应等于实验任务 3 中 U_S 和 I_S 共同作用时测得的 U_{AD}/I_{AD}),重复测量各点电压和各支路电流,并与替代前的数据进行比较。

5. 用上述替代后的线性电路,模仿实验任务 1,重复测量 U_S、I_S 分别单独作用及它们共同作用时,电路各点的电压和各支路电流,记录测量数据,表格自拟,根据测量结果,验证各支路电压、电流和功率是否符合叠加原理。

6. 利用实验任务 1、实验任务 3 和实验任务 4 的测量数据验证特勒根定理。

7. 在实验任务 1 中,将 CD 和 AB 分别作为两个端口,拟定实验步骤,验证互易定理。当实验任务 1 中的稳压管换成实验任务 4 中的线性电阻时,再次验证互易定理。

四、实验仪器设备

1. 数字万用表。

2. 电工综合实验台。

3. 直流稳压/稳流电源。

五、预习思考及注意事项

1. 如果将与电流源 I_S 串接的 510 Ω 电阻换成其他阻值,将对电路中各支路的电流有何影响?

2. 在进行叠加定理的实验时,对不作用的电压源和电流源应如何处理? 如果它们有内电阻或内电导,又应如何处理?

3. 要注意晶体管的极性和所施加的电压源的大小和极性,不能接反。

4. 在电路中接入受控源时,要注意应满足运算放大器的工作要求和电路中所允许的电流值。

六、实验报告要求

1. 根据实验任务和要求,完成实验。

2. 设法验证电阻消耗的功率是否也具有叠加性。

3. 给出叠加定理、替代定理、特勒根定理以及互易定理的有关结论。

含源一端口
网络等效参数
和外特性
的测量

实验 5　含源一端口网络等效参数和外特性的测量

一、实验目的

1. 掌握含源一端口网络等效参数及其外特性的测量方法。

2. 验证戴维南定理和诺顿定理。

3. 了解实验时电源的非理想状态对实验结果的影响。

含源一端口
网络等效参数
和外特性
的测量
(仿真演示)

二、原理说明

任何一个线性含源一端口网络,总可用一个等效电压源来代替其对外部电路的作用,该电压源的电动势等于这个含源一端口网络的开路电压,其等效内阻等于这个含源一端口网络中各电源均为零时的无源一端口网络的入端电阻,这个结论就是戴维南定理。该等效电压源称为戴维南等效支路,其端口伏安特性与原网络外特性完全相同。

如果这个含源一端口网络用等效电流源来代替,其等效电流就等于这个含源一端口网络的短路电流,其等效内电导等于这个含源一端口网络各电源均为零时的无源一端口网络的入端电导,这个结论就是诺顿定理。

戴维南等效支路或诺顿等效支路的参数测量,实际上就归结为含源一端口网络等效电阻、端口开路电压、端口短路电流的测量。

1. 开路电压的测量

方法一:直接测量法

当含源一端口网络的等效内阻与测量用电压表的内阻相比可以忽略不计时,可以直接用电压表测量开路电压。

方法二：示零测量法

在测量具有高内阻含源一端口网络的开路电压时，用电压表进行直接测量会造成较大的误差，为了消除电压表内阻的影响，往往采用示零测量法。这时需要配备精密可调电阻、检流计和精密稳压电源。

方法三：两次测量法

当含源一端口网络不宜开路或短路时，两次测量法是最为合适的测量等效参数的方法，可以消除仪表内阻的影响。

方法二和方法三的详细描述请参阅 4.2.1 节。

2. 短路电流的测量

一些含源网络在端口短路时风险很大，因此端口允许通过的电流不能超过其限定值。此时短路电流的大小需要通过端口伏安特性计算出。对于线性网络，端口伏安特性为直线，因此从理论上说，通过两次短接不同大小的负载而测得的电压和电流值就可推算出短路电流的大小。由于测量往往带有误差，因此由两个测量点来确定伏安特性并进一步计算短路电流，会产生很大的误差，所以，实际测量伏安特性需通过合理的且足够多的测量样点，通过曲线拟合得到直线的斜率和截距，也就是该含源一端口网络的等效电阻、开路电压以及短路电流值。

3. 含源电路等效电阻的测量方法

方法一：直接测量法

将含源一端口网络中的电源去掉，其余部分按原电路接好，用万用表或伏安法测量该无源一端口的等效电阻。

由于实际电源均含有一定量的内阻，并不能与电源本身分开，在去掉电源的同时，电源的内阻也无法保留下来。因此，这种方法适用于电压源内阻较小和电流源内阻较大的情况。

方法二：开路电压、短路电流法

直接测量端口的开路电压 U_{oc} 和短路电流 I_{sc}，则等效电阻为 $R_0 = \dfrac{U_{\text{oc}}}{I_{\text{sc}}}$。这种方法适用于等效电阻较大而且短路电流不超过额定值的情况，否则有损坏含源一端口网络的危险。

方法三：半电压法

先用电压表测含源一端口网络两端的开路电压 U_{oc}，然后在其两端加一个可变电阻，用电压表测该电阻的电压，调节电阻使电压表读数为开路电压的一半，则被测含源一端口网络的等效电阻即为可变电阻的数值（该值可通过万用表来测量）。这种方法的使用场合与方法二类似，当等效电阻很小时易损坏含源一端口网络，另外对外加可调电阻的变化范围、调节精度以及功率都有严格的要求。

方法四：伏安法

用电压表、电流表测出含源一端口网络外特性上的两个点 (U_1, I_1) 和 (U_2, I_2)，则等效电阻为 $R_0 = \dfrac{U_1 - U_2}{I_1 - I_2}$。通常这两个点选择为开路电压 U_{oc} 以及额定值工作点 $(U_{\text{N}}, I_{\text{N}})$，则内阻为 $R_0 =$

$\dfrac{U_{OC} - U_N}{I_N}$。这种方法克服了前三种方法的缺点和局限性,常常在实际测量中被采用。

三、实验任务

实验电路如图 7-5-1 所示,拟定合适的实验方法和步骤测量 A、B 端以左含源一端口网络的等效参数以及戴维南和诺顿等效支路,并通过实验结果论证戴维南支路、诺顿支路以及原网络三者之间的相互等效性。值得注意的是,当电阻 R 大于某值后,电路中有一个电源的示数可能会出现异常,这是因为实际电源在使用时由发出功率变成了吸收功率。

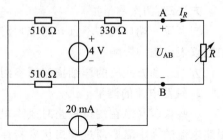

图 7-5-1　实验任务 1~5

1. 按图 7-5-1 接线,改变可调电阻 R,测量 U_{AB} 和 I_R 的关系曲线。请特别注意当负载为 $R = \infty$ 及 $R = 0$ 附近的值时,电路中的电源是否会发生异变,记录下电路发生异变时的电阻值以及电压和电流。

2. 采用合适的方法测量电路中电源发生异变时刻正确的电压、电流值。

3. 采用合适的方法测量无源一端口网络的入端等效电阻。

4. 将 A、B 两端左侧电路做戴维南等效,重复测量 U_{AB} 和 I_R 的关系曲线,数据表格自拟,并与实验任务 1 所测得的数据进行比较,验证戴维南定理。

5. 将 A、B 两端左侧电路做诺顿等效,重复测量 U_{AB} 和 I_R 的关系曲线,数据表格自拟,并与实验任务 1 所测得的数据进行比较,验证诺顿定理。

6. 拓展性研究:测量实验室中信号源指定频段工作时的戴维南等效参数。

四、实验仪器设备

1. 数字万用表。

2. 电工综合实验台。

3. 直流稳压/稳流电源。

五、预习思考及注意事项

1. 实验过程中直流稳压源不能短路,直流稳流源不能开路,而且电源只能向外提供功率而不能吸收功率,以免损坏设备。

2. 戴维南定理和诺顿定理的适用条件是什么?

3. 计算戴维南等效支路和诺顿等效支路各参数的理论值。

4. 图 7-5-1 所示电路中,当负载电阻 R 大于某一数值后,电路将发生变化。试计算这一阻值,并解释这一现象。

5. 实验过程中电源的异动是由于电源的工作状态由正常发出功率变成了吸收功率,能否在不改变电路工作状态的条件下,采取合适的方法测量此时负载上的电压、电流值?

六、实验报告要求

1. 测量等效参数,根据实验数据验证戴维南定理和诺顿定理。
2. 绘制并比较等效前后的电压、电流关系曲线,给出有关等效性的结论。
3. 总结含源一端口网络戴维南(诺顿)等效的适用条件。

实验 6　一阶 *RC* 电路的暂态响应

一阶 *RC*
电路的
暂态响应

一阶 *RC*
电路的
暂态响应
(仿真演示)

一、实验目的

1. 熟悉一阶 *RC* 电路的零状态响应、零输入响应和全响应。
2. 研究一阶电路在阶跃激励和方波激励情况下,响应的基本规律和特点。
3. 掌握积分电路和微分电路的基本概念。
4. 研究一阶动态电路阶跃响应和冲激响应的关系。
5. 从响应曲线中求出 *RC* 电路时间常数 τ。

二、实验原理

零输入响应:指激励为零,初始状态不为零所引起的电路响应。

零状态响应:指初始状态为零,而激励不为零所产生的电路响应。

完全响应:指激励与初始状态均不为零时所产生的电路响应。

1. 一阶 *RC* 电路的零输入响应(放电过程)

当图 7-6-1 所示电路中的开关从位置 a 合向位置 b 时,电路中响应随时间的变化规律如下:

$$u_C(t) = U_0 e^{-\frac{t}{RC}} \quad (t \geqslant 0_+)$$

$$u_R(t) = -u_C(t) = -U_0 e^{-\frac{t}{RC}} \quad (t \geqslant 0_+)$$

$$i_C(t) = \frac{u_R(t)}{R} = -\frac{U_0}{R} e^{-\frac{t}{RC}} \quad (t \geqslant 0_+)$$

变化曲线如图 7-6-2 所示。其中,时间常数 τ(其物理意义是衰减到初始值的 36.8% 处所需时间)。可通过响应曲线按下面两种方法获得。

方法一:按时间常数的定义,τ 为图 7-6-3 中线段 *AB*。

方法二:由 $[t_0, u_C(t_0)]$ 点作 $u_C(t)$ 的切线,得到次切距 *CD*,如图 7-6-3,线段 *CD* 即为 τ。

2. *RC* 电路的零状态响应(充电过程)

当图 7-6-1 所示电路中的开关从位置 b 合向位置 a 时,电路变量的零状态响应为

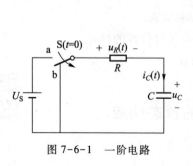

图 7-6-1 一阶电路

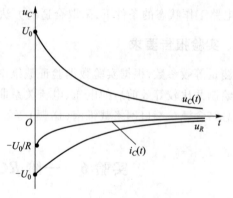

图 7-6-2 零输入响应

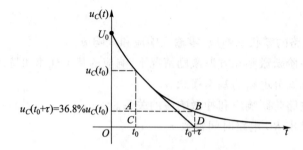

图 7-6-3 由零输入响应曲线测量时间常数

$$u_C(t) = U_S - U_S \mathrm{e}^{-\frac{t}{RC}} = U_S(1 - \mathrm{e}^{-\frac{t}{RC}}) \quad (t \geqslant 0_+)$$

$$u_R(t) = U_S - u_C(t) = U_S \mathrm{e}^{-\frac{t}{RC}} \quad (t \geqslant 0_+)$$

$$i_C(t) = \frac{u_R}{R} = \frac{U_S}{R} \mathrm{e}^{-\frac{t}{RC}} \quad (t \geqslant 0_+)$$

时间常数 τ(物理意义为由初始值上升到稳态值与初始值差值的 63.2% 处所需的时间），如图 7-6-4 所示。同样可以按照两种方法从响应曲线中测得时间常数。

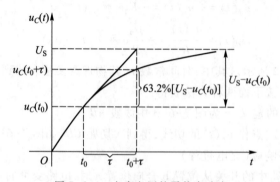

图 7-6-4 电容电压的零状态响应

3. 方波响应

当方波信号激励加到 RC 两端时,只要方波的半周期远大于电路的时间常数,就可以认为方波的上升沿或下降沿到来时,前一边沿所引起的过渡过程已经结束。因此,电路对上升沿的响应就是零状态响应,电路对下降沿的响应就是零输入响应。图 7-6-5(a)为 $\tau \ll \dfrac{T}{2}$ 时电阻和电容上的电压曲线。

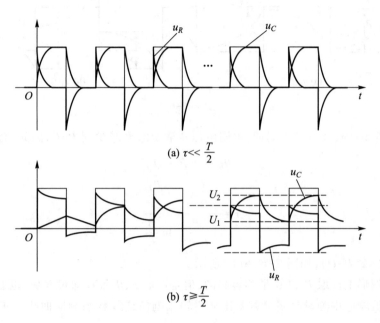

(a) $\tau \ll \dfrac{T}{2}$

(b) $\tau \geqslant \dfrac{T}{2}$

图 7-6-5　方波响应

当方波的半周期约等于甚至小于电路的时间常数时,当方波的某一边沿到来时,前一边沿引起的过渡过程尚未结束,要经历一段时间后才能达到稳定,如图 7-6-5(b)所示,稳定时充放电的初始值可由以下公式求出:

$$U_1 = \frac{U_s e^{-\frac{T}{2\tau}}}{1 + e^{-\frac{T}{2\tau}}}, \quad U_2 = \frac{U_s}{1 + e^{-\frac{T}{2\tau}}}$$

利用 $\tau \gg T\left(\dfrac{T}{2} < 5\tau\right)$ 时的稳态方波响应曲线,可以推导出计算时间常数的公式。

在图 7-6-6(a)中,经历半个周期,电容电压从最初的 Q 减少到 P,因此,有

$$Q e^{-\frac{T}{2\tau}} = P$$

则

$$\tau = \frac{\dfrac{T}{2}}{\ln\dfrac{Q}{P}} = \frac{\dfrac{T}{2}}{\ln\dfrac{A+B}{A-B}}$$

其中，$A = P + Q$，$B = Q - P$，如图 7-6-6(a) 所示。

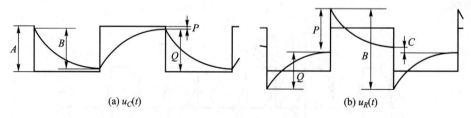

(a) $u_C(t)$ (b) $u_R(t)$

图 7-6-6

在图 7-6-6(b) 中，经历半个周期，电阻电压从最初的 P 减少到 $P-Q$，因此，有

$$Pe^{-\frac{T}{2\tau}} = P - Q$$

则

$$\tau = \frac{\dfrac{T}{2}}{\ln\dfrac{P}{P-Q}} = \frac{\dfrac{T}{2}}{\ln\dfrac{B}{C}}$$

其中，$B = 2 \times P$，$C = 2(P-Q)$，如图 7-6-6(b) 所示。

很显然，在图形上读取 P 和 Q 是不容易的，但是读取 A、B 和 C 却很容易，也能保证较高的准确度，因此从方波响应中测量时间常数要比从零输入响应或零状态响应曲线中求取更为简单和准确。

4. 微分和积分电路

当方波信号加在图 7-6-7(a) 所示 RC 电路上时，若 $\tau \gg T$（一般取 $\tau = 10T$），输出电压与输入电压关系如下：

$$i(t) \approx \frac{u_s(t)}{R}$$

$$u_C(t) = \frac{\int_0^t i(\xi)\,\mathrm{d}\xi}{C} \approx \frac{\int_0^t u_s(\xi)\,\mathrm{d}\xi}{RC}$$

电容上的输出电压近似为三角波，此电路结构称为积分电路。当方波的频率一定时，τ 值越大，输出三角波的线性度越好，但其幅度下降；τ 变小时，波形的幅度随之增大，但其线性度将变坏。

在图 7-6-7(b) 所示的电路中，当 $\tau \ll T$（一般取 $T = 10\tau$），输出和输入构成微分关系：

$$u_C(t) \approx u_s(t)$$

$$u_R(t) = RC \frac{\mathrm{d}u_C(t)}{\mathrm{d}t} \approx RC \frac{\mathrm{d}u_s(t)}{\mathrm{d}t}$$

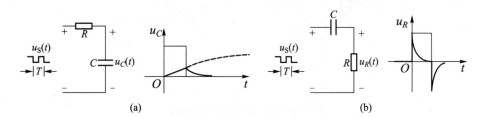

图 7-6-7　积分和微分电路中输出电压与输入电压的关系

5. 冲激响应、阶跃响应及其关系

RC 串联电路的单位阶跃响应和单位冲激响应曲线如图 7-6-8 所示。

阶跃响应 $s(t)$ 就是零状态响应,而冲激响应 $h(t)$ 则是阶跃响应的导数。阶跃响应和冲激响应的关系可以通过图 7-6-9 所示电路来观测,其中 RC 的大小要满足微分电路的要求。

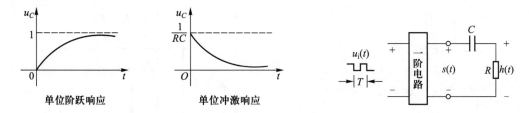

图 7-6-8　单位阶跃响应和单位冲激响应　　　图 7-6-9　同时测量阶跃和冲激响应的电路

6. 正弦信号激励的一阶电路响应

图 7-6-1 中如果激励源是正弦信号 $u_s(t) = U_m \sin(\omega t + \psi_u)$,则电容两端电压的零状态响应为

$$u_C(t) = \frac{U_m}{\omega C \sqrt{R^2 + (\omega C)^{-2}}} \left[\sin\left(\omega t + \psi_u - \varphi - \frac{\pi}{2}\right) - \sin\left(\psi_u - \varphi - \frac{\pi}{2}\right) e^{-\frac{t}{RC}} \right]$$

其中,$\varphi = \arctan \frac{1}{\omega RC}$ 是电路的阻抗角。当接入角与阻抗角满足 $\psi_u = \varphi + \frac{\pi}{2}$ 时,换路后,电路中不产生过渡过程;而当 $\psi_u = k\pi$,电容电压的零状态响应将出现最大值。

7. 补偿分压电路

在脉冲电路中,常常要将脉冲信号经过电阻分压后传输到下一级,而在下一级电路中存在着各种形式的电容,这就相当于在输出端接上一个等效电容 C_2,如图 7-6-10(a)所示。而 C_2 对输出波形的影响如图 7-6-10(b)所示。当输入信号 u_i 由零上跳变到最大值 U_m 的瞬间,电容 C_2 上的电压将按指数规律上升,最后达到 U_m,使输出波形的边沿变坏。

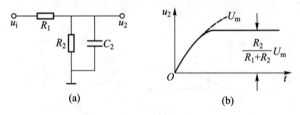

图 7-6-10 脉冲电路及其响应

为了使输出电压能紧跟随输入电压一起向上跳变,在电阻 R_1 上并联一个电容 C_1,构成图 7-6-11 所示的电路,C_1 称为加速电容。

此电路称为 RC 分压电路,亦称补偿分压电路。若 $R_1C_1=R_2C_2$,就可以使输出波形紧跟输入波形一起向上跳变。

当 $R_1C_1>R_2C_2$,为过补偿状态;当 $R_1C_1<R_2C_2$,为欠补偿状态;其输出波形如图 7-6-12 所示。

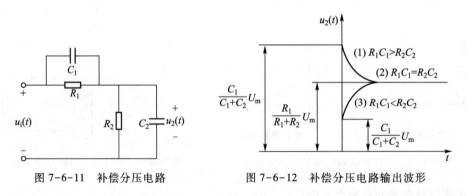

图 7-6-11 补偿分压电路　　　　　　图 7-6-12 补偿分压电路输出波形

补偿分压电路的一个重要作用是将其作为信号衰减器。当电子仪器测量大电压的宽频带信号时,此信号要经过一个有精确衰减系数的衰减器,然后进入测量放大器,由于测量放大器电路存在相当大的输入电容和分布电容,所以必须使用有频率补偿的衰减器,才能保证仪器对宽频带信号的测量精确度。

补偿分压电路的另一个应用是用于测量仪器的探头中,例如示波器的测量探头,以增加输入阻抗,减小仪器对被测电路的影响。示波器和被测电路之间一般有 1 m 左右的距离,必须使用屏蔽电缆线连接示波器和被测电路。屏蔽电缆有较大分布电容(1 m 线的分布电容约为 100~200 pF),必须使用装有补偿分压器的测量探头才能获得较好的测量结果。以 10 倍衰减探头为例,$R_1=9$ MΩ,$R_2=1$ MΩ,$C_1=18$ pF,$C_2=162$ pF,加上该探头之后,输入电阻增加 10 倍,输入电容减小为 $\frac{1}{10}$,且因 $R_1C_1=R_2C_2$,所以分压系数与频率无关。

三、实验内容

1. 选择 $R = 1\ \text{k}\Omega$，$C = 1\ 000\ \mu\text{F}$，组成如图 7-6-1 所示的 RC 充放电电路，观察 RC 一阶电路零状态、零输入和全响应曲线。利用示波器单次触发功能自动捕获单次暂态响应。正确设置示波器时，观察充放电的过程。

2. 在实验任务 1 中用示波器测出电路时间常数 τ，并与理论值比较。

3. 选择合适的 R 和 C 值，连接 RC 电路，并接至峰-峰值 U_{PP} 为 3 V 的方波电压信号源，调节电阻的值或调节信号源周期 T，在 $\tau = 0.1T$、$\tau = 1T$ 和 $\tau = 10T$ 三种情况下，利用示波器的双踪功能同时观察 u_S 和 u_C 的波形，以及 u_S 和 u_R 的波形。利用示波器双通道信号相减的功能，也可以同时观察 u_S、u_R 和 u_C 的波形。分别指出对应于哪种参数设置，其电路响应相当于微分或积分电路中输入与输出波形的关系。

4. 在实验任务 3 中用示波器测出电路时间常数 τ，与理论值比较；并与实验任务 2 中的测量方法相比较，说明哪种方法精度更高。

5. 拓展性研究：设计一个满足图 7-6-9 要求的实验电路，利用示波器的双踪功能同时观察电路中的阶跃响应和冲激响应。

6. 拓展性研究：在 $R_2 = 1\ \text{M}\Omega$，C_2 约为 180 pF 的情况下，设计一个 20 倍的示波器衰减探头，计算出 R_1 和 C_1。按照图 7-6-13 使用 Multisim（或在实验室）构建测试电路，输入方波信号 $U_{PP} = 3 \sim 5$ V，$f = 1$ kHz，虚拟测试（或测量）探头的特性。

7. 拓展性研究：设计一个实验电路，演示正弦信号激励下，RC 电路的电容电压零状态响应波形与激励源的接入角有关。

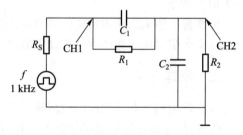

四、实验仪器设备

1. 直流稳压电源。
2. 信号源。
3. 双通道示波器。

图 7-6-13　实验任务 6

五、预习思考及实验注意事项

1. 实验前，请熟读双踪示波器使用说明，掌握暂态响应的观测方法，掌握使用两个通道同时观察两个波形的方法以及两个波形相减的操作方法。

2. 查阅示波器使用手册，掌握单次触发和时基设置对波形显示的影响。

3. 信号源的接地端与示波器的接地端要连在一起（称共地），以防外界干扰而影响测量的准确性。在双踪观察时要注意示波器的共地问题。

4. 已知 RC 一阶电路 $R = 10\ \Omega$，$C = 0.1\ \mu\text{F}$，试计算时间常数 τ，并根据 τ 值的物理意义，拟定测量 τ 的方案。

5. 何谓积分电路和微分电路,它们必须具备什么条件? 它们在方波序列脉冲的激励下,其输出信号波形的变化规律如何? 这两种电路有何功用?

六、实验报告

1. 根据实验观测结果,在方格纸上绘出 RC 一阶电路充放电时 u_C、i_C 变化曲线,由曲线测得 τ 值,并与计算结果作比较,分析误差原因。

2. 根据观测结果,归纳、总结积分电路和微分电路的形成条件,说明波形变换的特征。

3. 观察和比较一阶电路的阶跃和冲激响应。

4. 根据虚拟测试(或测量)示波器探头特性的结果,总结补偿分压电路的工作原理。

5. 给出正弦信号激励下,RC 电路的响应波形与激励源接入角关系的相关结论。

实验 7 二阶 RLC 电路的暂态响应

二阶 RLC
电路的
暂态响应

一、实验目的

1. 学习二阶动态电路响应的测量方法,了解元件参数对响应波形的影响。

2. 观察、分析二阶电路响应的三种不同情况及其特点,加深对二阶电路响应的认识和理解。

二阶电路
暂态响应
(仿真演示)

3. 掌握二阶电路状态轨迹的测量方法。

4. 从欠阻尼响应曲线中计算动态响应的特征参数。

二、原理说明

1. 二阶电路零状态响应的时域波形

假设,信号源方波输出信号电压为 $0 \sim U_i$,半周期内过渡过程已经结束,则图 7-7-1 所示电路可以研究二阶电路的零输入、零状态响应。以零状态响应为例,按图示电容电压的参考方向,可以得到

$$
\begin{cases}
LC \dfrac{\mathrm{d}^2 u_C(t)}{\mathrm{d}t^2} + RC \dfrac{\mathrm{d}u_C(t)}{\mathrm{d}t} + u_C(t) = U_i \\
u_C(0^-) = 0 \\
i_L(0^-) = 0 \Rightarrow \dfrac{\mathrm{d}u_C(t)}{\mathrm{d}t}\bigg|_{t=0^-} = u_C'(0^-) = 0
\end{cases}
$$

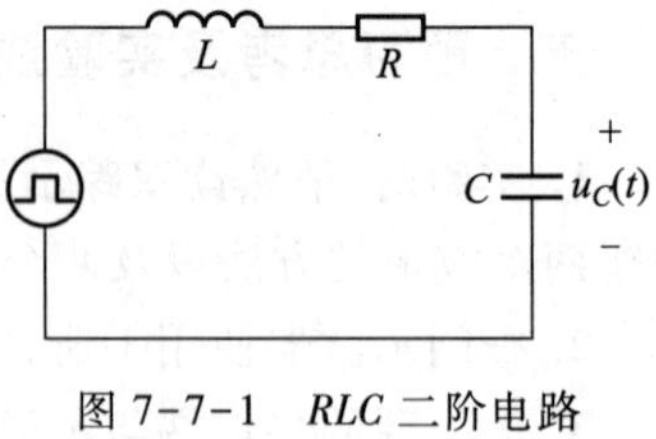

图 7-7-1 RLC 二阶电路

相应的特征方程为

$$LCs^2 + RCs + 1 = 0$$

其特征根为

$$s_{1,2} = -\frac{R}{2L} \pm \sqrt{\left(\frac{R}{2L}\right)^2 - \frac{1}{LC}} = -\delta_1 \pm \sqrt{\delta_1^2 - \omega_0^2}$$

（1）欠阻尼，振荡充放电过程

当 $\delta_1 < \omega_0$，即 $R < 2\sqrt{\dfrac{L}{C}}$，则有

$$s_{1,2} = -\delta \pm j\omega_1$$

式中：

$\delta = \dfrac{R}{2L}$，称为阻尼常数；

$\omega = \sqrt{\omega_0^2 - \delta^2}$，称为有衰减时的振荡角频率；

$\omega_0 = \dfrac{1}{\sqrt{LC}}$，称为无衰减时的谐振（角）频率；

$s_{1,2}$ 为特征根，也称为电路的固有频率。

可见，δ、ω、ω_0、$s_{1,2}$ 均仅与电路结构和元件参数有关，完全表征了 RLC 串联电路的属性。对应的零状态响应 $u_C(t)$ 和电感中电流 $i_L(t)$ 分别为

$$u_C = U_i \left[1 - \frac{\omega_0}{\omega} \cdot e^{-\delta t} \cdot \sin(\omega t + \beta) \right]$$

$$i_L(t) = C\frac{\mathrm{d}u_C(t)}{\mathrm{d}t} = \frac{U_i}{\omega L}e^{-\delta t}\sin \omega t$$

式中，$\beta = \arctan \dfrac{\omega}{\delta}$。

电容上的 u_C 和流过电感的 i_L 的波形将呈现衰减振荡的形状，振荡角频率 ω 可以从示波器中用时间标尺观察振荡波的周期 $T(\mathrm{ms})$ 获得，如图 7-7-2 所示。

（2）过阻尼，非振荡充放电过程

当 $\delta > \omega_0$，即 $R > 2\sqrt{\dfrac{L}{C}}$，则固有频率 $s_{1,2} = -\dfrac{R}{2L} \pm \sqrt{\left(\dfrac{R}{2L}\right)^2 - \dfrac{1}{LC}}$ 为两个不相等的负实数，电容电压 u_C 和流过电感 L 的电流 i 分别为

$$u_C(t) = U_i \left[\frac{1}{s_1 - s_2}(s_2 e^{s_1 t} + s_1 e^{s_2 t}) + 1 \right]$$

$$i_L(t) = C\frac{\mathrm{d}u_C(t)}{\mathrm{d}t} = -\frac{CU_i s_1 s_2}{s_1 - s_2}(e^{s_1 t} - e^{s_2 t})$$

$$= \frac{U_i}{L(s_1 - s_2)}(e^{s_1 t} - e^{s_2 t})$$

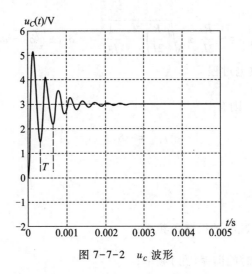

图 7-7-2　u_C 波形

零状态响应 u_C 和 i_L 随时间的变化曲线如图 7-7-3 所示,为非振荡波形。

（3）临界阻尼,非振荡充放电过程

当 $\delta = \omega_0$,即 $R = 2\sqrt{\dfrac{L}{C}}$,固有频率 $s_1 = s_2 = -\delta$ 为两个相等的负实数,则

$$u_C(t) = U_i\left[\,1 - (1 + \delta t)\,\mathrm{e}^{-\delta t}\,\right]$$

$$i_L(t) = C\frac{\mathrm{d}u_t}{\mathrm{d}t} = \frac{U_i}{L}t\mathrm{e}^{-\delta t}$$

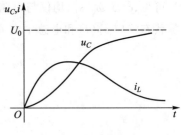

图 7-7-3　过阻尼响应

响应 u_C 和 i_L 随时间的变化曲线与过阻尼时的零状态响应相似,仍为非振荡波形。

2. 二阶电路零状态响应的状态轨迹

如果选用电容上的电压 u_C 和流过电感的电流 i_L 作为变量（状态变量）,则可以写成两个一阶微分方程组,称为状态方程

$$\frac{\mathrm{d}u_C}{\mathrm{d}t} = 0 + \frac{1}{C}i_L + 0$$

$$\frac{\mathrm{d}i_L}{\mathrm{d}t} = \frac{-1}{L} - \frac{R}{L}i_L + \frac{1}{L}u_i$$

电路的初始状态 $u_C(0)$ 及 $i_L(0)$ 提供了确定积分常数所需的一组独立初始条件。令 $x_1 = u_C$,$x_2 = i_L$,上式可改写为 $\begin{bmatrix} \dot{x}_1 \\ \dot{x}_2 \end{bmatrix} = \begin{bmatrix} f_1(x_1, x_2, u_i) \\ f_2(x_1, x_2, u_i) \end{bmatrix}$,它描述了状态变量 x_1 与 x_2 随时间 t 的变化规律。如果把 t 看作是一个参变量,把 (x_1, x_2) 看成是 x_1-x_2 平面上的坐标点,这个平面就称为状态平面（也称为

相平面）。如果待解时间域为 t_n，则 $\Delta t = \dfrac{t_n}{N-1}$，利用数值法中的后退欧拉法解一阶微分方程组，由给定初值 $x_1(0)$、$x_2(0)$，可以求得不同时刻相轨迹的离散解，即

$$\begin{bmatrix} x_1^{k+1} \\ x_2^{k+1} \end{bmatrix} = \begin{bmatrix} x_1^k \\ x_2^k \end{bmatrix} + \begin{bmatrix} f_1(x_1,x_2,u_i) \\ f_2(x_1,x_2,u_i) \end{bmatrix} \bigg|_{t=k\Delta t} \Delta t \quad (k = 0,1,2,\cdots,N)$$

式中，(x_1^{k+1},x_2^{k+1}) 为 $t = (k+1)\Delta t$ 时刻的响应值。将各时刻对应的响应相画在相平面上，就形成了随 t 变化的状态轨迹（相迹），从而形象地描述了电路状态的变化。

在阶跃电压 U_0 激励下，初始状态为零的 RLC 串联电路在过阻尼及欠阻尼时的状态轨迹分别如图 7-7-4(a) 和 (b) 所示。

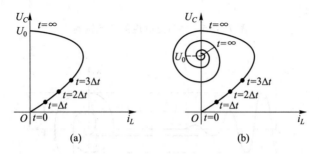

图 7-7-4　状态轨迹

当 $R = 0$ 时，状态方程的解为：$u_C = A\sin(\omega_0 t + \theta)$，$i_L = CA\omega_0 \cos(\omega_0 t + \theta)$。式中，角频率 $\omega_0 = \sqrt{\dfrac{1}{LC}}$，$A$、$\theta$ 由 u_C 和 i_L 的初值决定。因为：

$$\sin^2(\omega_0 t + \theta) + \cos^2(\omega_0 t + \theta) = \frac{u_C^2}{A^2} + \frac{i_L^2}{(CA\omega_0)^2} = 1$$

可见 u_C、i_L 的相迹方程是一个椭圆方程，也即无阻尼振荡响应的相轨迹为椭圆。

3. 同时观察二阶电路的零输入响应和零状态响应

按图 7-7-5(a) 所示电路，若信号源为正负方波，则可同时观测零输入响应和零状态响应。示波器的 CH1 接在电阻 R_2 上（测流过电感的电流 i_L），CH2 接在电容 C 上，为保证参考方向正确，要求 Y_2 反相。由李沙育图形，可见如图 7-7-5(b) 所示波形。图 7-7-6 为相轨迹曲线的形成原理，在图中可以获得：① 起始点；② 零状态响应变化轨迹；③ 零输入响应变化轨迹；④ 振荡角频率的数值：$\omega = \dfrac{2\pi}{T}$，T 为如图 7-7-6 所示电容电压波形中相邻两个峰值之间的时间差；⑤ 衰减系数的大小：$\delta = \dfrac{1}{T}\ln\dfrac{h_2}{h_1}$，其中 h_1、h_2 为相邻两个同向的振幅，可以从时域波形中读出，也可从状态轨迹中读取，如图 7-7-6。

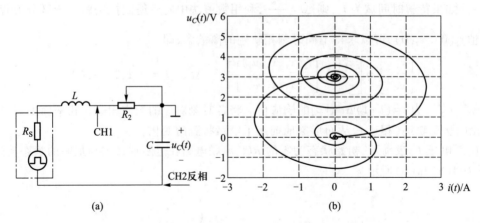

图 7-7-5　欠阻尼响应的状态轨迹

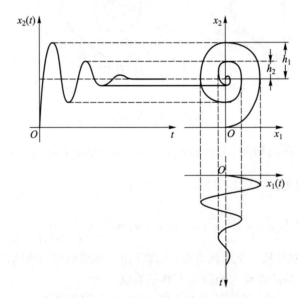

图 7-7-6　*RLC* 串联电路状态轨迹

三、实验任务

1. 连接 *RLC* 串联电路,其中,信号源输出频率为 200 Hz、幅值为 5 V 的方波,$L = 20$ mH,$C = 0.1$ μF。调节电阻值观察二阶电路的零输入响应和零状态响应由过阻尼过渡到临界阻尼,最后过渡到欠阻尼时的响应曲线,分别记录响应的典型变化波形,记录临界电阻值。

2. 观测 *RLC* 串联电路在三种不同状态下的状态轨迹。

3. 从欠阻尼波形中测量其动态特性参数、衰减系数、振荡频率以及谐振频率。

4. 拓展研究:将实验任务的信号源换成直流稳压源和开关,观测二阶响应。

四、实验仪器设备

1. 信号源。

2. 双通道示波器。

3. 直流稳压电源。

五、预习思考及注意事项

1. 根据二阶电路实验电路中元件的参数,计算出处于临界阻尼状态的电阻值。

2. 对于正负方波的信号源,如何设计电路,以便观察到零输入响应和零状态响应?

3. 在示波器显示屏上,如何测得二阶电路零输入响应欠阻尼状态的衰减常数和振荡频率?

4. 注意:当示波器双通道测量时,其接地端是相通的。

5. 学会用数字示波器测量波形的频率、峰值、平均值等各项参数。

六、报告要求

1. 根据观测结果,在方格纸上描绘二阶电路过阻尼、临界阻尼和欠阻尼的响应波形。

2. 测算欠阻尼振荡曲线上的衰减常数和振荡频率。

3. 归纳、总结电路和元件参数的改变,对响应变化趋势的影响。

实验 8　交流电量电压、电流、功率的测量

一、实验目的

1. 正确理解电容、电感元件在交流电路中的特性。

2. 学习使用交流表测量电压、电流和功率及其误差计算。

3. 加深正弦交流电路中相量和相量图的概念。

4. 了解非线性电感以及铁磁谐振现象。

二、原理说明

1. 交流电压、电流的测量与系统误差

交流电压表要并联在待测电压的两端,电流表要串联在待测电流的支路中。交流仪表的读数是有效值。与直流表类似,交流表也有内阻,在使用时也要考虑系统误差及其修正。具体请参阅 4.2.1 节。

2. 功率的测量与系统误差

功率表也称瓦特表,由电压和电流线圈组成,电压和电流均有量程限制,功率表在使用时要同时满足电压和电流线圈的限制条件。

功率表的电压和电流线圈均有内阻,因此在使用时与电压表、电流表类似,也会产生系统误差,具体参阅第 8 章研究专题 3。

功率表的接线有图 7-8-1 所示两种接线方式,使用时需注意以下要求:

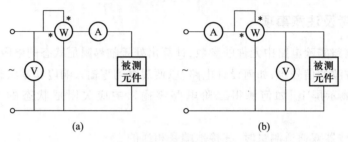

图 7-8-1　功率表的接线

（1）电流线圈与负载串联,其" $*I$ "端要与电源相连;

（2）电压线圈与负载并联,其" $*U$ "端要接在与电流线圈等电位处,也就是" $*I$ "端或" I "端;

（3）功率表在某些特殊场合呈现与上述接线方式不同的非标准连接,如用于测量功率因数或用作三相电路中测量三相总有功功率或总无功功率等。

3. 三表法可测等效参数

测量某元件的电压、电流和功率,若电压表、电流表和功率表内阻均可忽略,则可以求出该元件的等效电阻和电抗分别为

等效电阻:
$$R = \frac{P}{I^2} = |Z| \cos \varphi = \frac{U}{I} \frac{P}{UI}$$

等效电抗:
$$X = |Z| \sin \varphi = \frac{U}{I} \sqrt{1 - \left(\frac{P}{UI}\right)^2}$$

4. 交流电路中相量与相量图

交流电路中 R、L、C 元件上电压与电流波形的相对关系各不相同,即使数值上有相同的比例关系,也会因相位上的区别而产生与直流电路中完全不一样的效果。例如,当正弦交流电加到 RLC 串联电路上时,电容或电感上有可能产生远大于电源电压的电压响应。在交流电路分析中常常用相量来表示这个波形的有效值和相对于某参考相位的初相角,而将构成 KCL 的各个电流相量以及构成 KVL 的各个电压相量画在同一复平面上形成相量图。

5. 铁磁谐振现象的原理及其观测

铁心电感具有非线性 U-I 特性,如图 7-8-2 中 U_L 所示,当与一定值的线性电容串联时,其等效的伏安特性如图 7-8-2 中 U 所示,在实际系统中由于线圈中的电阻等原因,这条伏安特性呈现如图 7-8-3 所示的形状。由于 LC 串联后的等效 U-I 特性呈现具有负阻段的非线性,因此电

路产生自激振荡,若接入白炽灯,如图 7-8-4 所示,则当外加电压在一定的范围内时,灯泡会闪动。

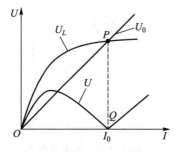

图 7-8-2 铁心电感和电容的 U-I
特性及其合成特性

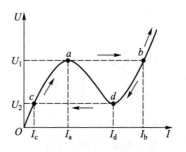

图 7-8-3 考虑系统
电阻后的合成特性

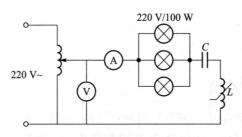

图 7-8-4 铁磁谐振现象观测线路

三、实验任务

1. 将 220 V/25 W 白炽灯与 2 μF 电容串联作为负载,如图 7-8-5 所示(开关断开),与单相交流电源相连,并正确接入交流仪表,分别测量白炽灯和电容的电流、电压以及功率,计算灯泡的工作电阻和电容的等效参数。

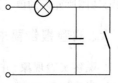

图 7-8-5 实验任务 1

2. 将开关接通和断开,观察灯泡发生什么现象? 如果在开关支路中也接一个灯泡,能看到什么现象?

3. 将实验电路中的电容换成非线性电感,如图 7-8-6 所示(开关断开),加交流激励至实验任务 1 相同的电流值,接通和断开开关,观察灯泡亮度的变化。

4. 拓展研究:设计仪表的接线,测量非线性电感的交流伏安特性曲线和电感等效参数。

5. 拓展研究:将白炽灯与电容和非线性电感串联,如图 7-8-7 所示(开关断开),单相交流负载从零开始慢慢增加,观察灯泡亮度的变化。将开关接通和断开,将会出现什么现象?

6. 拓展研究:设计相关实验(包括实验线路、电路参数和实验步骤)。① 测量铁心电感的 U-I 特性曲线;② 根据测得的铁心电感外特性曲线,选择合适的电容与电感串联,测量 L 和 C

串联电压与其电流的关系曲线,在实验过程中注意观察电路中电流的突变现象,并记下电流上跳、下跳所对应的电压和电流值;③ 按图 7-8-4 接线,观察灯泡的闪动,记录灯泡发生闪动时电压的范围。

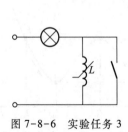

图 7-8-6 实验任务 3   图 7-8-7 实验任务 5

四、实验仪器设备

1. 数字万用表。

2. 电工综合实验台。

3. 白炽灯负载。

五、预习思考及注意事项

1. 交流电源启动前,先要把电压调节旋钮调在零位,切换开关置于"调压输出",启动电源后缓缓将调节旋钮从零升高,每次实验做完后,先要将调节旋钮回零,再切断电源。

2. 本实验电压较高,要注意安全,身体不要触及带电部位,单手操作。

3. 换接电路时,必须先切断电源。

4. 阅读实验台说明书,了解交流表内阻的大小。选择一种功率表的接线。

5. 观察铁磁谐振现象时,要注意测量仪表的量程,选择电容参数 C 时,应使电路中的最大电流小于铁心线圈所允许的值。观察灯泡闪动现象时,应缓慢增加电压。

六、实验报告要求

1. 观察实验现象,并解释其原因。

2. 测量灯泡、电感、电容在指定工作点的等效参数,记录仪表的内阻和量程,计算测量误差,修正测量结果。

3. 总结交流仪表尤其是功率表的接线规则。

实验 9　交流电参数电阻、电容和电感的示波器测量法

一、实验目的

1. 了解交流电路中 R、L、C 元件的频率与阻抗之间的关系。
2. 理解交流电路中 R、L、C 元件的端电压与电流之间的相位关系。
3. 熟悉信号发生器、示波器等电子仪器的使用方法。
4. 掌握示波器测量基本元件交流电参数的方法。

二、原理说明

在正弦交流信号作用下，R、L、C 元件的阻抗与信号的频率有关。

1. 在频率较低的情况下，电阻元件通常可以忽略其电感和分布电容的影响，看作纯电阻。此时其端电压和电流可表示为

$$\dot{U} = R\dot{I}$$

式中，R 为线性电阻元件，$\dot{U}$ 与 $\dot{I}$ 之间无相位差。所以在低频下，电阻元件的阻值和频率无关，其 $R\text{-}f$ 特性曲线如图 7-9-1 所示。

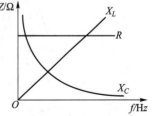

2. 电容元件在低频下，可忽略其附加电感和电容极间介质的功率损耗，认为只具有电容 C，其电压与电流的关系可表示为

$$\dot{U} = \frac{1}{\mathrm{j}\omega C}\dot{I} = X_C \dot{I} \angle -90°$$

式中，X_C 是电容的容抗，$X_C = 1/\omega C$。可见，电压 $\dot{U}$ 滞后电流 $\dot{I}$ 的相位角为 90°。电容的容抗和频率的 $X_C\text{-}f$ 特性曲线如图 7-9-1 所示。

图 7-9-1　R、L、C 频率特性

3. 电感元件因其由导线绕制而成，故导线的电阻不可忽略，但在低频时可忽略其分布电容的影响，看作由电阻 R_L 与电感 L 串联组成。在正弦电流的情况下可表示为

$$Z = R_L + \mathrm{j}\omega L = |Z| \angle \varphi$$

式中，R_L 为线圈的导线电阻，阻抗角 φ 由 R_L 及 L 的参数大小来决定。电感线圈的电压和电流间的关系表示为

$$\dot{U} = (R_L + \mathrm{j}\omega L)\dot{I} = |Z| \angle \varphi \cdot \dot{I}$$

电压超前电流的相位角为 φ，如果 R_L 可忽略，则 $\varphi = 90°$。其感抗和频率的 $X_L\text{-}f$ 特性曲线如图 7-9-1 所示。

4. 示波器观测元件电压、电流波形，并由其计算参数。将待测元件与采样电阻 r 串联后接到

信号源,如图 7-9-2 所示。其中,采样电阻是为了测量元件的电流而加入的,因此 r 应该选取精度高、相对于待测元件阻抗较小的电阻。示波器与信号源共地连接,两个通道分别测量 u_r(正比于元件电流)和 $u_r+u_\circ$,因 $u_r \ll u_\circ$,所以该通道电压近似为元件两端电压。如果示波器有两个通道信号减法运算的功能,则可得到元件上的电压信号 $u_\circ$。在数字示波器上很容易获取该元件的电压有效值 $U_\circ$ 和电流有效值 $\dfrac{U_r}{r}$。则该元件阻抗的大小为

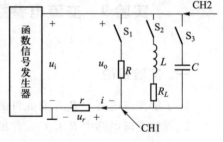

图 7-9-2 测量线路

$$|Z| = \frac{rU_R}{U_r}。$$

电压电流的相位差,也就是该元件的阻抗角可以通过下述两种方法测取:

(1) 相位差的时域观测法

将待测量相位差的两个信号分别接到双踪示波器的 CH1 和 CH2 两个输入端。接法如图 7-9-2 所示,调节示波器的有关设置,使示波器屏幕上出现两条大小适中、稳定的波形,如图 7-9-3(a)所示,则相位差为 $\dfrac{\Delta T}{T} \times 360°$。哪个波形超前或滞后,要自己判断。

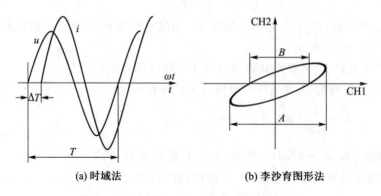

(a) 时域法   (b) 李沙育图形法

图 7-9-3 测量电压电流相位差的两种方法

(2) 相位差的李沙育图形法

将示波器的显示由 Y-T 模式改为 X-Y 模式,则可得到与图 7-9-3(a)相对应的李沙育图,如图 7-9-3(b)所示,则相位差为 $\arcsin\dfrac{B}{A}$。

若待测元件不是单一的 RLC,而是由其组合而成的一端口无源网络,则通过上述测量也可求得待测网络的等效阻抗的大小和阻抗角,当然,等效阻抗是容性还是感性,依据上述测量还不足以判别。

5. 判断元件性质。调节信号源的频率,若相位差始终为零,则该元件为电阻;若相位差始终是电压超前电流 90°,则该元件为电感;若相位差始终是电压滞后电流 90°,则该元件为电容;若

随着频率的升高,相位差由电压滞后电流经历同相后变成超前,则该元件可能是 RLC 的串联组合;若随着频率的升高,相位差由电压超前电流经历同相后变成滞后,则该元件可能是 RLC 的并联组合。

6. 谐振法测电感线圈的参数。在图 7-9-2 中,若需要测量电感线圈的参数,可以先串联一个可变电容后再经采样电阻连到信号源,调节电容 C,使输入电压与回路中的电流同相位,即电路产生串联谐振,故 $\omega = \omega_0 = \dfrac{1}{\sqrt{LC}}$,计算出 $L = \dfrac{1}{\omega_0^2 C}$。同时也可以测量 u_C 和 u_i,得出电路的品质因数 Q 值。由 Q 值的定义,计算出 R_L。一般来说可变电容较难配备,也可以用固定电容代替可变电容,调节信号源的频率找到谐振点。

三、实验任务

1. 测定元件阻抗的幅频特性曲线。

按图 7-9-2 接线,其中 r 为测量电流用的采样电阻,这里选用 10 Ω 的精密可调电阻代替。R 为被测电阻,使用 1 kΩ 的线绕电阻。调节信号发生器,使输出的交流正弦波的电压有效值为 2 V,频率从 1 kHz 逐渐增至 20 kHz。根据实验室的设备情况,选择下述两种方法之一测量阻抗的幅频特性:

(1)用宽频带电压表分别测量 U_i、U_o、U_r。改变输出信号的频率,重复以上的电压测量,数据表格自拟,测出 R-f 特性曲线。

(2)用数字示波器读取频率值和各电压 U_i、U_o、U_r 的数值。

分别用 20 mH 的电感线圈和 0.1 μF 的电容代替 1 kΩ 的线绕电阻 R,重复以上的实验任务,测出 X_L-f、X_C-f 特性曲线。

2. 测定元件阻抗的相频特性曲线。

使用双踪示波器同时观察 r 两端电压以及被测元件两端的电压波形,比较其过零点的时刻,即可看到被测元件两端的电压和流过该元件电流之间的相位关系。测出电压与电流的幅值及它们之间的相位差,将各个不同频率下的相位差画在以频率为横坐标、阻抗角为纵坐标的方格纸上,即可得各元件阻抗角的频率特性曲线。

3. 将测得的各元件频率特性曲线转换成参数与频率之间的关系,分析各元件在什么样的频率范围内可以看成理想化的元件。

4. 拓展研究:从实验室领取一个密封的黑箱,箱内装有由单一的 R、L、C 元件,或者两个元件的串联或并联组合而成的二端网络,只能看到各待测二端网络的两个端钮,看不到电路结构和参数。拟定合适的测量方案和实验线路,判别所测二端网络的元件组成和参数。

四、实验仪器设备

1. 数字万用表。

2. 电工综合实验台。

3. 直流稳压电源。

4. 信号源。

5. 双通道示波器。

6. 二端网络测试黑箱。

五、预习思考及注意事项

1. 实验前需阅读数字示波器、信号源的使用说明,了解主要功能和操作方法,掌握示波器观测波形和李沙育图形的原理和调节方法。

2. 实验时,信号发生器的"波形选择"应置于正弦波位置。

3. 由于实验中正弦信号频率不断改变,因此测量各部分电压时应正确选择合适的电压表。

4. 证明与图 7-9-3(b)相对应的公式 $\arcsin\dfrac{B}{A}$ 对应于两个同频率正弦信号的相位差。

5. 当电源的频率改变时,对阻抗有何影响,对相位差有何影响?

6. 据你所知,测量正弦信号的频率、幅值和相位差有哪些方法?

六、实验报告要求

1. 整理实验数据,在方格纸上分别绘制 R、L、C 元件的阻抗频率特性曲线及阻抗角频率特性曲线。

2. 总结元件幅频和相频特性曲线的测量方法。

实验 10　运算放大器与受控源的特性测试

一、实验目的

1. 了解运算放大器及其性能指标的测试技术。

2. 了解运算放大器组成各类受控源的基本原理。

3. 熟悉受控源的基本特性,掌握受控源特性的测试方法。

4. 了解受控源在电路中的应用。

二、原理说明

1. 受控源是一种双口元件,一个为控制端口,另一个为受控端口。受控端口的电流或电压受到控制端口的电流或电压的控制,二者之间存在着某种函数关系。故受控源又称为非独立电源。

2. 根据控制变量与受控变量的不同组合,受控源共分为四种,如图 7-10-1 所示,即电压控制电压源(VCVS)、电压控制电流源(VCCS)、电流控制电压源(CCVS)和电流控制电流源(CCCS)。

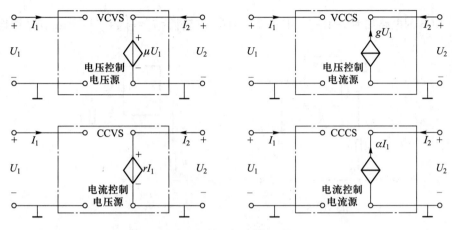

图 7-10-1　四种受控电源

3. 受控源的控制端与受控端之间的函数关系称为转移函数,四种受控源的转移函数参量分别用 μ、g、r、α 表示,它们的定义如下:

VCVS:　$\mu = U_2/U_1$　　　转移电压比(或电压增益)

VCCS:　$g = I_2/U_1$　　　转移电导

CCVS:　$r = U_2/I_1$　　　转移电阻

CCCS:　$\alpha = I_2/I_1$　　　转移电流比(或电流增益)

用运算放大器(简称运放)可以构成各种受控源。

(1) VCVS

实现 VCVS 的电路如图 7-10-2 (a)所示。根据理想运放的特性,有 $i_1 = i_b = 0$,$u_1 = u_b$,故 $i_3 = -i_4$,即 $\dfrac{u_1}{R_1} = -\dfrac{u_1 - u_2}{R_2}$。故得,$u_2 = \dfrac{R_1 + R_2}{R_1}u_1 = \mu u_1$。

式中,$\mu = (R_1 + R_2)/R_1$ 为电压放大系数。与图 7-10-1 中的 VCVS 特性相同。由于输出端与输入端有公共的"接地"端,故这种接法称之为"共地"连接。

(2) VCCS

实现 VCCS 的电路如图 7-10-2 (b)所示。其端口特性为 $i_2 = -i_R = -\dfrac{u_1}{R} = gu_1$,即输出端电流 i_2 只受输入端电压 u_1 的控制,而与负载电阻 R_L 无关。因输出与输入无公共"接地"端,故这种电路为"浮地"连接。

(3) CCVS

实现 CCVS 的电路如图 7-10-2 (c)所示。其端口特性为 $u_2 = -R_2 \dfrac{u_1}{R_1} = -R_2 i_1 = r i_1$,属"共地"连接。

（4）CCCS

实现 CCCS 的电路如图 7-10-2（d）所示。其端口特性为 $i_2 = -\left(1 + \dfrac{R_F}{R_3}\right) i_1 = \alpha i_1$，属"浮地"连接。

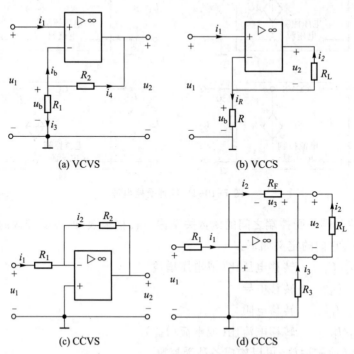

(a) VCVS   (b) VCCS

(c) CCVS   (d) CCCS

图 7-10-2   由运算放大器组成的四种受控电源

4. 集成运算放大器特性

集成运算放大器（运放）是一种具有高电压放大倍数的直接耦合多级放大电路。当外部接入不同的元器件组成负反馈电路时，可以实现比例、加法、减法、积分、微分等模拟运算电路。集成运算放大器的性能指标包括：输入失调电压、输入失调电流、开环差模放大倍数、共模抑制比、共模输入电压范围、输出电压最大动态范围等。

理想运放是将运放的各项技术指标理想化，满足"开环电压增益 $A_{ud} = \infty$，输入阻抗 $R_i = \infty$，输出阻抗 $R_o = 0$，带宽 $BW = \infty$，失调与漂移均为零"等条件的运算放大器。

本实验采用的集成运放型号为 μA741，引脚排列如图 7-10-3 所示，它是八脚双列直插式组件，②脚和③脚为反相和同相输入端，⑥脚为输出端，⑦脚和④脚为正、负电源端，①脚和⑤脚为失调调零端，①脚和⑤脚之间可接入一只几十千欧姆的电位器并将滑动触头接到负电源端，⑧脚为空脚。

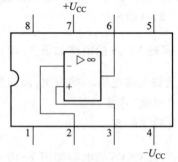

图 7-10-3   集成运放 μA741 的引脚

集成运放在使用时应考虑以下一些问题：

（1）输入信号选用交、直流量均可，但信号的频率和幅度应考虑运放的频响特性和输出幅度的限制。

（2）调零。应首先对直流输出电位进行调零，即保证输入为零时，输出也为零。当运放有外接调零端子时，可按集成块要求在调零端接入调零电位器 R_P，将输入端接地，用直流电压表测量输出电压 u_o，细心调节 R_P，使 u_o 为零（即失调电压为零）。如果运放没有调零端子，若要调零，可按图 7-10-4 所示电路进行调零。

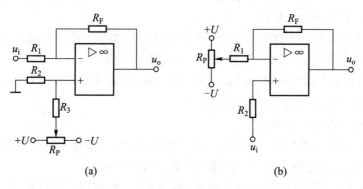

(a)　　　　　　　　　　　　(b)

图 7-10-4　调零电路

（3）消振。一个集成运放自激时，表现为即使输入信号为零，亦会有输出，使各种运算功能无法实现，严重时还会损坏器件。为消除运放的自激，常采用如下措施：① 若运放有相位补偿端子，可利用外接 RC 补偿电路，产品手册中有补偿电路及元件参数提供；② 电路布线、元器件布局应尽量减少分布电容；③ 在正、负电源进线与地之间接上几十微法的电解电容和 $0.01 \sim 0.1$ μF 的陶瓷电容相并联，以减小电源引线的影响。

5. 受控源是从电子器件（电子管、晶体管、场效应管和运算放大器等）中抽象出来的一种模型，用来表征电子器件的电特性。在现代电路理论中，由于电子器件的出现和广泛使用，受控源已经和电阻、电容、电感等元件一样，成为电路的基本元件。

受控源对外提供的能量，既非取自控制量又非受源内部产生，而是由电子器件所需的直流电源供给。所以受控源实际上是一种能量转换装置，它能够将直流电能转换成与控制量性质相同的电能。

三、实验任务

在测试用集成运放构成的受控源特性之前，先进行零点失调电压测量，也就是使输入电压为零，测量负载上的电压。完成调零后，按照下述要求对各受控源特性进行测试。

1. 电压控制电压源的特性测试

（1）调节直流稳压电源的输出电压 U_1，记录相应的 U_2 值，绘制 VCVS 的转移特性曲线 $U_2 = f(U_1)$，并计算 μ 值，与理论值比较。实验线路与数据表格自拟。

(2) 将 VCVS 的输出端接可调电阻负载 R_L,调节 R_L,分别测量相应的 U_2、I_2,绘制 VCVS 的外特性曲线 $U_2 = f(I_2)$,实验线路与数据表格自拟。

2. 电压控制电流源的特性测试

(1) 调节直流稳压电源的输出电压 U_1,记录相应的 I_2 值,绘制 VCCS 的转移特性曲线 $I_2 = f(U_1)$,并计算 g 值,与理论值比较。实验线路与数据表格自拟。

(2) 将 VCCS 的输出端接可调电阻负载 R_L,调节 R_L,分别测量相应的 U_2、I_2,绘制 VCCS 的外特性曲线 $I_2 = f(U_2)$,实验线路与数据表格自拟。

3. 电流控制电压源的特性测试

(1) 调节直流稳流电源的输出电流 I_1,记录相应的 U_2 值,绘制 CCVS 的转移特性曲线 $U_2 = f(I_1)$,并计算 r 值,与理论值比较。实验线路与数据表格自拟。

(2) 将 CCVS 的输出端接可调电阻负载 R_L,调节 R_L,分别测量相应的 U_2、I_2,绘制 CCVS 的外特性曲线 $U_2 = f(I_2)$,实验线路与数据表格自拟。

4. 电流控制电流源的特性测试

(1) 调节直流稳流电源的输出电流 I_1,记录相应的 I_2 值,绘制 CCCS 的转移特性曲线 $I_2 = f(I_1)$,并计算 α 值,与理论值比较。实验线路与数据表格自拟。

(2) 将 CCCS 的输出端接可调电阻负载 R_L,调节 R_L,分别测量相应的 U_2、I_2,绘制 VCVS 的外特性曲线 $I_2 = f(U_2)$,实验线路与数据表格自拟。

四、实验仪器设备

1. 数字万用表。
2. 电工综合实验台。
3. 直流稳压电源。

五、预习思考及注意事项

1. 各受控源中的运算放大器应由直流电源(± 15 V)供电,其正负极性和引脚不能接错。
2. 运算放大器输出端不能与地短路,输入电流不能过大,应为几十到几百微安之间。
3. 受控电源与独立电源相比,有何异同点?
4. 四种受控源的转移参数的意义是什么? 如何测得?
5. 受控源的控制特性是否适用于交流信号?
6. 如何用双踪示波器观察"浮地"受控源的转移特性?
7. 一个集成运放如不能调零,大致有如下原因:① 芯片正常,接线有错误。② 芯片正常,但负反馈不够强(R_F/R_1太大),为此可将 R_F 短路,观察是否能调零。③ 芯片正常,但由于它所允许的共模输入电压太低,可能出现自锁现象,因而不能调零。为此可将电源断开后,再重新接通,如能恢复正常,则属于这种情况。④ 芯片正常,但电路有自激现象,应进行消振。⑤ 芯片内部损坏,应更换好的集成块。

六、实验报告要求

1. 依据实验目的和实验原理,绘制各实验线路图,整理各组实验数据。

2. 根据实验数据在方格纸上分别绘出四种受控源的转移特性曲线和外特性曲线,求出相应的转移参数,并加以讨论说明。

3. 分析实验结果,讨论误差产生的原因。

4. 总结对受控源的认识。

实验 11　磁耦合线圈同名端的判别及其参数的电子测量法

一、实验目的

1. 掌握磁耦合线圈的工作原理,以及影响磁耦合大小的因素。

2. 学习磁耦合线圈同名端的判别方法。

3. 了解耦合线圈电阻、自感和互感系数的测量方法。

4. 掌握谐振法(或 Q 表法)测量自感和互感系数的原理。

5. 了解空心线圈或线性变压器等效电路模型及其参数的测量。

6. 观察负载变化对一次线圈电流的影响,理解电能量传输效率。

二、原理说明

两个存在耦合的线圈中,当一个通有变化的电流时,在另一个线圈中会产生感应电压,有时候将这样的两个线圈组成的四端元件称为磁耦合线圈。无线电调谐电路中常见的中周线圈以及各种变压器都是磁耦合线圈的典型应用。用于高频和信号传输的变压器一般是空心变压器,而用于大功率的电能量传输则需要铁心变压器。实验室和家用电器中所用的电源变压器,一般都属于小型铁心变压器,通常有一个一次绕组,带抽头或相互独立的多组二次绕组。空心变压器或工作在线性段的铁心变压器,简称线性变压器,其电路符号如图 7-11-1 所示,L_1、L_2 是耦合线圈的自感系数,R_1、R_2 是线圈的电阻,M 为互感系数。外特性方程为

$$\dot{U}_1 = R_1 \dot{I}_1 + j\omega L_1 \dot{I}_1 + j\omega M \dot{I}_2$$

$$\dot{U}_2 = R_2 \dot{I}_2 + j\omega L_2 \dot{I}_2 + j\omega M \dot{I}_1$$

若想正确使用磁耦合线圈或线性变压器,首先要辨别一次和二次侧绕组,判定绕组的同名端,然后需测量其等效参数 R_1、R_2、L_1、L_2 和 M,这样才能在涉及磁耦合线圈的应用系统中正确使用其外特性进行分析和设计。

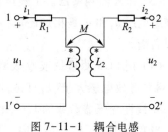

图 7-11-1　耦合电感

1. 绕组判别

在变压器线包外壳层靠近各绕组出线端,一般都标明了额定电压。额定电流个别情况也有标明的。无论哪种情况,为了可靠起见,均需在使用前进行测试,以鉴别出各个不同的绕组。其方法是用欧姆表来测量各绕组的直流电阻值。正常情况下,一次绕组的直流阻值约为几十欧,高压绕组为几百欧,而低压绕组则很小,接近于零。

2. 同名端的确定

所谓同名端,就是一个绕圈上产生的自感电压和另一个线圈上产生的互感电压极性相同的两个对应端,在电路图上同名端一般用"＊"作为标志。当需要两个绕组串联使用或并联使用时,就要先确定它们的同名端,方法如下:

(1)直流法测同名端。连接电路如图 7-11-2(a)所示,当 S 闭合瞬间,若直流电压表指针正向偏转,则 1、3 两端为同名端;反偏,则 1、4 两端为同名端(注意,S 只能瞬间接通)。

(2)交流法测同名端。按图 7-11-2(b)所示,将两个绕组 1-2,3-4 任意两端(如 2-4)连在一起,在其中一个绕组(如 1-2)加一个低的便于测量的交流电压(或信号源的正弦信号),分别用交流电压表测量 1、3 两端的电压,也即一次、二次绕组间电压 u 和电源电压 u_1 及开路电压 u_2。

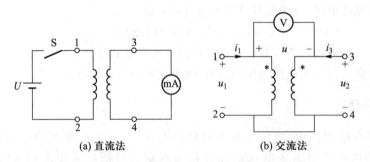

(a)直流法　　　　　(b)交流法

图 7-11-2　同名端的直流法和交流法测量

若线圈内阻很小,可忽略,则当 $U = U_1 + U_2$ 时,相接的两点为异名端,也即 1 和 3 是异名端。当 $U = |U_1 - U_2|$ 时,相接的两点为同名端,也即 1 和 3 是同名端。

若线圈内阻不能忽略,则当 $U > \max\{U_1, U_2\}$ 时,1 和 3 是异名端。当 $U < \max\{U_1, U_2\}$ 时,1 和 3 是同名端。

(3)示波器观察法。上述电压除了用交流电压表测量外,也可以用示波器来观察波形,通过两绕组电压 u_1 和 u_2 是相加还是相减产生一次、二次绕组间电压 u,来确定相连的两端是异名端还是同名端。

(4)用 LCR 测量仪或 Q 表测得两个线圈各自的电感为 L_1 和 L_2,将 2 与 3 相连,若测得 1 和 3 两端的等效电感大于 $(L_1 + L_2)$,则 1 和 3 是同名端。

3. 线性变压器参数的电子测量法

当变压器用于信号传输时,例如音频信号,其工作电压和频率一般不高,此时可以用信号源和示波器来观测互感现象,其参数可以采用万用表测电阻、谐振法测电感来测定。

(1) 观察耦合现象与互感电压

一次绕组接信号源,二次绕组开路,示波器两个通道分别观测一次侧电流(采样电阻上的电压)和二次侧开路电压。保持一次绕组电流不变,改变两个线圈的相应位置,以及耦合的紧密程度(插入铁棒或木棒调整耦合磁场的强弱;两线圈之间加入铁板或铝板改变一、二次侧磁场的屏蔽状态),观察二次侧开路电压的大小。

(2) 测量电阻

万用表直接测量一、二次绕组的电阻 R_1 和 R_2。

(3) 测量自感系数

将电感线圈与一个固定电容串联后接至正弦波信号源,调节信号源频率使电路在 f_0 频率下产生谐振,则有 $L = \dfrac{1}{(2\pi f_0)^2 C}$。

如果电感线圈有工作频率的要求,则固定信号源的频率,串联一个可调电容使电路产生谐振,同样可以测得线圈的等效电感值。

(4) 测量互感系数

将一次和二次绕组正向串联,按照测自感系数的方法测得等效电感 L_+,同理测得反向串联时的等效电感 L_-,则互感系数为 $M = \dfrac{L_+ - L_-}{4}$。

4. 线性变压器的阻抗变换作用

在二次侧接负载 $Z_L = R_L + jX_L$,则在一次侧相当于引入阻抗:

$$Z_f = \frac{(\omega M)^2}{R_2 + j\omega L_2 + Z_L} = \frac{(\omega M)^2(R_2 + R_L - j\omega L_2 - jX_L)}{(R_2 + R_L)^2 + (\omega L_2 + X_L)^2}$$

相应的电传输效率为

$$\eta = \frac{\dfrac{(\omega M)^2}{(R_2 + R_L)^2 + (\omega L_2 + X_L)^2} I_1^2 R_L}{I_1^2 \left[R_1 + \dfrac{(\omega M)^2(R_2 + R_L)}{(R_2 + R_L)^2 + (\omega L_2 + X_L)^2} \right]}$$

$$= \frac{(\omega M)^2 R_L}{R_1 [(R_2 + R_L)^2 + (\omega L_2 + X_L)^2] + (\omega M)^2(R_2 + R_L)}$$

对于给定的耦合线圈,R_1、R_2、L_1、L_2、M 已知,若想得到最高传输效率,需在一、二次侧分别串联合适的电容,使二次侧和一次侧完全补偿,也即传输效率可达到

$$\eta = \frac{(\omega M)^2 R_L}{R_1(R_2 + R_L)^2 + (\omega M)^2(R_2 + R_L)}$$

可见,电能传输效率与磁耦合的强弱有关。

三、实验任务

实验中所用的两个互感耦合的线圈同轴叠套在一起,重合的程度也就是耦合程度可通过螺杆调节。大线圈作为一次侧绕组,其允许电流不得超过 500 mA,小线圈作为二次侧绕组,其电流允许值为 300 mA。

1. 检测一次侧和二次侧线圈,判定同名端

用万用表检测线圈。按照同名端的判别方法,任选一种确定其同名端。

2. 测量线圈电阻

用万用表分别测量两个线圈的直流电阻。

3. 测量线圈的自感 L_1、L_2 和互感 M

用谐振法(或 Q 表法)分别测量大线圈和小线圈的电感 L_1 和 L_2,将两线圈正向串联和反向串联后再测电感 L_+ 和 L_-,实验线路及数据表格自拟,计算出 M。

4. 拓展研究:空心变压器能量传输及其效率的提高

根据测得的等效参数,利用 Multisim 进行下述研究:

(1)在二次侧分别接阻性、容性、感性负载,测量一次侧的引入阻抗和电流的大小,研究空心变压器的传输效率;

(2)在二次侧接一固定电阻,通过对一次侧和二次侧串联合适的补偿电容,使传输效率提高。拟定合适的研究方案,给出仿真结果和结论。

四、实验仪器设备

1. 数字万用表。
2. 电工综合实验台。
3. DG10 互感线圈实验组件。
4. 信号发生器。
5. 双通道示波器。

五、预习思考及注意事项

1. 熟悉示波器和信号源测量阻抗以及观测谐振的使用方法。
2. 按照实验要求的内容,拟定实验计划,避免重复。
3. 谐振法测参数与其他测量方法相比,有什么优缺点?
4. 在测量线圈等效电阻时,用万用表电阻挡测量好,还是用电压表、电流表测量好?为什么?
5. 除了实验原理中列举的同名端测量方法,还有无其他方法?
6. 本实验用信号源作为电源,能否用交流电源替换?为什么?
7. 实验过程中,通电线圈的电流不得超过其允许值。
8. 本实验中,测量电压除了用示波器外,可否用交流表、万用表或宽频带电压表?

六、实验报告要求

1. 画出各测量线路图。
2. 记录实验数据,分析计算磁耦合线圈参数。
3. 给出关于磁耦合线圈负载对一次侧电路变量影响的结论。
4. 结合仿真计算,给出有关提高磁耦合线圈或空心变压器传输效率的结论。
5. 总结实验心得体会和对该实验的建议。

实验 12　单相变压器的特性测试

变压器
电路模型

一、实验目的

1. 了解单相变压器的工作原理。
2. 学习变压器的空载运行特性及其测试方法。
3. 学习变压器的负载运行特性及其测试方法。

变压器
模型仿真

二、原理说明

　　单相变压器的应用场合很多,经常用于耦合、隔离、电压电流或阻抗变换以及电能量传输等。一台变压器的额定参数包括容量,一、二次侧电压和一、二次侧电流。以本实验所用变压器为例,其额定参数为 15 VA、220 V/36 V/16 V、0.065 A/0.4 A/1 A。变压器由线圈和铁心组成,铁心中的磁感应强度取决于外加电压的大小;同时建立铁心磁场还必须提供磁化电流,外加电压越高,铁心的磁感应强度就越大,需要的磁化电流也相应越大。因此,外加电压和磁化电流的关系就反映了磁化曲线的性质。当变压器二次侧开路时,一次侧输入电压与磁化电流的关系就称为变压器的空载特性,它具有非线性的特征。当变压器二次侧带可变负载时,二次侧电压与电流之间的关系称为负载特性或外特性。

单相变压器
空载特性
测量操作
演示

　　1. 变压器空载特性的测试方法

　　空载实验一般在低压侧进行,也就是低压绕组加电压,高压绕组开路,如图 7-12-1所示。当变压器二次侧断开时,变压器处在空载状态,一次电流 $I_1 = I_{10}$,称为空载电流,其大小和一次电压 U_1 有关,两者之间的关系特性称为空载特性,用 $U_1 = f(I_1)$ 表示。由于空载电流 I_{10}(励磁电流)与磁场强度 H 成正比,磁感应强度 B 与电源电压 U_1 成正比,因而,空载特性曲线与铁心的磁化曲线(B-H 曲线)是相似的。

单相变压器
负载特性
测量操作
演示

　　2. 变压器外特性的测试方法

　　负载实验一般在高压侧进行,也就是高压绕组加电压,低压绕组加负载,如图 7-12-2 所示。

当一次电压 U_1 不变,随着二次电流 I_2 增大(负载增大,电阻 R_L 减小),一次、二次绕组阻抗电压降加大,使二次电压 U_2 下降,这种二次电压 U_2 随着二次电流 I_2 变化的特性称为外特性,用 $U_2 = f(I_2)$ 表示。

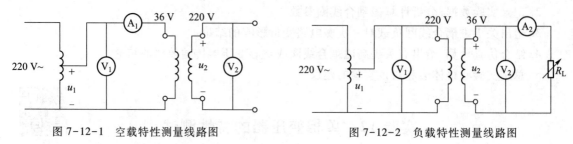

图 7-12-1　空载特性测量线路图　　　　　图 7-12-2　负载特性测量线路图

三、实验任务

本次实验采用的单相变压器的参数为 220 V/36 V、0.4 A。

1. 空载特性测试

按图 7-12-1 接线,将变压器的高压绕组开路,低压绕组与交流电源调压器输出端连接。确认调压器处在零位(逆时针旋到底位置)后,合上电源开关,调节加在变压器一次侧的电压 U_1,从零逐次上升到 1.2 倍的额定电压(1.2×36 V),分别记录 U_1、U_2、I_1 的读数于自拟的数据表格中,并做出变压器的空载特性曲线 $U_1 = f(I_1)$。

2. 外特性测试

按图 7-12-2 接线,即变压器的高压绕组与调压器输出端连接,低压绕组接负载电阻 R_L(DG11 实验组件上的电阻)。首先将负载开路,将调压器手柄置于输出电压为零的位置,然后合上电源开关,并调节调压器,使其输出电压等于变压器高压侧的额定电压 220 V,记录 I_2、U_2、U_1。然后逐次增加负载(从大到小依次改变负载电阻 R_L 的值)至额定值($I_{2N} = 0.4$ A),分别测量不同负载下的 I_2、U_2、U_1,记录于自拟的数据表格中,并做出变压器的外特性曲线 $U_2 = f(I_2)$。

四、实验仪器设备

1. 数字万用表。

2. 电工综合实验台。

五、预习思考及注意事项

1. 使用调压器时应首先调至零位,然后才可合上电源。每次测量完数据后,要将调压器手柄逆时针旋到零位置。

2. 空载实验是将变压器作为升压变压器使用,而负载实验是将变压器作为降压变压器使用。

3. 遇异常情况,应立即断开电源,待处理好故障后,再继续实验。

4. 实验过程中,必须用电压表监视调压器的输出电压,防止被测变压器输入过高电压而损坏实验设备,且要注意安全,以防高压触电。

5. 注意人身安全,变压器接近额定电流工作时,负载电阻的发热剧烈,应尽量缩短测量时间,改接线路时要先断开电源,避免用手触碰变压器和负载电阻,以免烫伤。

6. 注意设备安全,注意所选用的负载电阻的额定功率和允许通过电流的限制,应根据变压器的容量,进行事先估算。

7. 空载实验时电压加到了额定电压的 1.2 倍,负载实验时电流也允许达到 1.2 倍额定电流,这是什么道理? 在实验过程中应注意什么问题?

8. 测量负载特性时,接入的负载电阻不允许太小,其最小值应根据什么原则来确定?

9. 为什么空载实验将低压绕组作为一次侧进行通电实验? 此时,在实验过程中应注意什么问题?

10. 什么是变压器的空载特性? 如何测绘? 从空载特性曲线如何判断变压器励磁性能的好坏?

11. 什么是变压器的外特性? 如何测绘? 从外特性曲线上如何计算变压器的电压调整率?

六、实验报告要求

1. 根据实验内容,自拟数据表格,绘出变压器的空载特性和外特性曲线。

2. 根据变压器的外特性曲线,计算变压器的电压调整率 $\Delta U\% = \dfrac{U_{20} - U_{2N}}{U_{20}} \times 100\%$。

3. 由测得的空载特性和外特性分析该变压器设计得是否合理。

实验 13　三相电路的相序、电压、电流及功率测量

一、实验目的

1. 学会三相电源相序的判定方法。

2. 学会三相负载 Y 形联结和 Δ 形联结的连接方法,掌握这两种接法下,线电压和相电压、线电流和相电流的测量方法。

3. 熟悉一瓦表法测量有功和无功功率的原理与接线方法。

4. 熟悉二瓦表法测量三相电路有功和无功功率的原理与接线方法。

5. 进一步掌握功率表的接线和使用方法。

二、原理说明

1. 在三相电源供电系统中,电源相序的确定极为重要,因为只有相同相序的系统才能并联工作,三相电动机转子的旋转方向也完全取决于电源的相序,许多电力系统的测量仪表及继电保护装置也与相序密切相关。

确定三相电源相序的仪器称为相序指示器,它实际上是一个星形连接的不对称负载,一相中接有电容 C,另两相分别接入大小相等的电阻 R(比如两个相同的白炽灯泡),如图 7-13-1 所示。

如果把图 7-13-1 的负载电路接到对称三相电源上,且认定接电容的一相为 L1 相,那么其余两相中相电压较高的一相必定是 L2 相,相电压较低的一相是 L3 相。L2、L3 两相电压的相差程度取决于电容的数值。一般为便于观测,L2、L3 两相用相同的白炽灯代替 R,为使白炽灯点亮且灯泡亮暗差别较大,应适当选择 R、C 和电源电压的大小。

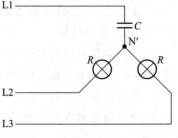

图 7-13-1　相序指示电路

2. 将三相负载各相的一端连接成中性点 N,另一端分别接至三相电源,即为 Y 形联结,如图 7-13-2 所示。这时相电流等于线电流。如果电源为对称三相电源,在负载对称时,线电压的有效值是相电压有效值的 $\sqrt{3}$ 倍,即 $U_{线}=\sqrt{3}\times U_{相}$。这时各相电流也对称,电源中性点与负载中性点之间的电压为零。即使用中性线将两中性点连接起来,中性线电流也等于零。如果负载不对称,则中性线就有电流流过,这时如将中性线断开,三相负载的各相相电压将不再对称。各相灯泡会出现亮暗不一致的现象,这就是中性点位移引起各相电压不等的结果。

3. $\triangle$ 形联结如图 7-13-3 所示,这时线电压等于相电压,但线电流为两相电流的矢量和,若负载对称,则 $I_{线}=\sqrt{3}\times I_{相}$。若负载不对称,虽然不再有 $\sqrt{3}$ 倍的关系,但线电流仍为相应的相电流矢量和,这时只有通过矢量图方能计算出它们的大小和相位。

4. 三相功率的测量原理参考第 3 章 3.3 节。

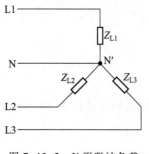

图 7-13-2　Y 形联结负载

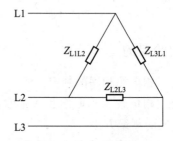

图 7-13-3　$\triangle$ 形联结负载

三、实验任务

注意:实验中,将三相电源的相电压输出调节到 $\dfrac{220}{\sqrt{3}}$ V,并保持不变。

1. 用 Y 形联结的白炽灯泡和电容器组成相序指示器,判定三相电源相序。为了能够明显地观察到白炽灯明暗程度的差别,选择合适的并联灯泡个数、电容大小、电源电压。

2. 采用三相四线制对称负载 Y 形联结(单相负载采用两个 25 W/220 V 灯泡和两个 1 μF/630 V 电容并联组成),测量各线电压、相电压、线电流及中性线电流,并用一瓦表法测量各相负载的有功功率,数据记入表 7-13-1。

表 7-13-1　三相四线制对称负载 Y 形联结

	线电流/mA	相电压/V	有功功率/W	线电压/V
L1 相				$U_{L1L2}=$
L2 相				$U_{L2L3}=$
L3 相				$U_{L3L1}=$

中性线电流 = _____ mA

3. 采用三相四线制不对称负载 Y 形联结(将 L3 相负载中的电容去掉),测量各线电压、相电压、线电流及中性线电流,并用一瓦表法测量各相负载的有功功率,数据记入表 7-13-2。

表 7-13-2　三相四线制不对称负载 Y 形联结

	线电流/mA	相电压/V	有功功率/W	线电压/V
L1 相				$U_{L1L2}=$
L2 相				$U_{L2L3}=$
L3 相				$U_{L3L1}=$

中性线电流 = _____ mA

4. 断开中性线,重复实验任务 3 中的各项测量,数据记入表 7-13-3,并用二瓦表法测量此时的有功功率,与一瓦表法进行比较。

表 7-13-3　三相三线制不对称负载 Y 形联结

	线电流/mA	相电压/V	有功功率/W	线电压/V
L1 相				$U_{L1L2}=$
L2 相				$U_{L2L3}=$
L3 相				$U_{L3L1}=$

5. 采用三相对称负载 Δ 形联结,测量各线电压、线电流、相电流及各相有功功率,数据记入表 7-13-4。

表 7-13-4　对称负载 Δ 形联结

	线电压/V	相电流/mA	有功功率/W	线电流/mA
L1L2				$I_{L1} =$
L2L3				$I_{L2} =$
L3L1				$I_{L3} =$

6. 用二瓦表法测量负载实验任务 5 电路的有功功率和无功功率,用一瓦表法测量电路的无功功率,数据记入表 7-13-5。

表 7-13-5　对称负载 Δ 形联结的功率测量

	W1	W2	三相总有功功率	三相总无功功率
二瓦表法				
一瓦表法		—		

7. 设法改变三相对称负载的功率因数,使两只功率表中一只的示值为负,测量并计算这时三相负载的功率因数值。

8. 比较实验任务 2、3、4 各测量结果。

四、实验仪器设备

1. 数字万用表。
2. 电工综合实验台。
3. 三相电路负载实验组件。

五、预习思考及注意事项

1. 本实验电源电压高,换接线路时,一定要先切断电源。

2. 一组三相对称负载接成 Y 形或 Δ 形联结,由相同的线电压供电,其线电流及三相总功率的关系如何?若供电电压有变化,则如何比较 Δ 形、Y 形联结的电流、电压和功率?

3. 实验中各次测量功率时,功率表的电压、电流量程应如何选择?功率表应如何接线?

4. 推导无功功率测量线路的计算公式。用一瓦表法测量无功功率时是有条件的,并且要先决定相序,否则表的读数不能反映负载的性质。同样,用二瓦表法测无功功率也是有条件的,试推导并总结。

六、实验报告要求

1. 记录实验数据,分析测量结果,由实验数据画出相序指示器的相量图。

2. 总结三相电路中,线量与相量之间的关系及中性线电流的大小。

3. 总结一瓦表、二瓦表法测量有功功率、无功功率的适用场合。

实验 14　双口网络的等效参数、频率特性与连接

一、实验目的

1. 学习测定无源线性双口网络参数的方法。

2. 研究双口网络及其等效电路在有载情况下的性能,理解双口网络的输入阻抗、输出阻抗和特性阻抗。

3. 学习双口网络转移函数频率特性的测量方法。

4. 学会频率特性曲线的绘制。

5. 通过实验,进一步理解双口网络的连接。

二、原理说明

网络 N 具有一个输入端口和一个输出端口,由集总、线性、时不变元件构成,其内部不含有独立电源(可以含有受控源)和初始条件为零,称为双口网络,如图 7-14-1 所示,其中图(a)为双口网络,图(b)为有载双口网络。双口网络的端口特性可以用网络参数等来表征,这些参数只决定于双口网络内部的元件和结构,而与输入(激励)无关。网络参数确定之后,描述两个端口处电压电流关系的特性方程就唯一地确定了。

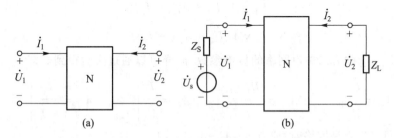

图 7-14-1　双口网络及其端接

功能不同的双口网络适当地连在一起会实现某种特定的功能,双口网络的连接有串联、并联、串并联、并串联和级联。双口网络串联连接、并联连接均是有条件的,在连接前需要进行有效性测试。

双口网络的输入口往往与信号源相连,而输出口则与负载相连,双口网络为了与电源端和负载端良好地衔接,需要满足端口匹配条件,不能满足时还需要设计一个称为匹配网络的双口网络,以使前、后两级之间能够实现最大功率传输。

如果不关心双口网络内部的情况,则可用 T 形或 Π 形等效电路来表征双口网络的端口特征。

1. 端口特性与双口网络参数

(1)开路阻抗参数

$$\dot{U}_1 = Z_{11}\dot{I}_1 + Z_{12}\dot{I}_2$$

$$\dot{U}_2 = Z_{21}\dot{I}_1 + Z_{22}\dot{I}_2$$

式中,Z_{11}、Z_{12}、Z_{21}、Z_{22}称为二端口网络的开路阻抗参数,可通过将一个端口开路,测出另一端口的电压、电流得到。即

$$Z_{11} = \frac{\dot{U}_1}{\dot{I}_1}\bigg|_{\dot{I}_2=0}, \quad Z_{12} = \frac{\dot{U}_1}{\dot{I}_2}\bigg|_{\dot{I}_1=0}, \quad Z_{21} = \frac{\dot{U}_2}{\dot{I}_1}\bigg|_{\dot{I}_2=0}, \quad Z_{22} = \frac{\dot{U}_2}{\dot{I}_2}\bigg|_{\dot{I}_1=0}$$

当二端口网络为互易网络时,应有 $Z_{12} = Z_{21}$。

(2)短路阻抗参数

$$\dot{I}_1 = Y_{11}\dot{U}_1 + Y_{12}\dot{U}_2$$

$$\dot{I}_2 = Y_{21}\dot{U}_1 + Y_{22}\dot{U}_2$$

(3)混合参数

$$\dot{U}_1 = H_{11}\dot{I}_1 + H_{12}\dot{U}_2$$

$$\dot{I}_2 = H_{21}\dot{I}_1 + H_{22}\dot{U}_2$$

(4)传输参数

$$\dot{U}_1 = A_{11}\dot{U}_2 + A_{12}(-\dot{I}_2)$$

$$\dot{I}_1 = A_{21}\dot{U}_2 + A_{22}(-\dot{I}_2)$$

式中,A_{11}、A_{12}、A_{21}、A_{22}称为二端口网络的传输参数,同样可以通过实验得到。即

$$A_{11} = \frac{\dot{U}_1}{\dot{U}_2}\bigg|_{\dot{I}_2=0}, \quad A_{12} = \frac{\dot{U}_1}{-\dot{I}_2}\bigg|_{\dot{U}_2=0}, \quad A_{21} = \frac{\dot{I}_1}{\dot{U}_2}\bigg|_{\dot{I}_2=0}, \quad A_{22} = \frac{\dot{I}_1}{-\dot{I}_2}\bigg|_{\dot{U}_2=0}$$

当二端口网络为互易网络时,应有 $A_{11}A_{22} - A_{12}A_{21} = 1$。

2. 双口网络参数测量

以传输参数的测量为例,只要在网络的输入口加上电压,在两个端口同时测量其电压和电流,即可求出四个传输参数值,此即为双端口同时测量法。若要测量一条远距离输电线构成的双口网络,采用同时测量法就很不方便,这时可采用分别测量法,即先在输入口加电压,而将输出口

开路和短路,在输入口测量电压和电流,然后换到另一口,由传输参数方程可得

$$Z_{01} = \frac{\dot{U}_1}{\dot{I}_1}\bigg|_{\dot{I}_2=0} = \frac{A_{11}}{A_{21}}, \quad Z_{S1} = \frac{\dot{U}_1}{\dot{I}_1}\bigg|_{\dot{U}_2=0} = \frac{A_{12}}{A_{22}},$$

$$Z_{02} = \frac{\dot{U}_2}{\dot{I}_2}\bigg|_{\dot{I}_1=0} = \frac{A_{22}}{A_{21}}, \quad Z_{S2} = \frac{\dot{U}_2}{\dot{I}_2}\bigg|_{\dot{U}_1=0} = \frac{A_{12}}{A_{11}}$$

上述参数称为测试参数,即入口处的开路入端阻抗 Z_{01}、短路入端阻抗 Z_{S1} 和出口处的开路入端阻抗 Z_{02}、短路入端阻抗 Z_{S2}。若满足互易网络特性,则有

$$\frac{Z_{01}}{Z_{02}} = \frac{Z_{S1}}{Z_{S2}} = \frac{A_{11}}{A_{22}}, \quad A_{11}A_{22} - A_{12}A_{21} = 1$$

即可求出四个传输参数:

$$A_{11} = \sqrt{Z_{01}/(Z_{02} - Z_{S2})}, \quad A_{12} = Z_{S2}A_{11}, \quad A_{21} = A_{11}/Z_{01}, \quad A_{22} = Z_{02}A_{21}$$

3. 互易二端口网络的等效电路

无源二端口网络的外部特性可以用 3 个元件组成的 T 形或 Π 形等效电路来代替,如图 7-14-2 所示,在求得二端口的开路阻抗参数后,可以构造该二端口的 T 形等效电路,其中 Z_1、Z_2、Z_3 分别为

$$Z_1 = Z_{11} - Z_{12}, \quad Z_2 = Z_{12} = Z_{21}, \quad Z_3 = Z_{22} - Z_{21}$$

同理,Π 形等效电路中各参数为

$$Y_a = Y_{11} - Y_{12}, \quad Y_b = Y_{12} = Y_{21}, \quad Y_c = Y_{22} - Y_{21}$$

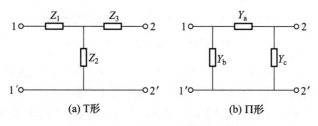

(a) T形　　　　　　　　(b) Π形

图 7-14-2　互易双口网络等效电路

4. 双口网络的输入阻抗、输出阻抗、特性阻抗和匹配

在双口网络的出口处接负载阻抗 Z_L,在入口处接一个内阻为 Z_{in}、电动势为 U_S 的电源,这样就构成一个有载二端口网络[如图 7-14-1(b)所示],在已知传输参数 A 的情况下,有载二端口的输入阻抗和输出阻抗分别为

$$Z_i = \frac{A_{11}Z_L + A_{12}}{A_{21}Z_L + A_{22}}, \quad Z_o = \frac{A_{21}Z_S + A_{12}}{A_{21}Z_S + A_{22}}$$

对于一个双口网络,可以找到两个适当的值 Z_{c1} 和 Z_{c2},使得在 $Z_S = Z_{c1}$,$Z_L = Z_{c2}$ 时恰好 $Z_i = Z_S$,$Z_o = Z_L$。Z_{c1} 和 Z_{c2} 称为双口网络的特性阻抗。当 $Z_i = Z_S$ 时称为输入端匹配,$Z_o = Z_L$ 时称为输

出端匹配。当输入端和输出端都匹配时称为完全匹配。通过计算可以得到：

$$Z_{c1} = \sqrt{\frac{A_{11}A_{12}}{A_{21}A_{22}}}, \quad Z_{c2} = \sqrt{\frac{A_{22}A_{12}}{A_{21}A_{11}}}$$

特性阻抗可以比较容易地用开路短路的方法计算或者测量出来。将 2-2′端口开路和短路时的输入阻抗分别表示为 Z_{01} 和 Z_{S1}，则

$$Z_{c1} = \sqrt{Z_{01}Z_{S1}}$$

将 1-1′端口开路和短路时的输出阻抗分别表示为 Z_{02} 和 Z_{S2}，则

$$Z_{c2} = \sqrt{Z_{02}Z_{S2}}$$

三、实验任务

1. 分别测量图 7-14-3(a) 和 (b) 所示双口网络（$R = 2\ \text{k}\Omega$）的 Z 参数；用两个相同的图 7-14-3(a) 所示电路串联构成新的网络，通过连接有效性测试和测量串联后网络的 Z 参数，说明连接是否有效；用图 7-14-3(a) 和 (b) 串联构成的网络是否满足连接有效性？如何用图 7-14-3(a) 和 (b) 采取合适的连接方式使串联后的双口网络满足连接有效性测试？

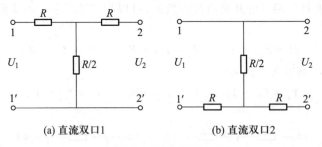

(a) 直流双口1　　　　　　(b) 直流双口2

图 7-14-3　电阻性双口网络

2. 用图 7-14-4(a) 和 (b) 所示双口网络（$R = 2\ \text{k}\Omega, C = 0.1\ \mu\text{F}$）进行下述实验：分别测量图 7-14-4(a) 双口 1 和图 7-14-4(b) 双口 2 的 Y 参数和 A 参数。针对双口 1 和双口 2 进行并联有效性测试。如果不满足，将双口 2 的 1 与 1′互换，2 与 2′互换，再作并联有效性测试，若满足，则将双口 1 与上下倒置后的双口 2 并联组成图 7-14-4(c) 所示的新双口网络。通过测量的方法求取其 Π 形等效电路。

3. 测量图 7-14-4(c) 所示的双口网络传输参数，利用 A 参数计算出双口网络的特性阻抗 Z_{c1} 和 Z_{c2}，按 Z_{c1} 和 Z_{c2} 选择 $Z_S = Z_{c1}, Z_L = Z_{c2}$。验证 $Z_i = Z_S, Z_o = Z_L$。

4. 将图 7-14-4(c) 所示双口无载网络接上输出正弦信号为 1 V 的信号源，测量转移电压比 $\dot{A}_u = \dfrac{\dot{U}_2}{\dot{U}_1}$ 的频率特性。

5. 如果图 7-14-4(c) 所示双口网络带上 1 kΩ 负载，再次测量转移电压比的频率特性。

6. 将双口 1 和上下倒置后的双口 2 级联，测量转移电压比的频率特性。

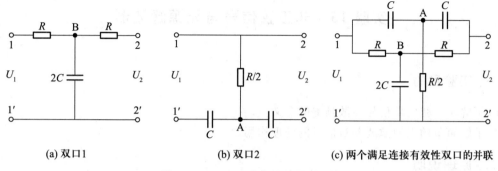

(a) 双口1　　　　　(b) 双口2　　　　　(c) 两个满足连接有效性双口的并联

图 7-14-4　双口网络及其并联连接

四、实验仪器设备

1. 数字万用表。

2. 电工综合实验台。

3. 信号发生器。

4. 双通道示波器。

五、预习思考及注意事项

1. 复习双口网络的有关理论知识。

2. 图 7-14-4(c) 称为 RC 双 T 网络,它由一个 T 形低通电路和一个 T 形高通电路并联而成,当参数选取合适时呈现带阻特性和类谐振特性。当这样的两个 T 形电路级联时,可构成带通特性,请学习带通和带阻电路频率特性相关理论。

3. 什么是带通特性的中心频率和截止频率?应该怎样测量?带阻特性呢?

六、实验报告要求

1. 判断实验任务 1 测得的结果是否满足双口互易的条件。总结二端口网络联结有效性的规律。

2. 由实验任务 2 测得的 Y 参数(或 A 参数)计算出对应的 A 参数(或 Y 参数),并与实验测得的 A 参数(或 Y 参数)比较。

3. 将实验任务 3 测得的输入阻抗与输出阻抗与理论值比较。

4. 由实验任务 3 测得的测试参数计算出短路阻抗参数 Y 和传输参数 A,与实验任务 1 测出的结果相互比较,进而比较二端口网络和 Ⅱ 形等效电路的等效性。

5. 画出幅频特性曲线,并加以分析。

实验 15 非正弦信号与无源滤波器

一、实验目的

1. 了解非正弦周期信号离散频谱的含义。
2. 了解简单的无源滤波器对信号的处理作用。

二、原理说明

1. 非正弦周期信号与离散频谱

非正弦周期信号通过傅里叶级数展开可以分解成直流、基波和高次谐波,图 7-15-1 给出了方波、锯齿波、三角波、脉冲波、半波整流信号和全波整流信号的时域波形,相应的傅里叶展开式分别如下:

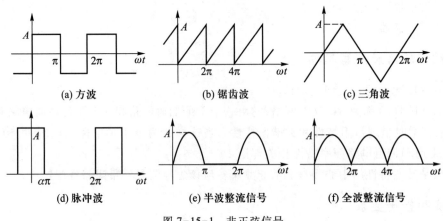

图 7-15-1 非正弦信号

(1)方波

$$f(\omega t) = \frac{4A}{\pi}\left(\sin \omega t + \frac{1}{3}\sin 3\omega t + \frac{1}{5}\sin 5\omega t + \cdots + \right.$$
$$\left. \frac{1}{k}\sin k\omega t + \cdots \right) \quad (k \text{ 为奇数})$$

(2)锯齿波

$$f(\omega t) = \frac{A}{2} - \frac{A}{\pi}\left(\sin \omega t + \frac{1}{2}\sin 2\omega t + \frac{1}{3}\sin 3\omega t + \cdots + \frac{1}{k}\sin k\omega t + \cdots \right)$$

(3)三角波

$$f(\omega t) = \frac{8A}{\pi^2}\left[\sin \omega t - \frac{1}{9}\sin 3\omega t + \frac{1}{25}\sin 5\omega t - \cdots + \right.$$

$$\left. \frac{(-1)^{\frac{k-1}{2}}}{k^2}\sin k\omega t + \cdots \right](k \text{ 为奇数})$$

（4）脉冲波

$$f(\omega t) = \alpha A + \frac{2A}{\pi}\left(\sin \alpha\pi\cos \omega t + \frac{1}{2}\sin 2\alpha\pi\cos 2\omega t + \frac{1}{3}\sin 3\alpha\pi\cos \omega t + \cdots \right)$$

（5）半波整流信号

$$f(\omega t) = \frac{A}{\pi}\left[1 + \frac{\pi}{2}\cos \omega t - \frac{2}{3}\cos 2\omega t - \frac{2}{15}\cos 4\omega t - \cdots - \right.$$

$$\left. \frac{2}{(k-1)(k+1)}\cos k\omega t - \cdots \right](k \text{ 为偶数})$$

（6）全波整流信号

$$f(\omega t) = \frac{4U_{\text{m}}}{\pi}\left(\frac{1}{2} - \frac{1}{3}\cos \omega t - \frac{1}{15}\cos 2\omega t - \cdots \right)$$

非正弦信号除了观察其时域波形外，还通过下述各量来衡量。

有效值：
$$U_{\text{RMS}} = \sqrt{\frac{1}{T}\int_0^T f^2(t)\,\mathrm{d}t}$$

直流分量：
$$U_{\text{dc}} = \frac{1}{T}\int_0^T f(t)\,\mathrm{d}t$$

平均值：
$$U_{\text{av}} = \frac{1}{T}\int_0^T |f(t)|\,\mathrm{d}t$$

波形因数：$k_{\text{f}} = \dfrac{U_{\text{RMS}}}{U_{\text{av}}}$。$k_{\text{f}} \geqslant 1$，越大，波形越尖。正弦波 $k_{\text{f}} = 1.11$。

峰值因数：$k_{\text{c}} = \dfrac{U_{\text{m}}}{U_{\text{RMS}}}$。$k_{\text{c}} \geqslant 1$，越大，波形越尖。正弦波 $k_{\text{c}} = 1.414$。

模拟表系列中，电动系/电磁系仪表可以测量周期交流电的真有效值；整流系仪表测的是平均值；磁电系仪表测的是直流分量；指针式万用表的交流挡一般是整流系。数字式万用表可以测平均值、峰值或真有效值，要看具体型号。在工程上，除特别标明外，一般交流表都按照正弦情况下的交流有效值来刻度。

2. RLC 构成的简单无源滤波器

图 7-15-2 所示的 RLC 串联电路，若输出 $\dot{U}_2$ 取为电容上电压，其网络函数可以表示为

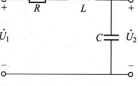

图 7-15-2　RLC 电路

$$H(j\omega) = \frac{\dot{U}_2}{\dot{U}_1} = \frac{\frac{1}{j\omega C}}{R + j\omega L + \frac{1}{j\omega C}} = \frac{(\omega_0)^2}{(j\omega)^2 + \frac{\omega_0(j\omega)}{Q} + (\omega_0)^2}, 具有低通特性;$$

若输出 $\dot{U}_2$ 取为电感上电压,则网络函数可以表示为

$$H(j\omega) = \frac{\dot{U}_2}{\dot{U}_1} = \frac{j\omega L}{R + j\omega L + \frac{1}{j\omega C}} = \frac{\omega^2}{(j\omega)^2 + \frac{\omega_0(j\omega)}{Q} + (\omega_0)^2}, 具有高通特性;$$

若输出 $\dot{U}_2$ 取为电阻上电压,则网络函数可以表示为

$$H(j\omega) = \frac{\dot{U}_2}{\dot{U}_1} = \frac{R}{R + j\omega L + \frac{1}{j\omega C}} = \frac{j\omega\omega_0}{(j\omega)^2 + \frac{\omega_0(j\omega)}{Q} + (\omega_0)^2}, 具有带通特性。$$

若输出 $\dot{U}_2$ 取为电容和电感上的合成电压,则网络函数可以表示为

$$H(j\omega) = \frac{\dot{U}_2}{\dot{U}_1} = \frac{j\omega L + \frac{1}{j\omega C}}{R + j\omega L + \frac{1}{j\omega C}} = \frac{(j\omega)^2 + (\omega_0)^2}{(j\omega)^2 + \frac{\omega_0(j\omega)}{Q} + (\omega_0)^2}, 具有带阻特性。$$

其中,$\omega_0 = \frac{1}{\sqrt{LC}}$, $Q = \frac{\sqrt{L/C}}{R}$。

用 RC 元件也可组成各种类型的无源滤波器,在此不详细论述。

3. 单相变压器输出电压中的谐波观测

铁心变压器一次侧接电压为正弦的交流电源时,由于铁心的磁非线性,其二次侧输出电压将呈非正弦,因此包含了各次谐波。如果将三台相同的单相变压器的一次侧连成星形,二次侧接成开口的三角形,如图 7-15-3(a)所示,从而构成频率三倍器,如图 7-15-3(b)所示。用频率三倍器作为基本电路元件,可研究非正弦信号的测量。

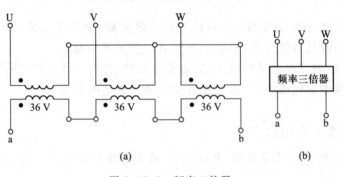

(a)   (b)

图 7-15-3 频率三倍器

三、实验任务

1. 用信号源或整流电路输出或其他方式产生图 7-15-1 所示的某种非正弦电压波形,使用示波器观察其波形和谐波的组成。

2. 用 RLC 或 RC 构成低通、高通、带通、带阻滤波器,以一定周期的非正弦信号为激励源,加到滤波器的输入端,调节电路参数,观察输出端电压波形及其谐波成分。

3. 利用变压器构成的频率三倍器,观察非正弦信号波形,测量有效值。

（1）按图 7-15-4 接线,通过调压器使 u_1 的有效值为 50 V,用交流电压表测 U_1,宽频带电压表测 U_3,再用示波器观察 u_1、u_3 和 u 的波形。

（2）将 U_1 调至 100 V,重复上述操作。

（3）负载性质与非正弦信号响应

① 在 c、b 两端接入电阻 R 和电感(R_L、L),观察 c、b 两端电压和电路中电流的波形。

② 将电感换成电容,重新观察。

（4）测量（3）中两种情况下负载的平均功率,要求分别测出基波和三次谐波以及总功率。

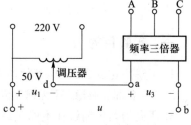

图 7-15-4 实验任务 3

四、实验仪器设备

1. 数字万用表。

2. 电工综合实验台。

3. 信号发生器。

4. 双通道示波器。

5. 单相变压器 220 V/36 V 三台。

五、预习思考及注意事项

1. 预习示波器观察波形的方法以及 FFT 测量的原理和操作方法。

2. 推导无源滤波器的频率特性计算公式,预测非正弦信号经过滤波器后输出信号的特点。

3. 如果想将方波信号中的基波成分提取出来,可以设计什么样的滤波器?

4. 方波信号经过一个包含 L 和 C 元件的双口网络后,其输出信号是否能够保持与原信号波形相似? 设计一个对传输信号无畸变的网络(全通器),测试其效果。

5. 从理论上分析频率三倍器的原理。

6. 在使用频率三倍器时,是否能够调节基波和三次谐波的初相位,以便得到不同的合成波形?

7. 在有关频率三倍器的实验任务 3 中,如果 a、b 两个端钮换接,也就是 d 与 b 相连,由 c 和 a 引出出线端,此时输出端的波形与实验任务 3 有何区别?

六、实验报告要求

1. 设计实验方案,观察和记录非正弦信号及其各次谐波。
2. 写明无源滤波器的设计过程、参数大小,观察其滤波效果。
3. 针对变压器组成的频率三倍器,完成关于非正弦电压有效值以及平均功率的测量研究。
4. 根据实验结果,分析容性或感性负载中的谐波成分。

实验 16 用仿真线模拟均匀传输线的稳态和动态响应

一、实验目的

用仿真线
模拟均匀
传输线的
稳态和
动态响应

1. 了解用仿真线(链形等效电路)模拟均匀传输线的原理。
2. 学习测量正弦稳态下无损耗传输线在不同终端状态时电压、电流有效值的沿线分布。
3. 研究均匀传输线在不同负载情况下,电压、电流沿线分布情况及相移。

二、原理说明

传输线上电压和电流满足下述方程:

$$\frac{\partial^2 u}{\partial x^2} = \left(R_0 + L_0\frac{\partial}{\partial t}\right)\left(G_0 + C_0\frac{\partial}{\partial t}\right)u$$

$$\frac{\partial^2 i}{\partial x^2} = \left(G_0 + C_0\frac{\partial}{\partial t}\right)\left(R_0 + L\frac{\partial}{\partial t}\right)i$$

在正弦激励下,沿线各处的电压、电流的方程是

$$\frac{\mathrm{d}^2\dot{U}}{\mathrm{d}x^2} = (R_0 + j\omega L_0)(G_0 + j\omega C_0)\dot{U} = \gamma^2\dot{U}$$

$$\frac{\mathrm{d}^2\dot{I}}{\mathrm{d}x^2} = (G_0 + j\omega C_0)(R_0 + j\omega L_0)\dot{I} = \gamma^2\dot{I}$$

$$\gamma = \left[(R_0 + j\omega L_0)(G_0 + j\omega C_0)\right]^{1/2} = (Z_0 Y_0)^{1/2} = \alpha + j\beta$$

上式中 γ、α、β 分别称为传播系数、衰减系数和相位系数;$Z_0 = R_0 + j\omega L_0$ 是长线的单位长度的串联阻抗,单位是 Ω/m 或 Ω/km;$Y_0 = G_0 + j\omega C_0$ 是长线的单位长度的并联导纳,单位是 S/m 或 S/km;α 的单位是奈培/米(Np/m)或奈培/千米(Np/km);β 的单位是 rad/m 或 rad/km。

若已知终端电压、电流,解上式可得沿线任一点电压和电流:

$$\begin{bmatrix} \dot{U} \\ \dot{I} \end{bmatrix} = \begin{bmatrix} \mathrm{ch}\gamma x' & Z_\mathrm{c}\mathrm{sh}\gamma x' \\ \dfrac{\mathrm{sh}\gamma x'}{Z_\mathrm{c}} & \mathrm{ch}\gamma x' \end{bmatrix}\begin{bmatrix} \dot{U}_2 \\ \dot{I}_2 \end{bmatrix}$$

式中, $Z_C = \dfrac{Z_0}{\gamma} = \sqrt{\dfrac{Z_0}{Y_0}} = z_C e^{j\theta}$ 为传输线的特性阻抗,单位是 Ω。$x' = l - x$, x' 是从任一点到终端的距离。如果传输线的电路参数 $R_0 = 0, G_0 = 0$,则称为无损耗长线。此时:

$$\gamma = \sqrt{Z_0 Y_0} = \sqrt{(j\omega L_0)(j\omega C_0)} = j\omega\sqrt{L_0 C_0} = j\beta$$

可见此时的 $\alpha = 0$,即无衰减。相位速度为

$$v = \omega/\beta = 1/\sqrt{L_0 C_0}$$

特性阻抗为

$$Z_C = \sqrt{\dfrac{Z_0}{Y_0}} = \sqrt{\dfrac{j\omega L_0}{j\omega C_0}} = \sqrt{\dfrac{L_0}{C_0}} = |Z_C| \angle 0°$$

（1）当终端阻抗与无损耗线匹配（$Z_2 = Z_C$）时,沿线电压、电流为

$$\dot{U} = \dot{U}_2 \cos \beta x' + j\dot{U}_2 \sin \beta x' = \dot{U}_2 e^{j\beta x'}$$

$$\dot{I} = j\dot{I}_2 \sin \beta x' + \dot{I}_2 \cos \beta x' = \dot{I}_2 e^{j\beta x'}$$

这表示沿线的电压、电流是一行波,无反射。

（2）当终端开路时,即 $Z_2 \to \infty$, $I_2 = 0$,沿线电压、电流为

$$\dot{U} = \dot{U}_2 \cos \beta x'$$

$$\dot{I} = j\dfrac{\dot{U}_2}{Z_C} \sin \beta x'$$

若 $\dot{U}_2 = U_2 \angle 0°$,则

$$u(x,t) = \sqrt{2}\, U_2 \cos \beta x' \sin \omega t$$

$$i(x,t) = \sqrt{2}\, \dfrac{U_2}{Z_C} \sin \beta x' \sin(\omega t + 90°) = \sqrt{2}\, \dfrac{U_2}{Z_C} \cdot \sin \beta x \cos \omega t$$

上两式都具有驻波的形式。沿线任一点向右看的输入阻抗:

$$Z_i = \dfrac{\dot{U}}{\dot{I}} = -jZ_C \cot \beta x' = jX_i$$

图 7-16-1 画出了 u, i 随 x' 变化的波形,以及沿线任一点向右看的输入阻抗变化曲线。

（3）当终端短路时,即 $Z_2 = 0$, $\dot{U}_2 = 0$,电压、电流沿线分布为

$$\dot{U} = jZ_C \dot{I}_2 \sin \beta x'$$

$$\dot{I} = \dot{I}_2 \cos \beta x'$$

写成时间函数（设 $\dot{I}_2 = I_2 \angle 0°$）:

$$u(x,t) = \sqrt{2}\, Z_C I_2 \sin \beta x' \sin(\omega t + 90°) = \sqrt{2}\, Z_C I_2 \sin \beta x' \cos \omega t$$

$$i(x,t) = \sqrt{2}\, I_2 \cos \beta x' \sin \omega t$$

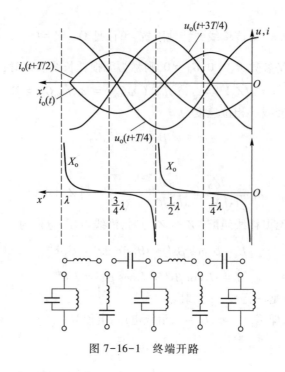

图 7-16-1 终端开路

终端短路时沿线任一点的输入阻抗：

$$Z_i = \frac{\dot{U}}{\dot{I}} = jZ_C \tan \beta x' = jX_i$$

u、i、Z_i 随 x' 变化的波形如图 7-16-2 所示。

（4）当终端接电感时，$Z_2 = j\omega L_2 = jX_2$，则当 $\dot{I}_2 = I_2 \angle 0°$ 时，有

$$u(x, t) = \sqrt{2} I_2 \sqrt{X_2^2 + Z_C^2} \sin(\beta x' + \varphi) \cos \omega t$$

$$i(x, t) = \sqrt{2} \frac{I_2}{Z_C} \sqrt{X_2^2 + Z_C^2} \cos(\beta x' + \varphi) \sin \omega t$$

式中，$\varphi = \arctan \dfrac{X_2}{Z_C}$。

由上两式知，电压、电流都是驻波，但在终端 $x' = 0$ 处，既非 u 的波节（波腹）、也非 i 的波节（波腹），如图 7-16-3 所示。

上述电压、电流沿线路的分布情况可以在实验室用模拟的方法测出，并且可以用示波器观察其相应变化。

对于具有分布参数的均匀传输线，如果只研究始端和终端电压、电流间的关系，可以用一个集中参数网络来等值代替该传输线。显然，这种等效只有在始端和终端才成立。若把均匀传输线划分为 n 个相等的段，每段用一个对称的二端口网络来等效，则整个传输线可以用包含 n 个环

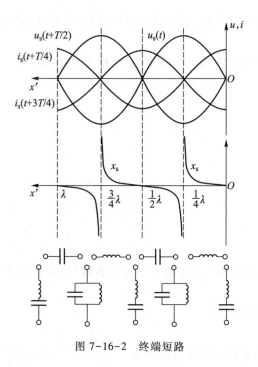

图 7-16-2　终端短路

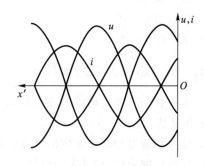

图 7-16-3　终端接电感

节的链形网络来等值替代。上述等值链形网络有时称为仿真线,对于在实验室内研究电力或电信传输线来说,仿真线是很重要的。为了使模拟电路有足够的精度,要求仿真线满足下述条件:

　① 每一节双口网络所代表的传输线路长度远小于传输信号的波长;

　② 每一节双口网络的波阻抗应与传输线路的波阻抗相等;

　③ 每一节双口网络的相移常数应与传输线路的相移常数相等。

三、实验任务

正弦信号幅值 3 V 左右,分别进行下述测量:

1. 分别测量终端开路和终端短路时,沿线电压、电流的分布情况。

2. 将终端接以纯电容负载,测量沿线电压、电流分布情况。

3. 将终端接特性阻抗 Z_C,测量沿线电压、电流的分布情况,并用示波器观测沿线电压波形的相位移变化。

4. 激励电源为周期性的方波,为了保证波过程在首端匹配情况下能够进入稳态,方波的宽度必须大于两倍的波在线路上传播的时间。为了保证第二个方波射入线路时,线路处于零状态,方波的间隙时间必须远大于线路放电的时间。适当选择方波的频率和示波器的扫描周期,以便在示波器上观察到稳定的波形。

5. 用示波器观测行波从始端出发至终端再返回到始端所需的时间,计算波速和线路参数 L_0、C_0。

6. 在仿真线的中部接电容,终端接大小等于特性阻抗值的电阻,观察首端、电容前、电容后以及终端波形。

7. 在仿真线的中部接电感,终端接大小等于特性阻抗值的电阻,观察首端、电感前、电感后以及终端波形。

8. 拓展性研究:自己设计并制作仿真线。

四、实验设备

1. 信号发生器。

2. 双通道示波器。

3. 电工综合实验台。

五、预习思考及注意事项

1. 预习有关二线传输线的理论知识。预习无损耗均匀传输线终端在各种状态时,电压和电流波的传播特点。

2. 预习示波器和功率函数信号发生器的使用方法。

3. 列出数据表格,估计实验结果。

4. 实验开始时必须首先调好电源频率,实验过程中不要重新调节。

5. 由于实验装置相当于 $\frac{3}{4}$ 波长线,因此当终端开始时的终端电压值较电源电压高得多,实验中不能使此电压高于实验装置上元件所允许的额定电压值。电源参考电压值为 4~5 V。

6. 长于 $\frac{1}{4}$ 波长和短于 $\frac{1}{4}$ 波长线,沿线电压、电流有效值分布曲线有何特点?

7. 实验任务 2 中如果终端接以纯电感,电压、电流分布曲线会是什么样的?

8. 终端接以特性阻抗,沿线电压的相位如何变化?

六、报告要求

1. 绘制各实验内容所测数据曲线,并与理论计算结果比较。

2. 根据实验测试数据,在坐标纸上绘出终端开路、短路和匹配情况下,电压和电流沿线分布。

3. 根据实验数据计算特性阻抗,并与理论值进行比较,若存在差异,分析其原因。

第 **8** 章
研究探索型实验

研究专题 1　直流电路综合探索实验

直流电路
综合探索
实验

直流电路综
合探索实验
（仿真演示）

一、研究背景与目的

1. 伏安法测量电阻并估算测量精度。
2. 验证戴维南定理和诺顿定理及其适用条件。
3. 验证电压源与电流源相互进行等效转换的条件。
4. 了解实验时电源的非理想状态对实验结果的影响。
5. 能够采取措施消除实验中的非正常工作状态的影响。
6. 拓展实验内容，顺势验证尽可能多的电路定理。
7. 引导学生关注实验现象，积极思考并合理解释实验现象。
8. 引导学生拓展实验电路，全面分析实验数据。

二、相关理论及知识

　　伏安法测量电阻需要根据电阻的大小合理连接电压表和电流表。直流电表的内阻会对测量结果产生影响，这个误差可以修正。相关原理请参阅第 7 章实验 1、实验 2 以及第 3 章和第 4 章。

　　针对一个特定实验电路，通过将负载电阻 R 从 0 到 ∞ 变化，完整测试有源一端口的电压、电流，验证直流电路的戴维南等效和诺顿等效；将非线性元件接入有源一端口后，再次进行端口特性的测量，对测量数据进行思考和分析，得出戴维南定理使用条件的结论。

三、研究内容及方法

　　本实验使用图 8-1-1 所示的电路进行测量。

　　1. 按图 8-1-1 接线，改变可调电阻 R，测量 U_{AB} 和 I_R 的关系曲线，数据表格自拟。特别注意

要测出 $R = \infty$ 及 $R = 0$ 时的电压和电流。

请注意:在这个网络中,当负载电阻 R 小于某一个数值后,电源将出现异变。

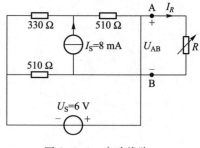

图 8-1-1 实验线路

2. 测量无源一端口网络的入端电阻。将电流源开路,同时将电压源短路,再将负载电阻开路,用伏安法或直接用万用表测量 A、B 两点间的电阻,即为该网络的入端电阻 R_{AB}。

3. 将 A、B 两端左侧电路做戴维南等效(诺顿等效),重复测量 U_{AB} 和 I_R 的关系曲线,数据表格自拟,并与任务 1 所测得的数据进行比较,验证戴维南(诺顿)定理。

4. 将一个二极管替代原电路中 330 Ω 的电阻,改变可调电阻 R,测量 U_{AB} 和 I_R 的关系曲线。

请注意:在这个网络中,当负载电阻 R 大于某一个数值后,电源将出现异变。

5. 将一个二极管与原电路中左下方 510 Ω 电阻并联,改变可调电阻 R,测量 U_{AB} 和 I_R 的关系曲线。

6. 以图 8-1-1 所示电路为依托,拓展实验内容,顺势验证尽可能多的电路定理。

基本要求:

1. 设计实验步骤,测量有源一端口中指定电阻的阻值。

2. 测试有源一端口的戴维南等效电路参数及其端口的输出特性。

3. 将非线性元件引入有源一端口,再测试其端口的输出特性。

4. 找出直流电源异动原因及其对策。

探索研究:

5. 测试非线性元件的伏安特性,说明非线性元件的工作状态。

6. 拓展实验内容,充分利用已有测量数据,适当增加若干测量数据,顺势验证叠加定理、特勒根定理、替代定理、互易定理,使整个直流电路实验一气呵成。

7. 拓展实验内容,在图 8-1-1 所示电路的基础上进行修改,使用运算放大器构建一个含有受控源的含源二端口网络,设计合适的测量步骤,测量该含有受控源的一端口网络的戴维南或诺顿等效参数。

8. 拓展性研究:测量图 8-1-2 所示电子电路指定端钮处的戴维南等效参数(晶体管 9013 型 NPN 硅管,$V_C = 12$ V。调节电位器 R_P,使集电极静态电流为 1.5 mA,由信号源输入频率为 1 000 Hz,有效值为 30 mV 左右的正弦信号。可发现,当输入信号在一定范围内变化时,可得到线性放大后的波形)。

(1)在图 8-1-2 所示电路中,设计合适的测量步骤,测量得到 B0 以左的直流有源一端口的端口电流与端口电压之间的关系曲线。

(2)同样在上述实验电路中,设计合适的测量步骤,测量得到 C0 以左的直流有源一端口的端口电流与端口电压之间的关系曲线。

(3)比较这两条关系曲线,可以得出什么实验结论。

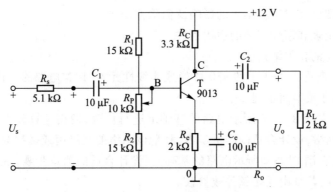

图 8-1-2　含三极管的实验线路

（4）如果拓展到正弦交流,那么设计合适的测量步骤,测量得到负载 R_L 以左的交流有源一端口的端口电流与端口电压之间的关系曲线,那么又可得出什么实验结论?

四、实验仪器设备

1. 数字万用表。

2. 电工综合实验台。

3. 直流稳压电源。

4. 双通道示波器。

5. 信号发生器。

五、研究提示及注意事项

1. 实验过程中直流稳压源不能短路,直流稳流源不能开路,而且电源只能向外提供功率而不能吸收功率,以免损坏设备。

2. 计算戴维南等效和诺顿等效各参数的理论值。

3. 本实验中,当负载电阻 R 小于或大于某一数值后,电路将发生变化。试计算这一阻值,并解释这一现象。

4. 采取恰当措施,消除电路发生的异常变动现象。

5. 二极管或稳压二极管的伏安特性是怎样的? 它们在电路中工作在什么状态?

6. 含二极管或稳压二极管的有源网络满足戴维南定理吗? 戴维南定理和诺顿定理的适用条件是什么?

六、研究报告要求

1. 总结测量电路中某电阻的方法,如何修正仪表内阻对测量结果的影响。

2. 比较等效参数,根据实验数据验证戴维南和诺顿定理;绘制并比较等效前后的电压电流关系曲线。

3. 分析电源异常变动对实验结果的影响及消除方法。

4. 给出戴维南定理和诺顿定理的适用条件。

5. 拓展实验内容的相关结论。

6. 拓展性研究:将图 8-1-1 中的 330 Ω 换成非线性元件,调整电源的工作状态,使该元件工作于非线性状态,验证戴维南定理。

7. 拓展性研究:在图 8-1-1 所示电路的基础上进行修改,使用运算放大器构建一个含有受控源的含源二端口网络,设计合适的测量步骤,测量该网络的戴维南或诺顿等效参数。

8. 拓展性研究:在图 8-1-2 所示电路的基础上,设计合适的测量步骤,说明戴维南定理的使用条件,并测量对应的戴维南或诺顿等效参数。

研究专题 2　电压三角形法测参数的误差分析

一、研究背景与目的

1. 学习无源一端口网络等效参数的电压三角形测定方法。

2. 掌握判定待测无源一端口网络性质的方法。

3. 学习间接测量过程中的误差分析方法。

4. 了解实验条件与电路参数的合理选择在提高实验准确度中的作用。

二、相关理论及知识

1. 任意一个交流无源一端口网络,不管其内部结构如何复杂,其等效参数都可以用一个等效阻抗(入端阻抗)来表示,如图 8-2-1(a)所示,当端口电压和端口电流的参考方向一致时,其复数阻抗可以写作:

$$Z = \frac{\dot{U}}{\dot{I}} = z\angle\varphi = R_0 + \mathrm{j}(X_L - X_C) = R_0 + \mathrm{j}X_0$$

其相量关系如图 8-2-1(b)所示。

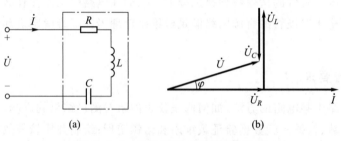

(a)　　　　　　　　　　(b)

图 8-2-1　交流无源一端口网络示例

2. 交流无源一端口网络等效参数的测定方法很多,但可归纳为两大类:一类为专用仪器测试法,如交流电桥、Q 表法或高精度的 R、L、C 自动测试仪等,可直接读出元件的参数值;另一类为间接测试法,即在网络的端口加工作电流和电压,测试元件工作时其上的电压、电流数值,通过计算得到等效参数。间接测量又有电工测量和电子测量之分。电工测量是指外加工频交流电所进行的测量,一般有三表法(电压表、电流表与功率表)和电压三角形法两种。电子测量法是借助信号源和示波器来测量等效阻抗的幅值和相位,进一步通过串联电容或电感使电路谐振,以获得等效电阻和电抗的大小。电工测量法可以保持待测网络的工作状态,而电子测量法则可获得较宽频率范围内该网络的等效参数。

另外,电压三角形法和三表法均无法判定出待测一端口网络的性质,阻抗性质的判别需要在被测网络两端并联或串联电容来实现。

① 并联电容判别法

在被测电路 Z 两端并联可变容量的试验电容 C',如图 8-2-2(a)所示,在端电压 U 不变的条件下,若电路中总电流 I 随电容容纳 B 的增大而单调地上升,则可判断待测电路具有容性。若总电流 I 先减小后上升,如图 8-2-2(b)所示,则可判断待测电路具有感性。

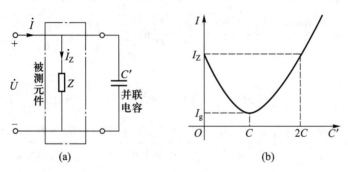

图 8-2-2 并联电容判定待测电路性质

由以上分析可见,当待测元件为容性元件时,对并联电容 C' 值无特殊要求,若为感性元件,则要求

$$C' < \frac{2\,|\sin\varphi|}{\omega z}$$

式中,z 为被测阻抗 Z 的阻抗值,φ 为阻抗角。也就是说,如果实验室没有可变电容,则必须保证并联上去的实验电容足够小才能判断出待测电路的性质。

② 串联电容判别法

在被测元件电路中串联一个适当容量的试验电容 C',在电源电压不变的情况下,根据被测阻抗的端电压的变化,也可以判断电路阻抗的性质。若串联电容后被测阻抗的端电压单调下降,则判为容性;若端电压先上升后下降,则被测阻抗为感性,判定条件为

$$C' > \frac{1}{2\omega z\,|\sin\varphi|}$$

式中，z 为被测阻抗的阻抗值，C' 为串联试验电容值。

③ 相位关系测量法

判断待测元件的性质，还可以利用示波器测量电路中电流、电压间的相位关系进行判断，若电流超前于电压，则电路为容性，若电流滞后于电压，则电路为感性。

3. 本项研究针对电压三角形法，通过误差分析理论，说明实验电路中参数的选择，以及电源大小的设定均对测量结果有影响，在满足测量要求的前提下可以有效地提高实验的准确度。

（1）电压三角形法在 $U_1 = U_2$ 时，测量 Z_2 实部和虚部的仪表误差最小。

电压三角形法的测量原理如图 8-2-3（a）所示，其中 R_1 为一已知电阻，Z_2 为交流无源一端口网络的等效阻抗（假设为容性网络），且 $Z_2 = z_2 \angle -\varphi = R_0 - \mathrm{j}X_0$，$\varphi > 0$，$X_0 > 0$。用电压表分别测量电压 U、U_1、U_2 的值，然后根据三个电压值绘出电压相量图，如图 8-2-3（b）所示。根据相量图有

$$\cos \varphi = \frac{U^2 - U_1^2 - U_2^2}{2U_1 U_2}$$

于是

$$R_0 = \frac{U_2 \cos \varphi}{I} = \frac{U^2 - U_1^2 - U_2^2}{2U_1 I} = \frac{U^2 - U_1^2 - U_2^2}{2U_1^2} R_1$$

$$X_0 = \frac{U_2 \sin \varphi}{I} = \frac{U_2 \sqrt{1 - \cos^2 \varphi}}{I} = \frac{U_2}{U_1} R_1 \sqrt{1 - \left(\frac{U^2 - U_1^2 - U_2^2}{2U_1 U_2}\right)^2}$$

可得到

$$\frac{\mathrm{d}R_0}{R_0} = \frac{1}{U^2 - U_1^2 - U_2^2}\left[2U^2 \frac{\mathrm{d}U}{U} + (U_2^2 - U^2 - U_1^2)\frac{\mathrm{d}U_1}{U_1} - 2U_2^2 \frac{\mathrm{d}U_2}{U_2}\right] - \frac{\mathrm{d}I}{I}$$

$$\frac{\mathrm{d}X_0}{X_0} = -\frac{\mathrm{d}I}{I} - \frac{U^2 \cos \varphi}{U_1 U_2 \sin^2 \varphi}\frac{\mathrm{d}U}{U} + \frac{U_1 + U_2 \cos \varphi}{U_2 \sin \varphi \tan \varphi}\frac{\mathrm{d}U_1}{U_1} + \frac{U_1 + U_2 \cos \varphi}{U_1 \sin^2 \varphi}\frac{\mathrm{d}U_2}{U_2}$$

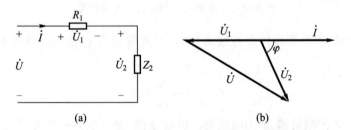

(a)　　　　　　　　　　(b)

图 8-2-3　电压三角形法测量交流无源一端口网络等效参数

同时调节 R_1 和电源电压 U，保持 U_2 不变，并假设 $\dfrac{\mathrm{d}I}{I}$、$\dfrac{\mathrm{d}U}{U}$、$\dfrac{\mathrm{d}U_1}{U_1}$、$\dfrac{\mathrm{d}U_2}{U_2}$ 不变（即电压表与电流表的相对误差不随 R_1 而变），可推得

$$\frac{\mathrm{d}}{\mathrm{d}R_1}\left(\frac{\mathrm{d}R_0}{R_0}\right) = \frac{4IU_2 \cos \varphi}{(U^2 - U_1^2 - U_2^2)^2}\left[(U_1^2 - U_2^2)\frac{\mathrm{d}U}{U} - U_1^2 \frac{\mathrm{d}U_1}{U_1} + U_2^2 \frac{\mathrm{d}U_2}{U_2}\right]$$

$$\frac{d}{dR_1}\left(\frac{dX_0}{X_0}\right) = \frac{I\cos\varphi}{U_1^2 U_2 \sin^2\varphi}\left[(U_2^2 - U_1^2)\frac{dU}{U} + U_1^2\frac{dU_1}{U_1} - U_2^2\frac{dU_2}{U_2}\right]$$

如果电压表的内阻足够大，以至于可以忽略其对测量结果的影响，用两块同样规格电压表的同一量程(或者同一块表的同一量程)测量 U_1 和 U_2，则可保证仪表误差具有相同的性质。由上两式可以看出，当调节 R_1 的值，使电路满足 $U_1 = U_2$ 时，等效参数中电阻和电抗部分的测量误差将达到最小。

（2）从另一个角度也能证明，电压三角形法在 $U_1 = U_2$ 时，$|\Delta z_2|$ 与 $|\Delta\varphi|$ 最小，但不适用于测量辐角很小的阻抗。

由电压三角形法的测量原理可知：

$$z_2 = \frac{U_2 R_1}{U_1}$$

如果电压表在测量中产生的仪表误差分别为 ΔU_1 和 ΔU_2，则对于确定待测阻抗的模所产生的误差为

$$|\Delta z_2| = \frac{\Delta U_2 U_1 R_1 - U_2 R_1 \Delta U_1}{U_1^2}$$

若用同一块电压表的同一挡进行测量，其绝对误差近似为一个常数，设其为 ΔU，且认为外加电阻 R_1 具有足够的精度，上式则可化简为

$$|\Delta z_2| = \frac{R_1 \Delta U(U_1 - U_2)}{U_1^2}$$

可见，当 $U_1 = U_2$ 时，$|\Delta z_2| = 0$。

同理可以证明 $|\Delta\varphi|$ 是 $|\Delta\cos\varphi|$ 的单调增函数，当 $|\Delta\cos\varphi|$ 最小时必有 $|\Delta\varphi|$ 最小，而

$$\Delta\cos\varphi = \frac{\Delta U(2U_1 U_2 U - U^2 U_1 - U_1^2 U_2 - U^2 U_2 - U_1 U_2^2 + U_1^2 + U_2^2)}{2U_1^2 U_2^2}$$

令 $k = \dfrac{U_1}{U_2}$，则有

$$\Delta\cos\varphi = \frac{\Delta U}{2}\left(\frac{2U}{U_1 U_2} - \frac{U^2}{U_2^2 U_1} - \frac{1}{U_2} - \frac{U^2}{U_1^2 U_2} - \frac{1}{U_1} + \frac{U_1}{U_2^2} + \frac{U_2}{U_1^2}\right)$$

$$= \frac{\Delta U}{2}\left(\frac{2U}{kU_2^2} - \frac{U^2}{kU_2^3} - \frac{1}{U_2} - \frac{U^2}{k^2 U_2^3} - \frac{1}{kU_2} + \frac{k}{U_2} + \frac{1}{k^2 U_2}\right)$$

经分析可见，当 $k = 1$ 时，$\dfrac{d(\Delta\cos\varphi)}{dk} = 0$，即 $\Delta\cos\varphi$ 有极值，且为极小值。综上所述，调整外加电阻 R_1，使其满足 $U_1 = U_2$ 时，$|\Delta\varphi|$ 最小。

用电压三角形法测量阻抗时，在相同条件下，其辐角越小，辐角误差 $|\Delta\varphi|$ 越大，反之越小。因此，电压三角形法不适用于测量角度很小的阻抗。有关推导与证明，请参考文献[28]。

传递误差的推导和计算比较复杂，可以编写专用计算器来代替手工计算，分析比较不同测量

方法所对应的间接测量误差,便于选择更好的测量方案。

三、研究内容及方法

1. 基本任务

本实验中使用的交流无源一端口网络如图 8-2-4 所示,R 为 100 Ω/2 W 的线绕电阻,C 为 4 只 10 μF/50 V 的电容器并联。

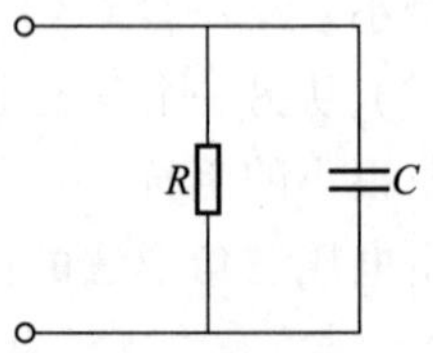

(1) 分别测量 R、C 的数值,计算该一端口网络的等效阻抗。

(2) 采用电压三角形法测量时,画出实验接线图,确定电源电压调节范围。

图 8-2-4 交流无源一端口
网络(RC 并联)

(3) 选定外接电阻 R_1 的型号以及数值。

(4) 同时调节 R_1 和电源电压,使得电路中 $U_1 = U_2$,记录实验数据,计算一端口网络的等效阻抗。

(5) 取 $R_1 = 6z_2$,在 $U_1 \neq U_2$ 的情况下,再次测量等效阻抗。

2. 探索研究

(1) 设计研究方案论证“$U_1 = U_2$ 时电压三角形法测量等效参数的精度最高”这一结论。

(2) 比较直接测量法和电压三角形法在测量等效阻抗、阻抗角或等效电阻、等效电抗时的传递误差,给出相关结论。

(3) 理解并论证“实验中电路参数的选择可以提高测量的准确度”。

四、实验仪器设备

1. 数字万用表。

2. 电工综合实验台。

五、研究提示及注意事项

1. 注意电阻元件的允许电流和电容元件的耐压范围。

2. 电压三角形法中,R_1 的电阻值应根据什么原则来选取?调节的最终目标是什么?

3. 实验中,电源范围的选取应考虑哪些因素?

4. 注意用电安全,应事先确定交流电源的电压可调范围。

5. 为什么本实验中要使用单相变压器?

6. 在实验进行中,如需改接电路,必须将电源断开,在断开电源前,应先将调压器手柄调回零位。

六、研究报告要求

1. 详细说明实验方案,尤其是电源电压以及外加电阻 R_1 的选取原则和调节范围。

2. 记录实验数据,分析测量结果。

3. 计算不同测量方法下，一端口网络的等效阻抗。

4. 比较不同测量条件下，测量等效阻抗的传递误差。

研究专题 3 三表法测参数的误差估计与补偿

一、研究背景与目的

1. 学习无源一端口网络等效参数的三表法(电压表、电流表和功率表)测定方法。

2. 掌握功率表的测量原理和使用方法。

3. 学习三表法测参数的误差估计和补偿。

4. 掌握三表法测量交流电路等效参数的误差分析方法。

5. 了解三表法测量的优缺点以及适用场合。

二、相关理论及知识

1. 测交流等效参数的三表法

三表法(电压表、电流表、功率表)基于电工测量法中的交流测量理论，可以在维持待测负载(阻抗)工作状态的条件下进行测量，因此像变压器、电机等交流负载常采用三表法测量其等效参数。测量线路如图 8-3-1 所示。不论被测对象是一个单一元件，还是一个无源二端网络，都可以用三表法测出其 U、I、P 后，计算出等效电阻 R_0 和电抗 X_0：

$$R_0 = \frac{P}{I^2}$$

$$Z = \frac{U}{I}$$

$$X_0 = \sqrt{Z^2 - R_0^2}$$

$$\varphi = \arctan \frac{X_0}{R_0}$$

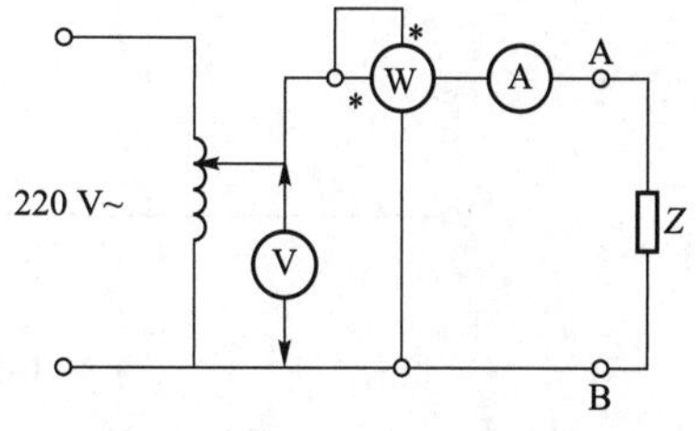

图 8-3-1 三表法测量线路

三表法无法判定待测电路的性质，需采用并联电容、串联电容等方法来判别该等效阻抗的性质，详细原理见第 8 章研究专题 2 所述。

如果已知电路的性质(即阻抗性质)，则可进一步求出等效电感或电容的数值：

$$L = \frac{1}{2\pi f} X_0$$

$$C = \frac{1}{2\pi f X_0}$$

选择功率表的量程时必须正确选择电流量程和电压量程，保证电流量程大于被测负载中的电流,电压量程大于被测负载的电压。电流量程和电压量程都满足了,功率量程自然会满足要求,因此使用功率表时要接入电压表和电流表,以监视被测电路的电压和电流,使之不超过功率表的电压、电流量程。

2. 三表法测量的误差分析

值得注意的是三表法如果使用不当,将导致测量结果误差很大。下面就三表法测量可能产生的主要误差来源加以说明。

（1）仪表内阻产生的系统误差

功率表是电动系仪表,其接线有电压支路前接和后接两种,如图 8-3-2 所示,其中 R_I 和 L_I 分别为功率表电流线圈以及电流表线圈的合成电阻和电感,被测阻抗为 $R+jX$。

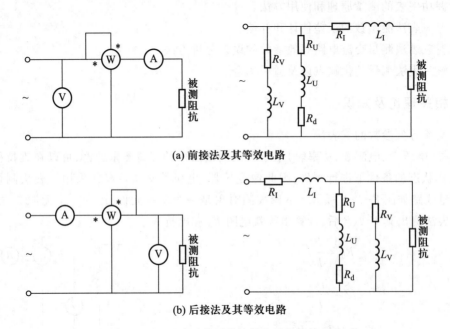

(a) 前接法及其等效电路

(b) 后接法及其等效电路

图 8-3-2　三表法的两种接线法及其等效电路

对应于图 8-3-2（a）所示的前接法电路,功率表的读数 $P_{实际}$ 除了被测阻抗的有功功率外,还包含功率表电流线圈损耗以及电流表的损耗:

$$P = P_{实际}\left(1 + \frac{R_I}{R}\right)$$

功率测量的相对误差为

$$\gamma_P = \frac{\Delta P}{P_{实际}} \times 100\% = \frac{R}{R_I} \times 100\%$$

对应于图 8-3-2（b）所示的后接法电路,功率表的读数除了被测阻抗的有功功率外,还包含功率表电压线圈损耗以及电压表的损耗:

$$P = P_{实际}\left(1 + \frac{R}{R_U} + \frac{R}{R_V}\right)$$

功率测量的相对误差为

$$\gamma_P = \frac{\Delta P}{P_{实际}} \times 100\% = \left(\frac{R}{R_U} + \frac{R}{R_V}\right) \times 100\%$$

用三表法测量等效参数需要注意下述两个问题：

① 根据被测阻抗相对于仪表内阻的大小,选择合适的连接线布置三块表。对于前接法,只有当 $R \gg R_I$ 时,才能保证测量有足够的精度,故前接法适合于高阻抗负载。对于后接法,需满足 $R \ll R_U$、$R \ll R_V$,所以后接法宜用于低阻抗负载的测量。

② 三表法测得的参数需要修正。

前接法修正公式为

$$R' = R - R_I = \frac{P}{I^2} - R_I$$

$$X' = X - X_I = \sqrt{\frac{U^2}{I^2} - \frac{P^2}{I^4}} - X_I$$

后接法修正公式为

$$G' = G - G_U - G_V = \frac{P}{U^2} - G_U - G_V$$

一般情况下,电压表和功率表电压线圈的电纳可以忽略,因此

$$B' = B = \sqrt{\frac{I^2}{U^2} - \frac{P^2}{U^4}}$$

（2）仪表量程的选择对测量功率的影响

已知功率表的读数为 $P = UI\cos\varphi$,若 $\cos\varphi$ 为一定值,则功率测量的相对误差为

$$\frac{dP}{P} = \frac{dI}{I_N}\frac{I_N}{I} + \frac{dU}{U_N}\frac{U_N}{U} = \gamma_I \frac{I_N}{I} + \gamma_U \frac{U_N}{U}$$

式中,U_N 和 I_N 分别为电压表和电流表的满量程值,γ_U 和 γ_I 分别为电压表和电流表的引用误差,则功率的测量误差还与仪表的量程选择有关,当两个仪表都指示满量程值时,测量功率的误差等于电压表和电流表误差的代数和,此时误差最小。

（3）电压线圈支路阻抗角产生的误差

前面讨论功率表损耗所造成的误差时,设电压线圈支路中电阻比线圈感抗大许多,忽略了感抗的影响,即图 8-3-3（a）中电压线圈支路中的电流 i_2 与负载两端电压 u_L 同相,也即 i_1 与 i_2 之间的相位角 ψ 等于 i_1 与 u_L 之间的相位角 φ。事实上,电压线圈或多或少总有一定的感抗,因此电压线圈支路中,电流 i_2 在相位上总是要比负载电压 u_L 落后一个角度 δ,从而使 i_1 与 i_2 之间的相位差 $\psi \neq \varphi$,如图 8-3-3（b）所示,由 δ 角所引起的误差为角误差,它与频率 f 有关,与所接负载的功率因数有关。

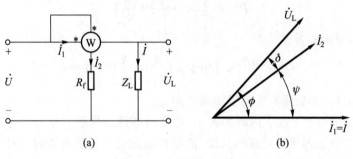

图 8-3-3　三表法的角误差

三、研究内容及方法

1. 基本任务

本实验中使用的交流无源一端口网络如图 8-3-4 所示，R 为 100 Ω/2 W 的线绕电阻，L 为 10~40 mH 的电感器以及带铁心的电抗器。

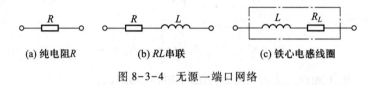

(a) 纯电阻R　　　(b) RL串联　　　(c) 铁心电感线圈

图 8-3-4　无源一端口网络

（1）分别测量图 8-3-4(a)和(b)中 R、L 的数值，计算该一端口网络的等效阻抗和直接测量误差。

（2）用三表法测量图 8-3-4(a)和(b)所示电路的等效参数。画出实验接线图，确定电源电压调节范围。

（3）分析比较以上两种方法的测量误差。

2. 探索研究

（1）改变三表法测量线路和条件，研究提高实验精度的措施。

（2）选择合适的方法和实验条件测量图 8-3-4(c)所示线圈（实验室中荧光灯镇流器）的等效参数。

四、实验仪器设备

1. 数字万用表。

2. 电工综合实验台。

五、研究提示及注意事项

1. 注意待测器件的允许电流和耐压范围。

2. 注意用电安全,应事先确定交流电源的电压可调范围。实验中,电源范围的选取应考虑哪些因素?

3. 注意调压器和功率表的正确接线及使用方法。

4. 在实验进行中,如需改接电路,必须将电源断开,在断开电源前,应先将调压器手柄调回零位。

5. 注意仪表量程的选择。

6. 测量无源一端口网络等效参数的方法除了电压三角形法和三表法,是否还有其他方法?

7. 若想测量负载 Z 的功率,图 8-3-5 所示各功率表的接线是否正确? 为什么?

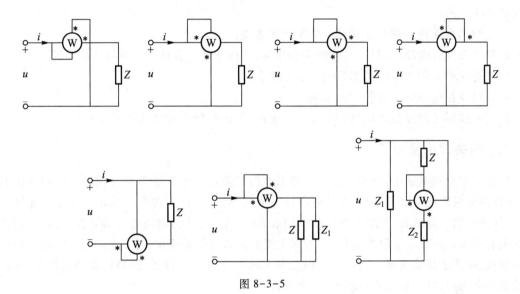

图 8-3-5

六、研究报告要求

1. 记录实验数据,分析测量结果。

2. 计算不同测量方法下,一端口网络的等效阻抗。

3. 比较最后的测量结果,分析产生误差的原因以及误差补偿的效果。

无功补偿与
功率因数
的提高

研究专题 4　无功补偿与功率因数的提高

一、研究背景与目的

电网中的电力负荷(负载)如电动机、变压器等,大部分属于感性负荷,在运行过程中需向这些设备提供相应的无功功率。在电网中安装并联电容器等无功

无功补偿与
功率因数提
高操作演示

补偿设备以后,可以提供感性负载所消耗的无功功率,减少了电网电源通过线路向感性负荷输送的无功功率,由于减少了无功功率在电网中的流动,因此可以降低线路因输送无功功率造成的电能损耗,这就是无功补偿。

用户低压端无功补偿装置一般按照用户无功负荷的变化动态投切补偿电容器,达到动态控制的目的,可以做到不向高压线路反送无功电能。在配电网中,若各用户低压侧配置了足够的无功补偿装置,则可使配电线路中的无功电流最小,也使配电线路的有功功率损耗最小,这是最理想的效果。另外,线路中的无功电流小,也使线路压降减少,电压波动减少。显然,通过无功补偿,可以提高系统中有功功率的比例;减少发、供电设备的设计容量,减少投资;降低线损。本项研究的目的包括:

1. 了解用电系统中进行无功补偿的原因和意义。
2. 熟悉荧光灯电路的组成、工作原理和连接,掌握并联电容进行无功补偿的原理。
3. 通过实验了解功率因数提高的方法和意义。
4. 探讨系统谐波对无功补偿的影响。
5. 进一步学习测量数据的处理和曲线的绘制,了解有理经验公式的求取方法。

二、相关理论及知识

1. 在正弦交流电路中,无源一端口网络吸收的有功功率并不等于 UI,而是等于 $UI\cos\varphi$,其中 $\cos\varphi$ 称为负载的功率因数,φ 是负载电压与电流的相位差,称为功率因数角。在电压相同的情况下,线路传输一定的有功功率,如果功率因数 $\cos\varphi$ 越小,则传输的电流就越大,传输线路上的损耗也就越大。负载功率因数过低,一方面不能充分利用电源容量,另一方面又在输电线路中增加了损耗,降低了传输效率。因此在工程上为了减少线路上的损耗,提高设备的利用率,供电部门总是要求用户尽量提高用电设备的功率因数。

2. 负载电压与电流相位差的存在,是因为负载中有电感或电容元件的存在。日常生活中的负载大多是感性负载,例如驱动用的电动机,荧光灯中的镇流器等,它们的功率因数一般都较低。因此要提高负载的功率因数,可以采用在负载两端并联电容器的方法进行补偿,但补偿电容必须选择合理,不能太大,否则当负载呈现容性时,有可能使功率因数反而降低。

3. 用以提高功率因数的并联电容数值较大时,其介质损耗将不能忽略,且近似认为该损耗与电容量成正比,即用与 C 并联的等效电导 gC 表示,g 则代表单位电容的等效电导。

4. 本实验中的低功率因数感性负载由荧光灯管、镇流器(带铁心的电感线圈)和启辉器组成,是一个电阻与电感串联的电路,如图 8-4-1 所示。并联电容后,线路中的总电流 I 将会因电容提供的无功电流与荧光灯负载中电流的无功分量部分抵消而减少,从而使得系统的功率因数提高。

5. 假设补偿电容未接入时,电源电压 U 加到荧光灯负载,线路总电流为 $\dot{I}_{C_0} = \dot{I}_R + j\dot{I}_L$,记电容 $C = C_x$ 时的线路总电流为 I_{Cx},则有

$$\dot{I}_{Cx} = \dot{I}_{C0} + \dot{U}(gC_x + j\omega C_x)$$

$$I_{Cx}^2 = (I_R + gC_xU)^2 + (I_L - \omega C_xU)^2$$

其中,下标 R 表示灯管电流的有功分量,L 表示无功分量。因此 I_{Cx}^2 与 C_x 之间满足:

$$I_{Cx}^2 = aC_x^2 + bC_x + I_{C0}^2$$

从理论上说,只要有两个测量点 (C_{x1}, I_{Cx1}^2) 和 (C_{x2}, I_{Cx2}^2) 就能求得上式中的 a 和 b,并可进一步求取任意补偿要求下的补偿电容大小。

6. 假设实验电压含有 n 次谐波,即 $U^2 = \sum_{k=1}^{n} U_k^2$,$k$ 为谐波次数,记电容 $C = C_x$ 时的电流为 I_{Cx},并设电容器的单位电容电导不随频率而变,则有

$$I_{Cx}^2 = \sum_{k=1}^{n} (I_{Rk} + gC_xU_k)^2 + \sum_{k=1}^{n} (I_{Lk} - k\omega C_xU_k)^2$$

将上式简记为

$$I_{Cx}^2 = a'C_x^2 + b'C_x + I_{C0}^2$$

式中,$a' = \sum_{k=1}^{n} (g^2 + k^2\omega^2) U_k^2$,$b' = 2\left(g\sum_{k=1}^{n} U_k I_{Rk} - \omega \sum_{k=1}^{n} kU_k I_{Lk}\right)$。如果分别并联 N 个不同数值的电容,获得 N 组测量数据 (C_{xi}, I_{Cxi}^2),则可通过对数据拟合得到 a'、b' 和 I_{C0},从而获得 I^2-C 的近似公式和曲线。

7. 从上述 a' 的表达式可以分析电源仅含基波和 3 次谐波时,3 次谐波电压的大小或 3 次谐波对测量结果的影响。如果近似认为电源中只包含基波和 3 次谐波,则从拟合得到的 a' 值、$U^2 = U_1^2 + U_3^2$,可以推算电源中 3 次谐波为 $a' = (g^2 + \omega^2) U_1^2 + (g^2 + \omega^2 9) U_3^2 = (g^2 + \omega^2)(U_1^2 + U_3^2) + 8\omega^2 U_3^2 = (g^2 + \omega^2) U^2 + 8\omega^2 U_3^2$,$U_3^2 = \dfrac{a - (g^2 + \omega^2) U^2}{8\omega^2}$,其中 g 由 $P-C$ 曲线拟合得到(因为总有功功率 $P = U^2 (gC_x + R_L) = gC_xU^2 + P_{C0}$,其中,$P_{C0}$ 为 $C_x = 0$ 时负载吸收的功率)。由此也可以分析 3 次谐波电压对测量结果(最佳补偿电容)的影响。

三、研究内容及方法

1. 将荧光灯($30\,\text{W}$,$220\,\text{V}$)及可变电容器按图 8-4-1 所示电路连接,功率表需外接。该功率表的电压回路的灵敏度很高,因而内阻很大,测量时对被测电路的并联分流作用极小;同时该表电流回路的内阻也很小,对被测电路串联分压效应也很小。

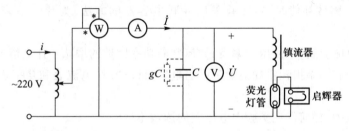

图 8-4-1 荧光灯并联电容器用以提高功率因数

2. 调节单相交流电源使输出约为 180 V,点亮荧光灯后,再将荧光灯两端电压升至额定电压 220 V,保持约 10 分钟,待灯管性能参数渐趋稳定后,开始实验,测量数据表格自拟。

3. 保持电压表两端电压不变,改变可变电容的电容值,从 $C=0$ 开始,逐渐增大电容 C 的值,直至最大,记录各电容值下的电压 U、总电流 I、有功功率 P,确定实验最佳补偿电容值(最接近于完全补偿 $\cos\varphi=1$),数据表格自拟。注意各仪表量程的选择。

4. 计算$\left(\cos\varphi=\dfrac{P}{UI_{Cx}}\right)$或读取各测量点的功率因数 $\cos\varphi$,在直角坐标下绘出 $I^2\text{-}C$、$P\text{-}C$、$\cos\varphi\text{-}C$ 的关系曲线。

5. 在分析 $I^2\text{-}C$ 曲线的基础上,求 $I^2\text{-}C$ 曲线的有理经验公式,并由此公式计算出 I^2 值标在图上,再次确定最佳补偿电容值,并加以比较。

6. 用 $P\text{-}C$ 曲线求单位电容的等效电导 g。

7. 探索性研究:

(1) 假设电源仅含 3 次谐波,请根据测量结果推算 3 次谐波电压的大小。

(2) 比较电源电压含 3 次谐波和不含 3 次谐波时,最佳补偿电容的大小有什么区别。

(3) 设计测量方案,求取灯管和镇流器各自的等效参数。

(4) 根据实验室中可能有的感性负载(电感器、镇流器、互感耦合器、电机和必要的电阻组合),设计一个测量功率因数提高的实验。

四、实验仪器设备

1. 数字万用表。

2. 电工综合实验台。

五、研究提示及注意事项

1. 熟悉荧光灯负载的接线及工作原理。本实验用交流市电 220 V,务必注意用电和人身安全。注意电源电压切勿接在 380 V 电源上。

2. 功率表要正确接入电路。注意功率表的接线方法,分清电压线圈和电流线圈的端子,电压线圈要与被测电路并联,电流线圈要与被测电路串联,并且两个线圈的对应端子(同名端)应接在电源的同一点上。

3. 在进行功率因数补偿时,本实验采用并联电容器的方法,为什么不采用串联电容器的方法?

4. 若只有一只电流表,不使用功率表,如何判断功率因数的增减? 什么情况下 $\cos\varphi=1$?

5. 电容器是否有功率损耗? 如何确定? 当电容量改变时,电流表和功率表的读数将有什么变化?

6. 在实验过程中,如何保证实验中电压表的读数不变?

7. 当负载功率因数很小时,用一般功率表来测量,读数较小,这时能否减小电压、电流的量程,为什么?

8. 若用来提高功率因数的电容 C 可以连续调节,在本实验情况下,用测得的 U、I、P 计算 $\cos\varphi$,是否可能得到 $\cos\varphi=1$ 的结果? 为什么?

9. 本实验电压不可能是理想正弦,由于荧光灯是非线性元件,更加剧了电源输出电压波形的畸变。如何分析电压中 3 次谐波对实验的影响?

10. 注意用电安全,改接线路时一定要先切断电源。

六、研究报告要求

1. 设计实验方案测量图 8-4-1 电路中各器件(镇流器、灯管、电容器)的等效参数。
2. 改变并联电容的大小,记录实验数据,分析测量结果,绘制曲线,求出 I^2-C 有理经验公式。
3. 比较求取最佳补偿电容值的方法。
4. 分析求取 g 的方法。
5. 分析电压中 3 次谐波的含量以及 3 次谐波对实验的影响。

附录

镇流器是一个铁心线圈,其电感 L 比较大,而线圈本身具有电阻 R_1。荧光灯在稳态工作时近似认为是一个阻性负载 R_2。镇流器和灯管串联后接在交流电路中,如图 8-4-2 所示,可以把这个电路等效为 RL 串联电路,如图 8-4-3 所示。

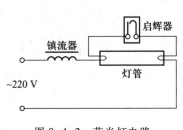

图 8-4-2　荧光灯电路

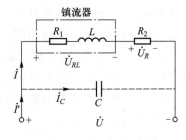

图 8-4-3　荧光灯等效电路

1. 荧光灯电路元件及其作用

荧光灯的电路由灯管、镇流器、启辉器三个部分组成。

(1) 灯管:荧光灯管的结构如图 8-4-4 所示。

荧光灯的灯管是一个玻璃管,在管子的内壁均匀地涂有一层荧光粉,灯管两端各有一个阳极和灯丝,灯丝是用钨丝绕制而成的,它的作用是发射电子。在灯丝上焊有两根镍丝作为阳极,它和灯丝具有同样的电位,它的主要作用是当它的电位为正时吸收部分电子,以减少电子对灯丝的冲击。

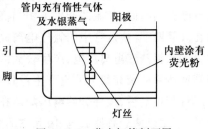

图 8-4-4　荧光灯管剖面图

灯管内充有惰性气体(如氩气,氖气)与水银蒸气。当灯管两端的电压达到 400~500 V 时,管内气体电离,会放射出紫外线,紫外线照在荧光粉上就会发出荧光。启辉后的管压降为 80~90 V。因此荧光灯不能直接接在 220 V 电源上使用,需要降压器件和瞬间提供高压的器件配套使用。

(2)镇流器:镇流器是与荧光灯管相串联的一个元件。实际上是一个绕在硅钢片铁心上的电感线圈。镇流器的作用是,一方面限制荧光灯管的电流,另一方面在荧光灯起燃时由于线路中的电流突然变化而产生一个自感电动势(即高电压)加在灯管两端,使灯管产生弧光。镇流器必须按电源电压与荧光灯的功率配用,不能互相混用。

当电源接通,220 V 电压经镇流器加在启辉器上。启辉器内的气体电离,构成了电源—灯丝—启动器—灯丝—镇流器—电源回路。当启辉器突然断开时,由于电感线圈的电流突然变化为零,电感线圈要产生自感电势阻碍电流的变化,其自感线圈的电势的方向与电路电流的方向一致。因此它与电路的电压叠加产生一个高压,使灯管内的气体电离,发光。这时构成了电源—灯丝—灯管—灯丝—镇流器—电源回路。在正常发光状态下,灯管两端的电压只有 80~90 V,镇流器在电路中起降压和限流作用。

(3)启辉器:启辉器的构造是封在玻璃泡(内充惰性气体)内的一个双金属片和一个静触片,外带一个小电容器,同装在一个铝壳里,如图 8-4-5 所示。双金属片由线膨胀系数不同的两种金属片制成。内层金属的线膨胀系数大,在双金属片和静触片之间加上电压后,管内气体游离产生辉光放电而发热。双金属片受热以后趋于伸直,使得它与静触片接触而闭合。这时双金属片与静触片之间的电压降为零,于是辉光放电停止,双金属片经冷却而恢复原来位置,两个触点又断开。为了避免启辉器中的两个触点断开时产生火花,将触点烧毁,通常用一只小电容器与启辉器并联。

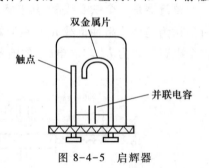

图 8-4-5 启辉器

2. 荧光灯的起燃过程

刚接上电源时,启辉器两端是断开的,电路中没有电流。电源电压全部加在启辉器上,使它产生辉光放电并发热。双金属片受热膨胀使之与静触片闭合,将电路接通。电流通过灯管两端的灯丝,灯丝受热后发射电子,这时启辉器的辉光放电停止。双金属片冷却后与静触片断开,在触点断开的瞬间,镇流器产生了相当高的电动势(800~1 000 V)。这个电动势与电源电压一起加在灯管两端,使灯管中的氩气电离放电,氩气放电后,灯管温度升高,水银蒸气气压升高,于是过渡到水银蒸气电离放电,产生较大的电弧而导通。灯管中的弧光放电发出的大量紫外线,照射到管壁所涂的荧光粉上使它产生像日光一样的光线。

灯管放电后,大部分的电压降落在镇流器上。灯管两端的电压,也就是启辉器两触点的电压较低,不足以使启辉器放电,因此它的触点不再闭合。

研究专题 5　调谐电路功效的研究

一、研究背景与目的

在电子和无线电工程中,经常要从许多信号中选取所需的电信号,同时,为把不需要的电信号加以抑制或滤除掉,就需要一个选择电路,这就是最常见的调谐电路。调谐电路广泛应用于无线电技术中。利用谐振原理还可以构成用于不同场合的测量仪器,如测定电缆线的相对电容率、测量位移量、检测电机转速或振动频率等。近年来,谐振原理在一些新的领域得到应用,如谐振变流技术和高频电磁感应加热等。

图 8-5-1 所示电路为电力设备交流耐压试验的高电压源,可在 220 V、50 Hz 电源的条件下得到试验所需的几十万伏的高电压。图中 C_X 为被测设备,其左端的电路构成一个 L、C 串联电路,通过改变谐振电容 C 可使电路发生谐振,从而在 C_X 上得到一个高电压,调节调压器 T 可控制其电压大小。

电子镇流器是近年发展起来的一种新型荧光灯镇流器。它启动迅速、功率因数高、无频闪,一次性启动,低电压下仍能正常工作,既节约能源,又能有效地

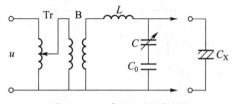

图 8-5-1　高电压源原理图

延长灯管使用寿命,并且价格适中。电子镇流器是把传统的电感镇流器的低频 50 Hz 交流电经过全波桥式整流滤波电路,变为平稳的脉冲直流电,用来驱动两只功率管及脉冲变压器等组成的高频振荡电路,使其产生约30 kHz 左右的高频交流电,此高频电输出到一个 RLC 串联电路并使其产生串联谐振,用来提供启动荧光灯所需高压,从而点燃荧光灯管。

因此,有必要深入了解电路谐振现象的基本原理、分析、测量以及相关电路的设计方法。本项研究的目的包括:

1. 掌握谐振频率及品质因数的测量方法。

2. 掌握频率特性曲线的测量与作图技巧。

3. 了解谐振电路的选频特性、通频带及其应用。

4. 研究电感线圈以及信号源的非理想状态对谐振特性测量的影响和修正方法。

二、相关理论及知识

1. 由理想电阻 R、电感 L 和电容 C 串联组成的一端口网络如图 8-5-2 所示。当外加正弦激励稳压电源的大小不变,频率改变时,电路的等效阻抗或电流将随之而变,图 8-5-3 为 RLC 串联电路中电流的幅频和相频特性曲线。端口电压、电流同相时的角频率称

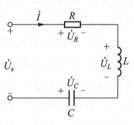

图 8-5-2　RLC 串联电路

为谐振角频率 ω_0，且 $\omega_0 = \dfrac{1}{\sqrt{LC}}$，并且称阻抗 $\omega_0 L$ 或 $\dfrac{1}{\omega_0 C}$ 为电路的特性阻抗，记作 ρ，特性阻抗与电

阻 R 的比值称作该一端口网络的品质因数，记作 Q。即 $Q = \dfrac{\rho}{R} = \dfrac{\omega_0 L}{R} = \dfrac{1}{R}\sqrt{\dfrac{L}{C}}$。谐振时，若电容或

电感两端电压已知，便可计算品质因数。若用毫伏表测量此电压，要注意将表悬浮地。

2. 电源电压保持恒定，当 $Q > 0.707$ 时，U_C、U_L、U_R 幅频特性曲线如图 8-5-4 所示，它们分别具有低通、高通和带通特性。若 $Q < 0.707$，U_L、U_C 的频率特性无极值，是单调曲线。

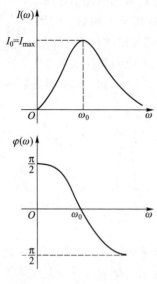

图 8-5-3　电流的幅频和
相频特性曲线

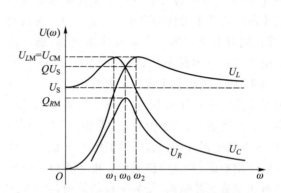

图 8-5-4　U_L、U_C、U_R 幅频特性曲线

3. 谐振点的判别和谐振频率的测量。

RLC 串联电路谐振时，电路的阻抗最小，电路的电流达到最大值，该值的大小取决于一端口网络的等效阻值，与电感和电容的值无关，即 $I_0 = \dfrac{U_s}{R}$。因此我们可以通过在电路中用电压表监测电阻的电压，然后改变激励源的频率（保持电压值不变），测得电流随频率变化的曲线，其中电流达最大值时的频率即是电路的谐振频率，如图 8-5-3 所示。

谐振时的另一个特点是电压电流同相位。利用示波器可以测得谐振点的频率 ω_0。

4. RLC 串联谐振电路的选频特性。

RLC 串联电路谐振时，电路的电流最大，同时电感与电容上的电压有效值相等，相位相反，电抗压降等于零。如果一端口网络电阻值很小，即 $Q \gg 1$，则电感或电容上的电压将远远大于外施电压。谐振电路的这一特性常被用于选频滤波或测量。而在另一些工程场合需要防止谐振产生的高压击穿电气绝缘，造成人身伤害和损坏仪器。

若保持一端口网络的 L、C 值不变,只改变电路的等效电阻,即改变电路 Q 值,电路的幅频特性曲线随着电阻 R 的增加(Q 下降)而下移。为了能更直观反映电路品质因数 Q 谐振特性的关系,一般将纵坐标的电流标尺改为 $I(\omega)/I(\omega_0)$,如图 8-5-5 所示,这就是通常所谓的通用谐振曲线,从图中曲线看出,Q 值越大,曲线就越尖,Q 值越小,曲线就越平坦。

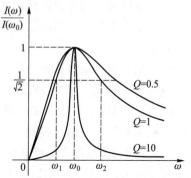

图 8-5-5　不同 Q 值下的
通用谐振曲线

将通用谐振曲线的幅值下降至峰值的 0.707 倍时所对应的频率称为截止频率 f_c。幅值大于峰值的 0.707 倍所对应的频率范围称为通带宽。如果小于谐振频率的截止频率用 f_{c1} 表示,大于谐振频率的截止频率用 f_{c2} 表示,则通带宽 Δf 为

$$\Delta f = f_{c2} - f_{c1} = \frac{f_0}{Q}$$

与图 8-5-5 对应的通带宽为 $\Delta\omega = \omega_2 - \omega_1 = \dfrac{\omega_0}{Q}$。

5. 由于电感的制造工艺使得其偏差较大,而且实际电感器的等效电路模型随频率而变,对于直流信号,电感器相当于一个电阻,低频时则等效为电阻与电感的串联,当频率高到一定程度还需考虑匝间电容的影响。另外,等效电阻和电感均可能呈现非线性的特性。因此,上述关于 f_0、I_0、Q、$\Delta\omega$ 等的估算值是理想情况下的计算结果,只能参考,若要精确计算 f_0、I_0、Q、$\Delta\omega$ 等,需要先测定电感线圈的等效电阻和电感的值以及信号源内阻。

三、研究内容及方法

由电阻器、电感器和电容器组成串联电路(如图 8-5-6),选择 $L = 40$ mH,$C = 0.1$ μF,$R = 100$ Ω,电路输入端接信号发生器,使其输出正弦信号。估算谐振频率、谐振电流、品质因数及通频带宽。

1. 利用 Multisim 软件对 RLC 电路进行仿真,研究电路参数与响应特性之间的关系。通过 Multisim 中虚拟信号发生器和示波器的使用,掌握电路响应的时域测量方法,以及利用示波器观测谐振的要点。通过 Multisim 中虚拟波特仪的使用,掌握电路响应的频域测量方法。

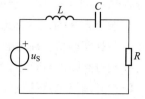

图 8-5-6　RLC 串联谐振电路

2. 根据估算值,设置信号源输出,即开路时信号源端口电压 $U'_S = U_S$。观察 U_R 和 U'_S 相位,先测定谐振频率 f_0,然后以 f_0 为中心向左右扩展调节信号源的频率,并保持信号源输出电压 U_S 幅值不变,测量电阻器、电感器、电容器上的电压 U_R、U_L、U_C 以及 U_{LC} 和信号源端口电压 U'_S,拟表记录数据。根据测量数据画出 U_R、U_L、U_C 的幅频特性曲线。计算品质因数、截止频率和通频带宽。

3. 将电阻 R 增大到 1 000 Ω 左右,再测上述各幅频特性,画出曲线,与任务 1 比较,观察品质因数、通带宽与幅频特性曲线的关系。

4. 根据任务 1 和 2 的测量数据,画出通用谐振曲线。

5. 研究内容:

(1) 电路参数与选频特性 f_0、I_0、Q、$\Delta\omega$ 等的关系。

(2) 实际电感器的非理想性对谐振频率、选频能力的影响和修正;利用测量数据获得电感器的等效参数。

(3) 信号源内阻对谐振曲线测量的影响;利用测量数据获得信号源内阻值。

(4) U_C、U_L、U_R 的低通、高通和带通特性对信号的选频滤波作用。

6. 探索性研究:给定非正弦周期信号(例如方波),利用 RLC 元件设计合适的信号处理电路,完成对指定频率信号的选择和滤除。根据给定谐振频率、通频带宽度以及品质因数等设计指标,估算电路参数,经过仿真分析确定相应电路的设计参数,制作调谐电路;拟定测量线路和步骤,研究 RLC 串联电路的选频滤波作用,研究信号源内阻以及负载对 RLC 串联电路频率特性的影响。

7. 探索性研究:自己设计实验电路测量如图 8-5-7 所示并联谐振电路的谐振频率 f_0 及谐振曲线。如果电感线圈的等效电阻不能忽略,试设计电路测量该等效电阻,并分析其对品质因数、谐振频率、通频带等的影响。

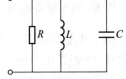

图 8-5-7　RLC 并联谐振电路

四、实验设备与仪器

1. 电工综合实验台。

2. 信号发生器。

3. 双通道示波器。

五、研究报告要求

1. 实验测量谐振曲线时,要求在谐振点左右各测 8 个点以上,在谐振点附近测试点应密一些,曲线的最小幅值应小于最大峰值的 0.1 倍以下,并将数据记录在表格中。

2. 画出谐振曲线并标出截止频率。

3. 根据实验数据确定电路的品质因数、通频带,并和理论计算相比较,分析误差产生的原因。

4. 通过查阅以调谐电路为应用背景的工程实例及其相关资料,进一步体会谐振原理的应用特点。

5. 针对调谐电路的设计,拟定研究方案、仿真设计结果,并设计实验测试选频滤波效果。

六、研究提示及注意事项

1. 可用哪些方法来判断电路处于谐振状态?

2. 实验时我们用晶体管毫伏表或宽频带电压表来测量电压而不是用普通的交流电压表来测量电压,也不用电流表来测量电流,试问为什么?

3. 通带宽 $\Delta f = f_{c2} - f_{c1} = \dfrac{f_0}{Q}$,试根据定义推导该公式。

4. 滤波、选频、通频带的物理含义是什么?

5. 根据提供的设备,预先计算出 f_0 的值,确定外施电压的值和 U_R、U_L、U_C 的取值范围。

互感参数
测量

研究专题 6 耦合电感等效参数的电工测量法与传递误差

一、研究背景与目的

1. 学习电感线圈的直流电阻和自感的测量方法。
2. 学习交流电路中耦合电感线圈的互感系数的测量方法。
3. 了解间接测量中测量误差的传递方式。
4. 对各种测量方案进行比较,学会选择电路参数测定的最佳方案。

互感参数
测量法操作
演示-电工
测量法 1

二、相关理论及知识

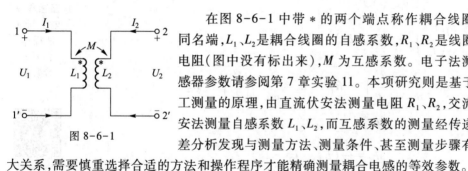

图 8-6-1

在图 8-6-1 中带 ∗ 的两个端点称作耦合线圈的同名端,L_1、L_2 是耦合线圈的自感系数,R_1、R_2 是线圈的电阻(图中没有标出来),M 为互感系数。电子法测互感器参数请参阅第 7 章实验 11。本项研究则是基于电工测量的原理,由直流伏安法测量电阻 R_1、R_2,交流伏安法测量自感系数 L_1、L_2,而互感系数的测量经传递误差分析发现与测量方法、测量条件、甚至测量步骤有很大关系,需要慎重选择合适的方法和操作程序才能精确测量耦合电感的等效参数。

互感参数
测量法操作
演示-电工
测量法 2

互感参数
测量法操作
演示-直接
测量法

1. 测定电阻及自感系数的方法

可以用直流法测量电感线圈的电阻,详细测量方法参阅第 3 章 3.2.1 节中电阻的伏安测量法。

自感系数的测量采用交流伏安法:将频率为 ω 的正弦交流电源加至电感线圈,由交流电流表和电压表的读数求取线圈的自感。这时

$$\dot{U} = \dot{I}(R + j\omega L)$$

$$\left(\frac{U}{I}\right)^2 = R^2 + (\omega L)^2$$

于是

$$L = \frac{1}{\omega}\sqrt{\left(\frac{U}{I}\right)^2 - R^2}$$

也可以用三表法或电压三角形法测量线圈的交流电阻和自感系数。

2. 测定互感系数的方法

从实验原理中知道,互感系数可以用多种方法来测量。

方法 1:通过测量二次绕组的开路电压来测量线圈的互感系数 M_1。

按图 8-6-2 所示连接实验线路,在线圈 L_1 的 1-1′端口施加正弦激励电源,测出电

流 I_1 和二次侧的开路电压 U_{2k},则 $M_{12} = \dfrac{U_{2k}}{\omega I_1}$。然后将线圈 L_2 的

2-2′端口施加正弦激励电源,测出电流 I_2 和 1-1′端口的开路

电压 U_{1k},计算 $M_{21} = \dfrac{U_{1k}}{\omega I_2}$。试比较 M_{12} 和 M_{21} 的大小,并求出算

术平均值,记作 $M_1 = \dfrac{1}{2}(M_{12} + M_{21})$。

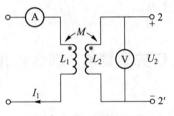

图 8-6-2　开路电压法
测量互感系数

方法 2:正向串联法测量互感系数 M_2。

按图 8-6-3(a)所示连接线路,并施加正弦交流电源于 1-2′端口,测出电流 I 和电

压 U 的值,则

$$\dot{U}_{正} = \dot{I}_{正} Z_{正} = \dot{I}_{正}\left[(R_1 + R_2) + j\omega_{正}(L_1 + L_2 + 2M_2)\right]$$

$$M_2 = \frac{1}{2}\left[\frac{1}{\omega_{正}}\sqrt{\left(\frac{U_{正}}{I_{正}}\right)^2 - (R_1 + R_2)^2} - (L_1 + L_2)\right]$$

记
$$\frac{1}{\omega_{正}}\sqrt{\left(\frac{U_{正}}{I_{正}}\right)^2 - (R_1 + R_2)^2} = L_{正}$$

$$L_1 = \frac{1}{\omega_1}\sqrt{\left(\frac{U_1}{I_1}\right)^2 - R_1^2}, \quad L_2 = \frac{1}{\omega_2}\sqrt{\left(\frac{U_2}{I_2}\right)^2 - R_2^2}$$

$$X_1 = \omega_1 L_1, \quad X_2 = \omega_2 L_2, \quad X_{正} = \omega_{正} L_{正}$$

则
$$M_2 = \frac{1}{2}(L_{正} - L_1 - L_2)$$

同理如果将两个线圈反向串联,如图 8-6-3(b)所示,这时

$$\dot{U}_{反} = \dot{I}_{反} Z_{反} = \dot{I}_{反}\left[(R_1 + R_2) + j\omega_{反}(L_1 + L_2 - 2M_3)\right]$$

同样记
$$\frac{1}{\omega_{反}}\sqrt{\left(\frac{U_{反}}{I_{反}}\right)^2 - (R_1 + R_2)^2} = L_{反}$$

则
$$M_3 = \frac{-1}{2}(L_{反} - L_1 - L_2)$$

互感参数
电子测量
法操作
演示-
谐振法

互感参数
电子测量
法操作演
示-阻抗
测量法

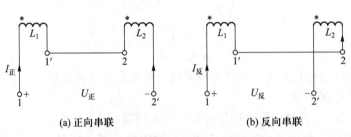

(a) 正向串联　　　　　　　　(b) 反向串联

图 8-6-3　等效电感法测量互感系数

从上式可以看出,只要预先测出 R_1、R_2 和 L_1、L_2 后,即可求得互感系数 M_2 或 M_3。

方法 3:利用正、反向串联的等效电感之差求互感系数 M_4。

$$M_4 = \frac{1}{4}(L_{正} - L_{反})$$

3. 互感测量是一种间接测量,以下分析测量 M 时误差的传递。这里只考虑系统误差而不考虑随机误差。

因为 $M_1 = \dfrac{U_{2k}}{\omega I_1}$,则有 $\mathrm{d}M_1 = \dfrac{U_{2k}}{\omega I_1}\left(\dfrac{\mathrm{d}U_{2k}}{U_{2k}} - \dfrac{\mathrm{d}I_1}{I_1} - \dfrac{\mathrm{d}\omega}{\omega}\right)$。

要注意上式中后两项前面的负号,因为误差本身带有正负号,即正负的不确定性,因此事实上括号内的各项之间并不能相互抵偿,必须采用绝对值相加的方法来计算。

按照同样的方法可以分析 M_2 和 M_4 的误差。以 M_2 为例,经分析知:

$$\mathrm{d}M_2 = \frac{1}{2}\left(\frac{Z_{正}^2}{\omega_{正} X_{正}}\frac{\mathrm{d}U_{正}}{U_{正}} - \frac{Z_1^2}{\omega_1 X_1}\frac{\mathrm{d}U_1}{U_1} - \frac{Z_2^2}{\omega_2 X_2}\frac{\mathrm{d}U_2}{U_2}\right) -$$

$$\frac{1}{2}\left(\frac{Z_{正}^2}{\omega_{正} X_{正}}\frac{\mathrm{d}I_{正}}{I_{正}} - \frac{Z_1^2}{\omega_1 X_1}\frac{\mathrm{d}I_1}{I_1} - \frac{Z_2^2}{\omega_2 X_2}\frac{\mathrm{d}I_2}{I_2}\right) -$$

$$\frac{1}{2}\left(\frac{R_{正}^2}{\omega_{正} X_{正}}\frac{\mathrm{d}R_{正}}{R_{正}} - \frac{R_1^2}{\omega_1 X_1}\frac{\mathrm{d}R_1}{R_1} - \frac{R_2^2}{\omega_2 X_2}\frac{\mathrm{d}R_2}{R_2}\right) -$$

$$\frac{1}{2}\left(\frac{X_{正}}{\omega_{正}}\frac{\mathrm{d}\omega_{正}}{\omega_{正}} - \frac{X_1}{\omega_1}\frac{\mathrm{d}\omega_1}{\omega_1} - \frac{X_2}{\omega_2}\frac{\mathrm{d}\omega_2}{\omega_2}\right)$$

$$\mathrm{d}M_4 = \frac{1}{4}\left(\frac{Z_{正}^2}{\omega_{正} X_{正}}\frac{\mathrm{d}U_{正}}{U_{正}} - \frac{Z_{反}^2}{\omega_{反} X_{反}}\frac{\mathrm{d}U_{反}}{U_{反}}\right) -$$

$$\frac{1}{4}\left(\frac{Z_{正}^2}{\omega_{正} X_{正}}\frac{\mathrm{d}I_{正}}{I_{正}} - \frac{Z_{反}^2}{\omega_{反} X_{反}}\frac{\mathrm{d}I_{反}}{I_{反}}\right) -$$

$$\frac{1}{4}\left(\frac{R_{正}^2}{\omega_{正} X_{正}}\frac{\mathrm{d}R_{正}}{R_{正}} - \frac{R_{反}^2}{\omega_{反} X_{反}}\frac{\mathrm{d}R_{反}}{R_{反}}\right) -$$

$$\frac{1}{4}\left(\frac{X_{正}}{\omega_{正}}\frac{\mathrm{d}\omega_{正}}{\omega_{正}} - \frac{X_{反}}{\omega_{反}}\frac{\mathrm{d}\omega_{反}}{\omega_{反}}\right)$$

如果测量时能够保持电压(电流)的大小不变,并使用同一电压(电流)表在同一量程下测量,则可保证电压(电流)的基本误差性质相同,这时上式中某些小括号内的后两项与第一项之间就可以相互抵偿,从而使总误差减小。

计算传递误差比较麻烦,可以编写专用计算器来分析比较不同测量方法所对应的测量误差,以便选择更好的测试方案。

4. 由于电感线圈的等效电阻受线圈温度变化的影响,而电感的大小也会因铁心的存在与否而呈现非线性,因此,在参数测量的过程中要注意控制线圈中流过的电流大小以及测量时间和测量顺序。

三、研究内容及方法

实验中所用的两个互感耦合的线圈相对位置已固定,将线圈通过 220 V/16 V 单相变压器降压后再接至电源控制屏的单相可调电源输出端,调节电源输出电压,使通过线圈的电流不超过其最大允许值。

1. 测量线圈电阻和自感系数 L_1、L_2。

（1）分别用万用表和直流伏安法测量线圈的直流电阻 R_1、R_2,比较并分析两种方法的测量结果。

（2）在已经测得等效电阻的前提下,用交流伏安法测量自感系数。

（3）用三表法和电压三角形法同时测量线圈的交流电阻和自感系数。

2. 方法 1 测量线圈的互感系数 M。

（1）将线圈 1 通过单相变压器降压后再接至单相可调电源输出端,调节电源输出电压,使通过线圈 1 的电流不超过 500 mA,线圈 2 开路,用交流电压表测出 U_2,用交流电流表测出 I_1,计算出线圈 1 对线圈 2 产生的互感 M_{12},实验线路及数据表格自拟。

（2）将线圈 1 和线圈 2 位置互换,线圈 1 开路,调节电源控制屏输出电压,使通过线圈 2 的电流不超过 300 mA,重复任务 1 中的测量步骤,计算出线圈 2 对线圈 1 的互感 M_{21},实验线路及数据表格自拟。

3. 方法 2 测量线圈的互感系数 M。

（1）将两个线圈串联,测出等效电阻、等效阻抗,计算等效电感和线圈间互感,实验线路及数据表格自拟。

（2）将两个线圈串联方向反一下,重复上述的测量和计算（请注意调节变压器,保持电流值基本相等）。

4. 方法 3 测量线圈的互感系数 M。根据任务 3 中测得的两个等效电感之差再求互感。

5. 探索性研究:自制互感线圈,自拟实验方案,测其参数。

四、实验仪器设备

1. 数字万用表。
2. 电工综合实验台。
3. DG10 互感线圈实验组件。

五、研究提示及注意事项

1. 熟悉实验任务中的各实验线路,写好实验计划书。
2. 确定实验各次测定的顺序,以及各种方法中电流的大小及各电压参数。
3. 若已计算出 $L_正$ 和 $L_反$,可否计算出 M 的值,如何计算?

4. 在测量线圈等效电阻时,用万用表电阻挡测量好,还是用直流电压电流表测量好?为什么?

5. 本实验中哪些因素会影响测量结果的误差?在这些因素中,哪些是互相独立的,哪些是相关的,以便使其在结果中抵消这一部分?为使传递误差减小,需在测量时保持电压(电流)相同。

6. 实验中,通电线圈的温度变化主要影响实验的哪项参数?应采取什么步骤消除或降低其影响?

六、研究报告要求

1. 画出各测量线路图。

2. 记录实验数据,分析计算各测量结果的误差。

3. 对几种互感系数的测量方法进行计算和比较、分析。

4. 对互感的误差传递公式进行推导,确定测量互感系数时的误差计算,在什么样的测量条件下,可减小传递误差。

5. 总结实验心得体会和对该实验的建议。

研究专题 7　耦合谐振电路特性的研究

一、研究背景与目的

将两个单谐振回路(串联谐振电路或并联谐振电路)通过一定的方式耦合起来,构成的双回路谐振电路称为耦合谐振电路。耦合谐振电路的频率特性接近于理想要求:幅频特性(谐振曲线)在通频带内曲线"平坦度"好,在带外衰减大;相频特性在通频带内"线性度"好。这样的电路在传递信号时不会引起失真。耦合谐振电路通常通过互感或电容实现耦合。耦合谐振电路广泛应用于高频通信以及隔直(电容耦合)、隔电(电感耦合)的电能或信号传输系统。本项研究在学习和调研耦合谐振电路应用的基础上,通过理论分析、电路仿真、功能实现等环节,体会耦合谐振电路的功能以及在工程中应用的必要性。

1. 了解磁耦合电路和电耦合电路及其应用背景。

2. 掌握磁(电)耦合电路的工作原理和分析方法。

3. 掌握磁(电)耦合电路频率特性与耦合强弱之间的关系以及双调谐频率特性的测试方法。

4. 掌握磁(电)耦合电路各种谐振状态下电路响应的特点。

5. 结合应用实例进行相关实验和研究。

二、相关理论及知识

图 8-7-1 和图 8-7-2 分别是磁耦合电路和电耦合电路的典型拓扑之一。在弱电系统中,习

惯地称其为双调谐电路,而在强电系统中则称为补偿电路。图 8-7-1 称为串-串补偿,即磁耦合线圈(分离式变压器)的一次侧串联电容进行无功补偿,二次侧也是串联电容进行无功补偿。可以推想,应该还有串-并补偿、并-串补偿和并-并补偿结构。同理,图 8-7-2 中两个回路 R、L 与 C 可以是串联也可以是并联结构(一次侧 RLC 并联时,电流源供电)。

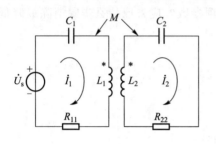

图 8-7-1 磁耦合电路

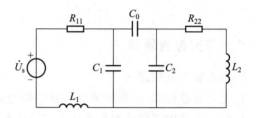

图 8-7-2 电耦合电路

调谐是为了获得良好的选择性能或通带性能,主要关注电路的频率特性性状。补偿是为了取得高功率因数和高传输效率,侧重点是改善最佳补偿点附近电路响应的性状。为方便起见,将完全补偿状态和谐振点统称为谐振条件。以磁耦合电路为例说明各种谐振条件下的电路特性。

互感耦合谐振电路的一次侧、二次侧等效电路如图 8-7-3 所示。求解电路,

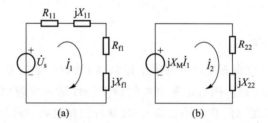

图 8-7-3 互感耦合谐振电路的一次侧、二次侧等效电路

可得

$$\dot{I}_1 = \frac{\dot{U}_s}{(R_{11} + R_{f1}) + j(X_{11} + X_{f1})}, \quad \dot{I}_2 = \frac{j\omega M \dot{I}_1}{R_{22} + jX_{22}}$$

其中,$X_{11} = \omega L_1 - \dfrac{1}{\omega C_1}$ 为一次回路自阻抗中的电抗部分;

$X_{22} = \omega L_2 - \dfrac{1}{\omega C_2}$ 为二次回路自阻抗中的电抗部分;

$X_M = \omega M$ 为互感耦合电抗;

$R_{f1} = \dfrac{(\omega M)^2}{R_{22}^2 + X_{22}^2} R_{22}$ 为二次回路向一次回路的反射阻抗中的电阻部分;

$X_{f1} = -\dfrac{(\omega M)^2}{R_{22}^2 + X_{22}^2} X_{22}$ 为二次回路向一次回路的反射阻抗中的电抗部分。

互感耦合谐振电路的谐振状态分为：全谐振、全谐振最佳谐振、一次侧部分谐振、一次侧部分谐振复谐振、二次侧部分谐振、二次侧部分谐振复谐振。

1. 全谐振

全谐振指得是在电源频率下，一次、二次回路电抗都等于零，即 $X_{11} = X_{22} = 0$。则 $X_{f1} = -\dfrac{(\omega M)^2}{R_{22}^2 + X_{22}^2} X_{22} = 0$，此时，一次、二次两个单谐振回路单独对电源频率都谐振。谐振时两个回路中的电流有效值分别为

$$I_1 = \frac{U_s}{R_{11} + R_{f1}}, \quad I_2 = \frac{\omega M I_1}{R_{22}} = \frac{\omega M U_s}{R_{22}(R_{11} + R_{f1})}$$

2. 全谐振最佳谐振

在全谐振的状态下，改变互感值 M，从而改变二次回路向一次回路反射阻抗中的电阻，使此反射电阻与一次回路自电阻 R_{11} 相等，即 $X_{11} = X_{22} = 0$ 且 $R_{f1} = R_{11}$。显然，此时电路满足最大功率传输定理，所以 R_{f1} 上吸收的功率最大，二次回路将获得最大功率，此时由

$$R_{f1} = \frac{(\omega M)^2}{R_{22}^2 + X_{22}^2} R_{22} = \frac{(\omega M)^2}{R_{22}} = R_{11} \Rightarrow \omega M = \sqrt{R_{11} R_{22}}$$

可求得最佳互感值为：$M_{opt} = \dfrac{1}{\omega}\sqrt{R_{11} R_{22}}$。

谐振时的电流有效值分别为

$$I_1 = \frac{U_s}{R_{11} + R_{f1}} = \frac{U_s}{2R_{11}}, \quad I_2 = \frac{\omega M I_1}{R_{22}} = \frac{\omega M U_s}{2R_{11}R_{22}} = \frac{\sqrt{R_{11}R_{22}}\, U_s}{2R_{11}R_{22}} = \frac{U_s}{2\sqrt{R_{11}R_{22}}}$$

很显然，在全谐振最佳谐振状态下的一次电流 I_1 并非是极大值。

3. 一次部分谐振

对电源频率，一次、二次回路自电抗都不等于零，而二次回路向一次回路的反射电抗与一次回路自电抗之和等于零。即

$$\begin{cases} X_{11} \neq 0 \\ X_{22} \neq 0 \\ X_{11} + X_{f1} = 0 \end{cases}$$

此时，电流有效值分别为

$$I_1 = \frac{U_s}{R_{11} + R_{f1}}, \quad I_2 = \frac{\omega M I_1}{\sqrt{R_{22}^2 + X_{22}^2}} = \frac{\omega M}{\sqrt{R_{22}^2 + X_{22}^2}} \cdot \frac{U_s}{R_{11} + R_{f1}}$$

4. 一次部分谐振的最佳谐振

在初级部分谐振前提下，通过调整互感 M 值，使二次回路向一次回路的反射电阻 R_{f1} 等于一次回路的自电阻 R_{11} 的状态称为一次部分谐振的最佳谐振。即

$$\begin{cases} X_{11} \neq 0 \\ X_{22} \neq 0 \\ X_{11} + X_{f1} = 0 \\ R_{f1} = R_{11} \end{cases}$$

由反射电阻 R_{f1} 等于一次回路的自电阻 R_{11} 可得最佳互感的数值如下：

$$R_{f1} = \frac{(\omega M)^2}{R_{22}^2 + X_{22}^2} R_{22} = R_{11} \Rightarrow \frac{\omega M}{\sqrt{R_{22}^2 + X_{22}^2}} = \sqrt{\frac{R_{11}}{R_{22}}}$$

$$M'_{\text{opt}} = \sqrt{\frac{R_{11}}{R_{22}}} \cdot \frac{\sqrt{R_{22}^2 + X_{22}^2}}{\omega} = \frac{1}{\omega} \sqrt{R_{11} R_{22}} \sqrt{1 + \left(\frac{X_{22}}{R_{22}}\right)^2}$$

此时电流有效值分别为

$$I_1 = \frac{U_s}{R_{11} + R_{f1}} = \frac{U_s}{2R_{11}}, \quad I_2 = \frac{\omega M}{\sqrt{R_{22}^2 + X_{22}^2}} \cdot \frac{U_s}{2R_{11}} = \frac{U_s}{2\sqrt{R_{11} R_{22}}}$$

5. 二次部分谐振

图 8-7-4 所示电路是应用戴维南定理得到的耦合谐振电路二次等效电路，图中 $R_{f2} = \frac{(\omega M)^2}{R_{11}^2 + X_{11}^2} R_{11}$ 为一次回路向二次回路的反射阻抗中的电阻部分；$X_{f2} = -\frac{(\omega M)^2}{R_{11}^2 + X_{11}^2} X_{11}$ 为一次回路向二次回路的反射阻抗中的电抗部分；$\dot{I}_{10} = \frac{\dot{U}_s}{R_{11} + jX_{11}}$ 为二次开路时的一次电流。

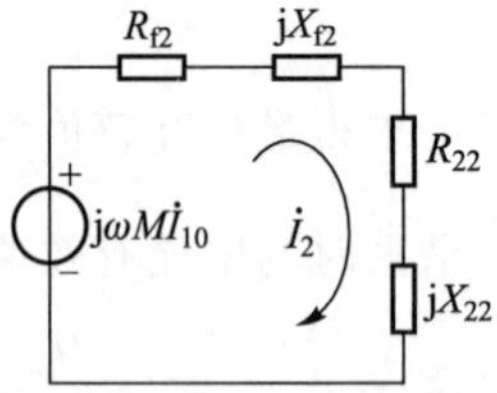

图 8-7-4 二次等效电路

对于电源频率，若一次、二次回路电抗都不等于零，而一次回路向二次回路反射电抗与二次回路自电抗之和等于零。即

$$\begin{cases} X_{11} \neq 0 \\ X_{22} \neq 0 \\ X_{22} + X_{f2} = 0 \end{cases}$$

谐振时一次、二次电流的有效值分别为

$$\dot{I}_2 = \frac{\dfrac{\dot{U}_s}{R_{11} + jX_{11}} j\omega M}{R_{22} + R_{f2}} = \frac{j\omega M \dot{U}_s}{(R_{11} + jX_{11})(R_{22} + R_{f2})}$$

$$\dot{I}_2 = \frac{j\omega M \dot{I}_1}{R_{22} + jX_{22}} \Rightarrow \dot{I}_1 = \frac{(R_{22} + jX_{22})}{j\omega M} \dot{I}_2$$

6. 二次部分谐振的最佳谐振

在二次部分谐振前提下，通过调整互感 M 值，使二次回路自电阻等于一次回路反射电阻。即

$$\begin{cases} X_{11} \neq 0 \\ X_{22} \neq 0 \\ X_{22} + X_{f2} = 0 \\ R_{22} = R_{f2} \end{cases}$$

由

$$R_{f2} = \frac{(\omega M)^2}{R_{11}^2 + X_{11}^2} R_{11} = R_{22} \Rightarrow \frac{\omega M}{\sqrt{R_{11}^2 + X_{11}^2}} = \sqrt{\frac{R_{22}}{R_{11}}}$$

可推得最佳互感值：$M''_{opt} = \sqrt{\dfrac{R_{22}}{R_{11}}} \cdot \dfrac{\sqrt{R_{11}^2 + X_{11}^2}}{\omega} = \dfrac{1}{\omega}\sqrt{R_{11}R_{22}}\,\sqrt{1 + \left(\dfrac{X_{11}}{R_{11}}\right)^2}$。

由于 $\dot{I}_2 = \dfrac{j\omega M \dot{U}_s}{(R_{11} + jX_{11})(R_{22} + R_{f2})}$，则 $I_2 = \dfrac{\omega M U_s}{(R_{22} + R_{f2})\sqrt{R_{11}^2 + X_{11}^2}}$，可得谐振时电流有效值

为 $I_2 = \dfrac{U_s}{2R_{22}} \cdot \sqrt{\dfrac{R_{22}}{R_{11}}} = \dfrac{U_s}{2\sqrt{R_{11}R_{22}}}$。

7. 耦合谐振电路的频率特性

RLC 串联谐振电路又称为单调谐电路，该电路通频带较窄，选择性无法改善，为了获得较理想的频率响应特性和选择性，工程上常采用耦合谐振电路。为研究方便，下面的讨论是在等品质因数 $(Q_1 = Q_2 = Q)$ 的条件下展开的。由于，

$$Z_{11} = R_{11} + j\left(\omega L_1 - \frac{1}{\omega C_1}\right) = R_{11}\left[1 + j\frac{\omega_0 L_1}{R_{11}}\left(\frac{\omega}{\omega_0} - \frac{\omega_0}{\omega}\right)\right] = R_{11}(1 + jQ\xi)$$

其中，$\xi = \left(\dfrac{\omega}{\omega_0} - \dfrac{\omega_0}{\omega}\right)$ 称为相对失谐。同理，$Z_{22} = R_{22}(1 + jQ\xi)$。二次回路向一次回路的反射阻抗为

$Z_{f1} = \dfrac{(\omega M)^2}{Z_{22}} = \dfrac{(\omega M)^2}{R_{22}(1 + jQ\xi)}$，因此，一次回路电流和二次回路电流分别为

$$\dot{I}_1 = \frac{\dot{U}_s}{Z_{11} + Z_{f1}} = \frac{\dot{U}_s}{R_{11}(1 + jQ\xi) + \dfrac{(\omega M)^2}{R_{22}(1 + jQ\xi)}} = \frac{R_{22}(1 + jQ\xi)\,\dot{U}_s}{R_{11}R_{22}(1 + jQ\xi)^2 + \omega^2 M^2}$$

$$\dot{I}_2 = \frac{j\omega M \dot{I}_1}{Z_{22}} = \frac{j\omega M \dot{I}_1}{R_{22}(1 + jQ\xi)} = \frac{j\omega M \dot{U}_s}{R_{11}R_{22}(1 + jQ\xi)^2 + \omega^2 M^2}$$

$$= \frac{j\dfrac{\omega M}{R_{11}R_{22}}\dot{U}_s}{\left[(1 + jQ\xi)^2 + \dfrac{\omega^2 M^2}{R_{11}R_{22}}\right]}$$

由于耦合系数 $k = \dfrac{M}{\sqrt{L_1 L_2}}$，且考虑到在谐振频率 ω_0 附近，有 $\dfrac{\omega L_1}{R_{11}} = \dfrac{\omega L_2}{R_{22}} \approx Q$，则有 $\dfrac{\omega^2 M^2}{R_{11} R_{22}} = $

$\dfrac{\omega^2 M^2}{\omega L_1 \omega L_2} \cdot \dfrac{\omega L_1}{R_{11}} \cdot \dfrac{\omega L_2}{R_{22}} = \dfrac{M^2}{L_1 L_2} \cdot \dfrac{\omega L_1}{R_{11}} \cdot \dfrac{\omega L_2}{R_{22}} \approx k^2 Q^2$，将此结果代入上式，则有

$$\dot{I}_2 = \frac{jkQ\dot{U}_s}{\sqrt{R_{11} R_{22}}\left[(1 + jQ\xi)^2 + k^2 Q^2\right]} = \frac{jkQ\dot{U}_s}{\sqrt{R_{11} R_{22}}(1 + k^2 Q^2 - Q^2 \xi^2 + 2jQ\xi)}$$

因此
$$\frac{\dot{I}_2}{\dot{U}_s} = \frac{jkQ}{\sqrt{R_{11} R_{22}}(1 + k^2 Q^2 - Q^2 \xi^2 + 2jQ\xi)}$$

由于不论是全谐振最佳谐振，还是一次、二次部分谐振的最佳谐振，二次电路的极大值 I_{2m} 都

等于 $\dfrac{U_s}{2\sqrt{R_{11} R_{22}}}$，所以可得耦合谐振的频率特性为

$$\frac{\dot{I}_2}{\dot{I}_{2m}} = \frac{j2kQ}{1 + k^2 Q^2 - Q^2 \xi^2 + 2jQ\xi}$$

相应的幅频特性和相频特性分别为

$$|N(j\omega)| = \frac{I_2}{I_{2m}} = \frac{2kQ}{\sqrt{(1 + k^2 Q^2 - Q^2 \xi^2)^2 + 4Q^2 \xi^2}}$$

$$= \frac{2kQ}{\sqrt{(1 + k^2 Q^2)^2 + 2(1 - k^2 Q^2)Q^2 \xi^2 + Q^4 \xi^4}}$$

$$\varphi(\omega) = \frac{\pi}{2} - \arctan\frac{2Q\xi}{1 + k^2 Q^2 - Q^2 \xi^2}$$

可见，耦合谐振电路的频率特性与 kQ 值关系密切，比单回路谐振电路复杂得多。

（1）$kQ = 1$（临界耦合）

此时幅频特性为
$$|N(j\omega)| = \frac{I_2}{I_{2m}} = \frac{2}{\sqrt{4 + Q^4 \xi^4}}$$

可见，当 $\xi = 0$，即 $\xi = \dfrac{\omega}{\omega_0} - \dfrac{\omega_0}{\omega} = 0 \Rightarrow \omega = \omega_0$ 时，出现极

大值，有 $\dfrac{I_2}{I_{2m}} = 1$。此时，谐振电路的通频带为 $|N(j\omega)| =$

$\dfrac{I_2}{I_{2m}} = \dfrac{2}{\sqrt{4 + Q^4 \xi^4}} = \dfrac{1}{\sqrt{2}} \Rightarrow BW = \sqrt{2}\,\dfrac{f_0}{Q}$。

临界耦合时的谐振曲线如图 8-7-5 所示。

（2）$kQ < 1$（欠耦合）

此时，极大值仍出现在 $\xi = 0$（$\omega = \omega_0$）时，此时

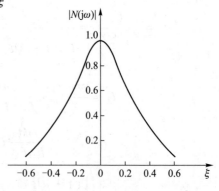

图 8-7-5　临界耦合时的谐振曲线

$$| N(j\omega) | = \frac{I_2}{I_{2m}} = \frac{2kQ}{1 + k^2 Q^2} < 1,$$

得

$$\frac{2kQ}{\sqrt{(1 + k^2 Q^2)^2 + 2(1 - k^2 Q^2)Q^2\xi^2 + Q^4\xi^4}} = \frac{1}{\sqrt{2}} \cdot \frac{2kQ}{1 + k^2 Q^2}$$

所以

$$BW = \frac{f_0}{Q}\sqrt{k^2 Q^2 - 1 + \sqrt{2(1 + k^4 Q^4)}}$$

当耦合很弱($kQ \ll 1$)时，

$$BW \approx \frac{f_0}{Q}\sqrt{\sqrt{2} - 1} = 0.64 \frac{f_0}{Q}$$

可见，当耦合很弱时，耦合谐振电路的通频带比单回路谐振电路的通频带还要窄。欠耦合时的谐振曲线如图 8-7-6 所示。

（3）$kQ > 1$（过耦合）

过耦合时的谐振曲线如图 8-7-7。可见，$\xi = 0$（$\omega = \omega_0$）时出现谷值，谷值为

$$| N(j\omega) | = \frac{I_2}{I_{2m}} = \frac{2kQ}{1 + k^2 Q^2}$$

可以证明 kQ 值越大，双峰相距越远，谷值越小。

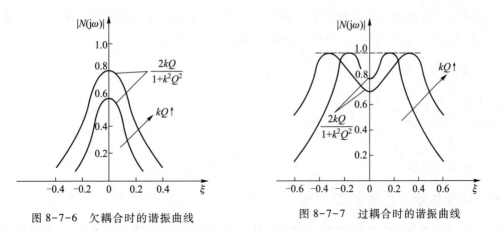

图 8-7-6　欠耦合时的谐振曲线　　　　图 8-7-7　过耦合时的谐振曲线

注意：在谐振曲线为双峰情况的电路求解通频带时必须注意要限定谷值 ≥ 0.707。否则定义的通频带没有意义。过耦合状态下，有意义的最宽通频带为 $BW_{max} = 3.1 \dfrac{f_0}{Q}$。

8. 耦合谐振电路频率特性的测量

按图 8-7-8 接线。将信号源频率固定于某值，互感线圈调至弱耦合位置，打开开关 S_2，接通开关 S_1，改变电容 C_1 使一次回路电流达到最大，此时一次回路发生谐振。然后闭合开关 S_2，改变 C_2 使二次回路电流达到最大，即二次回路发生谐振。这时称电路发生全谐振。如果以此时的信号频率为中心，调整信号源频率并维持其输出电压恒定，则可测得如图 8-7-6 所示 $kQ < 1$ 的谐振

曲线。调节线圈的耦合强度,重复上述步骤,则可测得 $kQ=1$ 和 $kQ>1$ 对应的谐振曲线如图 8-7-5 和图 8-7-7 所示。

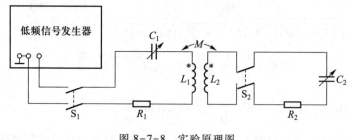

图 8-7-8　实验原理图

三、研究内容及方法

1. 选择一种类型的耦合谐振电路,应用所学的电路分析知识建立理论分析模型,推导谐振条件、谐振时电流的大小以及电能传输效率,推导电路频率特性。

2. 对电路进行计算机仿真。

3. 搭建电路,拟定实验内容,测试电路功能。

4. 以信号传输或电能传输为背景,寻找一个工程问题(例如无接触电能传输、高频通讯中的双调谐、感应加热中电源设计),从中提炼机理方面的实验进行研究。

四、实验仪器设备

1. 数字万用表。

2. 电工综合实验台。

3. 信号发生器。

4. 双通道示波器。

五、研究提示及注意事项

1. 如何判断单谐振电路发生谐振? 如何判断耦合谐振电路中的单边谐振(一次谐振和二次谐振)、全谐振以及相应的最佳谐振?

2. 测量过耦合谐振曲线时,应保证谷点电流大于峰点电流的 0.707 倍,为什么?

3. 过耦合谐振曲线的两个峰值频率与谷点频率满足对称关系,并且两个峰值大小相等,需要满足什么条件? 测量时该怎样调节电路参数来满足此要求?

4. 实际电路调谐时先将耦合线圈调至弱耦合,然后断开二次线圈回路,调出一次回路谐振;再合上二次回路,调出二次回路谐振;最后调整线圈的耦合,使电路处于全谐振和最佳谐振。

5. 测量频率特性时,先将互感调到弱耦合,逐步增强耦合度,在确定峰值先升后降达到 $kQ>1$ 的条件后再改变频率。

六、研究报告要求

1. 给出对应于不同耦合程度下,谐振条件、电流大小、传输效率、频率特性的计算公式。
2. 经仿真研究或电路测试,给出三种耦合状态时的谐振曲线。
3. 分析说明耦合谐振电路与单谐振电路的主要差异。

研究专题 8　单相变压器的等效电路模型及其参数测定

一、研究背景与目的

变压器的
电路模型

变压器是一种常见的电气设备,大致可用于下述场合:① 升压:电力输送。常用于从发电厂至输电线的变电站中。② 降压:从输电网到用户。③ 阻抗匹配:在音频电路中,专门的阻抗匹配变压器常用于使放大器的功率最大限度地传输到扬声器。④ 隔离:由于变压器一、二次绕组之间没有电的联系,所以常用来隔离一、二次回路。另外,变压器有隔直作用,因此将变压器接在放大器的输出端,可以保持放大器输出端的直流电压不受下一级放大器的影响,只有交流信号能通过变压器从一级耦合至下一级。

单相变压器
等效电路
测量操作
演示

由于变压器广泛应用于各种用电系统,因此,变压器的建模显得尤为重要。变压器建模就是利用理想电路元件以及合适的电路结构来等效变压器的运行特性(空载特性和外特性)。实际变压器往往存在电阻损耗,因此一次电压和二次电压之间不满足匝比的关系;磁通不可能集中在铁心中,因此有漏磁通;铁磁材料具有磁非线性以及磁滞、涡流等损耗;线圈各匝之间存在分布电容,这些电容在低频时不起作用,但在高频时会对变压器的电性能有很大影响。因此变压器的电路模型没有空心变压器那么简单也不像理想变压器那么极端。另外,电力变压器频率低,基本上运行在一个固定的频率下,

单相变压器
特性和等效
电路测量

而音频变压器工作频率高,频带宽,因此它们的等效电路各不相同。本项研究基于低频变压器,通过变压器的空载和短路实验,确定变压器在非饱和运行时的线性等效电路及其参数(变比 n、励磁电阻 R_m 和电抗 X_m、漏抗 X_s、绕组电阻 R_s 等),并探讨所得变压器模型的有效性。

1. 在掌握变压器基本实验技能的基础上进一步理解变压器的工作原理。
2. 学习变压器的等效电路模型和参数。
3. 学习变压器等效电路参数的测试方法。
4. 了解变压器的能量传输作用和阻抗变换作用。

二、相关理论及知识

变压器空载时,一次、二次绕组的电压之比称为变比 $n = U_1 / U_2$。

在变压器二次侧开路时,输入电压与电流的关系称为变压器的空载特性。

负载特性是指当负载改变时,二次侧电压与电流之间的关系。变压器带上电阻或电感负载时,由于变压器内部阻抗的作用,其输出电压将随负载电流的增加而降低,当电源电压 U_1 和负载功率因数为定值,U_2 随 I_2 的变化关系称为变压器的外特性曲线。对于电阻或电感性负载,其外特性曲线是一条稍微向下倾斜的曲线。对于感性负载,功率因数越低,U_2 下降越快。当一次绕组加额定电压 U_{1N} 时,二次电压为 U_{2N},变压器由空载到满载,二次绕组电压的变化程度用电压变化率 ΔU 表示:

$$\Delta U = \frac{U_{20} - U_{2N}}{U_{20}} \times 100\%$$

对于负载来说,总希望电压越稳定越好,即电压变化率越小越好。电力变压器的电压变化率为 $2\% \sim 3\%$,且随着容量的增大,电压变化率减小。

变压器效率通常是指变压器额定运行时电源输入到变压器一次侧的功率与变压器输出功率的比值百分数。

实际的变压器线圈往往有损耗,因此,图 8-8-1(a) 为空心变压器或工作于线性状态下铁心变压器的等效电路。为便于分析,常常将二次电路折合到一次侧,则等效电路如图 8-8-1(b) 所示,并进一步略去理想变压器而代之以折算后的电压 $\dot{U}_2'$ 和电流 $\dot{I}_2'$,其中 $\dot{I}_2' = \frac{1}{n} \dot{I}_2$,$\dot{U}_2' = n \dot{U}_2$。这就是电机学中常常使用的变压器 T 形等效电路,如图 8-8-1(c) 所示。

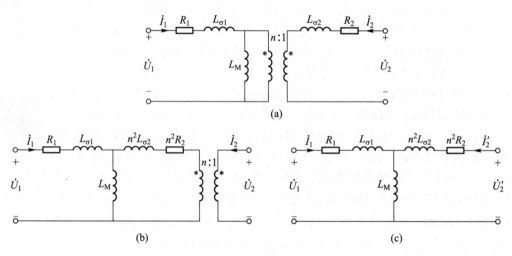

图 8-8-1 变压器 T 形等效电路

T 形等效电路在计算中比较复杂,因此对于一般的电力变压器,额定负载时一次绕组的漏阻抗压降仅占额定电压的百分之几,加上激磁电流又远小于一次额定电流,因此把 T 形等效电路中的激磁分支从电路的中间移到电源端,对变压器的运行计算不会带来明显的误差。图 8-8-2 所示电路称为 L 形等效电路,习惯上将两侧的电阻和漏抗合在一起,称为等效漏阻抗 Z_k,其值可以通过短路实验测出,因此又称为短路阻抗。短路阻抗和短路阻抗上的电压(阻抗电压)是变压器设计的重要参数之一,阻抗电压的百分值也是变压器铭牌数据之一。

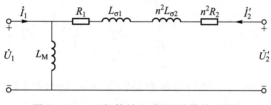

图 8-8-2　近似等效电路(L 形等效电路)

实际上,一般铁心变压器的 L_M 很大,因此电流很小,该支路可视为开路。漏磁一般很小,可以忽略。因此当忽略漏磁和激磁电流时,铁心变压器就近似为一个理想变压器了。

三、研究内容及方法

1. 复习或预先进行变压器特性测试实验

变压器的空载特性和负载时的外特性测量以及测量中的注意事项,请参阅第 7 章实验 12,本次实验采用的单相变压器的参数为 220 V/36 V、0.4 A,必须在掌握变压器基本测量技术的前提下,才允许进行下述测试和研究。

2. 开路和短路实验测量变压器 T 形和 L 形等效电路的参数

变压器 T 形等效电路如图 8-8-1 (c)所示,L 形等效电路如图 8-8-2 所示,其电路参数由开路和短路实验测量如下:

（1）开路实验

开路实验是变压器的空载实验,一般在低压侧进行,因为低压侧电压低,较安全。按照图 8-8-3(a)连线,调节输入电压至该侧的额定值,通过电压表、电流表和瓦特表的读数得到 U_1、

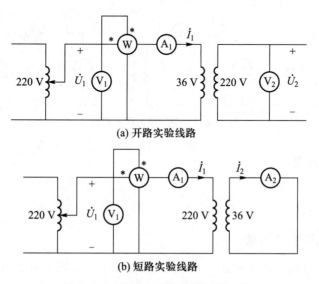

(a) 开路实验线路

(b) 短路实验线路

图 8-8-3　变压器开路、短路实验线路

U_2、I_1 和 W,可求得变压器 T 形等效电路中参数:

$$n = \frac{U_2}{U_1}, \quad R_{\mathrm{M}} = \frac{W}{I_1^2}, \quad \omega L_{\mathrm{M}} = \sqrt{\left(\frac{U_1}{I_1}\right)^2 - R_{\mathrm{M}}^2}$$

（2）短路实验

短路实验一般在高压侧进行。测得的参数是归算到高压侧的数值。为避免因电流过大而损坏绕组,短路实验时电源电压要小于额定电压的 5%。实验电路如图 8-8-3(b)所示,高压侧加电压,从零慢慢增加,监测低压侧短路电流 I_2 的大小,直到该电流为低压侧额定电流时为止。此时,铁心中磁通很小,励磁电流可以忽略,若电压表、电流表和瓦特表的读数分别为 U_1、I_1 和 W,可求得变压器 L 形等效电路中参数:

$$R_1 + n^2 R_2 = \frac{W}{I_1^2}, \quad \omega L_{\sigma 1} + n^2 \omega L_{\sigma 2} = \sqrt{\left(\frac{U_1}{I_1}\right)^2 - (R_1 + n^2 R_2)^2}$$

假设 $R_1 = n^2 R_2$,$\omega L_{\sigma 1} = n^2 \omega L_{\sigma 2}$,则可近似得到 T 形等效电路参数。

3. 探索性研究

（1）比较 T 形和 L 形等效电路

由变压器开路、短路实验分别得到 T 形和 L 形等效电路的参数,比较并说明它们的优劣和适用场合。

（2）等效电路的有效性

按图 8-8-4 接线,测量额定负载下的 I_2、U_2、P_1,计算电压变化率和变压器传输效率。将此时的负载联于 T 形或 L 形等效电路的输出端（要注意折算到低压侧）,解电路求出相对应的 I_2、U_2、P_1。将计算结果与测量结果对比,总结体会。

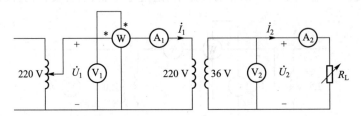

图 8-8-4 变压器负载实验线路

四、实验仪器设备

1. 数字万用表。

2. 电工综合实验台。

五、研究提示及注意事项

1. 调压器的输入和输出端切勿接反。调压器的输入应从零逐渐增加到所需要的数值。

2. 注意人身安全,变压器接近额定电流工作时,负载电阻的发热剧烈,应尽量缩短测量时间,改接线路时应切断电源,避免用手触碰变压器和负载,以免烫伤。

3. 注意设备安全,注意所选用的负载电阻的额定功率和允许通过电流的限制,应根据变压器的容量,进行事先估算。

4. 测量负载特性时,接入的负载电阻不允许太小,其最小值应根据什么原则来确定?

5. 开路实验必须在低压侧进行,短路实验必须在高压侧进行,以确保实验的安全性。

6. 在实验过程中,要随时注视仪表指针的状态,若仪表超量程要立即切断电源。

7. 短路实验由于电流大,绕组易发热,应在短时间内完成。

8. 开路和短路测量分别在变压器的不同侧进行,因此要注意测得的参数的含义。

六、研究报告要求

1. 根据测量数据,计算变压器等效电路的参数。

2. 针对额定负载说明所建立的变压器等效电路模型在计算电压变化率和传输效率方面的适用性。

3. 对变压器电路建模方面的其他发现和思考。

研究专题 9　黑箱中电路结构与参数的回归

黑箱

一、研究背景与目的

本项研究用未知内情的黑箱代替传统实验中 *RLC* 特性及参数的测量,更贴近实际情况,通过灵活地运用综合知识和工具提高解决问题的能力。

1. 掌握和巩固简单交流无源网络端口特性的相关理论。

2. 掌握端口特性的两类基本测量方法:电工测量法和电子测量法。

3. 掌握 EDA 工具的使用、基本实验技能,以及测量数据分析与处理的方法。

4. 面对多种可能的电路结构,需要选择合适的测量方法和步骤,以便以最小的测量代价获得尽可能准确的结果。

二、相关理论及知识

电路测量的正问题指的是"已知电路结构和标称值,测量电路中波形和参量",而电路测量的逆问题则是"通过端口特性的测量对端口内部进行等效或反演"。

黑箱中大致的电路结构可分为"I"形、倒"L"形、"T"形和"Π"形结构,黑箱安全工作的条件和限制条件由实验室给出。在进行此实验之前,需已经学习过交流无源一端口网络等效参数的基本测量方法(第 7 章实验 8、实验 9,第 8 章研究专题 2),并熟知各种测量法的优缺点和测量时应注意的问题。

无源元件 *R*、*L*、*C* 构成"I"形、倒"L"形、"T"形、"Π"形结构。其中,"I"形是二端口网络,可

能是 RL 串联、RL 并联、RC 串联、RC 并联、LC 串联、LC 并联、RLC 串联、RLC 并联结构。倒"L"形、"T"形和"Π"形是三端口网络,其中,倒"L"形的一条支路上可能存在两个元件的串联或并联,另一条支路是单个元件,而"T"形和"Π"形的三条支路上分别只有一个元件。

由于电容 C 隔直流、通交流,电感 L 含有小电阻,通交直流,随着信号频率的增加,电阻、电容、电感的频率特性具有明显的区别,因此可以采取下列步骤初步判断黑箱中的电路结构:

1. 三端口网络

(1) 通过端口的短接或开路,可以区分出电路结构是属于倒"L"形、"T"形还是"Π"形。

(2) 用万用表和示波器判断各支路元件的类型。

(3) 倒"L"形转化为两个独立的二端口网络,进一步的测量则可按照二端口网络回归的方法进行。

(4) 若是"T"形结构,则在端口开路的情况下,可转化为两个均由"两个元件串联"的二端口网络,进一步的测量则可按照二端口网络回归的方法进行。

(5) 若是"Π"形结构,则在端口短路的情况下,可转化为两个均由"两个元件并联"的二端口网络,进一步的测量则可按照二端口网络回归的方法进行。

2. 二端口网络

(1) 判断黑箱内元件排列方式

由于呈"I"形的二端口网络,可能是 RL 串联、RL 并联、RC 串联、RC 并联、LC 串联、LC 并联、RLC 串联、RLC 并联结构,因此首先要区分究竟是哪种结构。判别方法如下:

① 用万用表;

② 电阻为∞,则可能是 RC 串联、LC 串联、RLC 串联;

③ 电阻为有限值,则可能是 RC 并联、RL 串联、RL 并联、LC 并联、RLC 并联;

④ 用信号源的正弦信号,频率由 0 上升至允许的频率,在此过程中观察端口电压、电流相位差的变化,由此判定是容性、感性还是 LC 连接结构;

⑤ LC 串联与 RLC 串联以及 LC 并联与 RLC 并联的区别可以由谐振点处的测量值加以区分;

⑥ RL 串联与 RL 并联的区分:随着频率的增加,等效阻抗在串联时由 R 单调增加,而并联时则从 0(理想电感器)或很小(非理想电感器)增加到 R;

⑦ 至此,区分出了所有可能的结构。

(2) 回归黑箱内元件的参数(单点回归)

单点回归是根据一次测量数据计算得到电路参数。由于无源一端口网络等效参数的测量方法多种多样,因此需根据具体情况选取合适的方法。

电压三角形法、三表法、谐振法、电桥法测参数的原理,在第 7 章实验 8、9 和第 8 章研究专题 2 中已详细叙述。还可以用示波器测端口电压和电流频率特性、动态响应来测参数。

(3) 回归黑箱内元件的参数(曲线拟合与参数回归)

测量时改变端口的测量条件,如改变频率、改变串联电阻阻值、改变电源等,可测得一系列样点,由这些采样点拟合成曲线,可以算出等效参数或元件参数的大小。

（4）用 Multisim 构建虚拟实验

Multisim7.0 或 8.0 以上的教育版可以加密电路结构，因此，在进实验室测试黑箱之前，可以在实验室的计算机内安装好能够加密电路的 Multisim 版本，构建好虚拟黑箱（加密的二端口或三端口网络），通过 Multisim 的虚拟实验功能进行相关测试，寻找最简回归方法，验证实验方案，并有效掌握实验过程中的注意事项。

三、研究内容及方法

通过对密封起来的交流无源一端口网络（黑箱）端口特性的测量，判定黑箱内部元件的结构方式，以及各元件的参数值。

1. 基本任务

（1）掌握测定交流无源元件参数的电压三角形法、三表法、谐振法、频率特性法和动态响应法。

（2）利用上述方法对黑箱（简单拓扑结构）内的电路进行反演，根据端口测量数据判定黑箱内的真实电路结构。

2. 开放性任务

（1）由端口测量得到的一系列数据，回归黑箱内各交流无源元件的参数值。

（2）计算测量的不确定度，分析不同测量方法和测量步骤对黑箱电路反演精度的影响。

3. 实验要求

（1）首先要了解 R、L、C 器件的基本特性及其在直流激励、交流激励下，时域和频域响应的特点。

（2）对电路进行初测（用万用表和示波器），并初步判断内部电路的结构。

（3）选择适当的测量方法，利用 Multisim 软件进行虚拟实验，得到关于"实施测量的具体方案、实验线路、测量步骤以及相关注意事项"的结论。

（4）根据拟定的实验方案进行实验，记录测试数据。

（5）分析数据，计算各元件参数。向实验教师报告黑箱内部的电路结构和元件参数，打开黑箱，当场核对。

（6）为了更精确地推算黑箱内的电路参数，需要选择合适的端口响应类型进行足够多点的测量，对测量数据拟合，回归出元件参数的大小。

（7）计算测量的不确定度，分析不同测量方法和测量步骤对黑箱电路反演精度的影响。

四、实验仪器设备

1. 数字万用表。

2. 电工综合实验台。

3. 信号发生器、双通道示波器。

4. 自制黑箱。

五、研究提示及注意事项

1. 参考第 7 章实验 6、7、8、9 以及第 8 章研究专题 2 和 3 来理解该实验的基本原理,分析端口特性的特征、测量方法、测量所要遵循的规则和限制条件以及误差的来源。

2. 通过一个简单的反演例子,了解测量时要注意的问题,尤其是电源、仪表在测量中的设置范围。

3. 了解黑箱安全工作的条件和限制条件。了解黑箱中电路结构的大致分类情况,"I"形、倒"L"形、"T"形、"II"形结构的特点和测量时应注意的问题。

4. 在研究之前需熟悉下列知识:

(1) 基本知识

① 了解无源元件电阻、电感、电容的特点;

② 各元件在直流激励、交流激励、方波激励下,端口电压、电流响应的特点;

③ 一种仿真软件(如 Multisim)的使用方法;

④ 常用电路的故障检测和排除方法;

⑤ 交流仪表、示波器的使用;

⑥ 电压三角形法、三表法、谐振法和电桥法的原理;

⑦ 示波器观察端口电压电流关系,测定等效参数的原理。

(2) 扩充知识

① 电路的时域测量(动态响应)和频域测量(频率特性)方法;

② 交流无源一端口网络等效参数的电工测量法(电压三角形法、三表法、谐振法和电桥法)和电子测量法(示波器测量);

③ 二端口网络等效参数的测量;

④ 传递误差以及测量不确定度的计算;

⑤ 元件参数回归精度与测量方法以及测量步骤的关系;

⑥ 曲线拟合与参数回归原理。

六、研究报告要求

1. 通过对端口特性的测量,反演出黑箱中无源电路的结构以及各元件参数。

2. 实验结束需要提交的材料:

(1) 实验方案和操作步骤;

(2) 实验过程中记录的数据和实验波形;

(3) 黑箱中的电路结构和参数的结论、判定依据、计算方法、误差估算;

(4) 由反演结果的准确程度、实验的简洁程度来评价整个实验的成效。

第**9**章

综合设计型实验

综合设计 1 简易波形分解与合成仪设计

信号的分解
与合成

一、实验研究目的

非正弦周期信号可以通过 Fourier 分解成直流、基波以及与基波成自然倍数的高次谐波的叠加。简易波形分解与合成仪的核心是设计一组高精度的带通滤波器和移相器,组成选频网络,实现方波(三角波、锯齿波)Fourier 分解的原理性实验,通过相互关联各次谐波的组合,实现方波(三角波、锯齿波)合成的原理性实验。

二、设计要求

设计一个电路使之能够产生方波,并从方波中分离出主要谐波,再将这些谐波合成为原始信号或其他周期信号。

1. 基本要求

(1) 设计一个电路(或利用信号源)产生一个方波,要求其频率为 1 kHz,幅度为 5 V。

(2) 设计合适的滤波器,从方波中提取出基波和 3 次谐波。

(3) 设计一个加法器电路,将基波和 3 次谐波信号按一定规律相加,将合成后的信号与原始信号比较,要求波纹、顶宽和上升时间满足一定要求,分析它们的区别及原因。

2. 提高要求

(1) 设计 5 次谐波滤波器。

(2) 设计移相电路,调整各次谐波的幅度和相位,将合成后的信号与原始信号比较,并与基本要求部分作对比,分析它们的区别及原因。

3. 创新要求

(1) 用类似方式合成其他周期信号,如三角波、锯齿波等。

（2）综合应用模拟和数字技术进行系统设计，使信号的产生、分解与合成更为简单和可靠。

三、原理说明与方案解读

1. 原理说明

（1）非正弦周期信号的分解与合成

周期为 T 的非正弦周期信号 $f(t)$，其基波频率为 $f_0 = \dfrac{1}{T}$，可以分解为无穷项谐波之和：

$$f(t) = c_0 + \sum_{n=1}^{\infty} c_n \sin\left(\frac{2\pi n}{T}t + \phi_n\right) = c_0 + \sum_{n=1}^{\infty} c_n \sin(2\pi n f_0 t + \phi_n)$$

例如，方波信号可以分解为

$$f(t) = \frac{4U}{\pi}\left(\sin \omega t + \frac{1}{3}\sin 3\omega t + \frac{1}{5}\sin 5\omega t + \frac{1}{7}\sin 7\omega t + \cdots\right)$$

由 1、3、5、7 等奇次波构成，$2n-1$ 次谐波的幅度值为基波幅值 $\dfrac{4U}{\pi}$ 的 $\dfrac{1}{2n-1}$ 倍。各次谐波初始相位均为零。只要选择符合上述规律的足够多次谐波组合在一起，就可逼近方波。

图 9-1-1 所述波形为方波中的基波、3 次、5 次谐波以及这三个波合成后的波形。

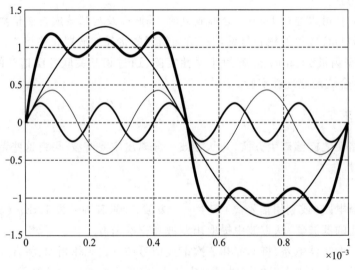

图 9-1-1　方波及其谐波

（2）系统组成

系统由波形分解与波形合成两大部分组成，如图 9-1-2 所示。其中，波形分解部分为并行的滤波电路，波形合成部分为移相器，最后由加法器合成波形。

（3）滤波电路基础

① 通过无源电路实现

图 9-1-2　实验电路的总体框架图

RC 带通滤波器可以看作低通滤波器和高通滤波器的级联,其电路及其幅频、相频特性如图 9-1-3 所示。

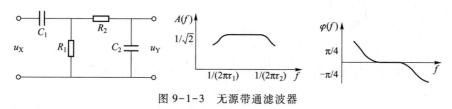

图 9-1-3　无源带通滤波器

其幅频、相频特性公式为

$$A(f) = \frac{2\pi f \tau_1}{\sqrt{1+(\tau_1 2\pi f)^2}} \cdot \frac{1}{\sqrt{1+(\tau_2 2\pi f)^2}}$$

$$\varphi(f) = \arctan\left(\frac{1}{2\pi f \tau_1}\right) - \arctan(2\pi f \tau_2)$$

式中,$\tau_1 = R_1 C_1$,$\tau_2 = R_2 C_2$。且 $1/(2\pi\tau_1)$ 为高通滤波器的截止频率,$1/(2\pi\tau_2)$ 为低通滤波器的截止频率,也是带通滤波器的下限和上限频率。这时极低和极高的频率成分都完全被阻挡,不能通过;只有位于频率通带内的信号频率成分能通过。

应注意,当高、低通两级级联时,应消除两级耦合时的相互影响,因为后一级成为前一级的"负载",而前一级又是后一级的信号源内阻。实际上两级间常用射极输出器或者用运算放大器进行隔离。所以实际的带通滤波器常常是有源的。有源滤波器由 RC 调谐网络和运算放大器组成。运算放大器既可起级间隔离作用,又可起信号幅值的放大作用。

② 通过有源电路实现

通过有源低通滤波器和有源高通滤波器相连接可实现带通和带阻滤波器,但因为其具有离散的实极点,因此,只适合于宽带或者品质因数极低的系统设计。

直接设计有源带通滤波器,可节省元器件,而且给电路参数的选择与调整带来了便利。常用的有源二阶滤波电路有压控电压源型和无限增益多路负反馈型。

压控电压源二阶滤波电路的特点是:运算放大器为同相接法,滤波器的输入阻抗很高,输出阻抗很低,滤波器相当于一个电压源。其优点是:电路性能稳定,增益容易调节。

无限增益多路负反馈二阶滤波电路的特点是:运算放大器为反相接法,由于放大器的开环增益无限大,反相输入端可视为虚地,输出端通过电容和电阻形成两条反馈支路。其优点是:输出电压与输入电压的相位相反,元件较少,但增益调节不方便。

A. 压控电压源二阶带通滤波器

电路如图 9-1-4 所示,电路的传输函数为

$$A_u(s) = \cfrac{\cfrac{A_f}{R_1 C}s}{s^2 + \cfrac{1}{C}\left(\cfrac{2}{R_3} + \cfrac{1}{R_1} + (1-A_f)\cfrac{1}{R_2}\right)s + \cfrac{1}{C^2 R_3}\left(\cfrac{1}{R_1} + \cfrac{1}{R_2}\right)} = \cfrac{A_{u0}\cfrac{\omega_0}{Q}s}{s^2 + \cfrac{\omega_0}{Q}s + \omega_0^2}$$

中心角频率:$\omega_0 = \sqrt{\cfrac{1}{C^2 R_3}\left(\cfrac{1}{R_1} + \cfrac{1}{R_2}\right)}$

中心角频率 ω_0 处的电压放大倍数:$A_{u0} = \cfrac{A_f}{R_1\left(\cfrac{1}{R_3} + \cfrac{1}{R_1} + (1-A_f)\cfrac{1}{R_2}\right)}$, $A_f = 1 + \cfrac{R_5}{R_4}$

通带带宽:$BW = \cfrac{\omega_0}{Q} = \cfrac{1}{C}\left(\cfrac{2}{R_3} + \cfrac{1}{R_1} + (1-A_f)\cfrac{1}{R_2}\right)$

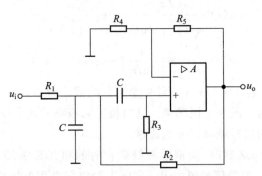

图 9-1-4 压控电压源二阶带通滤波器

B. 无限增益多路负反馈二阶带通滤波器

电路如图 9-1-5 所示,电路的传输函数:

$$A_u(s) = \cfrac{-\cfrac{1}{R_1 C}s}{s^2 + \cfrac{2}{R_3}\cfrac{1}{C}s + \cfrac{1}{C^2 R_3}\left(\cfrac{1}{R_1} + \cfrac{1}{R_2}\right)} = \cfrac{A_{u0}\cfrac{\omega_0}{Q}s}{s^2 + \cfrac{\omega_0}{Q}s + \omega_0^2}$$

中心角频率:$\omega_0 = \sqrt{\cfrac{1}{C^2 R_3}\left(\cfrac{1}{R_1} + \cfrac{1}{R_2}\right)}$

中心角频率 ω_0 处的电压放大倍数:$A_{u0} = -\cfrac{R_3}{2R_1}$

品质因数：　$Q = \dfrac{\omega_0 C R_3}{2}$

带宽：　　$BW = \dfrac{\omega_0}{Q}$

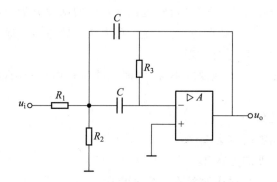

图 9-1-5　无限增益多路负反馈有源二阶带通滤波器

该电路的优点是,通过改变 R_2,就能够调整中心频率而不会对增益 A_{u0} 和 Q 产生影响。从该电路工作的稳定性来考虑,应取 $Q<10$。

2. 系统设计

（1）方波的产生

方案 1:直接利用信号源设置所需要的方波。

方案 2:利用电压比较器构成矩形波振荡电路。电路在滞回比较器的基础上加上积分电路,占空比在对称情况下为 50%,频率范围受积分电容的影响而较窄,而且输出端利用稳压管控制输出幅度,会影响跳变点电压的理想转换。

方案 3:利用 555 定时器构成矩形波振荡电路,性能稳定,输出波形稳定,但占空比一般不为 50%,输出波形关于时间轴不对称,包含直流分量。

方案 4:利用 FPGA 对晶振高频 TTL 信号进行分频后,得到 1 kHz 等频率方波,若需要不含直流分量的方波,可在此基础上加上负的直流偏量。虽然这种方案具有频率稳定、方波质量高的特点,但实验要求模拟电路实现,所以不采用。

在本实验中,基本要求可采用方案 1。在提高要求中,需要设计方波发生器,考虑到实验要求的频率为 1 kHz 的中频信号,并且对信号性能要求不高,同时不含直流分量的方波相对更利于实验,建议采用方案 2,具体过程可参考本章综合设计 6。

（2）滤波电路设计

① 提取 1 kHz 的正弦信号。

方案 1:设计低通滤波器,将截止频率取为 1.3 kHz 左右。

方案 2:设计带通滤波器,中心频率为 1 kHz,适当给定带宽 BW、品质因数 Q、通带增益 A_{u0}。

② 提取 3 kHz 的正弦信号。

方案 1:对 1 kHz 的方波直接滤波。优点:可以与 1 kHz 的滤波器共用前一级电路。缺点:前一级电路产生 1 kHz 的方波的频谱并非只有理论计算上的几个频率点,所以 3 kHz 谐波分量没有 1 kHz 的基波质量好,对于滤波器的要求高,同时 1 kHz 基波幅度是 3 kHz 谐波分量的三倍,于是对于带宽、衰减要求比较高。

方案 2:前一级方波电路产生 3 kHz 方波,滤出 3 kHz 的基波分量。优点:3 kHz 基波分量幅度大,干扰较少,滤出波形较好。缺点:需要对前一级方波电路进行分频处理,增加复杂程度,同时对于波形合成时,需要对幅度进行处理。

本实验基于模拟的方法,对性能要求不高,同时电路是在面包板上搭建的,可选择相对简单的方案 1。

③ 提取 5 kHz 的正弦信号。

方案 1:同提取三次谐波的方案 1。

方案 2:同提取三次谐波的方案 2。

方案 3:用信号源的第二个通道设置所需 5 次谐波。

在基本要求中,可采用方案 3。对于提高要求,建议采取方案 1。

④ 带通滤波器设计。

模拟滤波器的设计方法多种多样,但大致分为两类:一种是固定电路拓扑结构,根据需要选配电路参数。另一种是根据性能指标要求的通用设计方法,可以规定衰减、群延迟和阶跃响应等性能规范,并根据滤波器响应,如巴特沃思、贝塞尔、切比雪夫、线性相位和过渡高斯等,确定滤波器的类型。通过优化脉冲响应、稳定时间、最低成本、带通纹波和阻带衰减,可确定最为适合于具体设计的滤波器响应。

针对特定电路拓扑的滤波器设计方法,一般是基于传递函数以及频率特性分析,总结出电路参数与性能指标之间的公式,手工计算或编制计算程序完成器件的选择。常见的方法是基于 MAT-LAB 编写计算程序和基于 Excel 的计算方法。

通用设计方法通常基于传递函数的拟合,其过程和原理比较复杂。常常需要借助特定的工具软件,如 TI 的 WEBENCH®滤波器设计器软件。该程序替代了 TI 的 FilterPro™ 和以前国家半导体的 WEBENCH 有源滤波器设计器软件,允许深度调节各种滤波器变量,优化滤波器,为滤波器电路寻找到正确的 TI 运算放大器,并具有 Spice 模拟功能,比上面两个程序更加强大。

下面以图 9-1-5 所示无限增益多路负反馈带通滤波器为例,具体介绍上述两种设计方法。

已知图 9-1-5 所示电路的传输函数为

$$A_u(s) = \dfrac{-\dfrac{1}{R_1 C}s}{s^2 + \dfrac{2}{R_3}\dfrac{1}{C}s + \dfrac{1}{C^2 R_3}\left(\dfrac{1}{R_1} + \dfrac{1}{R_2}\right)} = \dfrac{A_{u0}\dfrac{\omega_0}{Q}s}{s^2 + \dfrac{\omega_0}{Q}s + \omega_0^2}$$

其中,中心角频率 $\omega_0 = \sqrt{\dfrac{1}{C^2 R_3}\left(\dfrac{1}{R_1}+\dfrac{1}{R_2}\right)}$;品质因数 $Q = \dfrac{\omega_0 C R_3}{2}$;中心角频率 ω_0 处的电压放大倍数

$A_{u0} = -\dfrac{R_3}{2R_1}$。

令 : $K = \dfrac{Q}{C\omega_0}$

$R_1 = -\dfrac{Q}{CA_{u0}\omega_0} = -\dfrac{K}{A_{u0}}$

$R_3 = \dfrac{2Q}{C\omega_0} = 2K$

$R_2 = \dfrac{Q}{C\omega_0(2Q^2+A_{u0})} = \dfrac{K}{(2Q^2+A_{u0})}$

若要求中心频率 $\omega_0 = 3$ kHz,品质因数 $Q < 10$,通带增益 $A_{u0} \le -3$,则参考设计步骤如下。

Step1:取 $C = 0.01$ uF $= 10$ nF。

Step2:按 ω_0、Q、A_{u0} 的要求,初取 $K = \dfrac{Q}{C\omega_0} = Q \times 5.3 \times 10^3$,计算各电阻,验算 BW、ω_0、A_{u0}。

$Q = 3$,$R_1 = 5.3$ kΩ,$R_2 = 0.99$ kΩ,$R_3 = 31.8$ kΩ,$BW = 1\,000.97$ Hz,$\omega_0 = 3\,090.13$ rad/s,$A_{u0} = -3$。

Step3:调整 Q,重复 Step2。

$Q = 6$,$R_1 = 10.6$ kΩ,$R_2 = 0.46$ kΩ,$R_3 = 63.6$ kΩ,$BW = 500.49$ Hz,$\omega_0 = 3\,005.64$ rad/s,$A_{u0} = -3$。

$Q = 9$,$R_1 = 15.9$ kΩ,$R_2 = 0.3$ kΩ,$R_3 = 95.4$ kΩ,$BW = 333.66$ Hz,$\omega_0 = 3\,002.92$ rad/s,$A_{u0} = -3$。

Step4:根据实验室中元器件,选择一组参数,如 $Q = 6$。

希望电阻均在 kΩ 数量级,因 R_2 最小,所以取 $R_2 = \alpha \times R_{20} = \alpha \times 1$ kΩ,即有 $K = \alpha(2Q^2 + A_{u0})$(kΩ) $= \alpha \times 47$(kΩ)。

Step5:$R_1 = -\dfrac{K}{A_{u0}} = \dfrac{\alpha \times 47}{3}$(kΩ),$R_3 = 2K = 2 \times \alpha \times 47$(kΩ)。

利用下述 MATLAB 代码可以减小上述反复计算的工作量。

```
>>
    %修改目标参数 Au0、w0、Q,选取 C 后可重复计算各参数 R1、R2 和 R3
    % Au0 = 3;
    % w0 = 6 280 * 3;
    % Q = 3;
    eq1 = sym('R3/(2 * R1)-Au0 = 0');
```

```
eq2 = sym( 'sqrt( ( R1+R2)/( R1 * R2 * R3 * C * C) ) -w0 = 0') ;
eq3 = sym( '6 280 * 3 * C * R3/2-Q = 0') ;
eq4 = sym( 'C = 0.01 * 0.000 001') ;    %根据需要修改
eq5 = sym( 'Au0 = 3') ;    %根据需要修改
eq6 = sym( 'w0 = 6 280 * 3') ;    %根据需要修改
eq7 = sym( 'Q = 3') ;    %根据需要修改
S = solve( eq1,eq2,eq3,eq4,eq5,eq6,eq7) ;
C = S. C
R1 = S. R1
R2 = S. R2
R3 = S. R3
```

输出结果如下：

```
C =
0.000 000 01

R1 =
5 307.855 626 326 963 906 581 740 976 645 4

R2 =
1 061.571 125 265 392 781 316 348 195 329 1

R3 =
31 847.133 757 961 783 439 490 445 859 873
```

根据设计和分析的需要,可在 Excel 中编制图 9-1-6 所示计算器。

yaoCASE2	已知条件	输入数值	
	中心频率f₀=	3000	Hz
	品质因数Q=	3	
	增益A0=	3	倍
	C=	0.01	微法
	计算结果:	结果数值	
	R2=	31.831	kΩ
	R1=	5.305	kΩ
	R3=	1.0610	kΩ
	BW=	1,000.00	Hz

yaoCASE1	已知条件	输入数值	
	R1=	5.305	kΩ
	R2=	31.831	kΩ
	R3=	1.061	kΩ
	C=	0.01	微法
	计算结果:	结果数值	
	f0	3001.57	Hz
	BW=	1000.00	Hz
	Q=	3	
	A0=	3.000094	

(a) 设计用计算器   (b) 分析用计算器

图 9-1-6   无限反馈多路负反馈带通滤波器计算器

⑤ 设计工具。

TI filter pro 软件；

自编有源带通滤波器电路参数或电路性能的 Excel 计算器。

⑥ 仿真验证。

图 9-1-7 至图 9-1-9 为提取 3 次谐波的三个电路,其品质因数分别为 3、6 和 9。

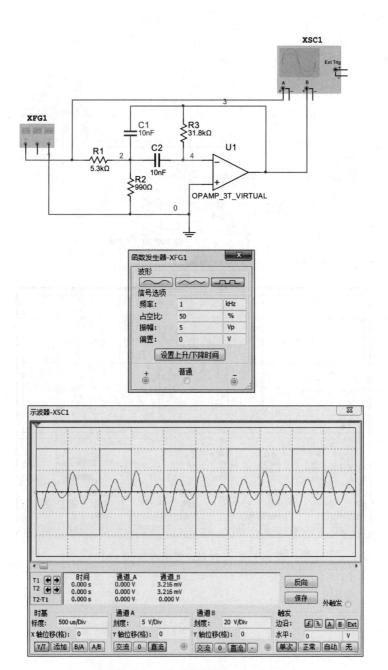

图 9-1-7　3 次谐波提取电路(Q=3)

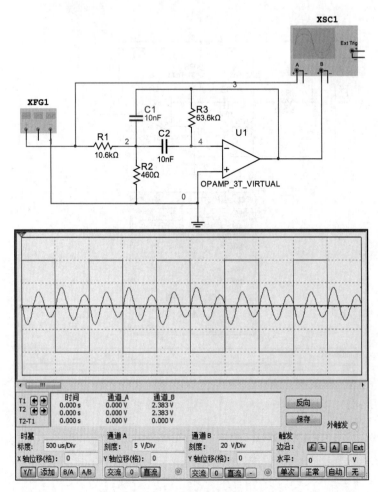

图 9-1-8 3 次谐波提取电路（Q=6）

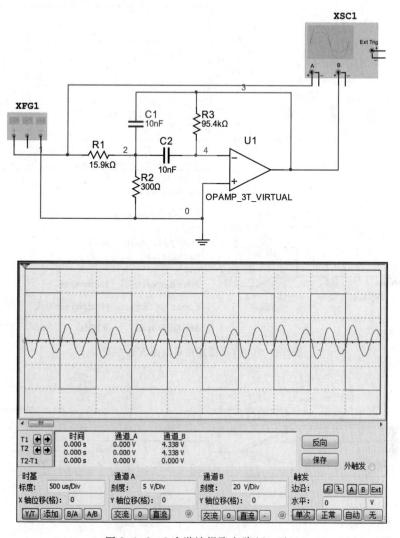

图 9-1-9　3 次谐波提取电路(Q=9)

比较上述三个设计方案,很显然,随着带宽的减小,提取出的 3 次谐波品质改善,但仍含有低频成分。图 9-1-10 所示为一种改进方案,低频成分抑制进一步得到改善。但是,此时该电路的带宽为 100 Hz,Q=30,需要 GBW=9 MHz,显然超出了集成芯片的能力。另外滤波器使输出波形产生附加相移。

综上所述,用一个运放很难提取出令人满意的 3 次谐波,借助 TI Filter Pro 软件采用 2 个二阶带通滤波器级联来减轻单级滤波的压力。改进方案如图 9-1-11 和图 9-1-12 所示。仿真可见,3 次谐波改进方案的效果是非常明显的。

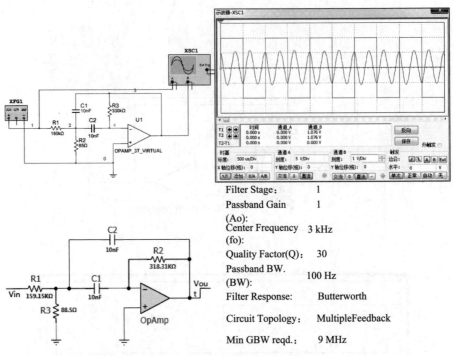

Filter Stage： 1

Passband Gain 1
(Ao):

Center Frequency 3 kHz
(fo):

Quality Factor(Q)： 30

Passband BW. 100 Hz
(BW):

Filter Response: Butterworth

Circuit Topology： MultipleFeedback

Min GBW reqd.： 9 MHz

图 9-1-10 3 次谐波提取电路改进方案 1

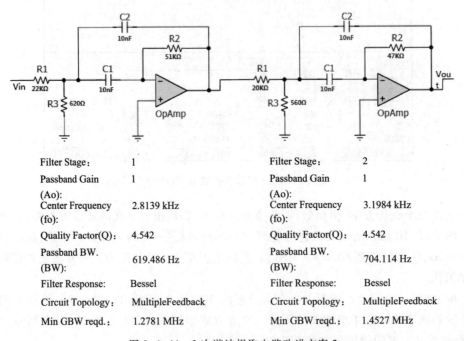

Filter Stage：	1	Filter Stage：	2
Passband Gain (Ao):	1	Passband Gain (Ao):	1
Center Frequency (fo):	2.8139 kHz	Center Frequency (fo):	3.1984 kHz
Quality Factor(Q)：	4.542	Quality Factor(Q)：	4.542
Passband BW. (BW):	619.486 Hz	Passband BW. (BW):	704.114 Hz
Filter Response:	Bessel	Filter Response:	Bessel
Circuit Topology：	MultipleFeedback	Circuit Topology：	MultipleFeedback
Min GBW reqd.：	1.2781 MHz	Min GBW reqd.：	1.4527 MHz

图 9-1-11 3 次谐波提取电路改进方案 2

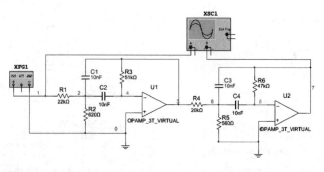

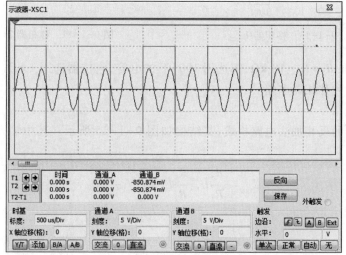

图 9-1-12　3 次谐波提取电路改进方案 2 的效果

3. 比例放大器、移相器与加法器

（1）移相器电路

为避免幅值的损失,要求移相器的模值比为 1,输出的相移可通过电位器调节。选择图 9-1-13 所示的电路实现移相功能。设 R_3 上的电压为 $\dot{U}_{\text{out}}$,则有

$$\frac{\dot{U}_{\text{out}}}{\dot{U}_{\text{in}}} = \frac{j\omega C_1 R_3 - \dfrac{R_2}{R_1}}{j\omega C_1 R_3 + 1}$$

若选择参数 $R_1 = R_2$,则表达式化简为 $\dfrac{\dot{U}_{\text{out}}}{\dot{U}_{\text{in}}} = \dfrac{j\omega C_1 R_3 - 1}{j\omega C_1 R_3 + 1}$,其模为 1。当 $R_3 = 0$ 时,相移为 π;当 $\omega C R_3 = \infty$ 时,相移为 0,相移的变化范围为 $0 \sim 180°$,可以满足调整的需要。

同理,如图 9-1-14,有 $\dfrac{\dot{U}_{\text{out}}}{\dot{U}_{\text{in}}} = \dfrac{-j\omega C R_3 + 1}{j\omega C R_3 + 1}$,当 $R_3 = 0$ 时,相移为 0;当 $\omega C R_3 = \infty$ 时,相移为 $-\pi$。

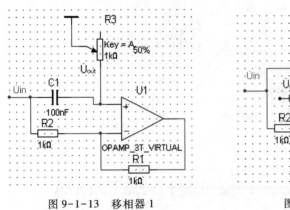 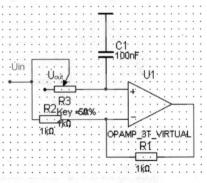

图 9-1-13 移相器 1   图 9-1-14 移相器 2

在此实验中,取 $R_1 = R_2 = 10\ \text{k}\Omega$,都选用 100 nF 的电容,电位器选用 1 kΩ。可以根据实际的情况来选择以上两种移相器电路。

(2)加法器电路

加法器由简单的反相加法电路构成,其结构如图 9-1-15 所示。其中输入端的电位器用于调整输入波的幅度。

$$\dot{U}_{\text{out}} = -\frac{R_5}{R_1}\dot{U}_1 - \frac{R_5}{R_2}\dot{U}_2 - \frac{R_5}{R_3}\dot{U}_3 - \frac{R_5}{R_4}\dot{U}_4$$

图 9-1-15 加法器

4. 运算放大器的选择

运算放大器是本实验的关键器件。在组建滤波器电路时,一般要求运算放大器的增益带宽积大于 100 倍的 $A_0 \cdot f_c$,转换速率(压摆率)应至少等于 $U_{\text{PP}} \cdot \pi f_c$($U_{\text{PP}}$ 定义为运放最大输出电压峰-峰值)。

本实验可供选择的运放有很多,鉴于实验指标的要求并不苛刻,所以一般建议选用通用型运放,如 μA741。根据其芯片的数据手册,增益带宽积的典型值为 1 MHz,转换速率的典型值为 0.5 V/μs。因此,对于截止频率的设计指标为 kHz 的低通滤波器,这块芯片是完全适用的。

四、设计报告要求

所设计的系统要求实现完整可运行的功能:提取方波(或三角波、锯齿波)1、3、5、7 次谐波;将提取出的各次谐波按照傅里叶级数的规则合成为方波(或三角波、锯齿波),并定量给出结论。设计测试报告应包含下述内容:

1. 按要求中的设计指标,分析系统组成和实现方案,设计各模块电路。

2. 分模块对设计所得电路进行软件仿真,验证其参数指标。

3. 组建设计所得电路,用信号源分别产生不同频率的正弦波(幅值合适即可),输入至滤波器电路,用示波器观察并记录输入输出波形,从而了解滤波器的滤波性能。

4. 测试单元功能:滤波器的通带增益 A_0、品质因数 Q、通带截止频率 f_p 和频率特性曲线,并与仿真效果比对。

5. 测试系统功能。

6. 根据实验数据,分析电路参数的改变对系统性能的影响。

7. 分析滤波器的结构对滤波器性能的影响。

五、注意事项

1. 将要合成的几种典型的非正弦周期信号(如锯齿波、方波、三角波)进行傅里叶级数展开,确定出所含谐波分量及各高次谐波与基波之间的初始相位差和幅值比例关系(要求此项工作在课前完成)。

2. 掌握相关理论:非正弦周期函数的傅里叶分解,信号的提取,信号的移相和放大。熟悉带通滤波器的设计和测试技术,移相器、比例加法器电路的原理、基本类型、选型原则和设计方法。

3. 所设计的电路必须经过仿真虚拟测试。

4. 在进行该项综合设计之前,需完成基础规范型实验和研究探索型中的相关实验内容。

5. 思考问题:

(1)波形合成的不失真条件是什么? 实验中如何保证? 用什么方法观察调节?

(2)带通滤波器 Q 值的高低对选频滤波的效果有何影响?

综合设计 2 阻抗匹配与最大功率传输

一、实验研究目的

1. 了解各种匹配实现的条件和特点。

2. 掌握匹配网络的结构和设计。

3. 研究网络的插入和负载失配造成的影响。

二、设计要求

如图 9-2-1 所示的一个单相供电电路,已知:工作频率为 20 kHz,$R_1 = 200\ \Omega$,$R_2 = R_3 = 100\ \Omega$,容性负载 $R_{L1} = 200\ \Omega$,$C_{L1} = 33$ nF,阻性负载 $R_{L2} = 50\ \Omega$。设计三个阻抗变换网络 1#LC、2#LC 和 3#LC,使系统具有如下功能:

1. 电源输出的有功功率最大。

2. 输入阻抗匹配至 50 Ω。

3. 变压器单端接地双端输出,输出电压数值相同相位相反。

4. 传送相同的功率到两个不同阻抗值的负载。

5. V_{O+} 与 V_{O-} 电压波形反相。

6. 其中幅值的允许误差为 $\pm 1\% \sim \pm 10\%$,幅角误差为 $\pm 1° \sim \pm 10°$。

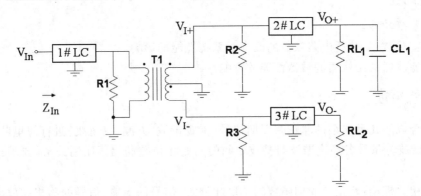

图 9-2-1 供电电路设计图

三、原理说明与方案解读

1. 电路匹配的形式

共轭匹配——当电源给定而负载可变时,取负载阻抗为电源内阻抗的共轭复数,即,$Z_L = Z_S^*$,则负载能获得最大的功率。当电源内阻为纯电阻时,则匹配条件成为 $R_L = R_S$。

模匹配——当电源和负载均给定时,可以通过改变变压器的匝数比,使得经变压器折算后负载阻抗的模等于电源内阻抗的模,$|Z_L| = |Z_S|$,则负载能获得最大的功率。这类匹配也适用于电源内阻抗给定,而负载为纯电阻的情况,当满足 $R_L = \sqrt{R_S^2 + X_S^2}$,负载能获得最大的功率,但处于模匹配时负载获得的功率低于共轭匹配时所获得的功率。

全匹配——全匹配又称无反射匹配。在电源(前级)与负载(后级)之间插入一个双口网络,若网络的入端阻抗 Z_1 与电源内阻抗 Z_S 相等,而输出端阻抗 Z_2 与负载阻抗 Z_L 相等,则网络传输功率的损失最小。最简单的一种方式,是使出端特性阻抗 Z_{c2} 与负载阻抗相等,且入端特性阻抗与电源内阻抗相等,即 $Z_{c1}=Z_{S}$,$Z_{c2}=Z_{L}$。

2. 阻抗变换与匹配网络的设计方法

利用网络的特性阻抗 Z_{c1} 和 Z_{c2} 可设计各种阻抗匹配网络,纯电阻的匹配网络能在较宽的频带范围内工作,但网络本身要消耗能量,纯电抗的匹配网络只能在窄频带内起阻抗匹配作用,但它本身不消耗能量。

方法一:利用电容电感不消耗有功功率的特点,构成低通型向上或向下阻抗匹配接口电路如图 9-2-2 和图 9-2-3 所示。

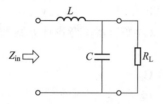

图 9-2-2　向下阻抗匹配电路

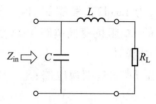

图 9-2-3　向上阻抗匹配电路

利用图 9-2-2 所示向下阻抗匹配电路对负载转换后的入端阻抗为

$$Z_{\text{in}}=\frac{R_{L}}{1+\omega^{2}R_{L}^{2}C^{2}}+\text{j}\omega L-\frac{\text{j}\omega R_{L}^{2}C}{1+\omega^{2}R_{L}^{2}C^{2}}=R_{\text{in}}+\text{j}X_{\text{in}}$$,很明显有等效电阻 $R_{\text{in}}<R_{L}$

利用图 9-2-3 所示向上阻抗匹配电路对负载转换后的入端导纳为

$$Y_{\text{in}}=\frac{R_{L}}{R_{L}^{2}+\omega^{2}L^{2}}+\text{j}\omega C-\frac{\text{j}\omega L}{R_{L}^{2}+\omega^{2}C^{2}}=\frac{1}{R_{\text{in}}}+\text{j}B_{\text{in}}$$,有等效电阻 $R_{\text{in}}>R_{L}$

方法二:90°相移对称匹配网络。

对相移没有要求的情况下可采用 90°相移对称匹配网络来实现全匹配,如图 9-2-4 所示,这时网络的特性阻抗既不与 Z_{S} 相等又不与 Z_{L} 相等,而是使出端接有 Z_{L} 时的入端阻抗 Z_{1} 恰好与 Z_{S} 相等,同时入端接 Z_{S} 时的出端阻抗 Z_{2} 恰好与 Z_{L} 相等,而实现全匹配。考虑电源内阻抗和负载均为电阻的情况,则 $Z_{S}=R_{S}$、$Z_{L}=R_{L}$,则图 9-2-4 所示匹配网络的元件参数为

$$X_{L}=\sqrt{R_{S}R_{L}}, \quad X_{C}=\sqrt{R_{S}R_{L}}$$

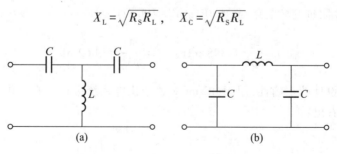

图 9-2-4　90°相移匹配网络

方法三：当利用理想变压器变换负载阻抗 Z_{load} 时，有

$$Z_{\text{in}} = n^2 Z_{\text{load}}, \quad \text{其中} \quad n = \frac{N_1}{N_2}$$

方法四：利用实际变压器也可以变换阻抗。

$$Z_{\text{in}} = j\omega L_1 + \frac{\omega^2 M^2}{Z_{\text{load}} + j\omega L_2}$$

3. 设计方案解读

对于如图 9-2-1 所示的供电电路，输入信号源 V_{In} 为 20 kHz 正弦波，内阻 50 Ω，R_{L1}、C_{L1} 构成负载 Load1，R_{L2} 为 Load2。根据设计要求，则有：$Z_{\text{In}} = 50$ Ω，$V_{\text{I+}} = -V_{\text{I-}}$，$\angle V_{\text{O+}} = -\angle V_{\text{O-}}$，$P_{\text{Load1}} = P_{\text{Load2}}$。待设计的 LC 阻抗变换电路 1#LC、2#LC 和 3#LC 以及变压器参考设计方案如下：

（1）2#LC 的设计

采用向下型 LC 阻抗变换电路：$R_2 = 100$ Ω，$R_{\text{L1}} = 200$ Ω。

$$X_1 = \sqrt{R_2(R_{\text{L1}} - R_2)} = 100 \ \Omega \quad \Longrightarrow \quad L = \frac{X_1}{\omega} = 0.796 \text{ mH}$$

$$X_2 = R_{\text{L1}}\sqrt{\frac{R_2}{R_{\text{L1}} - R_2}} = 200 \ \Omega \quad \Longrightarrow \quad C = \frac{1}{\omega X_2} - CL_1 = 6.8 \text{ nF}$$

（2）3#LC 的设计

采用向上型 LC 阻抗变换电路：$R_3 = 100$ Ω，$R_{\text{L2}} = 50$ Ω。

$$X_2 = \sqrt{R_{\text{L2}}(R_3 - R_{\text{L2}})} = 50 \ \Omega \quad \Longrightarrow \quad L = \frac{X_2}{\omega} = 0.398 \text{ mH}$$

$$X_1 = R_3\sqrt{\frac{R_{\text{L2}}}{R_3 - R_{\text{L2}}}} = 100 \ \Omega \quad \Longrightarrow \quad C = \frac{1}{\omega X_1} = 79.62 \text{ nF}$$

（3）T1 的设计

$$n_1/n_2 = \sqrt{2}/1$$

（4）1#LC 的设计

采用向下型 LC 阻抗变换电路：$X_1 = 50$ Ω，$X_2 = 100$ Ω。

$$L = \frac{X_1}{\omega} = 0.398 \text{ mH}, \quad C = \frac{1}{\omega X_2} = 79.62 \text{ nF}$$

为了验证上述设计的正确性，用 Multisim 对整个供电系统进行仿真。仿真结果如图 9-2-5 所示。从图中可以看出：

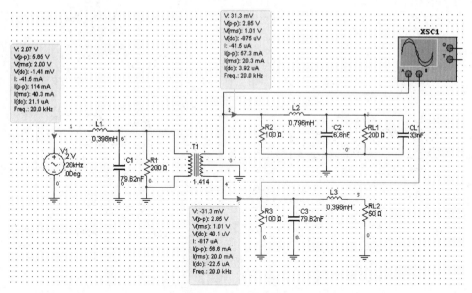

图 9-2-5　虚拟测试

$$|Z_{In}| = 2 \text{ V}/40.3 \text{ mA} = 49.63 \text{ } \Omega, \text{相对误差为} -0.74\%$$

$$|P_{Load+} - P_{Load-}|/(P_{Load+} + P_{Load-}) \times 100\%$$

$$= (20.503 \text{ mW} - 20.2 \text{ mW})/(20.503 \text{ mW} + 20.2 \text{ mW}) \times 100\% = 0.74\%$$

图 9-2-6 是用示波器测得的 V_{I+} 和 V_{I-} 的波形图,可以看出变压器输出电压数值相同,相位相反。如图 9-2-7 所示接上示波器,可以看出 V_{0+} 和 V_{0-} 的相位相反(图 9-2-8)。

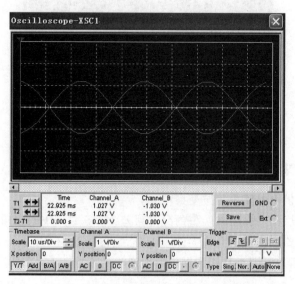

图 9-2-6　示波器测得的 V_{I+} 和 V_{I-} 的波形

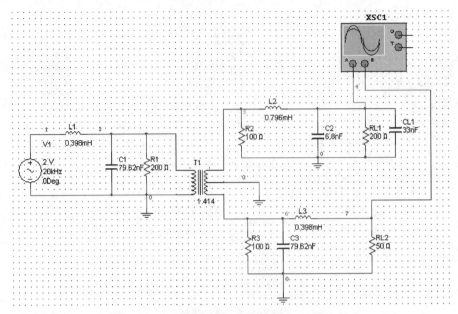

图 9-2-7   负载电压

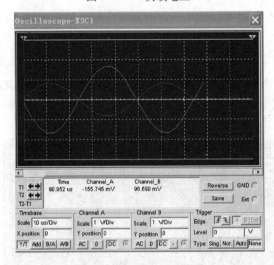

图 9-2-8 V_{0+} 和 V_{0-} 波形

四、设计报告要求

1. 针对要求,设计供电电路中阻抗变换单元。

2. 通过仿真论证设计方案,要求幅值的允许误差为±1%~±10%,幅角误差为±1°~±10°。

3. 测试匹配网络,要求幅值的允许误差<±10%,幅角误差<±10°。

4. 比较在电路中插入不同类型匹配网络后所产生的影响,以及在实现匹配时负载获得功率的大小。

五、注意事项

1. 用实际元件搭建电路时,由于参数的选择性受限,需要适当选配以满足设计要求。

2. 电感的种类很少,因此需要绕制,或用精密可调电感箱。

综合设计 3 有源元件应用系统综合设计

负阻示波器
测量法操作
演示

一、实验研究目的

随着表面安装技术 SMT 的飞速发展,片式电子元件微型化、复合化和集成化的出现,片式电容器、片式滤波器、片式晶体管、片式集成电路等表面安装元器件的品种不断增加。电感元件是人们熟悉的电子元件,在电子电路中应用极广。常规的电感元件一般需用线圈和磁性材料制成,占的体积较大。为了使电感元件向微型化、片型化和集成化方向发展,研究采用回转器实现容性负载和感性负载的逆变,用易于集成的电容来实现难以集成的电感,特别是在模拟大电感量和低损耗的电感器方面,具有很高的实用价值。负阻器在 *LC* 振荡电路、放大器、蔡氏混沌等电路中也得到广泛运用。为更好地理解负阻变换器和回转器这样的有源元件的实现方法和工作条件,以振荡器、混沌发生器、有源理想变压器等应用系统为目标设计有源器件。

负阻直流
测量法
操作演示

二、设计要求

基本要求:

1. 设计一个有源元件实现的负阻器,频率范围为 200 Hz ~ 1 kHz,阻值为 -1 kΩ,工作电压和电流分别小于 3 V 和 3 mA。在直流工作条件和交流工作状态下测试其负阻特性。

负阻自激
振荡操作
演示

2. 设计一个基于回转器的有源电感,频率范围为 200 Hz ~ 1 kHz,电感量为 220 mH,工作电压和电流分别小于 3 V 和 3 mA。分别用交流和谐振的方法测量有源电感的大小。

3. 将有源电感和负阻用于二阶电路动态特性的研究,要求实现等幅和增幅振荡。

4. 制作负阻振荡器,分别实现 *RC*、*RLC* 串联和 *RLC* 并联自激振荡,研究自激振荡产生的原理。

提高要求:

有源器件
综合系统
设计

5. 两个回转器级联实现有源理想变压器的传输特性,并用其变换阻抗。

6. 两个负阻并联实现指定端口特性要求的非线性电阻。

7. 用上述非线性电阻研究混沌现象。

三、原理说明与方案解读

1. 负阻器的原理及其实现电路

（1）负阻抗变换器是一种能将一个阻抗或元件按一定比例进行变换并改变其符号的双口元件，电路符号如图9-3-1(a)所示。电流反向型负阻抗变换器的端口电压电流关系为

$$U_1 = KU_2$$

$$I_2 = KI_1$$

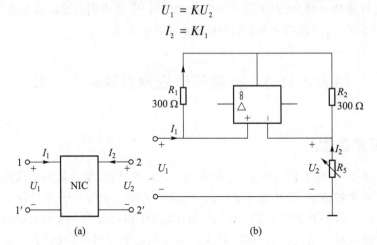

图9-3-1　负阻抗变换器

式中，K为负阻抗变换器的变比。

（2）负阻器可以由运算放大器构成，如图9-3-1(b)所示，当一个端口接电阻后，另一端口的等效电阻为

$$U_1 = U_2$$

$$I_1 R_1 - I_2 R_2 = 0$$

$$R_{eq} = \frac{U_1}{I_1} = \frac{U_1}{I_2 \times \dfrac{R_2}{R_1}} = -\frac{R_1}{R_2} \times R_5$$

可见2-2′口上的R_5，在1-1′则得到一个等效的负阻。

（3）由运算放大器构成的负阻抗变换器是有条件的。图9-3-1(b)所示电路若想实现负阻抗变换器的功能，其输入输出端口必须分别满足短路稳定和开路稳定的要求，以保证运算放大器工作在线性放大区。也就是其同相输入端的接入阻抗须小于反相输入端连接阻抗。

2．回转器的原理及其实现电路

（1）回转器是一种双口网络，其符号如图9-3-2(a)所示。回转器能将一端口上的电压(电流)"回转"为另一端口上的电流(或电压)。端口量之间的关系为

$$\left.\begin{aligned} \dot{I}_1 &= g\dot{U}_2 \\ \dot{I}_2 &= -g\dot{U}_1 \end{aligned}\right\} \quad \text{或} \quad \left.\begin{aligned} \dot{U}_1 &= -r\dot{I}_2 \\ \dot{U}_2 &= r\dot{I}_1 \end{aligned}\right\}$$

回转系数g称为回转电导，$r = 1/g$称为回转电阻。

（2）回转器可以由运算放大器等构成。图9-3-2(b)所示电路是一种由两个运算放大器和电阻构成的回转器电路。

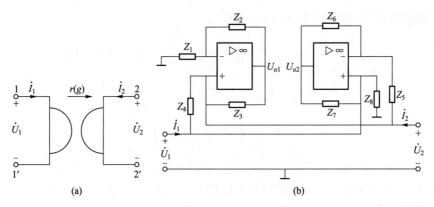

图 9-3-2 回转器

经分析,图 9-3-2(b)所示电路的 Y 参数方程矩阵形式为

$$\begin{pmatrix} \dot{I}_1 \\ \dot{I}_2 \end{pmatrix} = \begin{pmatrix} \dfrac{1}{Z_4} - \dfrac{Z_6}{Z_5 Z_7} + \dfrac{1}{Z_8} & \dfrac{Z_6}{Z_5 Z_7} - \dfrac{1}{Z_4} \\[3mm] -\dfrac{1}{Z_4} - \dfrac{1}{Z_5} & \dfrac{1}{Z_5} + \dfrac{1}{Z_4} - \dfrac{Z_2}{Z_1 Z_3} \end{pmatrix} \times \begin{pmatrix} \dot{U}_1 \\ \dot{U}_2 \end{pmatrix}$$

与回转器的定义式 $\begin{pmatrix} \dot{I}_1 \\ \dot{I}_2 \end{pmatrix} = \begin{pmatrix} 0 & g \\ -g & 0 \end{pmatrix} \times \begin{pmatrix} \dot{U}_1 \\ \dot{U}_2 \end{pmatrix}$ 相比,则有

$$\frac{1}{Z_4} - \frac{Z_6}{Z_5 Z_7} + \frac{1}{Z_7} = 0$$

$$\frac{Z_6}{Z_5 Z_7} - \frac{1}{Z_4} = g$$

$$-\frac{1}{Z_4} - \frac{1}{Z_5} = -g$$

$$\frac{1}{Z_5} + \frac{1}{Z_4} - \frac{Z_2}{Z_1 Z_3} = 0$$

$Z_1 \sim Z_8$ 选取合适的电阻值即可构成 g 为常数的回转器。

3. 有源理想变压器设计

回转器作为一个双口网络的传输参数方程为

$$\begin{bmatrix} \dot{U}_1 \\ \dot{I}_1 \end{bmatrix} = \begin{bmatrix} 0 & \dfrac{1}{g} \\ g & 0 \end{bmatrix} \begin{bmatrix} \dot{U}_2 \\ -\dot{I}_2 \end{bmatrix} = \boldsymbol{T} \begin{bmatrix} \dot{U}_2 \\ -\dot{I}_2 \end{bmatrix}$$

$$\boldsymbol{T} = \begin{bmatrix} 0 & \dfrac{1}{g} \\ g & 0 \end{bmatrix}$$

将两个回转器级联,如图9-3-3所示,则有

$$T = T_1 T_2 = \begin{bmatrix} 0 & \dfrac{1}{g_1} \\ g_1 & 0 \end{bmatrix} \begin{bmatrix} 0 & \dfrac{1}{g_2} \\ g_2 & 0 \end{bmatrix} = \begin{bmatrix} \dfrac{g_2}{g_1} & 0 \\ 0 & \dfrac{g_1}{g_2} \end{bmatrix} = \begin{bmatrix} n & 0 \\ 0 & \dfrac{1}{n} \end{bmatrix}$$

$$\begin{bmatrix} \dot{U}_1 \\ \dot{I}_1 \end{bmatrix} = \begin{bmatrix} n & 0 \\ 0 & \dfrac{1}{n} \end{bmatrix} \begin{bmatrix} \dot{U}_3 \\ -\dot{I}_3 \end{bmatrix}$$

端口 1-1′ 与 3-3′ 构成了一个有源理想变压器。

4. 负阻器的研究

（1）负电阻的直流观测法

如图9-3-4所示,直流稳压电源调节为 5 V,$R_1 = R_2 = 300\ \Omega$,当 R_5 分别为1 kΩ 和 2 kΩ 时,测出 U_1 和 U_r,并求出负阻 $R = \dfrac{U_1}{\dfrac{U_r}{R_1}}$；注：$R_6$ 是为保证电源正常工作而并联的电阻。

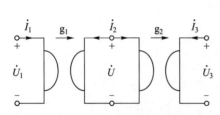

图 9-3-3 回转器构成理想变压器

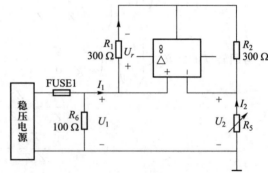

图 9-3-4 直流法测负阻

（2）负电阻的交流观测法

如图9-3-5所示,信号函数发生器输出正弦波(有效值小于 3 V),经过阻值为 500 Ω 的 R_7 接到负阻器两端,将示波器 CH2 通道红表笔接 2 处,黑表笔接地；示波器 CH1 通道红表笔接 1 处,黑表笔接地；CH2 所测即为负阻器输入电压 U_2',通过示波器上 math 的减法功能,实现 CH1 和 CH2 通道的减法,得到 CH1-CH2 电压差 ΔU 即为电阻 R_7 上的电压,当 R_5 分别为 1 kΩ 和 2 kΩ 时,求出负阻 $R' = \dfrac{U_2'}{\dfrac{\Delta U}{R_7}}$；并记下示波器此时的波形。

（3）基于负阻进行方波的二阶电路动态响应实验,观察不同阻尼情况下的响应

参考电路如图9-3-6所示,设计合适的电路参数,使方波激励时电路分别产生减幅(衰减)、等幅和增幅振荡响应。

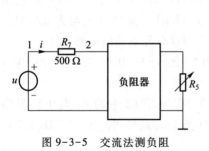

图 9-3-5　交流法测负阻

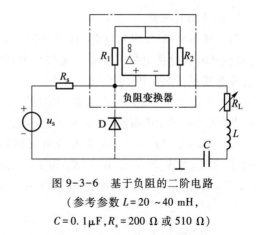

图 9-3-6　基于负阻的二阶电路

（参考参数 $L = 20 \sim 40$ mH，

$C = 0.1 \mu$F，$R_s = 200$ Ω 或 510 Ω）

（4）基于负阻分别制作 RC 振荡器、RLC 串联振荡器和 RLC 并联振荡器。参考电路如图 9-3-7 所示，每个电路的负阻变换器可以相同，其他参数需要根据振荡原理分别选取。

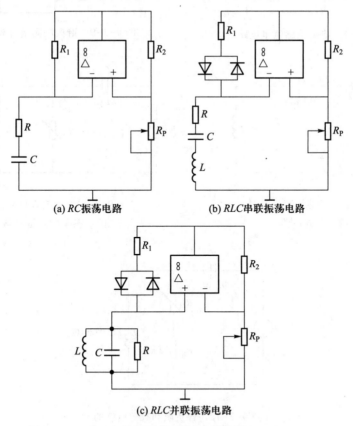

(a) RC 振荡电路　　　(b) RLC 串联振荡电路

(c) RLC 并联振荡电路

图 9-3-7　基于负阻的振荡电路（参考参数 $L = 10 \sim 20$ mH，

$C = 0.01 \sim 0.1 \mu$F，$R = 200$ Ω ~ 1 kΩ）

5. 回转器的研究

（1）按图 9-3-2 所示电路，设计回转电阻为 1 000 Ω 的回转器，并按图 9-3-8 所示电路接线，回转器输入端接正弦信号 u，1 端接信号源红表笔，$C_1 = 0.22$ μF。运算放大器为 μA741。正弦信号源频率在 500 Hz，电压 U_{PP} 为 5 V，用双通道示波器观测该有源电感的电感大小。

（2）如图 9-3-9 所示，在电路中串联一个 0.1 μF 的电容，图 9-3-10 为其等效电路，构成了 RLC 串联电路，按照谐振法，再次测量电感值。

（3）在图 9-3-11 中，电感 L 是由回转器等效而来的，图 9-3-12 中的 R_{12} 是由负阻器等效而来的，信号源为方波，调节 R_{10} 为 300 Ω、700 Ω、2 kΩ、6 kΩ，调节 R_{11} 为 1.3 kΩ、1.7 kΩ、3 kΩ、7 kΩ，记录信号源和电感电压波形。

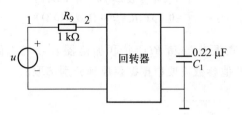

图 9-3-8　有源电感测量电路

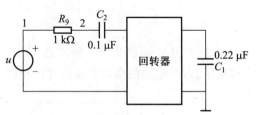

图 9-3-9　谐振法测量有源电感

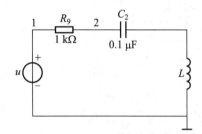

图 9-3-10　谐振法测量有源
电感的等效电路

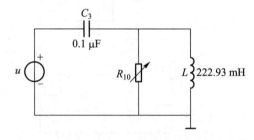

图 9-3-11　含有源电感的
二阶动态响应测量电路

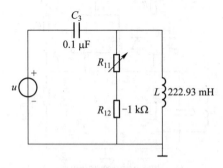

图 9-3-12　含负阻和有源电感的
二阶动态响应测量电路

6. 有源理想变压器的研究

（1）如图 9-3-13 所示,将两个回转器级联,第一个回转器 $g_1 = 1/1\,000$,第二个回转器 $g_2 = 1/2\,000$,则可得到:$n = g_1/g_2 = 2$,当正弦信号源频率在 500 Hz 时,利用示波器观察输入、输出电压与电流的波形。

（2）将上述理想变压器用于实现指定内阻信号源与负载之间的匹配。

7. 指定特性的有源非线性电阻与混沌发生器

用图 9-3-14(a)所示电路可以得到形状如图 9-3-14 (b)所示伏安特性的等效电阻,将此电阻作为图9-3-14 (c)中的非线性电阻 NR,用示波器双通道输出 u_{c_1} 和 u_{c_2} 组成的相轨迹,则可观察到混沌现象。

四、设计报告要求

1. 负阻器设计原理,参数选择的依据。

2. 通过实验测得的数据对负阻进行计算,通过示波器波形说明负阻器的作用。

3. 含负阻 RLC 串联电路二阶动态响应电路的设计原理,并总结产生稳定增幅振荡的条件。

4. 总结负阻自激振荡的条件。

5. 回转器设计原理,参数选择的依据。

6. 根据实验数据,计算回转器的回转电导、输入阻抗,用示波器观察并记录 u-i 波形,解释相位超前滞后关系。

7. 记录应用有源电感实现的图 9-3-9 串联谐振电路中的相关波形图。

8. 记录在图 9-3-12 所示的负阻器与回转器组合的谐振系统中所产生的过阻尼、欠阻尼现象波形图,验证负阻特性与回转特性。

9. 将回转器级联,观察有源理想变压器的传输特性。

10. 用两个负阻并联设计指定特性曲线的非线性电阻,研究混沌现象。

11. 设计感想与体会。

五、注意事项

1. 运放的工作电源要从低往高调。运放引脚线不得接错或相互碰擦。

2. 实验台稳压源负极应和 com 连接,否则稳压源的电压升高;因为负阻器的阻值为负,将造成功率倒灌,在实验中可以采用在稳压源两端并联 100 Ω 的电阻来解决。

3. 在实验前,应进行仿真研究,测量实验电路中运放是否工作在线性放大工作状态。

4. 对于图 9-3-1(b)所示负阻抗变换器,运算放大器的反相输入端为开路稳定端,同相输入端则是短路稳定端,在使用中与这两个端钮相连的等效阻抗必须满足稳定性要求才能获得所期望的负阻抗变换功能。

5. 示波器和信号发生器应共地。

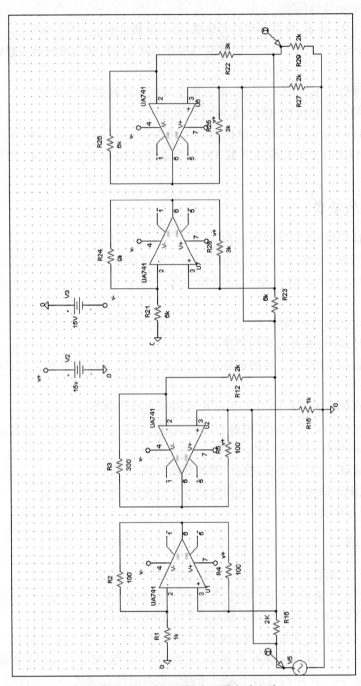

图 9-3-13　有源理想变压器实验电路

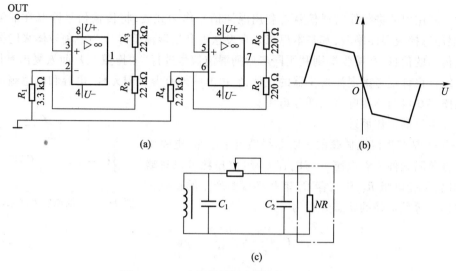

图 9-3-14　有源非线性电阻与混沌发生器

综合设计 4　混沌发生器设计

一、实验研究目的

1. 了解混沌现象以及产生混沌的基本原理。
2. 混沌电路的基本结构和设计。
3. 掌握混沌现象的测试方法。

二、设计要求

1. 设计并制作混沌发生器,包括:设计并实现一个指定特性的非线性有源电阻;设计并实现一个指定大小的有源电感;设计 LC 并联振荡和可调 RC 移相电路;并组合成为一个混沌发生器,要求能够观察到吸引子-分叉-混沌吸引子。

2. 测试非线性负阻的伏安特性,改变 RC 移相器中电位器 R_V 的阻值,用双踪示波器观测倍周期分岔、阵发混沌、3 倍周期、吸引子(混沌)和双吸引子(混沌)现象,分析混沌产生的原因。

三、原理说明与方案解读

混沌是非线性动力学系统所特有的一种运动形式,是自然界普遍存在的复杂现象。它是确定性系统中由于内禀随机性而产生的外在复杂表现,是一种貌似随机的非随机运动。混沌由于其独特的对初值敏感性、类随机性、不可预测性使其应用于保密通信中,能有效地提高通信系统

混沌发生器
实验-学生
作品

基于混沌
掩盖的信号
保密传输
系统设计 1-
学生作品

基于混沌
掩盖的信号
保密传输
系统设计 2-
学生作品

的安全性。利用混沌进行保密通信就是利用混沌信号作为载波,将传输信号隐藏在混沌载波之中,又称混沌遮掩或混沌隐藏,其基本思想是在发送端利用混沌信号作为一种载体来隐藏信号或遮掩所要传送的信息,在接收端则利用同步后的混沌信号进行"去掩盖",从而恢复出有用信息。

本项综合设计仅考虑混沌发生器的设计,它由非线性有源负阻元件,电容和电感组成的无损耗振荡电路,RC 可调移相电路三部分组成。

混沌发生器的工作原理

图 9-4-1 是产生混沌振荡的三阶非线性自治电路,电路由有源非线性负阻元件 NR,电感 L 与电容 C_2 组成损耗可以忽略的振荡回路,可变电阻 R_V 和电容 C_1 串联将振荡产生的正弦信号移相输出。等效电路的状态方程为

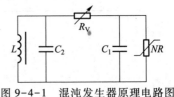

图 9-4-1 混沌发生器原理电路图

$$C_1 \frac{du_{c_1}}{dt} = \frac{u_{c_2} - u_{c_1}}{R_V} - gu_{c_1}$$

$$C_2 \frac{du_{c_2}}{dt} = \frac{u_{c_2} - u_{c_1}}{R_V} + i_L$$

$$L \frac{di_L}{dt} = -u_{c_2}$$

由于 NR 的非线性负阻特性,使上述方程中的 g 随工作状态而改变。求解此状态方程,发现其相空间轨线具有双漩涡结构。改变电路中 R_V 的大小,双漩涡结构沿 1P→2P→4P→8P→混沌→3P→混沌……而变化,如图 9-4-2 所示。

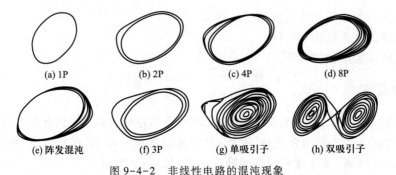

| (a) 1P | (b) 2P | (c) 4P | (d) 8P |
| (e) 阵发混沌 | (f) 3P | (g) 单吸引子 | (h) 双吸引子 |

图 9-4-2 非线性电路的混沌现象

(1)有源非线性负电阻

非线性电阻的伏安特性要具有图 9-4-3 所示形状,必须包含一段负阻特性。可以采取不同的方法实现具有该特性的电路,例如,采用图 9-4-4 所示结构,用运放构成。

(2)无损耗电感

可以采取两种方法实现该电感。一种是自制空心电感。另一种是构建有源模拟电感。利用模拟电感代替实物电感,是

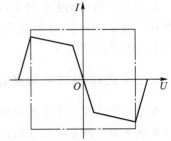

图 9-4-3 非线性电阻的伏安特性

因为实物电感通常存在较大的内阻,精度与性能难以保证,不符合该电路中参数高精确匹配的要求。而模拟电感技术成熟,能很好地避免这一缺陷,且等效电感值通过调整电阻电容,容易实现较为精确的匹配。另外实物电感体积很大,不宜集成。更重要的是实验表明利用模拟电感代替实际电感观察到的吸引子包络线很清晰,电路的性能很稳定。构成有源模拟电感的电路结构有多种,本项目采用图 9-4-5 所示的模拟电感电路,其等效电感值为

$$L = R_1 \times R_3 \times C_3 \times R_4 / R_2 = 23.3 \text{ mH}$$

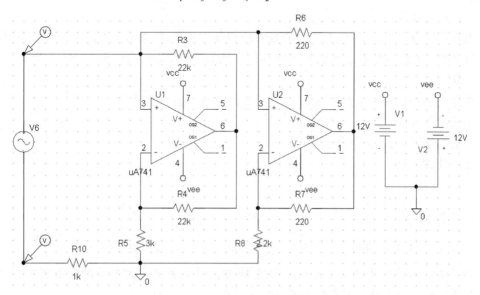

图 9-4-4　非线性电阻的电路实现

（3）可调移相器

采用最简单的无源 RC 移相,R 采用电位器。

另外,在电感支路中串入一只小电阻,取值范围为 $10 \sim 20\ \Omega$。仿真和实验结构均证明这只小电阻对电路性能的调节起着不容忽视的作用。其余参数相同的情况下,加入这只电阻可以将阵发混沌产生时可调电阻的范围展宽,并且将产生双吸引子时的可调电阻的阻值降低 $100\ \Omega$ 左右。实验过程表明加入这只电阻对调整可变电阻的阻值带来了方便。

还可以考虑,在电感支路串入 RC 并联支路,取 R 约为 $100\ \Omega$,C 约为 $50\ \mu\text{F}$。从电路方程的角度来讲,这一结构的加入使得原来三维的方程组变成四维,电路的解析解变得更加复杂。也就是说随着电路可变因素的增加,电路内在的随机性也就变得更加丰富。

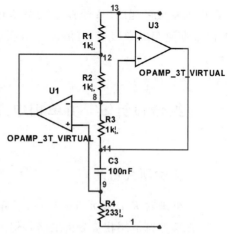

图 9-4-5　模拟电感电路结构图

利用 Multisim,在电路其他参数不变的前提下,调整 RC 结构的参数,观察混沌相图,结果表明,RC 的不同取值对混沌状态的影响很明显,相图差异也较大。当原电路的可调电阻处在单吸引子的范围内,通过增大电容值或者减小电阻值可以将电路状态调节到双吸引子的状态。若将此电路运用到同步通信中,必然增加参数匹配的难度,提高保密通信的可靠性。

四、设计报告要求

1. 理论推导计算。

2. 电路参数设计:提供混沌发生器典型电路和参考参数,其他功能电路需要自己决定电路类型和参数设计。混沌发生器电路也可采取其他方法实现(作为提高部分)。电路参数设计需体现在设计报告中。

3. 功能电路的设计和实验方案论证,并通过仿真进行虚拟测试。

4. 实验过程步骤。

5. 系统功能测试,数据测量记录。

6. 数据处理分析。

7. 实验总结。

五、注意事项

1. 以图 9-4-1 中 u_{C_1} 和 u_{C_2} 为状态变量,如何用示波器观察其相空间轨线?

2. 对于给定的图 9-4-3 伏安特性曲线,怎样进行网络综合,获得相应的电路结构和参数?

3. 怎样制作指定电感量的实物电感器?

4. 有源模拟电感有哪些电路拓扑?怎样设计和测试?

5. 如何测量非线性负阻电路(元件) NR 的伏安特性?

6. 把电感器接入图 9-4-1 所示的电路中,调节 R_V 的阻值由大至小时,在示波器上观测 CH1 和 CH2 所构成的相图(李沙育图),描绘相图周期的分岔及混沌现象,要求观测并记录 2P、4P、8P、阵发混沌、3P、单吸引子(混沌)、双吸引子(混沌)共七个相图和相应的 CH1 和 CH2 的输出波形。

综合设计 5 由单相电压转变为三相电压的裂相电路设计

一、实验研究目的

1. 充分理解 R、L、C 元件的特性,了解各个元件上电流、电压之间的相位关系。

2. 能够熟练运用相量分析电路并初步设计所需电路。

3. 熟悉三相交流电的特点,了解三相交流电的空载和带载情况。

二、设计要求

设计一个电路,其输入为单相交流电,输出为三相对称交流电电源。

1. 分析电路的工作原理,计算电感参数 L 和电容参数 C 与负载 R 的关系。

2. 实验室三相四线电源,线电压 220 V,电阻负载 220 V,120 W。设计一个电路,使得电源每相发出平均功率 40 W,功率因数为 1。

3. 设计检测方法,连接实验电路,测试所设计的电路。

三、原理说明与方案解读

1. 实验原理

要从单相交流电得到三相交流电,就必须对原单相电压进行移相,以原电压为基准,分别移相 $+120°$ 和 $-120°$,并且使得各个电压的有效值相等,如图 9-5-1 所示。

节点 U 所在支路为两个电阻,U 点输出电压不改变相位,对节点 V 所在支路进行分析:

$$Z = R + jX$$

$$\dot{I} = \frac{\dot{U}}{Z} = \frac{\dot{U}}{R^2 + X^2}(R - jX)$$

$$\dot{U}_L = jX_L \times \dot{I} = \frac{\dot{U}X_L}{R^2 + X^2}(X + jR)$$

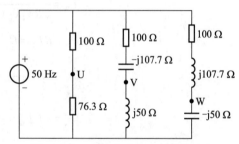

图 9-5-1　单相交流电变三相交流电

若 $R = -\sqrt{3}X$,$\dot{U}_L$ 的相位是 $120°$,取 $R = 100\ \Omega$,$L = 159.2\ \text{mH}$,$C = 29.6\ \mu\text{F}$ 即满足条件。

节点 W 所在支路:

$$Z = R + jX$$

$$\dot{I} = \frac{\dot{U}}{Z} = \frac{\dot{U}}{R^2 + X^2}(R - jX)$$

$$\dot{U}_C = -jX_C \times \dot{I} = \frac{\dot{U}X_C}{R^2 + X^2}(-X - jR)$$

若 $R = \sqrt{3}X$,$\dot{U}_C$ 的相位是 $-120°$,取 $R = 100\ \Omega$,$C = 63.7\ \mu\text{F}$,$L = 343\ \text{mH}$ 即满足条件。

此时 $U_U = U_V = U_W = \sqrt{3}/4U$。

2. 对问题进一步思考

尽管采用上面的方法能产生完美的三相交流电压输出,但是电阻上消耗大量能量,电能利用率低下,于是,进一步设计了图 9-5-2(a) 所示的设计方案,其相量关系如图 9-5-2(b) 所示,$\dot{I}_U$、$\dot{I}_V$、$\dot{I}_W$ 组成等边三角形,通过电阻输出三相电压 $\dot{U}_U$、$\dot{U}_V$、$\dot{U}_W$。

若 $X_L = X_C = \sqrt{3}R$

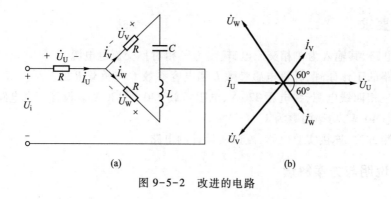

图 9-5-2 改进的电路

$$\dot{I}_V = \frac{R+jX_L}{(R+jX_L)+(R-jX_C)}\dot{I}_U = \left(\frac{1}{2}+j\frac{\sqrt{3}}{2}\right)\dot{I}_U$$

$$\dot{I}_W = \frac{R-jX_C}{(R+jX_L)+(R-jX_C)}\dot{I}_U = \left(\frac{1}{2}-j\frac{\sqrt{3}}{2}\right)\dot{I}_U$$

$$\dot{U}_U = R\dot{I}_U = U_U \angle 0°$$

$$\dot{U}_V = -R\dot{I}_V = -R\dot{I}_U\left(\frac{1}{2}+j\frac{\sqrt{3}}{2}\right) = U_U \angle -120°$$

$$\dot{U}_W = -R\dot{I}_W = -R\dot{I}_U\left(\frac{1}{2}-j\frac{\sqrt{3}}{2}\right) = U_U \angle 120°$$

$\dot{U}_U$、$\dot{U}_V$、$\dot{U}_W$ 是一组对称三相交流电压,由计算得,$U_U = U_V = U_W = \frac{1}{3}U_i$。

3. 三相电带载问题的思考

图 9-5-2 所示设计方案显然比图 9-5-1 所示设计方案少了三个元件,但同样存在电阻耗能的问题,不仅如此,因没有考虑所得到三相交流电的带载问题(带载后导致各相参数变化,得到的肯定不再是对称三相交流电压),所以要真正将变换电路利用起来,则需要解决带载问题。电机学理论发现图 9-5-2 的 Y 形结构与电动机的内部结构[图 9-5-3(a)]类似,可以充分加以利用。

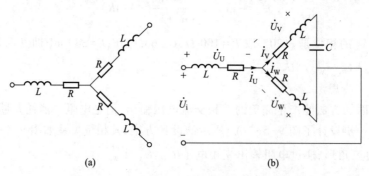

图 9-5-3 Y 形的电机内部结构及裂相电路图

假设 $X_L = \sqrt{3}R$，如图 9-5-3(b)中接入电容 C，如果 $X_C = 2X_L$，所得电路与图 9-5-2 对照十分相似，推导可得：

$$\dot{U}_U = \frac{1}{\sqrt{3}}\dot{U}_i \angle 30°, \quad \dot{U}_V = \frac{1}{\sqrt{3}}\dot{U}_i \angle -90°, \quad \dot{U}_W = \frac{1}{\sqrt{3}}\dot{U}_i \angle 150°$$

由此可见只需将 220 V 的民用电通过 $1:\sqrt{3}$ 的升压变压器提高电压后接入图 9-5-3(b)，即可带动额定线电压为 380 V 的三相电动机。

但是对于实际电动机而言，一般有 $X_L > \sqrt{3}R$，无法满足 $X_L = \sqrt{3}R$ 这个条件。考虑到容性和感性可以相互抵消，如果接入一个合适的电容来抵消部分感抗，这样问题就迎刃而解了(但若 $X_L < \sqrt{3}R$，可接入合适的电感)。下面以 $X_L > \sqrt{3}R$ 为例进行分析。

在如图 9-5-4 所示的改进裂相电路图中，接入 C_2、C_3 以满足

$$\begin{cases} X_{C_2} - X_L = \sqrt{3}R \\ X_L - X_{C_3} = \sqrt{3}R \end{cases}$$

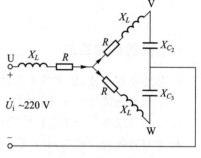

支路 V 呈容性，支路 W 呈感性，条件 $X_{eq} = \sqrt{3}R$ 得到满足，从而可以实现电流的分解。可推得电压关系为 $U_{Uph} =$

$U_{Vph} = U_{Wph} = \dfrac{\sqrt{R^2 + X_L^2}}{\sqrt{9R^2 + X_L^2}} U_i$。

图 9-5-4 改进裂相电路图

通过一个升压比为 $\dfrac{n_2}{n_1} = \dfrac{\sqrt{9R^2 + X_L^2}}{\sqrt{R^2 + X_L^2}}$ 的变压器，这样就可以在实际带载情况下实现单相电转换成三相电的功能，从而成功带动电动机。

四、设计报告要求

1. 用软件仿真图 9-5-1 所示电路 U、V、W 三点输出电压是否是三相交流电压。

2. 测试图 9-5-1 所示电路 U、V、W 三点输出电压，观察三个电压波形。

3. 自己设计一个不同于图 9-5-1 的原理电路，并仿真分析，说明它具有将单相电压转变为三相电压的功能。

4. 测试所设计电路并观察输出电压波形。

5. 进一步思索如果用你设计的三相电压去驱动一个三相负载，会出现什么情况，你将采取什么措施。

(1) 写出实验任务中的分析与计算。

(2) 记录测试结果。

五、注意事项

1. 根据实验任务,制定详细的研究计划。
2. 综合利用理论分析和仿真软件,设计相关电路。
3. 搭建电路,进行测试,写出实验报告。
4. 熟悉仿真软件。
5. 仔细检查你所选用的 R、L、C 元件的最大允许的电流、电压是否满足电路要求。
6. 原单相电压应从低逐步升高到一个合适的电压值。
7. 实验完毕后,电路中电容两端电压是否安全放电至零,是否可以安全拆线。

综合设计 6　整流滤波与稳压电路设计

整流滤波
与稳压电路
设计

一、实验研究目的

1. 熟悉单相半波、桥式整流电路结构及工作原理。
2. 了解电容滤波与 π 形滤波的作用。
3. 学习三端集成稳压电路的使用方法。
4. 学习直流稳压电源的组成原理及测试方法。
5. 学习二极管在倍压整流电路中的应用。

整流电路
研究(仿真
演示)

二、设计要求

设计一个稳压电源,要求如下:
1. 输入电压:交流 50 Hz,220 V±10%。
2. 输出电压:直流 12 V,1 A。
3. 波纹电压:$U_{PP}<15$ mV。
4. 设计一个倍压电路,使输出电压达到 2 倍或 4 倍压增加效果。

三、原理说明与方案解读

1. 原理说明

　　直流稳压电源由电源变压器、整流电路、滤波电路和稳压电路四部分组成,如图 9-6-1 所示,它能将输入的 220 V(50 Hz)交流电压变换为稳定的直流电压输出到负载上去。在这里,输入变压器不仅将输入的市电变换成整流电路适用的电压,而且还起到了将强、弱电隔离的作用,所以又被称为隔离变压器。

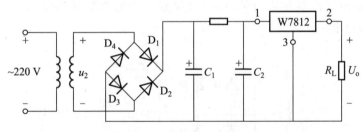

图 9-6-1　直流稳压电源电路

（1）整流：整流电路是利用二极管的单向导电性，将交流电变成单向脉动的直流电。常用的单相整流电路分为半波整流（如图 9-6-2）和桥式整流（如图 9-6-3）。

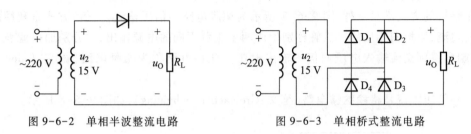

图 9-6-2　单相半波整流电路　　　　　图 9-6-3　单相桥式整流电路

单相半波整流的输出电压平均值 $U_o = 0.45U_2$。

单相桥式整流的输出电压平均值 $U_o = 0.9U_2$。

（2）滤波：整流电路将交流电压变换成脉动的直流电压，为将脉动电压的交流分量减小，通常加入滤波电路。常用的滤波电路有：电容滤波（如图 9-6-4 和图 9-6-5）和 π 形滤波（如图 9-6-6）。电容滤波电路简单，滤波效果好，是一种应用最多的滤波电路。选择合适的电容滤波，其输出电压与变压器二次侧电压之间的关系如下：

单相桥式整流电容滤波：$U_o = 1.2U_2$，$R_L C\omega \geqslant (6 \sim 10)\pi$。

空载：$U_o = 1.414U_2$。

电容滤波的外特性较差，当电容 C 一定时，负载电阻 R_L 减小，会使时间常数减小，输出电压平均值 U_o 随之下降。

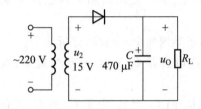

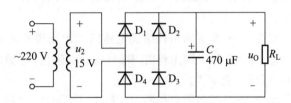

图 9-6-4　单相半波整流电容滤波电路　　　图 9-6-5　单相桥式整流电容滤波电路

（3）稳压：稳压电路的种类很多，常用的稳压电路有稳压管稳压电路，串联稳压电路和集成稳压电路。三端集成稳压器使用简单，稳压效果好。常用的有 W7800 系列（输出正电压）和 W7900 系列（输出负电压）。

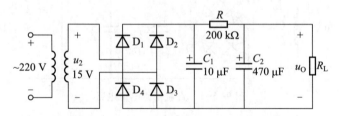

图 9-6-6　单相桥式整流 RC π 形滤波电路

（4）倍压整流电路

倍压整流的方式不只一种，图 9-6-7 所示为德隆电路。倍压整流（二倍）方式是利用两组简单的半波整流，以指向相反的二极管分别生成两个正负不同的电源输出，并分别加以滤波。连接正、负两端可得到交流输入电压两倍的输出电压。此种电路称为**德隆电路**（德文：Delon-Schaltung）。

另一种倍压整流是**格赖纳赫电路**（德文：Greinacher-Schaltung），如图 9-6-8 所示。

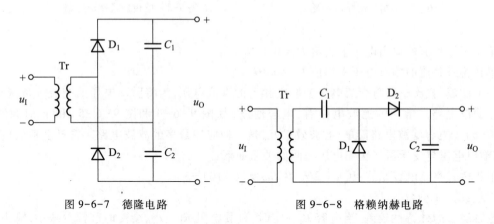

图 9-6-7　德隆电路　　　　　　　　图 9-6-8　格赖纳赫电路

格赖纳赫倍压电路可以继续添加二极管和电容器的级联，而形成多倍电压的电压倍增效果，这样的倍压电路虽可以提供几倍于输入交流峰值的电压，但电流输出和电压稳定度受到限制。

如图 9-6-8 所示格赖纳赫电路的工作原理分负半周和正半周两个时间段，分析如下：

① 当处于负半周工作时，D_1 导通、D_2 截止，电源经 D_1 向电容器 C_1 充电，理想情况下，电容器 C_1 可以充电到 U_m。

② 当处于正半周工作时，D_1 截止、D_2 导通，电源经 C_1、D_1 向 C_2 充电，由于 C_1 的 U_m 再叠加变压器二次侧的 U_m 使得 C_2 充电最高可达 $2U_m$，一般 C_2 的电压需要几个周期后才会渐渐达到

$2U_m$,不是在半个周期内即达到 $2U_m$。如果有一个负载并联在倍压器的输出端口,在负半周时间电容器 C_2 上的电压会下降,但是在正半周时间会被充电达到 $2U_m$。

2. 案例解读——双路稳压电源设计及测试

设计要求:220 V 输入,双路输出直流电压±12 V。

(1) 原理图说明及参数设置说明

设计电路如图 9-6-9 所示,上方探针处为+12 V 输出,下方探针处为-12 V 输出;采用中心抽头变压器;4 个二极管构成整流桥;三端集成稳压器和电容滤波。

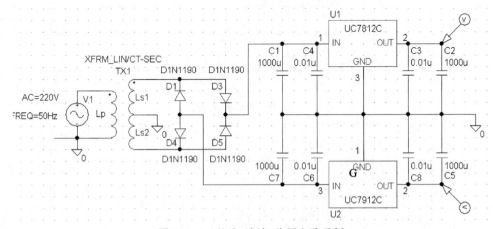

图 9-6-9 整流、滤波、稳压电路示例

根据设计要求,选用变压器参数 220 V/15 V,整流桥耐压 100 V,限流 1 A,大电容(电解电容)1 000 μF,小电容(瓷片电容)0.01 μF,集成电路芯片 UC7812C 与 UC7912C。

变压器额定输出电压 15 V,限流 1 A,理论最大功率为 30 W,但实际工作输出功率应该比理论值较小,集成电路芯片 UC7812C 与 UC7912C 提供 1 A 电流,因而电源输出最大功率为 24 W,加上负载后会减小。

(2) 仿真结果

采用 Pspice 模拟软件对图 9-6-9 所示电路进行仿真,结果如图 9-6-10 所示,可见大约于 0.7 s 之后输出就趋于平稳,稳定于±12 V。

(3) 实际测试结果

实际电路搭建好后,采用万用表 20 V 直流电压挡测量,测量值为 12.02±0.09 V 与 -11.95±0.09 V。

3. 案例解读——4 倍压整流电路的设计与仿真

根据设计要求,通过倍压整流电路使输出电压达到 2 倍压或 4 倍压增压效果。达到 2 倍压输出,德隆电路和格赖纳赫电路均可以实现设计要求。下面以输出达到 4 倍压为案例进行仿真分析。选择信克尔 4 倍压整流电路,利用 Multisim 仿真,搭建如图 9-6-11 所示电路,输入电压源采用频率为 200 Hz、峰值为 3V 的正弦交流信号,二极管均选用 1N4148,电容均取值

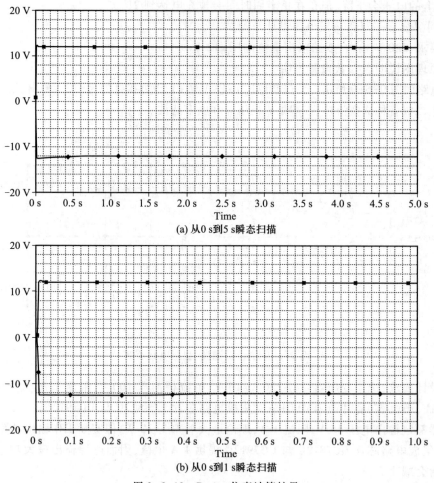

(a) 从0 s到5 s瞬态扫描

(b) 从0 s到1 s瞬态扫描

图 9-6-10　Pspice 仿真计算结果

1 uF,图 9-6-12(a)呈现信克尔 4 倍压整流电路输入波形以及输出波形的上升过程,图 9-6-12 (b)呈现信克尔 4 倍压整流电路输入波形和输出稳定后的直流输出波形。为了观测输出波形中含有的纹波分量大小,利用两个万用表进行监测,测量电路如图 9-6-13 所示,万用表 XMM$_1$选用直流电压挡,测得其直流输出为 11.127 V,约为出入电压峰值的 4 倍,达到设计要求;万用表 XMM$_2$选用交流电压挡,测得其交流输出仅仅约为 132 uV,由此可见信克尔 4 倍压整流电路具有结构简单并且纹波分量较小的优点,但其缺点是整流电路对每一个电容的耐压要求较高。需要说明的是,电容 C_1 和 C_3 的电压极性是上负下正,而 C_2 和 C_4 的电压极性是上正下负,到达稳态后四个电容两端电压大小详见图 9-6-14 中四个万用表的读数。

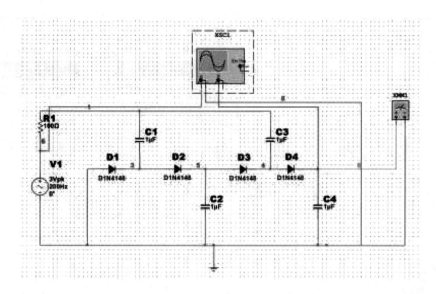

图 9-6-11 信克尔 4 倍压整流电路

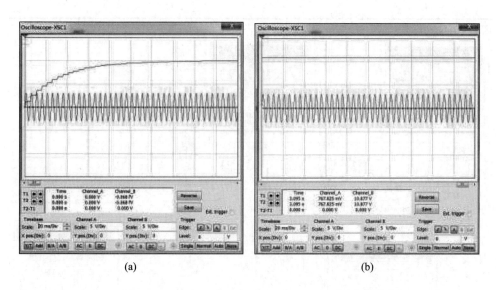

(a)   (b)

图 9-6-12 信克尔 4 倍压整流电路的输入、输出波形

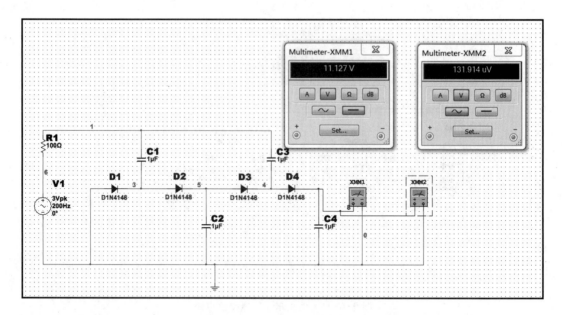

图 9-6-13　信克尔 4 倍压整流电路直流和交流分量

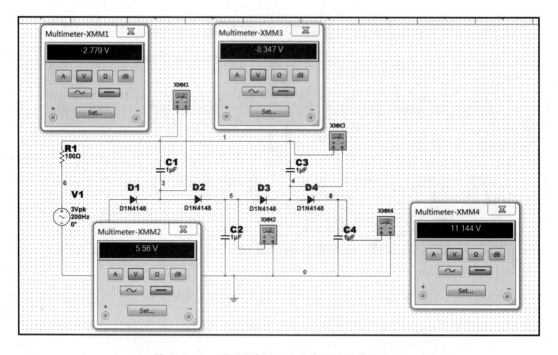

图 9-6-14　到达稳态后四个电容两端的直流电压

四、设计报告要求

1. 总结设计原理和设计计算过程,列出每个器件参数选择的理由。

2. 对设计好的电路进行仿真和虚拟测试。

3. 制定测试方案、实验步骤和数据记录表格。

4. 整理测试数据,将实测值与理论计算值相比较,如有误差,分析其原因。

5. 利用仿真软件对设计电路进行仿真分析,改变电容取值大小,观察对输出的影响。

五、注意事项

1. 复习整流、滤波、稳压电路的工作原理。

2. 在单相桥式整流电路中,如果有一个二极管断开、被击穿短路或极性接反,试分别说明其后果如何? 若四个二极管全接反了,行不行?

3. 滤波电容的大小对输出电压及波形有何影响?

4. 用稳压管和三端集成稳压器均可达到稳压的效果,他们有什么区别? 使用时应注意什么?

5. 三端集成稳压器选择 W7805 时,输出电压应为多少?

6. 在进行信克尔倍压整流电路的实际测试操作时,务必注意 4 个电容在达到稳态时的电压极性。

综合设计 7　运算电路的设计与测试

运算电路的
设计与测试

一、实验研究目的

1. 学习集成运放组成的比例、加法、减法和积分等基本运算电路的工作原理。

2. 掌握集成运算放大电路的三种输入方式。

3. 理解在放大电路中引入负反馈的方法和负反馈对运算电路性能指标的影响。

4. 学会用集成运算放大器实现运算功能电路的设计与仿真。

运算电路
分析与设计
(仿真演示)

二、设计要求

基本设计要求:

1. 设计一个反相比例放大电路。

2. 设计一个加法运算电路。

3. 设计一个减法运算电路。

4. 设计一个积分运算电路。

拓展设计要求:

5. 利用运算电路基本模块,设计一元二次方程求解的完整功能电路。

三、原理说明与方案解读

1. 原理说明

运算电路设计的核心器件是运算放大器。运算放大器是目前获得广泛应用的一种多端器件。随着电子技术的发展,人们研究开发了多种不同类型的通用和专用运算放大器。运算放大器的使用简化了许多电路设计问题,使得电路设计可以用类似组装模块的方式进行,降低了研究开发和生产成本。

运算放大器具有很高的电压增益(或称放大倍数),同时又具有高输入阻抗和低输出阻抗的特点。运算放大器内部集成了许多晶体管电路,内部结构复杂。实际应用的运算放大器型号众多,其内部结构各不相同,但从电路分析的角度出发,如果只把运算放大器作为多端器件来研究,则其外部特性及由电路特性构成的电路模型是分析研究的出发点。运算放大器电路符号如图9-7-1所示。运算放大器有两个输入端 a 和 b,图中"+"符号表示同相输入端,"−"符号表示反相输入端,c 端为运算放大器的输出端,A 为放大器的开环电压放大倍数。需要注意的是,尽管有时运算放大器电路中没有出现电源连接符号,但运算放大器必须有电源供电,运算放大器的输入和输出端电位均相对于接地端而言。下面讨论运算放大器的输入输出特性。运算放大器的输入输出端开环特性为

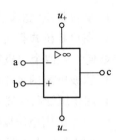

图 9-7-1 运算放大器
电路符号

$$u_c = A(u_b - u_a) = A(u_+ - u_-) \tag{9-7-1}$$

式中,u_+ 和 u_- 分别表示施加到同相和反相输入端的电压,在图9-7-2(a)所示接线方式下,若运算放大器开环放大系数为 A,反相输入端施加电压信号 u_1,同相输入端接地,则输出电压为

$$u_2 = -A u_1 \tag{9-7-2}$$

运算放大器的输入电压和输出电压之间的关系如图9-7-2(b)所示。由于运算放大器的电源电压值是有限的,一般为几伏到十几伏,而放大器的电压放大倍数 A 很大,所以只有当输入电压 u_1 非常小的情况下(往往为 μV 级),式(9-7-2)才有效。输入电压增大到一定值后,输出电压将出现饱和现象。

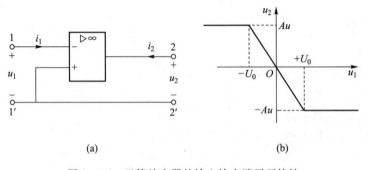

(a)   (b)

图 9-7-2 运算放大器的输入输出端开环特性

运算放大器的低频小信号等效电路如图 9-7-3 所示,R_1 为输入电阻,其阻值很大,一般为 $10^6 \sim 10^8\ \Omega$,R_2 为输出电阻,一般为 $100\ \Omega$ 左右。理想情况下,当 R_1 趋向于无穷大,则输入电流近似等于零(称"虚断");当电压放大倍数 A 为无限大而输出电压最大值为较小的有限值时,输入端电压差近似为零(称"虚短")。运算放大器的电压增益太大往往使电路工作不稳定,易受干扰影响。在实际应用中,运算放大器常常都是工作在负反馈状态下。在实际电路分析中,当运算放大器的放大倍数足够大时,输入电压接近于零,因此在电路电压分析(如建立基尔霍夫电压方程)时,把同相和反相输入端之间的电压看成为零(输入端虚短的概念);当运算放大器输入端电阻相当大时,输入电流接近为零,在电路电流分析时,把输入电流看成为零(输入端虚断的概念)。上述虚短和虚断概念组成了负反馈运算放大器的分析基础。

(1) 反相比例运算电路

在图 9-7-4 所示的反相比例运算电路中,根据虚断,运算放大器的同相输入端为虚地,根据虚短,反相输入端也为虚地,得到

$$i_S = \frac{u_S}{R_1}, \quad i_f = \frac{-u_O}{R_f}$$

并且 $i_S = i_f$

于是得到输出与输入之间的反相比例运算式:$u_O = -\dfrac{R_f}{R_1}u_S$。

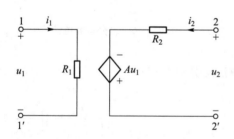

图 9-7-3　运算放大器的低频小信号等效电路

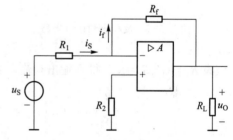

图 9-7-4　反相比例运算电路

由于运算放大器输出受到最大输出电压限制,如果 R_f/R_1 比值太大,根据图 9-7-2(b) 的电压传输特性,输出将进入饱和区,输入输出则失去比例关系,需要说明的是,为了消除偏置电流对运算放大器输出失调电压的影响,同相输入端到接地之间应该配置平衡补偿电阻,即电阻 R_2 的取值需满足关系式 $R_2 = R_f // R_1$。

(2) 反相求和运算电路

在图 9-7-5 所示的反相求和运算电路中,根据虚断、虚短,有

$$\frac{u_{S1}}{R_{11}} + \frac{u_{S2}}{R_{12}} + \frac{u_{S3}}{R_{13}} = -\frac{u_O}{R_2}$$

$$u_O = -\left(\frac{R_2 u_{S1}}{R_{11}} + \frac{R_2 u_{S2}}{R_{12}} + \frac{R_2 u_{S3}}{R_{13}} \right)$$

当选择 $R_{11}=R_{12}=R_{13}=R_1$ 时，

$$u_0=-\frac{R_2}{R_1}(u_{S1}+u_{S2}+u_{S3})$$

于是得到输出与输入之间的反相求和关系。

（3）差分运算电路

在图 9-7-6 所示的差分运算电路中，根据虚断、虚短，得到

$$u_+=u_{S2}\frac{R_2{}'}{R_1{}'+R_2{}'}$$

$$\frac{u_{S1}-u_+}{R_1}=\frac{u_+-u_0}{R_2}$$

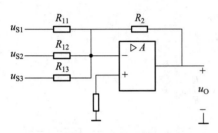

图 9-7-5 反相求和运算电路

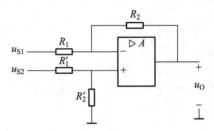

图 9-7-6 差分运算电路

假设 $R_1=R_1{}'$，$R_2=R_2{}'$，得到输出与输入之间的减法运算关系式：

$$u_0=\frac{R_2}{R_1}(u_{S2}-u_{S1})$$

（4）积分运算电路

在图 9-7-7 所示的积分运算电路中，根据虚断、虚短，得到

$$i_S=\frac{u_S}{R},\ i_S=i_C=C\frac{\mathrm{d}u_C}{\mathrm{d}t}=-C\frac{\mathrm{d}u_0}{\mathrm{d}t}$$

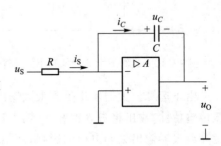

图 9-7-7 积分运算电路

假设电容处于零初始状态，得到输出与输入之间的积分运算关系式：

$$u_0=-\frac{1}{RC}\int_0^t u_S\mathrm{d}t$$

倘若输入信号为阶跃函数激励信号，那么输出如图 9-7-8(a) 所示；倘若输入信号为方波激励信号，那么在一定条件下可以输出三角波，输出如图 9-7-8(b) 所示。

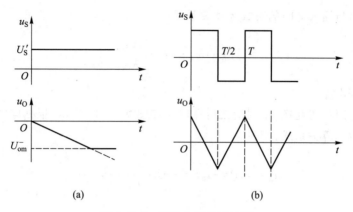

图 9-7-8　积分电路输出波形

由于运放存在失调电压,由此将引起积分电路输出的漂移,为了稳定输出,一般需要在电容两端接上一个较大的电阻,也就是图 9-7-9 所示电路中的 R_2。当输入为方波信号时,根据电路分析方法,可以得到分析方程:

$$C \frac{\mathrm{d}u_0}{\mathrm{d}t} + \frac{u_0}{R_2} = -\frac{u_S}{R_1}$$

求解微分方程,在电容为零初始状态时,输出电压为

$$u_0(t) = -\frac{R_2 u_S}{R_1}(1 - \mathrm{e}^{-\frac{t}{R_2 C}}) \qquad (9-7-3)$$

从式(9-7-3)可以发现,只有当 u_S 为常数并且同时满足 $t \ll R_2 C$ 情况下,输出电压信号才近似于线性函数输出。因此,当方波高、低电平持续时间远小于时间常数 $R_2 C$ 时,输出三角波的线性度较好,方波周期越小,三角波线性度越好,同时幅度也越小。

2. 案例解读——$(b^2 - 4ac)$ 运算模块电路的设计及仿真

对于一个一元二次方程 $ax^2 + bx + c = 0$,其求解表达式为

$x = \dfrac{-b \pm \sqrt{b^2 - 4ac}}{2a}$,这个解析式的计算可以利用运算电路实现,为此先介绍指数对数、对数运算电路以及乘法运算电路。

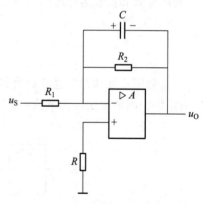

图 9-7-9　抑制积分漂移的积分电路

(1)对数运算电路

对数运算电路如图 9-7-10 所示,二极管为正向导通,则要求 $u_S > 0$,根据虚短、虚断,并由二极管伏安特性方程可知,二极管电流为

$$i_R = \frac{u_S}{R} = i_D = I_S(\mathrm{e}^{\frac{u_D}{U_T}} - 1) \approx I_S \mathrm{e}^{\frac{u_D}{U_T}}$$

因此得到输出与输入之间的对数运算关系式：

$$u_O = -u_D = -U_T \ln \frac{u_S}{RI_S}$$

（2）指数运算电路

将二极管与电阻位置互换，得到指数运算电路如图 9-7-11 所示，根据虚短、虚断，得到输出与输入之间的指数运算关系式：

$$u_O = -i_R R = -i_D R \approx -RI_S e^{\frac{u_D}{U_T}} = -RI_S e^{\frac{u_s}{U_T}}$$

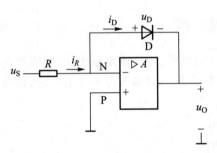

图 9-7-10 对数运算电路

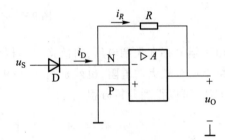

图 9-7-11 指数运算电路

（3）乘法运算电路

利用对数和指数运算电路，根据式（9-7-4）和式（9-7-5）：

$$ab = e^{\ln(ab)} = e^{\ln(a)+\ln(b)} \tag{9-7-4}$$

$$\frac{a}{b} = e^{\ln(\frac{a}{b})} = e^{\ln(a)-\ln(b)} \tag{9-7-5}$$

可以利用指数和对数电路组合得到乘法运算电路，如图 9-7-12 所示，若要构成除法运算电路，只需将中间的加法改为减法即可。

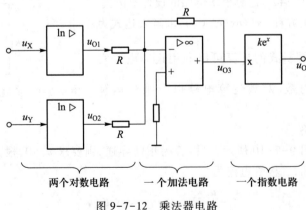

图 9-7-12 乘法器电路

接下来,利用 Multisim 软件构建(b^2-4ac)运算功能的仿真电路,如图 9-7-13 所示。在 Multisim 仿真软件中选取乘法器 Multiplier,设置乘法器 M_1 的输出增益为 4,乘法器 M_2 的输出增益为 1,再利用图 9-7-6 的减法电路,得到(b^2-4ac)的输出。图 9-7-13 中假设 $a=1$,$b=-5$,$c=5$,$b^2-4ac=5$,仿真结果显示等于 5.006,与理论计算值吻合。

整体一元二次方程求解计算框图如图 9-7-14 所示。

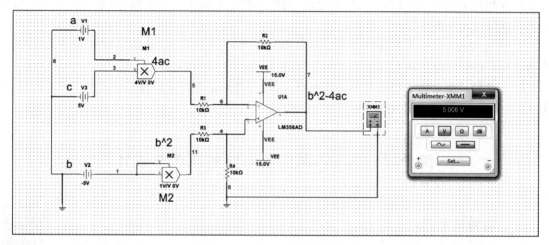

图 9-7-13 b^2-4ac 运算模块电路

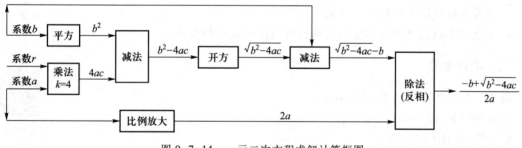

图 9-7-14 一元二次方程求解计算框图

四、设计报告要求

1. 根据要求,设计两个信号的反相加法电路、两个信号的减法电路,并完成仿真,搭建电路观察测试加法和减法功能。

2. 根据要求,设计积分运算电路,并完成仿真,搭建电路测试,注意观察负反馈电阻对输出波形的影响。

3. 综合运用运算电路的运算性质,设计一个一元二次方程求解的功能电路,并完成仿真分析,用算例说明是否达到预期要求。

4. 查阅文献资料,设计更多的运算功能模块,制作属于你的微型模拟计算器。

五、注意事项

1. 复习运算放大器的工作特性,要实现运算电路功能,运算放大器需要工作在负反馈工作状态。

2. 在积分电路中,如果加入负反馈电阻,说明电路参数满足什么条件时,输入信号为方波时输出可以得到线性度良好的三角波。

3. 利用 Multisim 仿真软件中的乘法器 Multiplier,如何变换输入、输出连接方式,从而得到除法运算和开根号运算电路?

4. 设计的一元二次方程求解的功能电路,是否可以满足方程的解分别是两个不相等的根、两个重根、一对共轭复根的所有情形?

综合设计 8   音调控制电路的原理与设计

一、实验研究目的

1. 学习利用网络函数分析电路的频率特性的原理。
2. 掌握幅频和相频特性的仿真和测试方法。
3. 学习音调控制电路的原理分析。
4. 学会用集成运算放大器实现音调控制电路的设计与仿真。

音频功率
放大器
(原理与
解析)

二、设计要求

设计一个音调控制电路,要求如下:
带宽 50 Hz ~ 15 kHz
低音段 50 Hz(±12 dB)
高音段 10 kHz(±12 dB)

音频功率
放大器
(仿真)

三、原理说明与方案解读

1. 原理说明

音调控制电路是利用电子线路的频率特性原理,通过改变电路参数从而改变输出信号高、低频成分的比重,达到改善调整音质的目的。

音调控制一般在对某段频率的信号进行提升或者衰减时,不能影响其他频段信号的输出。一个良好的音调控制电路,应该拥有足够的高、低音调节范围,同时要求高、低音从最强到最弱的整个调节过程里,中音信号不发生明显的幅度变化,以保证音质基本不变。音调控制电路一般分为三大类：① 衰减式音调控制电路；② 负反馈音调控制电路；③ 衰减-负反馈混合式音调控制电路。衰减式音调控制电路的调节范围较宽，但是调节范围越宽，中音的衰减随之加大，噪声和失真也较大。负反馈式音调控制电路的噪声和失真较小，但调节范围受最大负反馈量的限制，调节范围不够宽广。衰减-负反馈混合式音调控制电路具有衰减式和负反馈式音调控制电路的双重优点，即电路的失真很小，并且控制范围较宽，是前两种电路的综合和改进，具有较好的实用性，使用较为广泛。

　　音调控制电路设计的主要目标就是选择恰当的电路结构和元件参数，实现所需的频率特性，音调控制电路通常使用高音、低音两个电位器进行调节。典型的音调控制电路幅频特性曲线如图 9-8-1 所示。

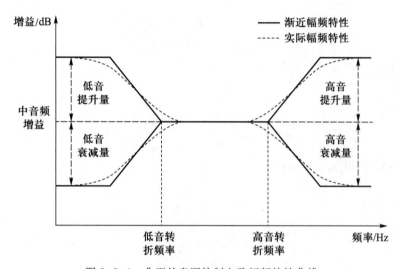

图 9-8-1　典型的音调控制电路幅频特性曲线

　　图 9-8-2 为反相比例运算电路，该电路的电压增益为 $-\dfrac{Z_2}{Z_1}$，倘若将 Z_1 和 Z_2 配置为恰当的 RC 阻抗网络，Z_1 和 Z_2 参数的改变，使得电压增益随之改变，因此可以使得输出具有各种不同的频率特性，此即音调控制电路设计的基本原理。

　　为了深入理解参数的改变（常常使用电位器调节）可以达到高音、低音提升和衰减的控制效果，请看图 9-8-3 所示的音频功率放大器的低音音调控制电路，下面定量分析说明调节电位器 R_W 确实可以起到对低音音调的控制作用。

　　分析针对电位器置于两个极端位置 A 和 B 的情况。首先电位器移至 A 点，电容 C_1 被短路，此时的电路结构就是图 9-8-2 所示电路结构，利用 s 域网络函数的分析方法，得到式（9-8-1）：

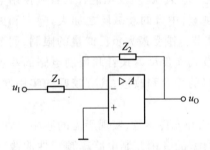

图 9-8-2　运放构成的反相比例运算电路

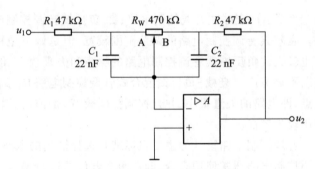

图 9-8-3　低音音调控制电路

$$H(s) = \frac{U_2(s)}{U_1(s)} = -\frac{R_W + R_2 + R_W R_2 s C_2}{R_1(1 + R_W s C_2)} \qquad (9-8-1)$$

令 $s = j\omega$，代入式(9-8-1)整理得到

$$H(j\omega) = -\frac{R_W + R_2}{R_1} \times \frac{1 + \dfrac{R_W R_2}{R_W + R_2} j\omega C_2}{1 + R_W j\omega C_2} \qquad (9-8-2)$$

在式(9-8-2)中，代入 $\omega = 2\pi f$，且令

$$f_{L1} = \frac{1}{2\pi R_W C_2} \qquad (9-8-3)$$

$$f_{L2} = \frac{1}{2\pi \dfrac{R_W R_2}{R_W + R_2} C_2} \qquad (9-8-4)$$

进一步得到

$$H(j\omega) = -\frac{R_W + R_2}{R_1} \times \frac{1 + j\, f/f_{L2}}{1 + j\, f/f_{L1}} \qquad (9-8-5)$$

式(9-8-5)中的 f_{L1}、f_{L2} 称为低频段转折频率。由式(9-8-5)得到网络函数幅频特性的表达式为

$$|H(j\omega)| = \frac{R_W + R_2}{R_1} \times \frac{\sqrt{1 + (f/f_{L2})^2}}{\sqrt{1 + (f/f_{L1})^2}} \qquad (9-8-6)$$

式(9-8-3)和式(9-8-4)中代入元件参数值，得到 $f_{L1} = 15.39$ Hz、$f_{L2} = 169.3$ Hz，可以发现当 $f \ll f_{L1} = 15.39$ Hz 时，$|H(j\omega)| \approx 20.8$ dB；当 $f = f_{L1} = 15.39$ Hz 时，$|H(j\omega)| \approx 17.8$ dB；当 $f = f_{L2} = 169.3$ Hz 时，$|H(j\omega)| \approx 3$ dB；当 $f \gg f_{L2} = 169.3$ Hz 时，$|H(j\omega)| \approx 0$ dB。由此可见，在低频段，输出得到了提升，最大提升量约为 20.8 dB 。

将电位器移至 B 点，电容 C_2 被短路，此时利用 s 域网络函数的表达式进行分析，得到

$$H(s) = \frac{U_2(s)}{U_1(s)} = -\frac{R_2(1 + R_W s C_1)}{R_W + R_1 + R_W R_1 s C_1} \tag{9-8-7}$$

因为 $R_1 = R_2$，$C_1 = C_2$，比较式（9-8-7）和式（9-8-1）可知，两个表达式的分子与分母位置互换，继而网络函数幅频特性发生改变，也就是当 $f \ll f_{L1} = 15.39$ Hz 时，$|H(j\omega)| \approx -20.8$ dB；当 $f = f_{L1} = 15.39$ Hz 时，$|H(j\omega)| \approx -17.8$ dB；当 $f = f_{L2} = 169.3$ Hz 时，$|H(j\omega)| \approx -3$ dB；当 $f \gg f_{L2} = 169.3$ Hz时，$|H(j\omega)| \approx 0$ dB。由此可见，在低频段，输出受到了衰减，最大衰减量为 0.091。

接下来进一步看如图 9-8-4 所示的音频功率放大器的高音音调控制电路，调节电位器 R_P 可以实现对高音音调的控制作用。同样针对电位器 R_P 置于 C 和 D 两个极端位置加以分析。当电位器 R_P 置于位置 C，同时忽略对放大信号影响较小的电阻 R_P，其等效电路如图 9-8-5(a) 所示，当电位器 R_P 置于位置 D 时，其等效电路如图 9-8-5(b) 所示，图 9-8-5 的电路结构就是图 9-8-2 所示电路结构。

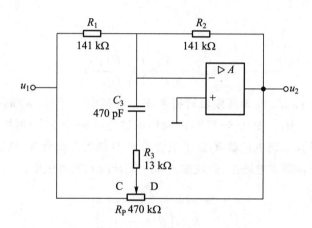

图 9-8-4 高音音调控制电路

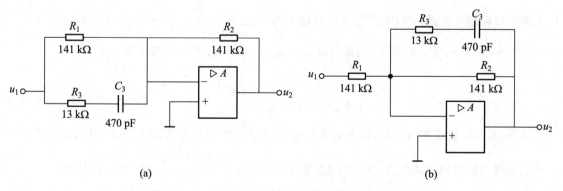

(a)   (b)

图 9-8-5 R_P 置于最左侧 C 和最右侧 D 的等效电路

针对图 9-8-5(a)利用 s 域网络函数的分析方法,得到式(9-8-8):

$$H(s) = \frac{U_2(s)}{U_1(s)} = -\frac{R_2 + R_2(R_1 + R_3) \; sC_3}{R_1(1 + R_3 sC_3)} \tag{9-8-8}$$

令 $s = j\omega$,代入式(9-8-8)整理得到

$$H(j\omega) = -\frac{R_2}{R_1} \times \frac{1 + (R_1 + R_3) j\omega C_3}{1 + R_3 j\omega C_3} \tag{9-8-9}$$

在式(9-8-9)中,代入 $\omega = 2\pi f$,且令

$$f_{H1} = \frac{1}{2\pi(R_3 + R_1)C_3} \tag{9-8-10}$$

$$f_{H2} = \frac{1}{2\pi R_3 C_3} \tag{9-8-11}$$

进一步得到

$$H(j\omega) = -\frac{R_2}{R_1} \times \frac{1 + j \; f/f_{H1}}{1 + j \; f/f_{H2}} \tag{9-8-12}$$

式(9-8-12)中的 f_{H1}、f_{H2} 称为高频段转折频率。根据图 9-8-5(a)的参数,可以计算得到 $f_{H1} = 2.20 \text{ kHz}$,$f_{H2} = 26.1 \text{ kHz}$。图 9-8-5(b)的网络函数与图 9-8-5(a)网络函数,由于参数 $R_1 = R_2$ 而呈现倒数关系,从而实现电位器 R_P 置于位置 C 和 D 的提升和衰减功能。

在图 9-8-5(a)所示等效电路中,假设输入 $u_1 = U_m \sin \omega t$,则电压增益

$$A_{uC} = \frac{R_2}{R_1 // \left(R_3 + \dfrac{1}{j2\pi f \; C_3} \right)} \tag{9-8-13}$$

式(9-8-13)表明频率较小(即低频段),电压增益约等于 1;随着频率升高,电压增益将大于 1,从而实现高频段的提升作用,其最大电压增益为 $A_{uC\max} = \dfrac{R_2}{R_1 // (R_3)} = 4.3$(约 13 dB)。

在图 9-8-5(b)等效电路中,同样假设输入 $u_1 = U_m \sin \omega t$,则电压增益为

$$A_{uD} = \frac{R_2 // \left(R_3 + \dfrac{1}{j2\pi f \; C_3} \right)}{R_1} \tag{9-8-14}$$

式(9-8-14)表明频率较小(即低频段),电压增益约等于 1,随着频率升高,电压增益将小于 1,从而实现高频段的衰减作用,其最大电压衰减量为 $A_{uD\max} = \dfrac{R_2 // (R_3)}{R_1} = 0.23$(约 -13dB)。

2. 案例解读——高低音调节控制电路设计及仿真

将上述低音音调控制电路和高音音调控制电路两个电路合成,得到兼具高低音的音调控制

电路,如图 9-8-6 所示。

在图 9-8-6 电路中,在低频段工作条件下,由于电容 C_3 较 C_1 和 C_2 小很多,电容 C_3 在低频段可以近似视为开路,同时忽略跨接在输入和输出之间的电阻 R_P,由此得到的低频段等效电路就是图 9-8-3 所示的低音音调控制电路;在高频段工作条件下,由于电容 C_1 和 C_2 较 C_3 大很多,电容 C_1 和 C_2 可以近似视为短接,再利用电路原理 Y-Δ 变换,$3R_1 = 141$ kΩ,同时忽略跨接在输入和输出之间的等效电阻 $3R_1 = 141$ kΩ,由此得到高频段的等效电路就是图 9-8-4 所示的高音音调控制电路。

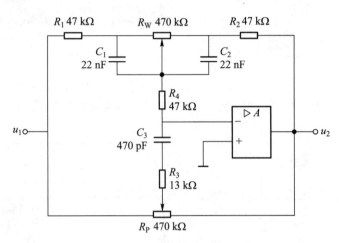

图 9-8-6　高音和低音音调控制电路

将图 9-8-6 中 R_W 和 R_P 两个电位器的滑点均移动至最左侧,利用 Multisim 仿真软件中的波特仪,得到输出和输入之比的幅频特性曲线,如图 9-8-7 所示,从中可以观察到中频段电压增益近似为 1,而低频段和高频段均有提升作用;将图 9-8-6 中 R_W 和 R_P 两个电位器的滑点均移动至最右侧,得到输出和输入之比的幅频特性曲线,如图 9-8-8 所示,从中可以观察到中频段,电压增益近似为 1,而低频段和高频段均有衰减作用。仿真 Bode 图表明图 9-8-6 所示衰减-负反馈混合式音调控制电路具备高音和低音音调双重控制功能。

四、设计报告要求

1. 根据原理解读,说明电路中元件参数选择的理由。

2. 利用仿真软件对设计电路进行仿真分析。

3. 制定测试方案、测试步骤,完整记录测试数据和测试波形。

4. 根据测试数据,说明是否达到设计要求,如果没有达到,将如何改进电路设计。

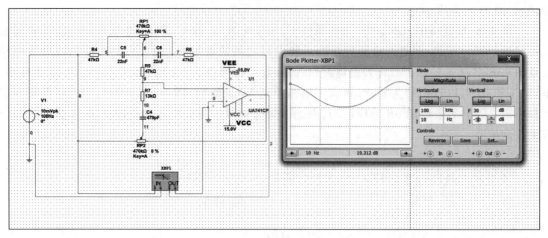

图 9-8-7　R_W 和 R_P 两个电位器的滑点均移动至最左侧的波特图

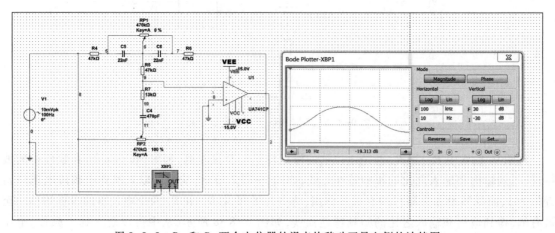

图 9-8-8　R_W 和 R_P 两个电位器的滑点均移动至最左侧的波特图

五、注意事项

1. 复习网络函数的概念以及求解方法。

2. 为何将低音音调控制和高音音调控制合成可以得到兼具高低音控制功能的电路？在参数选择上应该注意满足什么匹配关系？

3. 当 R_W 和 R_P 两个电位器的滑点分别移动至最左侧和最右侧时，如何计算对应的最大提升量和最大衰减量？

4. 除了利用波特仪之外，还可以采用什么方法得到音调控制电路电压增益的幅频特性曲线？

综合设计 9　波形发生及变换电路的原理与设计

波形发生及
变换电路的
原理与设计

波形发生
电路(仿真
演示)

一、实验研究目的

1. 加深对非线性元件特性的理解,了解非线性电路的自激振荡现象。
2. 了解振荡器的基本原理。
3. 利用具有负阻特性的非线性元件或有源器件组成正弦信号发生器。
4. 掌握 RC 桥式正弦波振荡器的设计方法。
5. 掌握方波和三角波发生电路的工作原理与设计方法。

二、设计要求

基本设计要求:
1. 设计一个正弦波发生器,其指标为: $f_0 = 1\ 000$ Hz, $U_{pp} \geqslant 8$ V。
2. 设计一个三角波发生器,其指标为: $f_0 = 1\ 000$ Hz, $U_{pp} \geqslant 8$ V。

拓展设计要求:
3. 设计一个电路,产生 1 kHz 正弦波并变换成矩形波和三角波。

三、原理说明与方案解读

1. 非线性电阻电路中的特殊现象——负电阻特性

隧道二极管的伏安特性呈"N"形,如图 9-9-1(a)所示,是电压控制型非线性电阻元件。氖
气管的伏安特性呈"S"形,如图 9-9-1(b)所示,是电流控制型非线性电阻元件。无论是"N"形
还是"S"形的特性曲线,都有一段具有"负电阻"的特性。

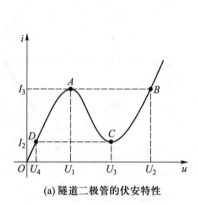

(a) 隧道二极管的伏安特性

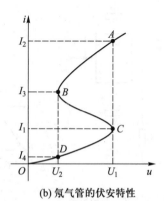

(b) 氖气管的伏安特性

图 9-9-1　非线性电阻的伏安特性

　　理想运算放大器的输入阻抗为无穷大,输出阻抗为零,输出电压与输入电压呈比例,且比例系数 A 很大。但是实际的运算放大器的输出电压受到供电电源电压的限制,存在着两个饱和电压 $\pm U_{\text{sat}}$,如果在运算放大器的同相输入端和反向输入端同时加电压 $u_{\text{i}+}$ 和 $u_{\text{i}-}$ 时,则输出电压为 $u_{\text{o}} = A(u_{\text{i}+} - u_{\text{i}-}) = A u_{\text{d}}$,其中 $u_{\text{d}} = u_{\text{i}+} - u_{\text{i}-}$ 称为差分输入电压,A 为运放的电压放大倍数。由于 A 很大,则上述线性关系仅在很小的输入电压范围内才成立,输出电压与差分输入电压之间的关系可以用图 9-9-2 来近似描述,ε 非常小,输出电压受到供电电源电压的限制,在达到一定数值后趋于饱和($\pm U_{\text{sat}}$),此饱和电压值略低于直流偏置电压值,这个关系曲线称为运放的外特性。实际运放的电路模型如图 9-9-3 所示,R_{in} 接近 1 MΩ,R_{o} 约 100 Ω,放大倍数 A 超过 10^5。在理想情况下,运算放大器的输入阻抗为无穷大,输出阻抗为零,而放大倍数达无穷大。

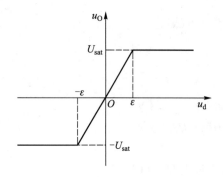

图 9-9-2   运算放大器的外特性

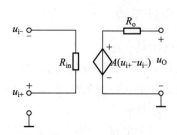

图 9-9-3   运算放大器等效电路

　　用运算放大器可以构建如图 9-9-4(a)所示的负电阻元件,此时,考虑到运放的上述非线性特性,其入端伏安特性为:

　　当输入电压 $-\dfrac{R_2}{R_1+R_2} U_{\text{sat}} \leq u \leq \dfrac{R_2}{R_1+R_2} U_{\text{sat}}$,运放工作在线性区,则 $u = -\dfrac{R_2 R_3}{R_1} i$。

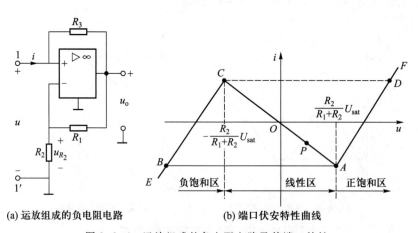

(a) 运放组成的负电阻电路 　　　　　(b) 端口伏安特性曲线

图 9-9-4   运放组成的负电阻电路及其端口特性

当输入电压 $u>\dfrac{R_2}{R_1+R_2}U_{\text{sat}}$，运放工作在正饱和区，则 $u=R_3i+U_{\text{sat}}$。

当输入电压 $u<-\dfrac{R_2}{R_1+R_2}U_{\text{sat}}$，运放工作在负饱和区，则 $u=R_3i-U_{\text{sat}}$。

综上所述，图 9-9-4(a)电路的特性曲线如图 9-9-4(b)所示。

非线性电路的分析比较复杂，这里仅针对非线性电阻的一阶和二阶电路分析方法作简单介绍。

（1）非线性电路的工作点

非线性元件在外加电源的作用下，有可能存在多个工作点，如图 9-9-5(b)中的 A、B 和 C 点。下面仅考虑工作点位于负电阻段，也就是 B 点。

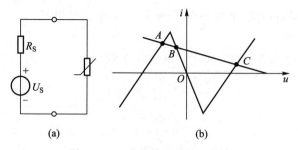

图 9-9-5　非线性元件的工作点

（2）非线性一阶电路

图 9-9-6 所示电路为非线性一阶电路，电压 u 与电流 i 满足：

$$\frac{\mathrm{d}i}{\mathrm{d}t}=-\frac{u}{L}$$

从上述方程可见，当 $u>0$ 时，有 $\dfrac{\mathrm{d}i}{\mathrm{d}t}<0$，因此在 u-i 平面的右半平面，动态点应该从初始位置沿着动态路径向下移动；当 $u<0$ 时，有 $\dfrac{\mathrm{d}i}{\mathrm{d}t}>0$，所以在 u-i 平面的左半平面，动态点应该从初始位置沿着动态路径向上移动，如图 9-9-6 中箭头所示。

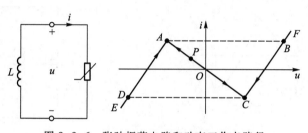

图 9-9-6　张弛振荡电路和动态工作点路径

设初始电流因微小扰动位于图 9-9-6 的 P 点，即 $i_L(0^+)>0$，此时 $u<0$，代入 $\dfrac{\mathrm{d}i}{\mathrm{d}t}=-\dfrac{u}{L}$ 得 $\dfrac{\mathrm{d}i}{\mathrm{d}t}>0$，即 i 增加，工作点 P 沿 CA 线向 A 点移动。$i(t)=i(0^+)\mathrm{e}^{\frac{t}{\tau}}$，由于此时等效电阻 $R_{\mathrm{eq}}=-\dfrac{R_2R_3}{R_1}<0$，电流随时间增大。当工作点 (u,i) 到达 A 点后，动态点不会沿 AD 向 D 移动，又因该点上 $\dfrac{\mathrm{d}i}{\mathrm{d}t}\neq0$，所以动态点也不会停在此点不动，而电路中不存在冲击电流，i 不会突变，所以动态点沿 A 点跳至 B 点。在 B 点，$u>0$，$\dfrac{\mathrm{d}i}{\mathrm{d}t}<0$，工作点向 C 移动，$i(t)=-\dfrac{U_{\mathrm{sat}}}{R_3}+\left(i'(0^+)+\dfrac{U_{\mathrm{sat}}}{R_3}\right)\mathrm{e}^{-\frac{R_3}{L}t}$，电感反向充磁，当到达 C 点后，同样的道理，工作点跳到 D 点，电流按照 $i(t)=\dfrac{U_{\mathrm{sat}}}{R_3}+\left(i''(0^+)-\dfrac{U_{\mathrm{sat}}}{R_3}\right)\mathrm{e}^{\frac{R_3}{L}t}$ 正向充磁，经 A 点后重复上述过程，电流呈锯齿波，如图 9-9-7 所示，这就是张弛振荡。

（3）非线性二阶电路

图 9-9-8 中电容、电感和电阻支路的伏安特性分别为

$$C\frac{\mathrm{d}u_c}{\mathrm{d}t}=i_c$$

$$L\frac{\mathrm{d}i_L}{\mathrm{d}t}=u_L$$

$$i=f(u_c)$$

三条支路的电流满足：

$$i+i_c+i_L=0$$

整理成状态方程如下：

$$C\frac{\mathrm{d}u_c}{\mathrm{d}t}=-f(u_c)-i_L$$

$$L\frac{\mathrm{d}i_L}{\mathrm{d}t}=u_c$$

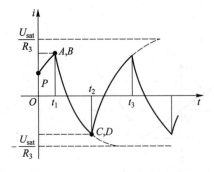

图 9-9-7 张弛振荡曲线

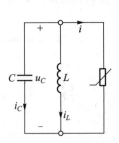

图 9-9-8 非线性二阶电路

作变量代换, 令 $\tau = \dfrac{t}{\sqrt{LC}}$, 则有

$$\frac{\mathrm{d}u_c}{\mathrm{d}t} = \frac{\mathrm{d}u_c}{\mathrm{d}\tau} \cdot \frac{\mathrm{d}\tau}{\mathrm{d}t} = \frac{1}{\sqrt{LC}} \cdot \frac{\mathrm{d}u_c}{\mathrm{d}\tau}$$

$$\frac{\mathrm{d}i_L}{\mathrm{d}t} = \frac{\mathrm{d}i_L}{\mathrm{d}\tau} \frac{\mathrm{d}\tau}{\mathrm{d}t} = \frac{1}{\sqrt{LC}} \cdot \frac{\mathrm{d}i_L}{\mathrm{d}\tau}$$

$$\frac{\mathrm{d}u_c}{\mathrm{d}\tau} = \sqrt{LC}\frac{\mathrm{d}u_c}{\mathrm{d}t} = \frac{\sqrt{LC}}{C}(-f(u_c) - i_L)$$

$$\frac{\mathrm{d}i_L}{\mathrm{d}\tau} = \sqrt{LC}\frac{\mathrm{d}i_L}{\mathrm{d}t} = \frac{\sqrt{LC}}{L}u_c$$

令 $x_1 = u_c, x_2 = \dfrac{\mathrm{d}u_c}{\mathrm{d}\tau}$, 并假设非线性电阻特性为 $i = \dfrac{1}{3}u_c^3 - u_c$, 则上式可表示为

$$\frac{\mathrm{d}x_1}{\mathrm{d}\tau} = x_2$$

$$\frac{\mathrm{d}x_2}{\mathrm{d}\tau} = \frac{\sqrt{LC}}{C}\left(-(x_1^2 - 1)x_2 - \frac{\sqrt{LC}}{L}x_1\right)$$

令 $\sqrt{\dfrac{L}{C}} = \varepsilon$, 则上式可改写成

$$\frac{\mathrm{d}x_2}{\mathrm{d}\tau} = \varepsilon(-x_1^2 + 1)x_2 - x_1$$

方程是具有下述形式的非线性状态方程:

$$\dot{x} = X(x, y)$$
$$\dot{y} = Y(x, y)$$

对于非线性微分方程, 由于讨论整个相平面上的相图比较困难, 因此在平衡点附近用泰勒展开式展开并忽略高次项, 从而得到线性二阶状态方程组如下:

$$\begin{bmatrix} \dot{x} \\ \dot{y} \end{bmatrix} = A\begin{bmatrix} x \\ y \end{bmatrix} = \begin{bmatrix} \left.\dfrac{\partial X}{\partial x}\right|_p & \left.\dfrac{\partial X}{\partial y}\right|_p \\ \left.\dfrac{\partial Y}{\partial x}\right|_p & \left.\dfrac{\partial Y}{\partial y}\right|_p \end{bmatrix}\begin{bmatrix} x \\ y \end{bmatrix}$$

按照状态方程求解的一般方法, 只要判断其对应的特征方程

$$\det(A - \lambda I) = 0$$

的特征根的性质, 即可知道相轨迹的特性。按照上式, 线性二阶状态方程组对应的特征方程为

$$\lambda^2 - \varepsilon\lambda + 1 = 0$$

　　所以对于足够小的正值 ε,特征值为具有正实部的复根,可见平衡点将是一个不稳定的焦点。结果表明只要电路中的非线性电阻至少有一段具有负电阻特性,在一定的参数条件下就能产生自激正弦振荡。

2. 张弛振荡器和范德坡振荡器

　　综上所述,将具有负电阻特性的非线性电阻元件与电容或电感相连,可以构成最基本的张弛振荡器。若在电感两端再并联一个电容器(即合上如图 9-9-9 中的开关),当电容器 C 的值足够大,使 LC 并联电路的品质因数 $Q=\dfrac{|R|}{\sqrt{\dfrac{L}{C}}}\gg1$ 时,可以滤除张弛振荡器中的高次谐波分量,从而使电感两端的电压和通过电感的电流都变成正弦波。这是一

图 9-9-9　振荡器电路

种传统的正弦波发生器电路,称为范德坡振荡器,若 $Q\ll1$ 时,范德坡振荡器就退化成为张弛振荡器电路。图 9-9-10 利用运算放大器构成具有负阻特性的非线性电阻,与电容和电感并联组成能够实现自激正弦振荡的范德坡振荡器,图中所示电压波形分别为 Multisim 的虚拟示波器测量结果和暂态仿真结果。

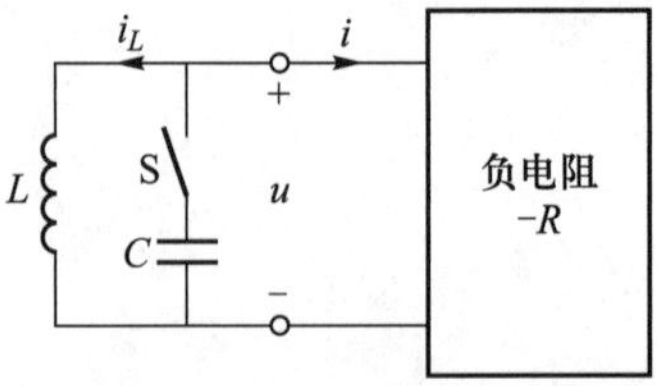

　　在综合设计 3 有源元件应用系统综合设计中,图 9-3-7(a)(b)(c)所示电路即为基于负阻的张弛振荡电路和范德坡振荡电路的示例,分别可产生线性度不佳的三角波和正弦波。

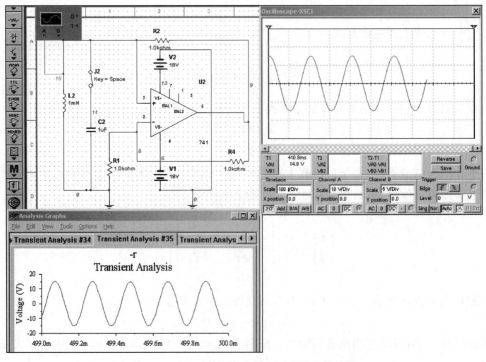

图 9-9-10　正弦波发生器——范德坡振荡器

3. RC 桥式正弦波振荡电路

（1）工作原理

RC 桥式正弦波振荡电路（文氏电桥振荡电路）的基本结构如图 9-9-11 所示。其中，由 R_1C_1、R_2C_2 组成的 RC 串并联网络将输出电压 $\dot{U}_\circ$ 反馈到运算放大器 A 的同相输入端，形成正反馈，$\dot{U}_{i+}$ 为反馈量（反馈网络输出）。该正反馈网络的反馈系数为

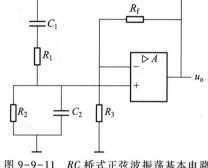

$$\dot{F}_+ = \frac{\dot{U}_{i+}}{\dot{U}_\circ} = \frac{R_2 /\!/ \dfrac{1}{j\omega C_2}}{R_1 + \dfrac{1}{j\omega C_1} + R_2 /\!/ \dfrac{1}{j\omega C_2}}$$

$$= \frac{1}{\left(1 + \dfrac{R_1}{R_2} + \dfrac{C_2}{C_1}\right) + j\left(\omega R_1 C_2 - \dfrac{1}{\omega R_2 C_1}\right)}$$

图 9-9-11　RC 桥式正弦波振荡基本电路

具有选频功能，当上式分母中虚部系数为零时，$\dot{F}_+ = \dfrac{1}{3}$ 为最大，且相位角 $\varphi_F = 0$。电路的谐振频率为

$$f_0 = \frac{1}{2\pi\sqrt{R_1 R_2 C_1 C_2}}$$

当 $R_1 = R_2 = R$，$C_1 = C_2 = C$ 时，可得电路谐振频率为 $f_0 = \dfrac{1}{2\pi RC}$.

电路中的集成放大器 A 及 R_3 和 R_f 构成同相比例放大电路，其放大倍数为 $\dot{A}_u = \dfrac{U_\circ}{U_{i-}} = \dfrac{R_3 + R_f}{R_3}$。

根据自激振荡的幅值平衡条件要求：$|\dot{A} \cdot \dot{F}_+| = 1$，可得 $\dot{A}_u = \dfrac{R_3 + R_f}{R_3} = 3$。为了使电路建立振荡，还应满足起振条件：$|\dot{A} \cdot \dot{F}_+| > 1$。所以，$\dot{A}_u = \dfrac{R_3 + R_f}{R_3} > 3 \left(\text{或} \dfrac{R_f}{R_3} > 2\right)$。

为防止振荡波形在正反馈的作用下不断增加而导致失真，电路中需要一个能够自动稳幅的环节，使振幅增大时，电路通过自动减小闭环增益 $\dot{A}_u$ 而使振幅减小，达到幅值恒定的目的。

稳幅环节通常是利用元器件等效阻值可随振荡幅度变化而改变的特性来实现。可以采用下述方法。

① 采用热敏电阻稳幅：用正温度系数热敏电阻代替图 9-9-11 所示电路中的电阻 R_3。也可以用负温度系数的热敏电阻替代电路中的反馈电阻 R_f。

② 采用二极管稳幅：典型的稳幅电路由二极管 D_1、D_2 与电阻 R_{f2} 并联构成，如图 9-9-12（a）所示。其等效电阻为 $R_{f2} /\!/ r_d$，而二极管正向导通时的动态电阻 r_d 随着输出电压 $\dot{U}_\circ$ 幅值的增加在减少，从而抑制了输出幅度 $\dot{U}_\circ$ 增大；反之，当 $\dot{U}_\circ$ 下降时，二极管动态电阻 r_d 自动增大，使 $\dot{U}_\circ$ 回升，最终得以维持输出幅值恒定。

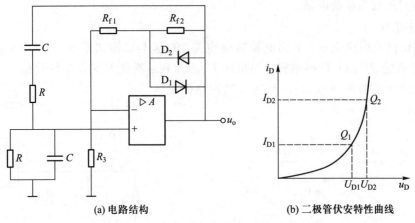

(a) 电路结构　　　(b) 二极管伏安特性曲线

图 9-9-12　二极管稳幅的 RC 正弦波振荡电路

二极管两端的并联电阻 R_{f2} 用于限制二极管非线性所引起的波形失真。R_{f2} 的取值太大对削弱波形失真不利,若太小则稳幅效果差。实践证明,取 $R_{f2} \approx r_d$ 时,稳幅作用和波形失真都有较好的效果。通常 R_{f2} 取 $(3 \sim 10)$ kΩ 即可。

（2）设计方法

正弦波振荡电路的设计,通常需要根据设计要求选择电路的结构形式,然后计算和确定电路元件参数,为弥补元件参数的非理想性,还需选配合适的电位器以便调出所需的性能。

例如设计一个如图 9-9-12 所示,振荡频率为 $f_0 = 2$ kHz 的 RC 桥式正弦波振荡电路,其步骤如下:

① 确定 RC 串并联选频网络的参数。

根据所要求的振荡频率 f_0 确定 RC 串并联选频网络的参数。由 $f_0 = \dfrac{1}{2\pi RC}$ 确定 $RC = \dfrac{1}{2\pi \times f_0}$。初选电阻 R 值,计算出电容 C 值,然后再复算 R 取值是否满足振荡频率的要求。也可初选电容 C 值,再确定电阻 R 值。当 $f_0 = 10$ Hz ~ 10 kHz 时,电容为 $0.001 \sim 1$ μF,电阻一般为 kΩ $\sim$ MΩ 数量级。

集成运算放大器同相端的输入电阻 R_i 一般为几百千欧以上,集成运算放大器的输出电阻 R_o 一般在几百欧以下。为了使选频网络的选频特性尽量不受集成运算放大器的输入和输出电阻影响,通常应按 $R_i \gg R \gg R_o$ 来初选电阻 R 的值。

如初选 $R = 7.5$ kΩ,由式 $f_0 = \dfrac{1}{2\pi RC}$ 可计算出电容值为 $C = \dfrac{1}{2\pi f_0 R} \approx 0.01$ μF。

取标称值 $C = 0.01$ μF,则 $R = 7.95$ kΩ,并取标称值 $R = 8$ kΩ。为了确保频率的稳定性,串并回路的 R、C 应选择稳定性较好的电阻和电容,并应使两个电容和两个电阻分别相等。

② 确定 R_3 和 $R_f [R_f = R_{f1} + (R_{f2} /\!/ r_d)$,$r_d$ 为二极管的等效电阻]。

由起振条件可知,$R_f > 2R_3$,通常取 $R_f = (2.1 \sim 2.5)R_3$,这样既能保证起振,也不致引起严重的波形失真。此外,为了减小输入失调电流和漂移的影响,电路还应尽量满足直流平衡条件,即 $R = R_3 /\!/ R_f$,也就是 $R_3 = \left(\dfrac{3.1}{2.1} \sim \dfrac{3.5}{2.5} \right) R$。

若取 $R_f = 2.1 \times R_3$,有 $R_3 = \dfrac{3.1}{2.1} \times R = 11.8\ \text{k}\Omega$。取标称值 $R_3 = 12\ \text{k}\Omega$,则 $R_f = 2.1 \times R_3 = 25.2\ \text{k}\Omega$。

当 R_{f2} 选定后,R_{f1} 的阻值可由 $R_f = R_{f1} + (R_{f2} /\!/ r_d)$ 求得。若取 $R_{f2} = 10\ \text{k}\Omega$,$R_{f1} = R_f - (R_{f2} /\!/ r_d) \approx R_f - \dfrac{R_{f2}}{2} = 25.2\ \text{k}\Omega - \dfrac{10\ \text{k}\Omega}{2} = 20.2\ \text{k}\Omega$,取标称值 $R_{f1} = 20\ \text{k}\Omega$。

③ 集成运算放大器的选择,除了要求输入电阻高、输出电阻低外,最主要的是要求集成运算放大器的增益带宽积应满足 $A \cdot BW > 3 f_0$。

（3）振荡电路的调试

在实际应用电路中,为了能兼顾稳幅与失真,可用变阻器来代替固定电阻 R_{f1}。首先调整反馈电阻 R_{f1},使电路满足起振条件,且在振幅平衡时波形失真最小。如电路不能起振,说明振荡的幅值条件不满足,应适当加大 R_{f1};如输出波形失真严重,则应适当减小 R_{f1} 或 R_{f2}。

通过改变选频网络的参数 C 或 R,可调整振荡频率。一般采用改变电容 C 值作为频率量程的切换,改变 R 值作为量程内的频率细调。

正弦波的波形指标由正弦波的谐波失真度来衡量。谐波失真度 γ 的定义如下:

$$\gamma = \frac{\sqrt{\displaystyle\sum_{i=2}^{N} V_i^2}}{V_1}$$

其中,V_1 为基波有效值,V_i 为各次谐波有效值。

4. 方波-三角波发生电路

图 9-9-13 和图 9-9-14 所示是由集成运放构成方波-三角波发生器的两种典型电路,一个是由普通 RC 积分电路和滞回比较器组成的,另一个是由恒流充放电的积分电路和滞回比较器组成的。

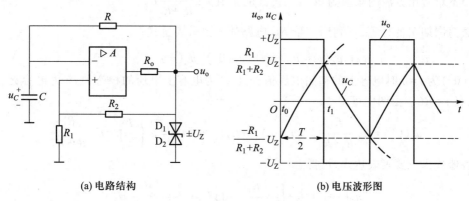

(a) 电路结构　　　　　(b) 电压波形图

图 9-9-13　方波-三角波发生电路 1

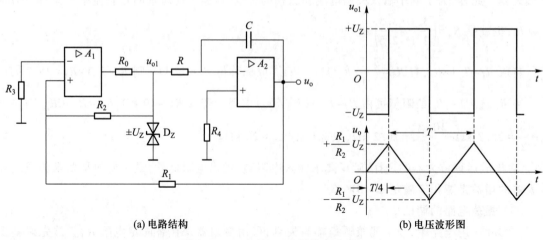

(a) 电路结构　　　　　　　　　　(b) 电压波形图

图 9-9-14　方波-三角波发生电路 2

（1）方波-三角波发生电路的工作原理

在图 9-9-13（a）所示电路中，输出端的反向串联稳压管 D_1、D_2 和稳压管的限流电阻 R_0 使电路的输出电压幅度限制在 $\pm U_Z$。$\pm U_Z$ 经过电阻 R 给电容 C 充、放电，反相输入端电压也就是电容 C 上的充、放电电压 u_C 与同相端的基准电压相比较，从而使处于正反馈的集成运放的工作状态自动转换，在输出端输出方波，而电容 C 上获得充、放电电压波形（近似三角波）。具体过程为：当合上电源时，$u_C = 0$，假设由于电路中存在噪声等因素，处于正反馈的运放输出高电平，经稳压管稳幅，有 $u_o = +U_Z$，于是 C 充电，u_C 升高。当 u_C 上升至 $U_Z \dfrac{R_1}{R_1+R_2}$ 时，u_o 由 $+U_Z$ 变成 $-U_Z$。随后，电容 C 开始放电，而后反方向充电，u_C 随之下降。当下降至 $-U_Z \dfrac{R_1}{R_1+R_2}$ 时，输出 u_o 又翻转至 $+U_Z$。如此周而复始，在输出端得到方波，而在电容上将得到三角波。电路的振荡波形如图 9-9-13（b）所示。图中不难看出方波的幅值为 $\pm U_Z$，三角波的幅值为 $\pm \dfrac{R_1}{R_1+R_2} U_Z$。

对振荡周期 T 的计算，可利用一阶 RC 电路的三要素表达式：

$$u_C(t) = u_C(\infty) + \{ u_C(0^+) - u_C(\infty) \} e^{-\frac{t}{\tau}}$$

式中，$u_C(0^+)$ 为 $t=0$ 时电容上的初始电压值；$u_C(\infty)$ 为电容上电压的稳态值；τ 为电容充、放电时间常数，有 $\tau = RC$。由图中可得

$$u_C(0^+) = U_Z \frac{R_1}{R_1+R_2}, \quad u_C(\infty) = +U_Z, \quad u_C(t_1) = u_C\left(\frac{T}{2}\right) = U_Z \frac{R_1}{R_1+R_2}$$

将以上各值代入三要素表达式，可得

$$u_C\left(\frac{T}{2}\right) = U_Z + \left\{ -\frac{R_1}{R_1+R_2} - 1 \right\} U_Z e^{-\frac{T}{2RC}} = \frac{R_1}{R_1+R_2} U_Z$$

由此可得方波或三角波的周期为

$$T = 2RC \ln\left(1 + 2\frac{R_1}{R_2}\right)$$

即振荡频率为 $f = \dfrac{1}{T} = \dfrac{1}{2RC \ln\left(1 + \dfrac{2R_1}{R_2}\right)}$。

由上述结果可知，调整电路参数 R_1 和 R_2 可改变三角波输出电压的幅值；调整电路中的电阻 R_1、R_2、R 和电容 C 的数值可改变电路的振荡频率；若要调整方波输出电压 u_o 的振幅，需要更换稳压管以改变 $\pm U_Z$，但此时电容 C 的电压幅值也将随之变化。

在图 9-9-14(a)所示的电路中，滞回比较器 A_1 输出的方波经积分运算电路 A_2 得到三角波，三角波又触发比较器自动翻转形成方波，从而构成方波-三角波发生器。其波形如图 9-9-14(b)所示。

方波的电压幅值为：$U_{om} = |\pm U_Z|$。

三角波的电压幅值为：$U_{om1} = \left|\pm\dfrac{R_1}{R_2}U_Z\right|$。

方波和三角波的振荡周期为：$T = T_1 + T_2 = 2RC\dfrac{R_1}{R_2} + 2RC\dfrac{R_1}{R_2} = 4RC\dfrac{R_1}{R_2}$。

方波和三角波的振荡频率为：$f = \dfrac{1}{T} = \dfrac{1}{4RC}\cdot\dfrac{R_2}{R_1}$。

调节电路中的电阻 R、R_1、R_2 阻值和电容器 C 容量，都可以改变振荡频率。通常采用调节 R_1 和 R_2 的阻值，改变三角波的幅值，使 U_{om1} 满足设计要求；改变 R 和 C 的大小，以满足 f 的要求。

（2）方波-三角波发生电路的设计

设计波形发生电路，除了频率和幅度的要求外，还要考虑波形指标，方波的波形指标指的是上升沿和下降沿的陡度，也就是方波（矩形波）的波形上升时间（rise time）和下降时间（fall time）。上升时间 t_r 定义为响应曲线从稳态值的 10% 上升到稳态值 90% 所需的时间。方波（矩形波）上升时间和下降时间如图 9-9-15 所示。

三角波的波形指标是线性度，三角波线性度的定义如图 9-9-16 所示，为 $\dfrac{\delta}{U_{om}}$。

在方波-三角波发生电路中均包含滞回比较电路，而方波的上升和下降时间与滞回比较器的转换速率有关，在第 5 章仿真实验 7 中分析了不同型号的集成运放与所产生的方波质量之间的关系。当方波频率较高（几十千赫以上）或对方波上升、下降沿要求较高时，应选择高速集成运算放大器来组成滞回比较器，甚至需要选用专用比较器，如 LM393、LM339 等。

稳压管的作用是限制和确定方波的幅值，通常选用高精度双向稳压二极管，如 2DW7。R_3 是稳压管的限流电阻，其值根据所用稳压管的稳压电流来确定。

R_1 和 R_2 的作用是提供一个随输出方波电压变化的基准电压，并由此决定三角波的输出幅度。

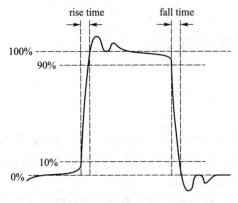

图 9-9-15   方波(矩形波)上升时间和下降时间

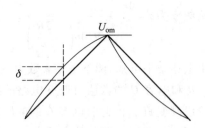

图 9-9-16   三角波的线性度

R 和 C 的值应根据方波–三角波发生电路的振荡频率 f_0 来确定。当分压电阻 R_1 和 R_2 的阻值确定后,先选择电容 C 的值,然后确定 R 的阻值。

对于恒电流积分电路,为了减小积分漂移,应尽量将电容 C 取大些。但是电容量大的电容,漏电也大,因此通常积分电容应不超过 $1\ \mu\mathrm{F}$。

(3)占空比可调的矩形波锯齿波电路

矩形波的输出高电平时间 T_1 与波形输出周期 T 之比称为占空比,用 D 表示,即 $D = \dfrac{T_1}{T}$。可见方波的占空比为 50%。

为了改变输出矩形波的占空比,可采用如图 9-9-17 所示的电路,利用二极管的单向导电性使电容 C 的充电时间常数与放电时间常数不等,从而得到占空比可调的矩形波输出。

也可以通过外接参考电压来改变占空比,参考电路如图 9-9-18 所示。

5. 波形变换器

RC 串联分压可以构成微分和积分电路。在图 9-9-19 所示微分电路中,当电路时间常数远

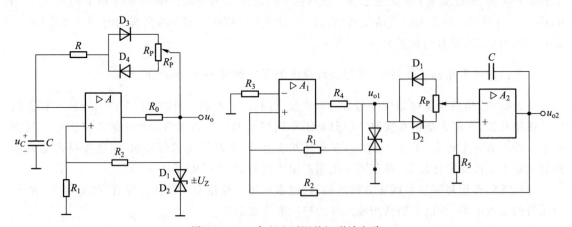

图 9-9-17   占空比可调的矩形波电路

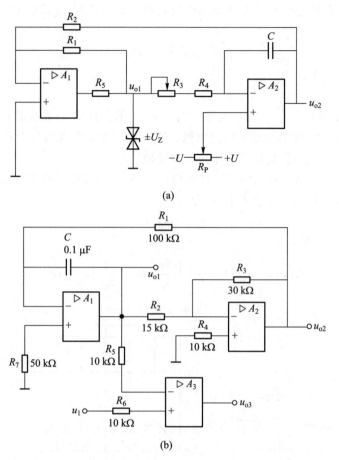

(a)

(b)

图 9-9-18　其他改变占空比的方波-三角波发生电路

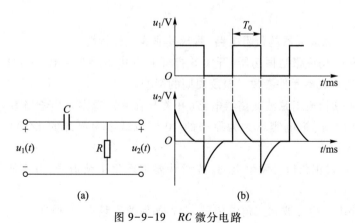

图 9-9-19　*RC* 微分电路

小于输入的矩形脉冲宽度时,也就是 $T_0 \gg RC$,暂态持续时间很短,电容电压波形接近输入矩形脉冲波,故有

$$u_C(t) \approx u_1(t)$$

则 $u_2(t) = Ri_C(t) = RC\dfrac{\mathrm{d}u_C(t)}{\mathrm{d}t} \approx RC\dfrac{\mathrm{d}u_1(t)}{\mathrm{d}t}$。

从上式可见,输出电压 $u_2(t)$ 近似与输入电压 $u_1(t)$ 的导数呈比例,这就是微分电路名称的由来。一般情况下,脉冲宽度 T_0 至少比时间常数大 5 倍以上才能实现微分电路的特性。这时微分电路成为一种波形变换电路,将矩形波变换成尖脉冲波。

同理,图 9-9-20 所示积分电路可以将矩形波变换成三角波,只要电路时间常数比脉冲宽度大 5 倍以上,此时电阻电压接近输入电压,即

$$u_R(t) \approx u_1(t)$$

输出电压可以表示成:

$$u_2(t) = u_C(t) = \frac{1}{C}\int \frac{u_R(\xi)}{R}\mathrm{d}\xi \approx \frac{1}{RC}\int u_1(\xi)\,\mathrm{d}\xi$$

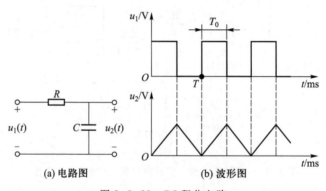

(a) 电路图   (b) 波形图

图 9-9-20 RC 积分电路

6. 研究内容

(1) 设计基于运算放大器的负阻电路,测量其非线性外特性。

(2) 按图 9-9-9 构成张弛振荡器(开关 S 打开),其中 $R_1 = R_2 = R_3 = 1\ \mathrm{k\Omega}$,$L = 100\ \mathrm{mH}$,观察 u_L 和 i_L 的波形,改变 L 观察元件参数对振荡周期的影响。

(3) 按图 9-9-9 构成正弦波振荡器电路(开关 S 合上),观察并描绘当 $Q \approx 1$ 时,i_L 和 u_C 波形及状态轨迹,改变 Q 值(把电容增大为原来的 10 倍或减小为原来的 1/10),观察状态轨迹的变化。

(4) 基于 RC 桥式正弦信号发生电路,按设计要求产生正弦信号,考察如何改变频率、幅值和占空比。

(5) 按设计要求产生方波和三角波信号,考察如何改变频率、幅值和占空比。

(6) 拓展要求:设计一个电路能同时输出相同频率的正弦波、方波和三角波。

（7）设计一个 RC 微分电路,将上述正弦波转换为余弦波或者说移相 90°。观察输入、输出波形,以及 R、C 的取值与信号变换质量之间的关系。

（8）设计一个 RC 积分电路,将信号源输出的 1 kHz、2 V 的方波信号变换为三角波信号,观察输入、输出波形,以及 R、C 的取值与信号变换质量之间的关系。

四、设计报告要求

1. 根据要求,设计波形产生电路。

2. 综合利用理论分析和仿真软件,确定相关电路参数。

3. 组装所设计的电路,调试使其达到设计要求

4. 查找相关资料以及联系实际,总结你对信号波形产生和变换的认识。

五、注意事项

1. 学习电路理论中关于非线性电路和运算放大器的有关内容。

2. 基于负电阻的振荡器能够自激振荡的原因是什么？试推导电路参数满足什么条件时,电路会起振。

3. RC 桥式正弦波振荡电路包含选频、放大、正反馈、稳幅四个部分,每个部分对应的电路是什么？电路是如何满足起振、稳幅要求的？

4. 为什么要选择合适的运放？

5. 运放的哪个性能指标会影响方波和三角波的质量？

6. 在设计微分和积分电路时,若矩形波频率和幅值一定,且对应一定的 RC 参数,如果改变输入信号的占空比,则输出波形有什么样的变化？为什么？

7. 微分电路中,电容 C 变化时,对输出波形有什么样的影响？为什么？

8. 积分电路中,电阻 R 变化时,对输出波形有什么样的影响？为什么？

电工实验台(如图 A-1)基于模块化结构设计,模块间结构清晰、功能独立,可完成对电工实验的入门学习和应用练习。

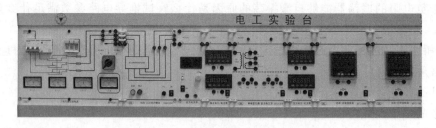

图 A-1　电工实验台模块整体结构框图

一、模块整体结构框图

技术条件:

工作电源:单相三线制 AC 220 V±10%/3 A/50 Hz

整机容量:小于 1 kVA

尺　　寸:832 mm×238 mm×208 mm

重　　量:小于 30 kg

输入电源:三相五线,单相 220 V±10%/3 A/50 Hz

实验台上所有电源和仪表均有完善保护功能,保障实验过程中人身和设备的安全。

二、各模块的使用说明

1. 三相可调交流电源

三相可调交流电源,如图 A-2 所示,输出端 L1、L2、L3、N 可输出 0~250 V 相电压,设备包含三相断路器、保险丝、切换开关和自耦调压器,其中自耦调压器的调节手柄在实验设备左下侧。切换开关左拧为 380 V 固定输出,右拧为调压输出(手柄调压)。

2. 短路／过流保护模块

短路／过流保护模块,如图 A-3 所示,该模块和三相调压器配合使用,有效检测调压器输出电流的大小,超过电流设定值 2 A 时,迅速切断主回路,保证后级设备的安全,使用时先打开船型开关(SW),停止按钮红灯亮,按启动按钮,启动按钮绿灯亮证明启动成功,若出现过流报警(声光报警),按停止按钮即可解除报警,排故后按启动按钮继续使用。

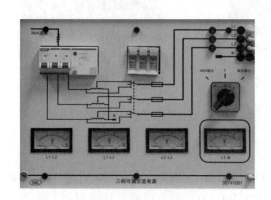

图 A-2　三相可调交流电源

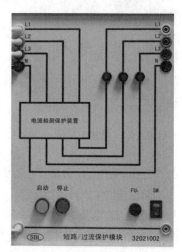

图 A-3　短路／过流保护模块

3. 单相变压器／直流电压源

图 A-4 所示单相变压器:220 V 交流输入,输出分别为 36 V/0.4 A、16 V/1 A,输出有过流保护保险丝。直流电压源包含 ±15 V、±5 V,最大输出电流 1 A,采用发光二极管进行电压指示。打开船型开关(SW)设备即可使用。

4. 直流电流源

图 A-5 所示直流电流源,输出连续可调,调节精度为 1%,输出范围为 0~200 mA/0~20 mA,双挡控制(钮子开关切换),带开路保护功能,三位半数字显示输出电流,精度为 0.5 级,L1 和 N 通过短接桥(导线)接输入电压 220 V,打开船型开关(SW)即可使用。

5. 直流可调电源

图 A-6 所示直流可调电源,输出范围为 0~30 V,连续可调,最大输出电流为 5 A,LED 数字显示(监视作用,1 级)电源电压、电流和功率。红、黑端子为输出端,黄色端子为接地端(可不接)。

ON/OFF 开断开关。具有过压、过流、短路、温度保护。支持 Modbus 协议,电源输入为 220 V± 10%,50 Hz。电压输出误差为 0.2%;电流输出误差为 0.2%。

6. 功率／功率因数表

图 A-7 所示功率／功率因数表,带超量程保护,仪表精度为 0.5 级,电压输入端内阻约为 30 kΩ,电流输入端内阻约为 0.3 Ω,电压量程为 0~500 V,电流量程为 0~3 A,可通过按键←、→切换功能显示,

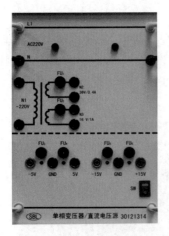

图 A-4 单相变压器

图 A-5 直流电流源

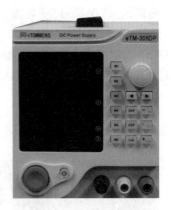

图 A-6 直流可调电源

功能包含电压、电流、有功功率、无功功率、视载功率、功率因数、相位角。接线时应注意同名端的接法。

7. 直流电压/电流表

图 A-8 所示直流电压表,精度为 0.5 级,有 4 个量程挡,分别为 200 mV、2 V、20 V、200 V,对应内阻参考值分别为 524.9 kΩ、502.5 kΩ、500.2 kΩ、500 kΩ。直流电流表精度为 0.5 级,有 4 个量程挡,分别为 2 mA、20 mA、200 mA、2 A,对应参考内阻分别为 51 Ω、5.1 Ω、0.51 Ω、0.05 Ω。两表均可自动或手动切换量程。带通信功能,L1 和 N 通过短接桥(导线作用)接输入电压 220 V,打开船型开关(SW)即可使用。

8. 交流电压/电流表

图 A-9 所示交流电压表,精度为 0.5 级,有 4 个量程挡,分别为 2 V、20 V、200 V、500 V,对

图 A-7 功率/功率因数表

图 A-8 直流电压/电流表

图 A-9 交流电压/电流表

应内阻参考值分别为 1 005.1 kΩ、1 000.5 kΩ、1 000.1 kΩ、1 000 kΩ。交流电流表精度为 0.5 级,有 4 个量程挡,分别为 2 mA、20 mA、200 mA、2 A,对应参考内阻分别为 51 Ω、5.1 Ω、0.51 Ω、0.05 Ω。两表均可自动或手动切换量程,带通信功能,L1 和 N 通过短接桥(导线作用)接输入电压 220 V,打开船型开关(SW)即可使用。

9. 可变电容/感性负载/三相负载

图 A-10 所示可变电容范围为 1~10 μF,分辨率为 0.1 μF,耐压 400 V,感性负载功率为 20 W,额定电压为 220 V,三相负载每相由 3 个 25 W 的白炽灯和 3 个 1 μF 电容并联构造,带有独立切换开关,每相有一个电流测试孔,方便电流测取。在白炽灯上加装了有机玻璃以避免实验灯光刺眼且起到保护作用。

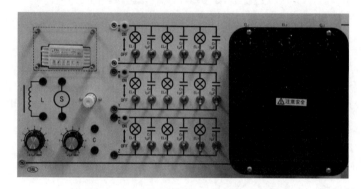

图 A-10　可变电容/感性负载/三相负载

10. 十进制电阻箱

图 A-11 所示可调电阻箱电阻值的调节范围为 0~100 kΩ,分辨率为 1 Ω,五挡旋钮控制不同的阻值转换,每个挡位内部有导线相连,通过输出端可得到不同的阻值,使用电阻箱时应密切关注电路电流与电阻对应的最大耐流值,以防电阻损坏。其中各挡位电阻耐流值分别为 1 Ω/2.23 A,10 Ω/0.7 A,100 Ω/0.223 A,1 kΩ/0.07 A,10 kΩ/0.01 A。

图 A-11　十进制电阻箱

附录 B
直流稳压电源

一、概述

本电源是一款单输出的程控直流稳压电源,LED 数字显示,可同时显示电压、电流和功率。轻便小巧,电压、电流连续可调。

功能特点:

- LED 数字同时显示电源输出的电压、电流和功率,小数点自动进位;
- 稳压、稳流自动切换;
- ON/OFF 独特开断开关;
- 过压、过流、过功率、过温、短路五重强大保护功能;
- 6 组快捷参数存储功能;
- 带硬件 List 可编程序列输出;
- 标配 USB 接口,支持 Modbus 编程指令集;
- 温控风扇转速使仪器具有低噪声,风扇寿命更长久;
- 输出关断状态下可预先设置电压值、电流值,方便操作;
- 一键锁键盘,防止误操作。

二、前面板功能介绍

直流稳压电源的前面板如图 B-1 所示,各功能如下所述。

1. 电压显示:打开电源输出时显示当前输出电压值,单位为伏特(V),关断输出时显示电压预设置值。

2. 电流显示:打开电源输出时显示当前输出电流值,单位为安培(A),关断输出时显示电流预设置值。

3. 功率/时间/状态显示:打开电源输出时显示当前输出功率值,单位为瓦特(W);进入快捷参数存储编织时间功能时显示时间值,小数点显示固定在最右侧,单位为秒(s);关断电源输出时显示"OFF";当电源进入保护状态时显示的状态值如下表所示。

4. ON/OFF 电源输出通断开关:绿色表示当前输出状态为打开(ON);红色表示当前输出状态为关断(OFF)。

5. 电源开关。

6. 电源输出正(+)极。

7. 安全地线端子:与电源外壳相连。

8. 电源输出负(-)极。

9. "B Lock"返回/键盘锁键:普通模式下短按返回电源主界面;长按 2 s 锁键盘,面板全部功能按键(不含 ON/OFF 键)操作无效,此时"B Lock"灯常亮。

10. "List"模式键:长按 2 s 可进入或退出硬件 List 功能模式。

11. "I CC"电流设置键:短按进入编辑模式,"I CC"灯亮表示电源当前处于稳流输出状态。

12. "OCP"过流设置键:短按进入编辑模式,过流功能编辑模式下再短按此键可切换过流功能开启/关闭(ON/OFF)状态。

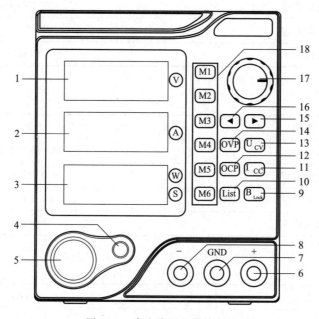

图 B-1　直流稳压电源前面板

状态	显示内容
过压保护	OVP
过流保护	OCP
过功率保护	OPP
过温度保护	OTP

13. "U CV"电压设置键:短按进入编辑模式,"U CV"灯亮表示电源当前处于稳压输出状态。

14. "OVP"过压设置键:短按进入编辑模式,过压功能编辑模式下再短按此键可切换过压功能开启/关闭(ON/OFF)状态。

15. "→"光标右移箭头键。

16. "←"光标左移箭头键。

17. 旋转飞梭键。

18. "M1"~"M6"六组快捷参数存储键。

三、性能指标

1. 电压输出

类型	规格
输出电压	0V~最大额定值
电源效应	≤0.1%+1 mV
负载效应	≤0.1%+5 mV
纹波噪声	≤30 mVrms

2. 电流输出

类型	规格
输出电流	0A~最大额定值
电源效应	≤0.1%+5 mA
负载效应	≤0.1%+5 mA
纹波噪声	≤10 mArms

3. 显示分辨率

类型	规格
电压分辨率	<10 V:10 mV
电流分辨率	<10 A:1 mA
功率分辨率	<10 W:1 mW

附录 **C**

HY63 数字万用表

一、概述

本系列仪表是一种性能稳定,用电池驱动的高可靠性数字多用表,仪表采用 34 mm 字高 LCD 显示屏,度数清晰,使用方便。

此系列仪表可用来测量直流电压和交流电压、直流电流和交流电流、电阻、电容、二极管、晶体管、通断测试、频率等参数,具有自动关机、显示背光等功能。整机以双积分 A/D 转换为核心,是一台性能优越的工具仪表,是实验室用于电工测量的理想工具。

二、仪表概况

HY63 数字万用表如图 C-1 所示。

1. 非接触电压感应区域。

2. 液晶显示屏。

3. "SELECT HOLD"功能选择和数据保持。

4. "REL ♠"相对值测量和背光开启。

5. 功能量程开关。

6. μA mA 输入端。

7. 10 A 输入端。

8. "COM"输入端。

9. " ╫ ➤ •))) VΩ Hz%"输入端。

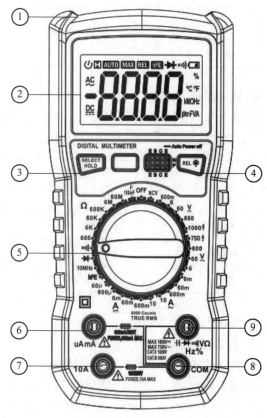

图 C-1　HY63 数字万用表

三、技术指标

1. 一般特性

- 手动量程数字万用表,满量程计数为 5 999。
- 显示:3.5/6 位 LCD 显示。
- 过载保护:在电阻挡采用 PTC 保护电路。

2. 电气技术指标

- 准确度:±(a%读数+字数),保证期一年(环境温度:23±5℃;相对湿度:<75%)。

(1) 直流电压

量程	分辨率	准确度
600 mV	0.1 mV	
6 V	0.001 V	
60 V	0.01 mV	±(0.5%读数+2 字)
600 V	0.1 V	
1 000 V	1 V	±(0.8%读数+2 字)

- 输入阻抗:10 MΩ。
- 最大输入电压:600 mV 量程为 250 V 直流或交流峰值,其余为 1 000 V DC(有效值)。

(2) 交流电压真有效值(50 Hz~1 kHz)

量程	分辨率	准确度
6 V	0.001 V	
60 V	0.01 V	±(1%读数+3 字)
600 V	0.1 V	
700 V	1 V	±(1.2%读数+3 字)

- 输入阻抗:10 MΩ。
- 响应:真有效值。
- 最大输入电压:750 V AC(有效值)。
- 频率响应:40 Hz~1 kHz(适用于标准正弦波及三角波)。
- 显示:真有效值(其他波形大于 200 Hz 仅供参考)。
- 在 AC 750 V 挡,按 SELECT 键,可以测试 AC 380 V、200 V 市电频率。

（3）电阻

量程	分辨率	准确度
600 Ω	0.1 Ω	±（0.8%读数+3 字）
6 kΩ	1 Ω	
60 kΩ	10 Ω	
600 kΩ	100 Ω	
6 MΩ	1 kΩ	
60 MΩ	10 kΩ	±（2.0%读数+5 字）

- 开路电压：约 0.8 V。
- 过载保护：250 V 直流和交流有效值。
- 警告：为了安全,在电阻量程禁止输入电压值。

（4）直流电流

量程	分辨率	准确度
60 μA	0.01 μA	±（0.8%读数+10 字）
600 μA	0.1 μA	
6 mA	1 μA	
60 mA	10 μA	±（1.0%读数+10 字）
600 mA	100 μA	
10 A	10 mA	±（2.0%读数+5 字）

- 过载保护：μA/mA 量程使用 F600 mA 保险管（快速熔断）；10 A 量程使用 F10 A 保险管（快速熔断）。
- 最大输入电流：μA/mA 插孔的最大输入电流为 600 mA;10 A 插孔的最大输入电流为 10 A。

（5）交流电流（50 Hz~1 kHz）

量程	分辨率	准确度
6 mA	1 μA	±（1.0%读数+10 字）
60 mA	10 μA	±（1.5%读数+10 字）
600 mA	100 μA	
10 A	10 mA	±（3.0%读数+5 字）

- 过载保护:mA 量程使用 F600 mA 保险管(快速熔断);10 A 量程使用 F10 A 保险管(快速熔断)。
- 最大输入电流:mA 插孔的最大输入电流为 600 mA;10 A 插孔的最大输入电流为 10 A。
- 频率响应:50 Hz~1 kHz(适用于标准正弦波及三角波)。

(6)电容测量

量程	分辨率	准确度
9.999 nF	0.001 nF	需按 REL 键清零 ±(4.0%读数+20 字)
99.99 nF	0.01 nF	±(3.0%读数+5 字)
999.9 nF	0.1 nF	
9.999 μF	0.001 μF	
99.99 μF	0.01 μF	
999.9 μF	0.1 μF	
9.999 mF	0.001 mF	±(5.0%读数+10 字)
99.99 mF	0.01 mF	

- 过载保护:36 V 直流和交流有效值。

(7)晶体管 hFE 测试

挡位	说明	测试条件
hFE	显示读数为 hFE 的近似值 (0~1 000)	Ibo ≈ 10μA, Vce ≈ 2.8 V

(8)二极管

挡位	分辨率	说明
▶├	0.001 V	显示二极管正向电压近似值

- 正向直流电流:约 1 mA。
- 反向直流电压:约 3.8 V。

(9)通断测量

挡位	说明
•)))	导通电阻<约 50 Ω 时,机内蜂鸣器响,显示电阻近似值。

- 开路电压:约 2.1 V。

四、使用说明

使用前注意测试表笔插孔旁的符号"⚠",这是提醒你要留意测试电压和电流不要超出指示数字。此外,在使用前应先将量程开关置于你想测量的挡位上。

1. 交流电压/直流电压测量

(1) 黑表笔插入 COM 插孔,红表笔插入 VΩ 插孔。

(2) 旋转开关转到 V̰ / V̲ 电压挡位的适合量程,将表笔并接到待测电路两端,液晶显示屏上显示测量电压值,直流挡位下还会显示红表笔所连接的电压极性。

注意:在小电压量程,表笔未接到被测电路时,仪表可能会有跳动的读数,这是由仪表的高灵敏度所造成的,当表笔接到被测电路时,就会得到真实的测量值。

2. 交流、直流电流测量

(1) 切断被测电路的电源。被测电路上的全部高压电容放电,将旋转开关转到电流挡位合适量程,黑表笔插入 COM 插孔。如被测电流在 600 mA 以下时,将红表笔插入 mA 插孔;如被测电流在 600 mA～10 A 时,则将红表笔插入 10 A 插孔。

(2) 断开待测电路,将表笔串联入被测电路。直流测量时把红/黑表笔分别连接到被断开电路电压较高/较低的一端,接通被测电路的电源,仪表将显示电流读数。如果只显示"OL",表示输入电流超过所选量程,请旋转至更高量程。

3. 电阻测量

黑表笔插入 COM 插孔,红表笔插入 VΩ 插孔。将旋转开关转到 Ω 挡位适合量程,表笔跨接到待测电阻上,直接由液晶显示器读取被测电阻值。

4. 电容测量

黑表笔插入 COM 插孔,将红表笔插入 ⊣⊦ 插孔;将旋转开关转到"F"挡位适合量程,被测电容连接到表笔两端(红表笔为正),有必要时请注意极性连接,从液晶显示器上读取测量值。

5. 二极管测量

黑表笔插入 COM 插孔,红表笔插入 ◂◂ 插孔。将旋转开关转到 ◂◂ 挡,把表笔跨接到被测二极管两端,仪表显示二极管的正向压降值。

6. 蜂鸣连续性通断测试

黑表笔插入 COM 插孔,红表笔插入 •))) 插孔。将旋转开关转到 •))) 挡,把测试表笔接在被测电路两端。若被测两点之间的电阻值小于约 50 Ω 时,蜂鸣器即刻发出鸣叫声。

附录 **D**

SDG2122 X 任意波形发生器

函数发生器
的基本操作

SDG2000 X 系列双通道函数/任意波形发生器,最大带宽为 100 MHz,采样系统具备 1.2 GSa/s 采样率和 16 bit 垂直分辨率,能够提供高保真、低抖动的信号;具备调制、扫频、Burst、谐波发生、通道合并等多种复杂波形的产生能力,满足用户更广泛的需求。

主要特性

- 等性能双通道,最大输出频率为 120 MHz,最大输出幅度为 20 U_{PP}。
- 优异的采样系统指标:1.2 GSa/s 采样率,16 bit 垂直分辨率。
- 逐点输出,波形长度为 8~8 Mpts。
- 低抖动的方波和脉冲;脉冲波的脉宽、上升/下降时间精细可调。
- 丰富的模拟和数字调制功能:AM、DSB-AM、FM、PM、FSK、ASK、PSK 和 PWM 扫频功能与 Burst 功能。
- 谐波发生功能。
- 通道合并功能。
- 硬件频率计功能。
- 196 种内建任意波。
- 丰富的通信接口:标配 USB Host, USB Device(USBTMC),LAN(VXI-11)。
- 4.3 英寸 TFT-LCD 触摸显示屏,方便用户操作。

一、初识面板

1. 前面板总览

SDG2122 X 前面板如图 D-1 所示。

(1) 电源键:用于开启或关闭信号发生器。

(2) USB Host:支持 FAT 格式的 U 盘。

(3) 触摸屏显示区:显示当前功能的菜单和参数设置、系统状态和提示信息等内容。

(4) 数字键:用于输入参数,包括数字键 0 至 9、小数点".",符号键"+/-"。

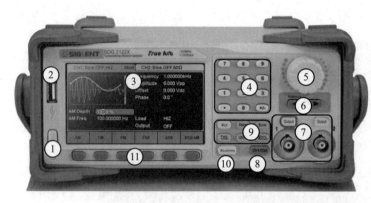

1. 电源键
2. USB Host
3. 触摸屏显示区
4. 数字键
5. 旋钮
6. 方向键
7. CH1/CH2输出控制端
8. 通道切换键
9. 模式/辅助功能键
10. 波形选择
11. 菜单软键

图 D-1　SDG2122 X 前面板

（5）旋钮。

（6）方向键。

（7）通道控制区。

CH1(CH2)控制/输出端。

左边(右边)的 Output 按键:用于开启或关闭 CH1(CH2)的输出。

BNC 连接器,标称输出阻抗为 50 Ω。

注意:CH1 和 CH2 通道输出端设有过压保护功能,满足下列条件之一则产生过压保护。产生过压保护时,屏幕弹出提示消息,输出关闭。

仪器幅值设置≥3.2 Vpp 或输出偏移≥|2 Vdc|,端口电压的绝对值大于 11 V±0.5 V。

仪器幅值设置<3.2 Vpp 或输出偏移<|2 Vdc|,端口电压的绝对值大于 4 V±0.5 V。

选择 Utility→当前页 1/2→过压保护,可以选择打开或关闭此功能。

（8）通道切换键:用于切换 CH1 或 CH2 为当前选中通道。

（9）模式/辅助功能键。

Mod:调制。可输出经过调制的波形,提供多种调制方式,可产生 AM、DSB-AM、FM、PM、ASK、FSK、PSK 和 PWM 调制信号。

Sweep:扫频。可产生正弦波、方波、三角波和任意波的扫频信号。

Burst:脉冲串。可产生正弦波、方波、三角波、脉冲波、噪声和任意波的脉冲串输出。

Parameter:参数设置键。可直接切换到设置参数的界面,进行参数的设置。

Utility:辅助功能与系统设置。用于设置系统参数,查看版本信息。

Store/Recall:存储与调用。可存储/调出仪器状态或者用户编辑的任意波形数据。

（10）波形选择:可选择 Sine(正弦波)、Square(方波)、Ramp(三角波)、Pulse(脉冲波)、Noise(高斯白噪声)、DC、Arb(任意波)。

（11）菜单软键:与其上面的菜单一一对应,按下任意一软键激活对应的菜单。

2. 后面板总览

SDG2122 X 后面板如图 D-2 所示。

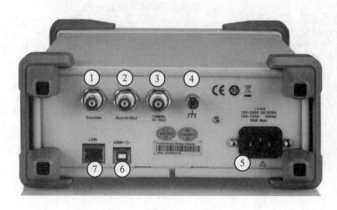

图 D-2 SDG2122 X 后面板

（1）Counter 测量信号输入连接器：BNC 连接器，输入阻抗为 1 MΩ。用于接收频率计测量的被测信号。

（2）Aux In/Out：BNC 连接器，其功能由仪器当前的工作模式决定。

（3）10 MHz In/Out 时钟输入/输出端：BNC 连接器，其功能由仪器使用的时钟类型决定。

（4）接地端子。

（5）AC 电源输入。

（6）USB 接口。

（7）LAN 端口。

3. 触摸屏显示区

SDG2122 X 的界面上只能显示一个通道的参数和波形。下图所示为 CH1 选择正弦波 AM 调制时的界面。基于当前功能的不同，界面显示的内容会有所不同。

SDG2122 X 整个屏幕都是触摸屏，其显示区如图 D-3 所示。

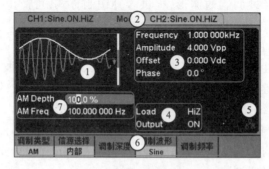

图 D-3 触摸屏显示区

（1）波形显示区：显示各通道当前选择的波形，点击此处的屏幕，Waveforms 按键灯将变亮。

（2）通道输出配置状态栏：CH1 和 CH2 的状态显示区域，指示当前通道的选择状态和输出配置。点击此处的屏幕,可以切换至相应的通道。再点击一次此处的屏幕,可以调出前面板功能键的快捷菜单(Mod、Sweep、Burst、Parameter、Utility 和 Store/Recall)。

(3)基本波形参数区:显示各通道当前波形的参数设置。点击所要设置的参数,可以选中相应的参数区使其突出显示,然后通过数字键盘或旋钮改变该参数。

(4)通道参数区:显示当前选择通道的负载设置和输出状态。

Load:负载。选中相应的参数使其突出显示,然后通过菜单软键、数字键盘或旋钮改变该参数。

- 高阻:显示 HiZ;
- 负载:显示阻值(默认为 50 Ω,范围为 50 Ω~100 kΩ)。

Output:输出。点击此处的屏幕,或按相应的通道输出控制端,可以打开或关闭当前通道。

- ON:打开;
- OFF:关闭。

(5)网络状态提示符:SDG2122 X 会根据当前网络的连接状态给出不同的提示。

(6)菜单:显示当前已选中功能对应的操作菜单。例如,图 D-3 显示了正弦波的 AM 调制菜单。在屏幕上点击菜单选项,可以选中相应的参数区,再设置所需要的参数。

(7)调制参数区:显示当前通道调制功能的参数。点击此处的屏幕,或选择相应的菜单后,通过数字键盘或旋钮改变参数。

二、波形选择设置

如图 D-4 所示,在 Waveforms 操作界面下有一列波形选择按键,分别为正弦波、方波、三角波、脉冲波、高斯白噪声、DC 和任意波。

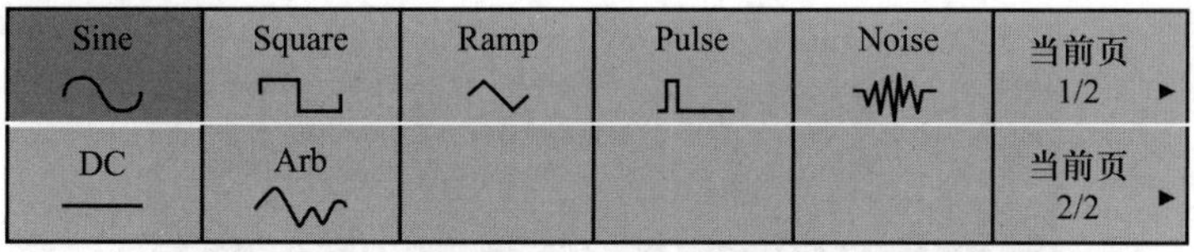

| Sine ∿ | Square ⊓_ | Ramp ∧ | Pulse ⊔ | Noise ⋀⋁ | 当前页 1/2 ▶ |
| DC — | Arb ∿ | | | | 当前页 2/2 ▶ |

图 D-4　波形选择

选择 Waveforms→Sine,通道输出配置状态栏显示"Sine"字样。SDG2122 X 可输出 1 μHz~100 MHz 的正弦波。设置频率/周期、幅值/高电平、偏移量/低电平、相位,可以得到不同参数的正弦波。

选择 Waveforms→Square,通道输出配置状态栏显示"Square"字样。SDG2122 X 可输出 1 μHz~25 MHz 并具有可变占空比的方波。设置频率/周期、幅值/高电平、偏移量/低电平、相位、占空比,可以得到不同参数的方波。

选择 Waveforms→Ramp,通道输出配置状态栏显示"Ramp"字样。SDG2122 X 可输出 1 μHz~1 MHz 的三角波。设置频率/周期、幅值/高电平、偏移量/低电平、相位、对称性,可以得到不同参数的三角波。

三、通道输出控制

在 SDG2122 X 方向键的下面有两个输出控制按键,如图 D-5 所示。使用 Output 按键,将开启/关闭前面板的输出接口的信号输出。选择相应的通道,按下 Output 按键,该按键灯点亮,同时打开输出开关,输出信号;再次按 Output 按键,将关闭输出。

长按 Output 按键可在"50 Ω"和"HiZ"之间快速切换负载设置。

图 D-5　通道输出控制

四、示例:输出正弦波

输出一个频率为 50 kHz、幅值为 5 Vpp、偏移量为 1 V DC 的正弦波波形。操作步骤如下。

1. 设置频率值:选择 Waveforms→Sine→【频率/周期】→频率,使用数字键盘输入"50"→选择单位"kHz"→50 kHz。

2. 设置幅度值:选择【幅值/高电平】→幅值,使用数字键盘输入"5"→选择单位"Vpp"→5 Vpp。

3. 设置偏移量:选择【偏移量/低电平】→偏移量,使用数字键盘输入"1"→选择单位"Vdc"→1 Vdc。

将频率、幅度和偏移量设定完毕后,选择当前所编辑的通道输出,便可输出您设定的正弦波,如图 D-6 所示。

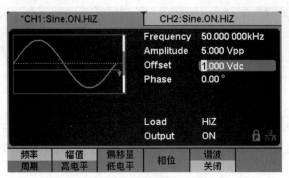

图 D-6　波形输出显示界面

附录 **E**

SDS2352 X-E 数字示波器

示波器的
初步使用

　　SDS2000 X-E 系列超级荧光示波器,采用人性化的一键式设计,具有优异的信号保真度,创新的数字触发系统,支持丰富的智能触发、串行总线触发和解码,具备丰富的测量和数学运算功能,支持波特图功能,并提供 Web 管理页面,可对仪器进行远程管理。

　　主要特性:
- 带宽为 100~350 MHz;
- 实时采样率为 2 GSa/s;
- 波形捕获率为 100,000 帧/秒(正常模式)和 400,000 帧/秒(Sequence 模式),存储深度为 28 Mpts;
- 数字触发系统;
- 智能触发:边沿(Edge)、斜率(Slope)、脉宽(Pulsewidth)、窗口(Window)、欠幅(Runt)、间隔(Interval)、超时(Dropout)、码型(Pattern);
- 串行总线触发和解码,支持的协议有 IIC、SPI、UART、CAN、LIN;
- 优异的本底噪声,电压挡位低至 500 μV/div;
- 38 种自动测量功能,支持测量统计、Zoom 测量、Gating 测量、Math 测量、History 测量、Ref 测量;
- 具有波形运算功能(FFT、加、减、乘、除、积分、微分、平方根);
- 可进行幅频特性和相频特性扫描,绘制波特图;
- 7 寸 TFT LCD 显示屏;
- 丰富的接口:USB Host、USB Device(USBTMC)、LAN、Pass/Fail、Trigger Out;
- 支持丰富的 SCPI 远程控制命令。

一、初步了解面板和用户界面

1. 前面板

SDS2352 X-E 前面板如图 E-1 所示。

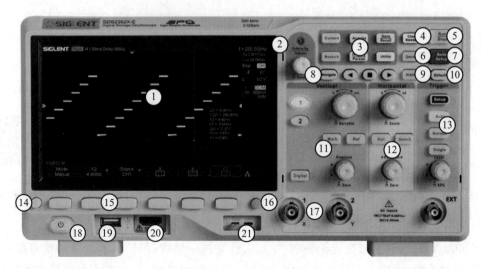

图 E-1 前面板总览

编号	说明	编号	说明
1	屏幕显示区	12	水平控制系统
2	多功能旋钮	13	触发系统
3	常用功能区	14	Menu on/off 软键
4	一键清除	15	菜单软键
5	停止/运行	16	一键存储按钮
6	串行解码	17	模拟通道输入端
7	自动设置	18	电源软开关
8	导航功能	19	USB Host 端口
9	历史波形	20	数字通道输入端
10	默认设置	21	补偿信号输出端/接地端
11	模拟通道垂直控制,数学运算, 参考波形及数字通道		

2. 后面板

SDS2352 X-E 后面板如图 E-2 所示。

（1）手柄。

（2）LAN 接口。

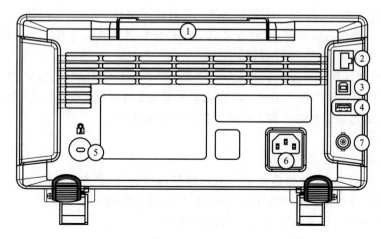

图 E-2 后面板总览

（3）USB Device。

（4）USB Host 接口。

（5）锁孔。

（6）AC 电源输入端。

（7）Pass/Fail 或 Trigger Out 输出。

3. 水平控制

水平控制模块如图 E-3 所示。

Roll：按下该键进入滚动模式。滚动模式的时基范围为 50 ms/div～100 s/div。

Search：按下该键开启搜索功能。该功能下，示波器将自动搜索符合用户指定条件的事件，并在屏幕上方用白色三角形标记。

水平 Position：修改触发位移。旋转旋钮时触发点相对于屏幕中心左右移动。修改过程中，所有通道的波形同时左右移动，屏幕上方的触发位移信息也会相应变化。按下该按钮可将触发位移恢复为 0。

水平挡位：修改水平时基挡位。顺时针旋转减小时基，逆时针旋转增大时基。修改过程中，所有通道的波形被扩展或压缩，同时屏幕上方的时基信息相应变化。按下该按钮快速开启 Zoom 功能。

图 E-3 水平控制

4. 垂直控制

垂直控制模块如图 E-4 所示。

1 或 2：模拟输入通道。两个通道标签用不同颜色标识，且屏幕中波形颜色和输入通道连接器的颜色相对应。按下通道按键可打开相应通道及其菜单，连续按下两次则关闭该通道。

垂直 Position：修改对应通道波形的垂直位移。修改过程中波形会上下移动，同时屏幕下方弹出的位移信息会相应变化。按下该按钮可将垂直位移恢复为 0。

垂直电压挡位:修改当前通道的垂直挡位。顺时针转动减小挡位,逆时针转动增大挡位。修改过程中波形幅度会增大或减小,同时屏幕右方的挡位信息会相应变化。按下该按钮可快速切换垂直挡位调节方式为"粗调"或"细调"。

Math:按下该键打开波形运算菜单。可进行加、减、乘、除、FFT、积分、微分、平方根运算。

Ref:按下该键打开波形参考功能。可将实测波形与参考波形相比较,以判断电路故障。

Digital:数字通道功能按键。按下该按键打开数字通道功能。

5. 触发控制

触发控制模块如图 E-5 所示。

Setup:按下该键打开触发功能菜单。本示波器提供边沿、斜率、脉宽、视频、窗口、间隔、超时、欠幅、码型和串行总线(I2C/SPI/URAT/CAN/LIN)等丰富的触发类型。

Auto:按下该键切换触发模式为 Auto(自动)模式。

Normal:按下该键切换触发模式为 Normal(正常)模式。

Single:按下该键切换触发模式为 Single(单次)模式。

触发电平 Level:设置触发电平。顺时针转动旋钮增大触发电平,逆时针转动减小触发电平。修改过程中,触发电平线上下移动,同时屏幕右上方的触发电平值相应变化。按下该按钮可快速将触发电平恢复至对应通道波形中心位置。

6. 运行控制

运行控制模块如图 E-6 所示。

图 E-4　垂直控制界面

图 E-5　触发控制

图 E-6　运行控制

Auto Setup:按下该键开启波形自动显示功能。示波器将根据输入信号自动调整垂直挡位、水平时基及触发方式,使波形以最佳方式显示。

Run/Stop:按下该键可将示波器的运行状态设置为"运行"或"停止"。"运行"状态下,该键黄灯被点亮;"停止"状态下,该键红灯被点亮。

7. 多功能旋钮

多功能旋钮模块如图 E-7 所示。

菜单操作时,按下某个菜单软键后,若旋钮上方指示灯被点亮,此时转动该旋钮可选择该菜单下的子菜单,按下该旋钮可选中当前选择的子菜单,指示灯也会熄灭。另外,该旋钮还可用于修改 Math、Ref 波形挡位和位移、参数值、输入文件名等。

菜单操作时,若某个菜单软键上有旋转图标,按下该菜单软键后,旋钮上方的指示灯被点亮,此时旋转旋钮,可以直接设置该菜单软键显示值;若按下旋钮,可调出虚拟键盘,通过虚拟键盘直接设定所需的菜单软键值。

8. 功能菜单

功能菜单模块如图 E-8 所示。

图 E-7　多功能旋钮　　　　　　　　　图 E-8　功能菜单

Cursors:按下该键直接开启光标功能。示波器提供手动和追踪两种光标模式,另外还有垂直和水平两个方向的两种光标测量类型。

Measure:按下该键快速进入测量系统,可设置测量参数、统计功能、全部测量、Gating 测量等。测量可选择并同时显示最多任意四种测量参数,统计功能则统计当前显示的所有选择参数的当前值、平均值、最小值、最大值、标准差和统计次数。

Default:按下该键快速恢复至用户自定义状态。

Acquire:按下该键进入采样设置菜单。可设置示波器的获取方式(普通/峰值检测/平均值/增强分辨率)、内插方式、分段采集和存储深度(14 kpts/140 kpts/1.4 Mpts/14 Mpts/28 kpts/280 kpts/2.8 Mpts/28 Mpts)。

Clear Sweeps:按下该键进入快速清除余辉或测量统计,然后重新采集或计数。

Display/Presist:按下该键快速开启余辉功能。可设置波形显示类型、色温、余辉、清除显示、网格类型、波形亮度、网格亮度、透明度等。选择波形亮度/网格亮度/透明度后,通过多功能旋钮调节相应亮度。透明度指屏幕弹出信息框的透明程度。

Save/Recall:按下该键进入文件存储/调用界面。可存储/调出的文件类型包括设置文件、二进制数据、参考波形文件、图像文件、CSV 文件、MATLAB 文件和 Default 键预设。

Utility:按下该键进入系统辅助功能设置菜单。设置系统相关功能和参数,例如接口、声音、语言等。此外,还支持一些高级功能,例如 Pass/Fail 测试、自校正和升级固件等。

History:按下该键快速进入历史波形菜单。历史波形模式最大可录制 80 000 帧波形。

Decode:解码功能按键。按下该键打开解码功能菜单。SDS2352 X-E 支持 I2C、SPI、UART、CAN 和 LIN 等串行总线解码。

Navigate:按下该按键进入导航菜单后,可支持搜索事件、时间、历史帧导航。

空白圆点:按下该键保存界面图像到 U 盘中。

9. 显示界面

显示界面说明图如图 E-9 所示。

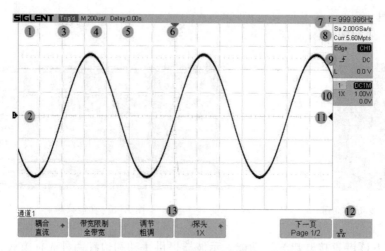

图 E-9　显示界面说明图

（1）产品商标。

（2）通道标记/波形。

（3）运行状态。可能的状态包括:Arm(采集预触发数据)、Ready(等待触发)、Trig'd(已触发)、Stop(停止采集)、Auto(自动)、FStop(强制触发)。

（4）水平时基:表示屏幕水平轴上每格所代表的时间长度。使用水平挡位旋钮可设置范围为 500 ps/div~100 s/div。

（5）触发位移:使用水平 Position 旋钮可以修改该参数。向右旋转旋钮使得箭头(初始位置为屏幕正中央)向右移动,触发位移(初始值为 0)相应增大;向左旋转旋钮使得箭头向左移动,触发位移相应减小。按下按钮参数自动被设为 0,且箭头回到屏幕正中央。

（6）触发位置:显示屏幕中波形的触发位置。

（7）硬件频率值:显示当前触发通道波形的硬件频率值。

（8）采样率/存储深度:显示示波器当前使用的采样率及存储深度。使用水平挡位旋钮可以修改该采样率/存储深度。

（9）触发设置。

触发源 CH1：显示当前选择的触发源。

触发耦合 DC：显示当前触发源的耦合方式。可选择的耦合方式有：DC、AC、LF Reject、HF Reject。

触发电平值 L：显示当前触发通道的电平值。按下按钮将参数自动设为 0。

触发类型：显示当前选择的触发类型及触发条件设置。选择不同的触发类型时标志不同。

（10）通道设置。

探头衰减系数：显示当前开启通道所选的探头衰减比例。

通道耦合 DC：显示当前开启通道所选的耦合方式。可选择的耦合方式有：DC、AC、GND。

电压挡位：表示屏幕垂直轴上每格所代表的电压大小。使用垂直 Position 旋钮可设置范围为 50 μV/div～10 V/div。

带宽限制：若当前带宽为开启，则显示"B"标志。

输入阻抗：显示当前开启通道的输入阻抗（例如 1 MΩ）。

（11）触发电平位置：显示当前触发通道的触发电平在屏幕上的位置。按下按钮使电平自动回到屏幕中心。

（12）接口状态。

（13）菜单：显示示波器当前所选功能模块对应菜单。按下对应菜单软键即可进行相关设置。

二、基本操作

1. 设置垂直系统

垂直控制包括：控制通道波形的垂直挡位和位移；开启通道并对通道下各菜单软键进行设置。SDS2352 X-E 通道合用一个垂直控制系统，每个通道的垂直系统设置方法相同。

本节将以通道 1 为例详细介绍垂直系统的设置方法。

分别接入两个不同的正弦信号至 CH1 和 CH2 的通道连接器后，按下示波器前面板的通道键 CH1、CH2 开启通道，此时，通道按键灯被点亮。按下前面板的 Auto Setup 后显示如图 E-10 所示波形。

打开通道后，可根据输入信号调整通道的垂直挡位、水平时基以及触发方式等参数，使波形显示易于观察和测量。

（1）调节垂直挡位

垂直挡位的调节方式有"粗调"和"细调"两种。

● 粗调（顺时针旋转）：按 1-2-5 步进调节垂直挡位，例如：10 V/div、5 V/div、2 V/div、…、5 mV/div、2 mV/div、1 mV/div、500 μV/div。

● 细调（顺时针旋转）：在较小范围内进一步调节垂直挡位，以改善垂直分辨率。

调节垂直挡位时，屏幕右侧状态栏中的挡位信息会实时变化。垂直挡位的调节范围与当前设置的探头比有关。

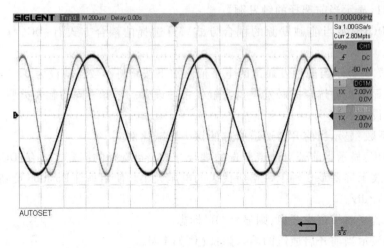

图 E-10 通道波形图

（2）调节垂直位移

使用垂直 Position 旋钮调节波形的垂直位移。顺时针旋转波形向上移动,逆时针旋转波形向下移动。按下该按钮可将当前波形的垂直位移恢复为 0（即波形回到屏幕的垂直中心）。

调节垂直位移时,屏幕下方弹出的垂直位移信息实时变化。垂直位移范围与当前设置的电压挡位有关,如下表所示。

电压挡位	垂直偏移范围
500 μV/div ~ 100 mV/div	±2 V
102 mV/div ~ 1 V/div	±20 V
1.02 V/div ~ 10 V/div	±200 V

（3）设置通道耦合

设置耦合方式可以滤除不必要的信号。例如,被测信号是一个含有直流偏置的方波信号。

设置耦合方式为"DC":被测信号含有的直流分量和交流分量都可以通过。

设置耦合方式为"AC":被测信号含有的直流分量被阻隔。

设置耦合方式为"GND":被测信号含有的直流分量和交流分量都被阻隔。

（4）设置带宽限制

开启带宽限制可以滤除不必要的高频噪声。例如,被测信号是含有高频振荡的脉冲信号。

关闭带宽限制:被测信号含有的高频分量可以通过。

开启带宽限制:通道的带宽被限制在 20 MHz,从而可衰减多余的高频分量。

（5）设置探头衰减比例

按 CH1 软键→探头软键,进入探头菜单,然后连续按探头软键可切换所需探头比,或使用多功能旋钮进行选择(探头比默认为 1 X)。当前所选探头比显示在屏幕右边的通道标签中。

(6) 设置通道输入阻抗

设置当前输入通道的输入阻抗,可以选择 1 MΩ、50 Ω,示波器默认输入阻抗为 1 MΩ。

(7) 设置波形幅值单位

设置当前通道波形幅值显示的单位。可选择的单位为 V、A,示波器的默认幅值单位为 V。

(8) 设置时滞

设置当前通道时滞。可调节通道间的相位差,调节范围为±100 ns。

(9) 设置波形反相

打开波形反相时,波形显示相对地电位翻转180°。关闭波形反相时,波形正常显示。

2. 设置水平系统

水平控制包括:对波形进行水平调整,启用分屏缩放功能以及改变水平时基模式。

(1) 设置水平时基挡位

旋转示波器前面板上的水平挡位旋钮调节水平时基挡位。顺时针转动减小挡位,逆时针转动增大挡位。显示屏顶部的"▽"符号表示时间参考点,如图 E-11 所示。

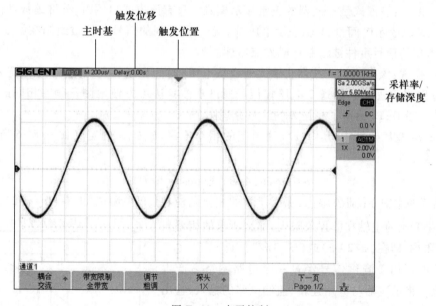

图 E-11　水平控制

设置水平挡位时,屏幕左上角显示的挡位信息(例如 M 200 μs)实时变化。水平挡位的变换范围是 500 ps/div~100 s/div。

当波形采集正在运行或停止时,水平挡位旋钮将工作(在正常时基模式下)。采集运行时,变换水平挡位可更改采样率。采集停止时,变换水平挡位可放大采集数据。

(2) 设置触发位置

旋转示波器前面板上的水平 Position 旋钮设置触发位置。顺时针旋转使波形水平向右移动,逆时针旋转使波形水平向左移动。默认设置下,波形位于屏幕水平中心。水平触发位移为 0,且触发点 ▽ 与时间参考点重合。

调整水平触发位移时,屏幕上方信息栏中显示的延迟时间(例如 Delay: −80.0 μs)实时变化。波形向左移动,延迟时间(负值)相应减小,波形向右移动,延迟时间(正值)相应增大。

显示在触发点左侧的事件发生在触发之前,这些事件称为预触发信息。触发点右侧的事件发生在触发之后,称为后触发信息。可用的延迟时间范围(预触发和后触发信息)取决于示波器当前选择的时基挡位和存储深度。

(3)Stop 后水平移动/缩放波形

示波器停止采集后,使用水平 Position 旋钮和时基挡位旋钮可平移或缩放波形。

要深入观察和分析某一处特定位置的信号细节,可先使用水平 Position 旋钮将波形平移至屏幕适当位置,然后旋转水平挡位旋钮以充分放大波形。

(4)切换水平时基模式

按示波器前面板的 Acquire 键后,按 XY(关闭/开启)软键可切换所需的时基显示模式($Y\text{-}T/X\text{-}Y$)。默认的时基显示模式是 $Y\text{-}T$ 模式。

● $Y\text{-}T$ 模式:该模式是示波器的正常显示模式。只有该模式启用时,分屏缩放功能才有效。在此模式中,X 轴表示时间量,Y 轴表示电压量。触发前出现的信号事件被绘制在触发点(▽)左侧,触发后出现的信号事件被绘制在触发点右侧。

● $X\text{-}Y$ 模式:该模式下示波器将输入通道从电压–时间显示转化为电压–电压显示。其中,X 轴、Y 轴分别表示通道 1、通道 2 电压幅值。通过李沙育法可方便地测量频率相同的两个信号间的相位差。图 E-12 给出了相位差的测量原理图。

根据 $\sin\alpha = A/B$ 或 C/D,其中 α 为通道间的相差角,A、B、C、D 的定义如图 E-6 所示。因此可得出相差角,即

$$\alpha = \arcsin(A/B) \text{ 或 } \arcsin(C/D)$$

如果椭圆的主轴在 I、III 象限内,那么所求的相差角应在 I、IV 象限内,即在(0~π/2)或(3π/2~2π)内。如果椭圆的主轴在 II、IV 象限内,那么所求的相差角应在 II、III 象限内,即在(π/2~π)或(π~3π/2)内。

$X\text{-}Y$ 功能可用于测试信号经过一个电路网络后产生的相位变化。将示波器与电路连接,监测电路的输入、输出信号。

3.设置触发系统

触发,是指按照需求设置一定的触发条件,当波形流中的某一个波形满足这一条件时,示波器即时捕获该波形和其相邻部分,并显示在屏幕上。只有稳定的触发才有稳定的显示。触发电路保证每次时基扫描或采集都从输入信号上与用户定义的触发条件开始,即每一次扫描和采集同步,

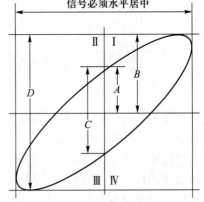

图 E-12 李沙育测量原理图

捕获的波形相重叠,从而显示稳定的波形。

图 E-13 为采集存储器的概念演示。为便于理解触发事件,可将采集存储器分为预触发缓冲器和后触发缓冲器。触发事件在采集存储器中的位置是由时间参考点和延迟(水平位置)的设置定义的。

触发设置应根据输入信号的特征,指示示波器何时采集和显示数据。例如,可以设置在模拟通道 1 输入信号的上升沿处触发。因此,您应该对被测信号有所了解,才能快速捕获所需波形。

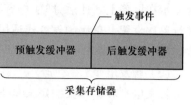

图 E-13　采集存储器

SDS2352 X-E 拥有多种丰富先进的触发类型,包括边沿触发、斜率触发、脉宽触发、视频触发、窗口触发、间隔触发、超时触发、欠幅触发、码型触发以及多种串行总线触发。

要对特定信号进行成功的触发,需了解相关的触发设置。

(1)触发信源

触发信源包括模拟输入通道(CH1、CH2)、外触发输入通道(EXT)和市电信号(AC Line、交流电源),可按示波器前面板触发控制区中的 Setup 键→信源,选择所需的触发信源。

模拟输入通道:模拟输入通道的输入信号均可以作为触发信源。

外触发输入通道:在 EXT 通道上外接触发信号。

市电信号(AC Line):触发信号取自示波器的交流电源输入。这种触发信源可用来显示信号(如照明设备)与动力电(动力提供设备)之间的关系。例如,稳定触发变电站变压器输出的波形,主要应用于电力行业的相关测量。

(2)触发方式

SDS2352 X-E 的触发方式包括自动触发方式、正常触发方式和单次触发方式。当示波器运行时,触发方式指示示波器在没有触发时要进行的操作。下面通过预触发缓冲区和后触发缓冲区简要介绍示波器的触发采集过程。

示波器开始运行后,将首先填充预触发缓冲区,然后搜索一次触发,并继续将数据填充至预触发缓冲区,采样的数据以先进先出(FIFO)的方式传输到预触发缓冲区。

找到触发后,预触发缓冲区将包含触发前采集的数据。此后,示波器将填充后触发缓冲区,并显示采集数据。

按示波器前面板控制区中的 Auto、Normal 或 Single 键选择自动、正常或单次触发方式,当前选中方式的状态灯变亮。

● 在自动触发方式中,如果指定时间内未找到满足触发条件的波形,示波器将进行强制采集一帧波形数据,在示波器上稳定显示。自动触发方式(Auto)适用于:在检查 DC 信号或具有未知电平或活动的信号时。

● 在正常触发方式中,只有在找到指定的触发条件后才会进行触发和采集,并将波形稳定地显示在屏幕上。否则,示波器将不会触发。正常触发方式(Normal)适用于:只需要采集由触发设置指定的特定事件;在串行总线信号(I2 C、SPI 等)或在触发中产生的其他信号上触发时,使用正常模式可防止示波器自动触发,从而使显示稳定。

● 在单次触发方式中,当输入的单次信号满足触发条件时,示波器即进行捕获并将波形稳定显示在屏幕上。此后,即使再有满足条件的信号,示波器也不予理会。要进行再次捕获需重新进行单次设置。单次触发方式适用于:捕获偶然出现的单次事件或非周期性信号;捕获毛刺等异常信号。

(3) 触发电平

触发电平和斜率控制定义基本的触发点,决定波形如何显示,如图 E-14 所示。斜率控制决定触发点是位于信号的上升沿还是下降沿。上升沿具有正斜率,而下降沿具有负斜率;触发电平控制决定触发点在信号边沿的何处触发。

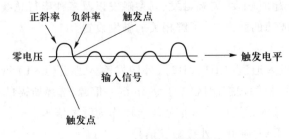

图 E-14　触发点的定义

旋转触发电平旋钮可调节所选模拟通道触发电平的垂直位移,同时电平的位移值实时变化并显示在屏幕右侧的状态栏中。电平位置由屏幕最右侧的触发电平图标"◁"指示。按下触发电平旋钮可使电平恢复到波形幅值的 50%。

(4) 触发耦合

按示波器前面板触发控制区中的 Setup 键→耦合,旋转多功能旋钮选择所需的耦合方式,并按下旋钮以选中该耦合方式;或连续按耦合软键切换所需耦合方式。

SDS2352 X-E 的触发耦合方式有以下四种。

直流耦合(DC):允许直流(DC)和交流信号(AC)进入触发路径。

交流耦合(AC):阻挡信号的直流成分并衰减低于 10 Hz 的信号。当信号具有较大的直流偏移时,使用交流耦合获得稳定的边沿触发。

低频抑制(LFR):阻挡信号的直流成分并抑制低于 6 kHz 的低频成分。低频抑制从触发波形中移除任何不必要的低频分量。例如,移除可干扰正确触发的电源线频率等。当波形中具有低频噪声时,使用低频抑制可获得稳定的边沿触发。

高频抑制(HFR):抑制信号中高于 200 kHz 的高频成分。

注意:触发耦合与通道耦合无关。

(5) 触发类型

SDS2352 X-E 拥有多种丰富先进的触发类型。此处重点介绍边沿触发。

边沿触发类型通过查找波形上的指定沿(上升沿、下降沿、上升和下降沿)和电压电平来识别触发,如图 E-15 所示。可以在菜单中设置触发源和斜率。触发类型、触发源、触发耦合及触发电平值信息显示在屏幕右上角的状态栏中。

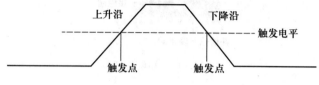

图 E-15　边沿触发

边沿触发操作示例:

① 在前面板的触发控制区中按下 Setup 键打开触发功能菜单。

② 在触发功能菜单下,按类型软键,旋转多功能旋钮选择"边沿",并按下该旋钮以选中"边沿"触发。

③ 选择触发源:当前所选择的触发源(如 CH1)显示在屏幕右上角的状态栏中,如图 E-16 所示。只有选择已接入信号通道作为触发源才能得到稳定的触发。

④ 按下斜率软键,旋转多功能旋钮选择任一边沿(上升沿、下降沿、上升和下降沿),并按下旋钮以确认。所选斜率(如 ↑)显示在屏幕右上角的状态栏中。使用触发电平旋钮将电平调节在波形范围内,使波形能稳定触发。所设电平值(如 L 330 mV)实时变化并显示在屏幕右上角的状态栏中。

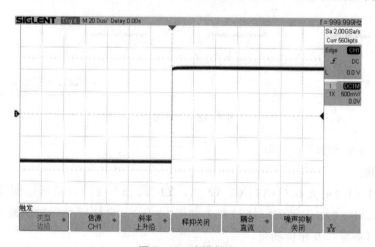

图 E-16　边沿触发

在边沿触发中也可设置触发释抑、触发耦合以及噪声抑制。

注意:按下 Auto Setup 键,示波器将使用简单的边沿触发类型在波形上触发。

三、示例

(一)功能检查

1. 按 Default 键将示波器恢复为默认设置。

2. 将探头的接地鳄鱼夹与探头补偿信号输出端下面的"接地端"相连。如图 E-17 所示。

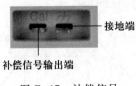

图 E-17　补偿信号

3. 将探头 BNC 端连接示波器的通道输入端,另一端连接示波器补偿信号输出端。

4. 按 Auto Setup 键。

5. 观察示波器显示屏上的波形,正常情况下应显示图 E-18 所示波形。

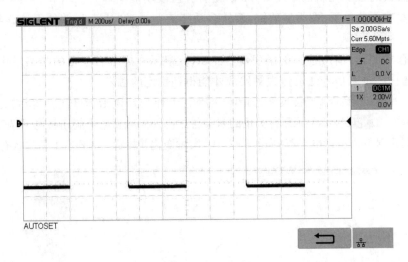

图 E-18　功能检查

6. 用同样的方法检测其他通道。

(二)光标测量

SDS2352X-E 包含的光标有:X1、X2、X2-X1、Y1、Y2、Y2-Y1,表示所选源波形(CH1/CH2/MATH/REFA/REFB)上的 X 轴值(时间)和 Y 轴值(电压)。可使用光标对示波器信号进行自定义电压测量、时间测量以及相位测量。

1. 按下示波器前面板的 Cursors 键快速开启光标,并进入光标菜单。

2. 按下光标模式软键选择"手动"或"追踪"模式。

3. 选择信源。按下信源软键,然后旋转多功能旋钮选择所需信源。可选择的信源包括模拟通道、MATH 波形以及当前存储的参考波形。信源必须为开启状态才能被选择。

4. 设置 X 参考和 Y 参考,即垂直(或水平)挡位变化时,光标 Y(或 X)的值的变化策略。

"位置"表示光标按屏幕上固定网格的位置保持不变(即保持绝对位置不变)。

"偏移"或"延时"表示光标保持输入的值不变(即保持相对位置不变)。

5. 选择光标进行测量。

● 若要测量水平时间值,可使用多功能旋钮将 X1 和 X2 调至所需位置。必要时可选择"X2–X1"同时移动两垂直光标。

● 若要测量垂直伏值(或安培),可使用多功能旋钮将 Y1 和 Y2 调至所需位置。必要时可选择"Y2–Y1"同时移动两水平光标。

6. 修改光标信息框透明度。按 Display→透明度,旋转多功能旋钮设置所需透明度(20%~80%)至适当值,以便更清晰地查看信息框中信息。

用光标测量峰–峰值和周期示例,如图 E–19 所示。

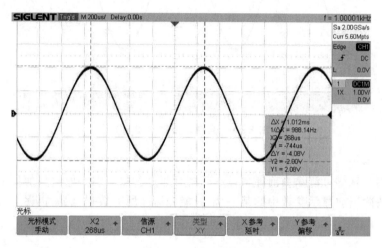

图 E–19　光标测量

（三）自动测量

在 SDS2352X–E 中使用 Measure 测量可对波形进行自动测量。自动测量包括电压参数测量、时间参数测量和延迟参数测量。电压、时间和延迟参数测量显示在 Measure 菜单下的"类型"子菜单中,可选择任意电压或时间或延迟参数进行测量,且在屏幕底部最多可同时显示最后设置的 4 个测量参数值。

按以下方法在"类型"菜单下选择电压或时间参数进行自动测量。

1. 按下 Measure 键打开自动测量菜单。

2. 按下信源软键,旋转多功能旋钮选择要测量波形通道。可选择信源包括模拟通道 1、2。当前通道只有在开启状态下才能被选择。

3. 选择要测量的参数并显示。

按下类型软键,旋转多功能旋钮选择要测量的参数。按下多功能旋钮后,该参数值显示在屏幕底部。

4. 若要测量多个参数值,可继续选择以显示参数值。

屏幕底部最多可同时显示 4 个参数值,并按照选择的先后次序依次排列。若要继续添加下一参数,则当前显示的第一个参数值自动被删除,剩余 4 个参数仍然按照同样次序排列在屏幕底部。如图 E-20 所示。

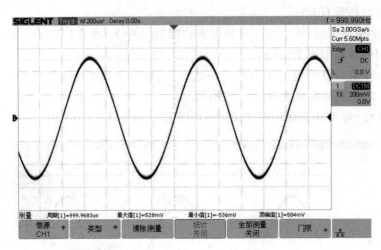

图 E-20　自动测量(4 个参数)

5. 清除显示参数。

　　按下清除测量软键可清除当前屏幕显示的所有测量参数。但不能对当前显示参数进行选择性清除。若要清除当前显示参数中的某一个,只能先清除所有数据,然后再逐个选择并显示所需参数。

参考文献

[1] 范承志,孙盾,童梅.电路原理[M].北京:机械工业出版社,2004.

[2] 邱关源.电路[M].6版.北京:高等教育出版社,2022.

[3] 邱关源.现代电路理论[M].北京:高等教育出版社,2001.

[4] 钱克猷,江维澄.电路实验技术基础[M].杭州:浙江大学出版社,2001.

[5] 黄力元.电路实验指导书[M].北京:高等教育出版社,1993.

[6] 宁超.电工基础实验指导书[M].北京:高等教育出版社,1986.

[7] 清华大学电机系电工学教研组集体编写.电工技术与电子技术实验指导[M].北京:清华大学
出版社,2004.

[8] 杨龙麟,刘忠中,唐伶俐.电路与信号实验指导[M].北京:人民邮电出版社,2004.

[9] 钱巨玺,张荣华.电工测量[M].天津:天津大学出版社,1991.

[10] 孙桂瑛,齐凤艳.电路实验[M].哈尔滨:哈尔滨工业大学出版社,2002.

[11] 浙江大学电工电子基础教学中心电路实验室.电路实验技术[M].杭州:浙江大学自编教材,
2004.

[12] 陈同占,吴北玲,养雪琴,等.电路基础试验[M].北京:清华大学出版社,北京交通大学出版
社,2003.

[13] 杨育霞,章玉政,胡育霞.电路实验-操作与仿真[M].郑州:郑州大学出版社,2002.

[14] 童梅.电路的计算机辅助分析(MATLAB 和 PSPICE)[M].北京:机械工业出版社,2005.

[15] 秦杏荣.电工实验基础[M].上海:东华大学出版社,1997.

[16] 陶时澍.电气测量技术[M].北京:中国计量出版社,1991.

[17] 袁禄明.电磁测量[M].北京:机械工业出版社,1990.

[18] 傅维谭.电磁测量[M].北京:中央广播大学出版社,1985.

[19] 郑步升,吴渭.Multisim2001 电路设计及仿真入门与应用[M].北京:电子工业出版社,2002.

[20] 朱力恒.电子技术仿真实验教程[M].北京:电子工业出版社,2003.

[21] 张丽萍,袁建生,于全福.电路串联谐振原理在电力工程中的应用[J].电气电子教学学报,
1999,21(2):80-81.

[22] 袁占生,白瑞峰.一种荧光灯电子镇流器电路分析[J].内蒙古民族师院学报:自然科学版,
1999,14(2):195-197.

[23] 张峰,吴月梅,李丹.电路实验教程[M].北京:高等教育出版社,2008.

［24］曹才开,陆秀另,龙卓珉.电路实验［M］.北京:清华大学出版社,2005.

［25］陈晓平,李长杰.电路实验与仿真设计［M］.南京:东南大学出版社,2008.

［26］古天祥.电子测量原理［M］.北京:机械工业出版社,2004.

［27］张步新,曹树林,等.测量不确定度评定及应用［M］.北京:水利电力出版社,2003.

［28］刘阳.关于用三电压表法测量阻抗时测量计算误差的讨论［J］.铁道通信信号,1989,8:10-14.

［29］王彬.三表法测交流参数的误差分析［J］.技术物理教学,2006,2:21-23.

防伪查询说明

用户购书后刮开封底防伪涂层,使用手机微信等软件扫描二维码,会跳转至防伪查询网页,获得所购图书详细信息。

防伪客服电话　　(010)58582300

网络增值服务使用说明

一、注册/登录

访问 http://abook.hep.com.cn/,点击"注册",在注册页面输入用户名、密码及常用的邮箱进行注册。已注册的用户直接输入用户名和密码登录即可进入"我的课程"页面。

二、课程绑定

点击"我的课程"页面右上方"绑定课程",正确输入教材封底防伪标签上的 20 位密码,点击"确定"完成课程绑定。

三、访问课程

在"正在学习"列表中选择已绑定的课程,点击"进入课程"即可浏览或下载与本书配套的课程资源。刚绑定的课程请在"申请学习"列表中选择相应课程并点击"进入课程"。

如有账号问题,请发邮件至:abook@hep.com.cn。